建筑工程项目管理

主 编 林 立
副主编 张玉萍 刘琳琳

U0188742

中国建材工业出版社

图书在版编目（CIP）数据

建筑工程项目管理/林立主编．—北京：中国建材工业
出版社，2009.1（2020.1 重印）
　ISBN 978-7-80227-492-1

　Ⅰ．建… Ⅱ．林… Ⅲ．建筑工程—项目管理 Ⅳ．TU71

中国版本图书馆 CIP 数据核字（2008）第 189482 号

内　容　简　介

　　本书根据新的法规、标准、规范及国际项目管理知识、成功的管理思想与经验，全面、系统地阐述了建筑工程项目管理的原理、方法及应用实践。本书在编写过程中，紧密结合全国注册建造师执业资格考试的要求，注重实用性、新颖性和可操作性，具有适合高职高专教育的特点。

　　本书分 10 章编写，内容包括建筑工程项目管理概论，建筑工程项目管理组织和项目经理，建筑工程招标与投标，建筑工程合同管理，建筑工程项目质量控制，建筑工程项目进度控制，建筑工程项目成本控制，建筑工程项目施工安全与现场管理，建筑工程项目风险管理，建筑工程项目信息管理。

　　本书可作为高等职业学校、高等专科学校建筑工程管理、建筑工程技术、工程造价、房地产经营与估价、建筑经济与管理等专业的教材，还可作为广大建筑工程项目管理者及参加全国注册建造师执业资格考试人员的参考书。

建筑工程项目管理

主　编　林　立
副主编　张玉萍　刘琳琳

出版发行：中国建材工业出版社
地　　址：北京市海淀区三里河路 1 号
邮　　编：100044
经　　销：全国各地新华书店
印　　刷：北京鑫正大印刷有限公司
开　　本：787mm×1092mm　1/16
印　　张：22.25
字　　数：549 千字
版　　次：2009 年 1 月第 1 版
印　　次：2020 年 1 月第 5 次
书　　号：ISBN 978-7-80227-492-1
定　　价：53.00 元

本社网址：www.jccbs.com.cn
本书如出现印装质量问题，由我社发行部负责调换。联系电话：（010）88386906

前　言

　　高职高专教育是高等教育重要的组成部分，目标是培养适应生产、管理、服务第一线需要的技能型应用人才。本书根据教育部高职高专课程教学基本要求编写，力求体现以实用为目的，以必需、够用为度，以掌握基本知识、强化应用为原则，重点突出实践能力和动手能力培养的教育特色；以此确定编写大纲、结构和内容，宗旨是为学生提供建筑工程项目管理的基本知识和实用技能，满足工程建设对项目管理应用型人才的需求。

　　本书根据新的法规、标准、规范及国际项目管理知识和成功的管理思想与经验，全面、系统地阐述了建筑工程项目管理的原理、方法及应用实践。本书在编写过程中，紧密结合全国注册建造师执业资格考试的要求，注重实用性、新颖性和可操作性，力求做到内容全面、科学规范、富有特色。

　　本课程主要学习内容包括：

　　第 1 章，介绍项目管理涉及的名词术语和概念；

　　第 2 章，是回答"项目谁去做"的问题；

　　第 3 章、第 4 章，即确定项目范围，是回答"做什么"的问题；

　　第 5 章，是回答"项目做成什么样"的问题；

　　第 6 章，是回答"项目什么时间做"的问题；

　　第 7 章，是回答"项目需要什么资源去做"以及"花多少钱去做"的问题；

　　第 8 章、第 9 章，是回答"项目如何应对意外"的问题；

　　第 10 章，是回答"项目如何分享信息"以及"如何更好地利用计算机进行有效项目管理"的问题。

　　总之，第 1 章是项目管理的"条"，论述了项目管理的基本思想。而第 2 ~ 10 章是项目管理的"块"，分别从 9 个方面回答了项目管理要管什么及如何管的问题。学习本课程时，应该用系统的观点把这门课掌握起来，做到碰到实际问题能够对症下药，各个击破。另外还要注意将本课程与以前学过的各门专业课程进行融会贯通，逐步内化为项目管理实用技能。

　　本书可作为高等职业学校、高等专科学校建筑工程管理、建筑工程技术、工程造价、房地产经营与估价、建筑经济与管理等专业的教材，还可作为广大建筑工程项目管理者自学、培训、进修以及参加全国注册建造师执业资格考试的参考书。

　　本书由河北建材职业技术学院林立老师担任主编，负责对全书的组织统一，修改定稿，并编写第 1、4、6、8 章；大庆石油学院刘琳琳老师编写第 7、9 章；河北建材职业技术学院张玉萍老师编写第 3 章；该校白学敏老师编写第 2 章；该校高春萍老师编写第 5 章第 1 ~ 4 节；该校张雪芹老师编写第 5 章第 5 ~ 7 节；该校陈久权老师编写第 10 章第 1 ~ 3 节，该校计凌峰老师编写第 10 章第 4、5 节。本书由张玉萍、刘琳琳担任副主编。

本书在编写过程中，主要参考了全国一级建造师职业资格考试用书编写委员会组织编写的全国一级建造师执业资格考试指定辅导教材，以及大量公开出版发行的有关项目管理的书籍等参考文献，在此，谨表示衷心的感谢。

由于水平有限，本书难免存在疏漏和不足之处，恳请读者批评和指正。

编　者
2008 年 10 月

目 录

1 建筑工程项目管理概论

要求学生理解工程项目和工程项目管理的基本概念和特点，熟悉工程项目的建设程序、建设各阶段涉及的主要内容及实施程序；掌握施工项目管理的概念、管理要素与管理的基本内容，工程项目管理的目标及系统结构，影响工程项目管理成功的因素。

1.1 工程项目

1.1.1 项目

1. 项目的定义

"项目"广泛地存在于我们的工作和生活中，并对我们的工作和生活产生着重要的影响，"项目"一词还广泛地应用在社会经济文化生活的各个方面，如建筑工程项目、开发项目、科研项目、社会项目等。人们经常用"项目"来表示某一种事物，因此，"项目"已成为一个专业术语，有特定的含义。纵观国内外，组织学学者和管理专家为项目下了许多定义。英国标准化协会发布的《项目管理指南》把项目定义为"具有明确的开始和结束点、由某个人或某个组织所从事的具有一次性特征的一系列协调活动，以实现所要求的进度、费用以及各功能因素等特定目标"；美国项目管理协会 PMI 认为"项目是一种被承办的旨在创造某种独特产品或服务的临时性努力"；而德国国家标准 DIN69901 把项目定义为"项目是指在总体上符合如下条件的唯一性任务（计划）：具有特定的目标，具有实践、财务、人力和其他限制条件，具有专门的组织"；ISO10006 把项目定义为"具有独特的过程，有开始和结束日期，由一系列相互协调和受控的活动组成，过程的实施是为了达到规定的目标，包括满足时间、费用和资源等约束条件"。

总之，项目的定义可概括为：在一定的约束条件下（资源）具有明确目标的有组织的一次性工作或任务。

2. 项目的特征

（1）项目的特定性

项目的特定性也可称为单件性或一次性，是项目的最主要特征。每个项目都有自己的特定过程，都有自己的目标和内容，都有开始时间和完成时间，因此只能对它进行单件处置（或生产），不能批量生产，不具重复性。项目总是独一无二的，只有认识到项目的特定性，才能有针对性地根据项目的具体特点和要求，进行科学的管理，以保证项目一次成功。

（2）项目目标的明确性

项目的目标有成果性目标和约束性目标。成果性目标指项目的功能性要求，如兴建一所学校可容纳的学生人数等；约束性目标是指限制条件，包括期限、费用及质量等。

（3）项目具有特定的生命期

项目过程的一次性决定了每个项目都具有自己的生命期，任何项目都有其产生时间、发展时间和结束时间，在不同阶段都有特定的任务、程序和工作内容。如建设项目的生命期包括项目建议书、可行性研究、设计工作、建设准备、建设实施、竣工验收与交付使用；施工项目的生命期包括：投标与签订合同、施工准备、施工、交工验收、用后服务。概括地说，项目的生命期包括：决策阶段、规划设计阶段、实施阶段和结束阶段。

（4）项目作为管理对象的整体性

一个项目，既是一项任务整体，又是一项管理整体，即是一个完整的管理系统，而不能割裂这个系统进行管理；必须按照整体需要配置生产要素，以整体效益的提高为标准进行数量、质量和结构的总体优化。

（5）项目的不可逆性

项目按照一定的程序进行，其过程不可逆转，必须一次成功。失败了便不可挽回，因而项目的风险很大，与批量生产过程（重复的过程）有着本质的区别。

只有同时具备上述五项特征的任务才称得上是项目。与此相对应，大批量的、重复进行的、目标不明确的、局部性的任务，不能称作项目，只能称为"作业"或"操作"。

1.1.2 工程项目

项目的种类应当按照最终成果或以专业特征为标志进行划分，包括：科学研究项目、开发项目、工程项目、航天项目、维修项目和咨询项目等。分类的目的是为了有针对性地进行管理，以提高完成任务的效果、水平。

1. 工程项目的定义

工程项目是指在一定的约束条件下（限定资源、限定时间、限定质量），具有完整的组织机构和特定的明确目标的一次性工程建设工作或任务。

工程项目又称土木工程项目或建筑工程项目，属于项目的一个大类，是以建筑物或构筑物为目标产出物的、有开工时间和竣工时间的、相互关联的活动所组成的特定过程。该过程要达到的最终目标应符合预定的使用要求，并满足标准（或业主）要求的质量、供气、造价和资源等约束条件。

这里所说的建筑物，是指房屋建筑物，它占有建筑面积，满足人们的生产、居住、文化、体育、娱乐、办公和各种社会活动的要求。这里所说的构筑物，是指通过人们的劳动而得到的公路、铁路、桥梁、隧道、水坝、电站、线路、管路、水塔、烟囱、构架等土木产出物，以其不具有建筑面积为主要特征而区别于建筑物。

2. 工程项目的特点

（1）具有特定的对象

每一个工程项目的最终产品均有特定的功能和用途，它是在概念阶段策划并决策的，在设计阶段具体确定的，在实施阶段形成的，在结束阶段交付的。

项目对象确定了项目的最基本特征，并把自己与其他项目区别开来；同时它又确定了项目的工作范围、规模及界限。整个项目的实施和管理都是围绕着这个对象而进行的。

工程项目的对象通常由可行性研究报告、项目任务书、设计图纸、规范、实物模型等定义和说明。

（2）有时间限制

人们对工程项目的需求有一定的时间性限制，希望尽快地实现项目的目标，发挥项目的效用。市场经济条件下工程项目的作用、功能、价值只能在一定时间范围内体现出来。例如，企业投资开发一个新产品，只有快速建成投产，才能及时地占领市场，该项目才有价值。否则因拖延时间，让其他企业捷足先登，则同样的项目就失去了它的价值。没有时间限制的工程项目是不存在的，项目的实施必须在一定的时间范围内进行。

工程项目的时间限制不仅确定了项目的生命期限，而且构成了工程项目管理的一个重要目标。

（3）有资金限制和经济性要求

任何工程项目都不可能没有财力上的限制，必然存在着与任务（目标）相关的（或者说匹配的）预算（投资、费用或成本）。现代工程项目资金来源渠道较多，投资呈多元化，这对项目的资金限制就会越来越严格，经济性要求也会越来越高。这就要求尽可能做到全面的经济分析，精确的预算，严格的投资控制。

财务和经济性问题是当今工程项目能否立项，能否取得成功的最关键问题。

（4）一次性特点

工程项目实施是一次性的过程，这个过程除了有确定的开工时间和竣工时间外，还有过程的不可逆性、设计的单一性、生产的单件性、项目产品位置的固定性等。

工程项目不同于一般的企业工作。通常的企业工作，特别是企业职能工作，虽然有阶段性，但它却是循环的，无终了的，而工程项目的一次性就决定了工程项目管理的一次性。工程项目的这个特点对工程项目组织行为的影响尤为显著。

（5）投入资源和风险的大量性

由于工程项目体形庞大，因此需要投入的资源多，生命周期很长，投资额巨大，风险量也很大。一个工程项目大量投入资源往往与国民经济运行具有密切关系且相互影响；如果从国家的工程项目总量上看，它在国民经济中所占的比重就更大了，能达到 25% 以上。投资风险、技术风险、自然风险和资源风险与各种项目相比，都是发生率高、损失量大的，因此，在项目管理中必须突出风险管理过程。

3. 工程项目的分类

（1）按性质分类

工程项目按性质分类，可分为基本建设项目和更新改造项目。基本建设项目包括新建和扩建项目。更新改造项目包括改建、恢复和迁建项目。

（2）按专业分类

工程项目按专业分类，可分为建筑工程项目、土木工程项目、线路管道安装工程项目和装修工程项目。

（3）按等级分类

工程项目按等级分类，可分为一等项目、二等项目和三等项目。

一般房屋建筑工程的一等项目包括：28 层以上，36m 跨度以上（轻钢结构除外），单项工程建筑面积 30000m² 以上；二等项目包括：14 ~ 28 层，24 ~ 36m 跨度（轻钢结构除外），单项工程建筑面积 10000 ~ 30000m²；三等项目包括：14 层以下，24m 跨度以下（轻钢结构除外），单项工程建筑面积 10000m² 以下。

（4）按用途分类

工程项目按用途分类，可分为生产性工程项目和非生产性工程项目。

（5）按投资主体分类

有国家投资工程项目、地方政府投资工程项目、企业投资工程项目、三资（国外独资、合资、合作）企业投资工程项目、私人投资工程项目和各类投资主体联合投资工程项目等。

（6）按行政隶属关系分类

按隶属关系分类，有部（委）属工程项目、地方（省、地县级）工程项目和乡镇工程项目。

（7）按工作阶段分类

按工作阶段分类，工程项目可分为预备项目、筹建项目、实施工程项目、建成投产工程项目和收尾工程项目。

（8）按管理者分类

按管理者分类，工程项目可分为建设项目、工程设计项目、工程监理项目、工程施工项目和开发工程项目等，它们的管理者分别是建设单位、设计单位、监理单位、施工单位和开发单位。

（9）按工程规模分类

工程项目可分为特大型项目、大型项目、中型项目和小型项目。

1.1.3　工程项目周期与建设程序

1. 工程项目周期

工程项目周期是指从工程项目的提出，到整个工程项目建成竣工验收交付生产或使用为止所经历的时间。

工程项目周期通常可分为项目建设前期工作阶段、项目设计阶段、项目施工准备阶段、项目施工安装阶段和竣工交付使用或生产阶段。项目各阶段划分的原则是以该阶段的某种交付结果的完成为标志，另外这些阶段的划分是基于各阶段的工作内容、性质和作用不同，而且相互之间又有承前启后、相互制约的关系。

2. 建设程序

建设程序是指一个工程项目从酝酿提出到该工程项目建成投入生产或使用的全过程中，各阶段建设活动的先后顺序和相互关系。它是工程建设活动客观规律的反映，也是人们在长期工程建设实践过程中的技术和管理活动经验的总结。

我国的建设程序分为如下六个阶段。

（1）项目建议书阶段

项目建议书是业主单位向国家提出的要求建设某一工程项目的建议文件，是对建设项目的轮廓构想，是从拟建项目的必要性及大方面的可能性加以考虑。在客观上，工程项目要符合国民经济长远规划，符合部门、行业和地区规划的要求。

（2）可行性研究阶段

项目建议书批准后，应紧接着进行可行性研究。可行性研究是对建设项目在技术上是否可行，经济上（包括微观效益和宏观效益）是否合理进行科学分析和论证工作，是技术经济的深入论证阶段，为项目决策提供依据。

可行性研究的主要任务是通过多方案比较，提出评价意见，推荐最佳方案。可行性研究的内容可概括为市场研究、技术研究和经济研究三项。可行性研究报告批准后，是初步设计的依据，不得随意修改和变更。如果在建设规模、产品方案、建设地区、主要协作关系等方面有变动以及突破投资控制数时，应经原批准机关同意。可行性研究报告经批准，项目才算正式立项。

（3）设计工作阶段

一般项目进行两阶段设计，即初步设计和施工图设计。技术上比较复杂而缺乏设计经验的项目，在初步设计后加技术设计。

（4）建设准备阶段

初步设计已经批准的项目，可列为预备项目。国家的预备项目计划，是对列入部门、地方编报的年度建设预备项目计划中的大中型和限额以上项目，经过从建设总规模、生产力布局、资源优化配置以及外部协作条件等方面进行综合平衡后安排和下达的。

建设准备的主要工作内容包括：①征地、拆迁和场地平整；②完成施工用水、电、路等工程；③组织设备、材料订货；④准备必要的施工图纸；⑤施工招标投标，择优选定施工单位。

按规定进行了建设准备和具备了开工条件以后，便应组织开工。建设单位申请批准开工要经国家发展和改革委员会同意审核后编制年度大中型和限额以上建设项目开工计划报国务院批准。部门和地方政府无权自行审批大中型和限额以上建设项目的开工报告。年度大中型和限额以上新开工项目经国务院批准，国家发展和改革委员会下达项目计划。

（5）建设施工阶段

建设项目经批准新开工建设，项目便进入了建设施工阶段。这是项目决策的实施、建成投产发挥效益的关键环节。这一阶段包括执行项目计划，跟踪项目进展，控制项目变更等活动。该阶段的主要内容包括：实施计划、招标采购、跟踪进展、控制变更、解决问题、履行合同。

（6）竣工验收交付使用阶段

当建设项目按照设计文件的规定内容全部施工完成以后，便可组织验收。它是建设全工程的最后一道工序，是投资成果转入生产或使用的标志，是建设单位、设计单位和施工单位向国家汇报建设项目的生产能力或效益、质量、成本、收益等全面情况及交付机关报增固定资产的过程。竣工验收对促进建设项目及时投产，发挥投资效益及总结建设经验，都有重要作用。通过竣工验收，可以检查建设项目实际形成的生产能力或效益，也可避免项目建成后继续消耗建设费用。下面举例说明工程项目建设程序各阶段的内容。

1.2　工程项目管理

1.2.1　项目管理

所谓项目管理，最直接的解释就是对项目进行管理，也就是由一个临时性的专门组织，综合运用各种知识、技能、工具和方法，对项目进行有效的计划、组织、协调和控制，以实现项目目标的过程。

项目管理是指为使项目取得成功（实现所要求的质量、所规定的时限、所批准的费用预算）所进行的全过程、全方位的规划、组织、控制与协调。因此，项目管理的对象是项目，项目管理的职能同所有管理的职能都是相同的。需要特别指出的是，项目的一次性，要求项目管理的程序性、全面性和科学性，主要是用系统工程的观念、理论和方法进行管理。项目管理是知识、智力、技术密集型管理。

项目管理的特点如下。

1. 项目管理的目标明确

项目管理的目标就是通过管理实现项目的既定目标，没有目标就无所谓管理，管理本身不是目的，而是实现一定目标的手段。项目管理的目标是由项目目标决定的，即在规定的时间内，达到规定的质量标准，满足规定的预算控制。

2. 实行项目经理负责制

项目具有一定的复杂性，而且项目的复杂性随其范围不断变化，项目越大越复杂，涉及的学科技术种类越多，需要各职能部门相互协调，通力配合。要想达到项目管理的目标，就需要把项目授权给一个人，即项目经理，他（她）有权独立进行计划、资源分配、协调和控制。项目经理是适应特殊需求而产生的，所以要求其必须具备一定的专业知识，具有领导者才能，能综合运用各种专业知识和管理方法来解决问题。成功的项目管理必须以充分的授权保证系统为基础。项目经理授权的大小应与其承担的责任大小相适应，这是保证项目经理管好项目的基本条件。

3. 项目管理是一项复杂的工作

项目管理的复杂性取决于项目和项目管理组织。一个项目一般是有很多部分组成，工作跨越多个组织，需要运用多种学科的知识来解决。另外项目是一次性的，具有一定的创新性，在项目管理中通常没有或很少有以往的经验可以借鉴，而且项目执行过程存在许多不确定的风险因素，风险因素的发生概率和影响程度都是未知的。同样，由于项目管理组织是为了实现项目目标把不同经历、不同组织的人有机地组织在一起，因此具有临时性的特征，项目终结，组织使命完成，人员转移。另外项目管理组织又具有一定的开放性，也就是项目管理组织要随项目的进展而改变，为了保障组织经济高效地运行，组织人数、成员的职能会不断发生变化。一个临时性的开放的组织，在特定条件（成本、进度、质量）约束下实现一个复杂项目既定的目标，这就决定了项目管理是一项复杂的工作。

1.2.2 工程项目管理

工程项目管理是项目管理的一大类，是指项目管理者为使项目取得成功，对工程项目用系统的观念、理论和方法，进行有序、全面、科学、目标明确的管理，发挥计划职能、组织职能、控制职能、协调职能、监督职能的作用。其管理对象是各类工程项目，既可以是建设项目管理，又可以是设计项目管理和施工项目管理。

需要注意的是，工程项目管理是特定的一次性任务的管理，它之所以必要，是由于工程项目的一系列特点决定的，既是工程项目复杂性和艰难性的要求，也是工程项目取得成功的要求。很难想象没有成功的项目管理而工程项目能取得成功的。工程项目管理之所以能够使工程项目取得成功，是由于它的职能和特点决定的。

工程项目管理的特点如下：

（1）工程项目管理目标明确

工程项目管理的第一个特点是它紧紧抓住了目标（结果）进行管理。项目的整体、项目的某一个组成部分、项目的某一个阶段、项目的某一部分管理者、在项目的某一段时间内均有一定的目标。有了目标，也就有了方向，有了动力，就有了一半的成功把握。因为目标吸引管理者，目标指导行动，目标凝聚管理者的力量。除了功能目标外，过程目标归结起来主要有3个，即工程进度、工程质量、工程费用（造价）。这四个目标的关系是独立的，且有对立统一的辩证关系，是共存的关系。它们有着相互的结合部，有着相互影响的规律。

（2）工程项目管理是系统的管理

工程项目管理把其管理对象作为一个系统进行管理。在这个前提下首先进行的是工程项目的整体管理，把项目作为一个有机整体，全面实施管理，使管理效果影响到整个项目范围；其次，对项目进行分解，把大系统分解为若干个子系统，然后又把每个分解的系统作为一个整体进行管理，以小系统的成功保证大系统的成功；第三，对各子系统之间、各项目之间关系的处理遵循系统法则，它们既是独立的，又是相互依存的，同处在一个大系统之中，因此管理中把它们联系在一起，保证综合效率最好。以建设工程管理为例，既把它作为一个整体管理，又分成单项工程、单位工程、分部工程、分项工程进行分别管理，然后以小范围的管理保大范围的管理，以局部成功保整体成功。

（3）工程项目管理按项目的运行规则进行规范化管理

工程项目是一个大的过程，各阶段也都由过程组成，每个过程的运行都是有规律的，例如垫层混凝土作为分项工程，其完成既有程序上的规律，又有技术上的规律，建设程序就是建设项目的规律。遵行规律进行管理，管理有效；反之，管理不但无效，而且往往有害于项目的运行。工程项目管理作为一门科学，有其理论、原理、方法、内容、规则和规律，已经被人们所公认、熟悉、应用，形成了规范和标准，被广泛应用于项目管理实践，使工程项目管理成为专业性的、规律性的、标准化的管理，以此产生项目管理的高效率和高成功率。

（4）工程项目管理有丰富的专业内容

工程项目管理的专业内容包括：战略管理、组织管理、规划管理、目标控制、合同管理、信息管理、生产要素管理、现场管理，工程项目管理的各种监督、风险管理和组织协调等。

（5）工程项目管理有一套适用的方法体系

工程项目管理最主要的方法是"目标管理"。目标管理方法的核心内容是以目标指导行动。具体操作有：确定总目标，自上而下地分解目标，落实目标，责任者制定措施，实施责任制，完成个人承担的任务，从而自下而上地实现项目的总目标。

项目管理的专业管理方法是很多的，各种方法有很强的专业适宜性。

（6）工程项目管理有专用的知识体系

工程项目管理知识体系在构成上与通用的项目管理知识体系相同，然而却有着鲜明的专业特点，体现在本书的每一个章节中的专业内容，都是项目管理知识体系的工程专业化。

工程项目管理的职能包括策划职能、决策职能、计划职能、组织职能、控制职能、协调职能、指挥职能和监督职能，这些职能既是独立的，又是相互密切相关的，不能孤立地去对待它们。各种职能的协调作用，才是管理力的体现。

1.2.3　工程项目管理的分类

由于工程项目可分为建设项目、设计项目、工程咨询项目和施工项目，故工程项目管理亦可据此分类，分成建设项目管理、设计项目管理、工程咨询项目管理和施工企业项目管理（简称施工项目管理，下同），它们的管理者分别是业主单位、设计单位、咨询（监理）单位和施工单位。

1. 建设项目管理

建设项目管理是站在投资主体的立场对项目建设进行的综合性管理工作。建设项目管理是通过一定的组织形式，采取各种措施、方法，对投资建设的一个项目的所有工作的系统运作过程进行计划、协调、监督、控制和总结评价，以达到保证建设项目质量、缩短工期、提高投资效益的目的。建设项目的管理者应当是参与各方组织建设活动者，包括业主单位、设计单位和施工单位。

2. 设计项目管理

设计项目管理是由设计单位自身对参与的建设项目设计阶段的工作进行的自我管理。设计单位通过设计项目管理，同样进行质量控制、进度控制、投资控制，对拟建工程的实施在技术上和经济上进行全面而详尽的安排，引进先进技术和科研成果，形成设计图纸和说明书，并在实施的过程中，进行监督和验收。所以设计项目管理包括以下阶段：设计投标（或方案比选）、签订设计合同、设计条件准备、设计计划、设计实施阶段的目标控制、设计文件验收与归档、设计工作总结、建设实施中的设计控制与监督、竣工验收。由此可见，设计项目管理不仅仅局限于设计阶段，而是延伸到了施工阶段和竣工验收阶段。

3. 施工项目管理

施工项目管理有以下特征：

1）施工项目管理的主体是施工企业。

2）施工项目管理的对象是施工项目。

3）施工项目管理要求强化组织协调工作。

施工项目管理与建设项目管理在管理主体、管理任务、管理内容和管理范围方面都是不同的。

第一，建设项目的管理主体是建设单位或受其委托的咨询（监理）单位，而施工项目管理的主体是施工企业；

第二，建设项目管理的任务是取得符合要求的、能发挥应有效益的固定资产和其他相关资产，而施工项目管理的任务是把项目施工搞好并取得利润；

第三，建设项目管理的内容是涉及投资周转和建设的全过程的管理，而施工项目管理的任务只涉及从投标开始到交工为止的全部生产组织管理及维修；

第四，建设项目管理的范围是一个建设项目，是由可行性研究报告确定的所有工程，而施工项目管理的范围是由工程承包合同规定的承包范围，是建设项目或单项工程或单位工程的施工。

4. 咨询（监理）项目及其管理

咨询项目是由咨询单位进行服务的工程项目。咨询单位是中介组织，它具有相应的专业服务知识与能力，可以受业主方或承包方的委托进行工程项目管理，也就是进行智力服务。

透过咨询单位的智力服务，提高工程项目管理水平，并作为政府、市场和企业之间的联系纽带。在市场经济体制中，由咨询单位进行工程项目管理已经形成了一种国际惯例。

工程监理项目是由建设监理单位进行管理的项目。一般是监理单位受业主单位的委托签订监理委托合同，为业主单位进行建设项目管理。监理单位也是中介组织，是依法成立的专业化、高智能型的组织，它具有服务性、科学性与公正性，按照有关监理法规进行项目管理。建设监理单位是一种特殊的工程咨询机构，它的工作本质就是咨询。建设监理单位受业主单位的委托，对设计和施工单位在承包活动中的行为和责、权、利，进行必要的协调与约束，对建设项目进行投资控制、进度控制、质量控制、合同管理、信息管理与组织协调。实行建设监理制度，是我国为了发展生产力、提高工程建设投资效果、建立市场经济、对外开放与加强国际合作、与国际接轨的需要。

1.3 建筑工程项目管理

项目管理在我国建筑业界率先推广和广泛应用。建筑工程项目是最常见、最典型的工程项目类型，建筑工程项目管理是项目管理在建筑工程项目中的具体应用。建筑工程项目管理是指以建筑工程项目为对象，以最优实现建筑工程项目目标为目的，以项目经理负责制为基础，以建筑工程承包合同为纽带，对建筑工程项目进行高效率的计划、组织、控制和监督的系统管理活动。

1.3.1 建筑工程项目管理在世界和中国的发展历程

1. 工程项目管理的产生及在世界的发展

工程项目管理的产生有三个必要条件：项目管理作为一门科学，是从 20 世纪 60 年代以后在西方发展起来的。当时大型建设项目、复杂的科研项目、军事项目和航天项目的出现，国际承包事业的大发展，使竞争非常激烈。对项目建设中的组织和管理提出了更高的要求，另外，一旦项目失败，谁都难以承担损失。于是项目管理学科作为一种客观需要被提了出来。

第二次世界大战以后，科学管理方法大量出现，逐步形成了管理科学体系，广泛地被应用于生产和管理实践，产生了巨大的效益。网络计划技术的应用和推广在工程项目管理中有着大量极为成功的应用范例，引起了全球的轰动。还有信息论、系统论、控制论、计算机技术、运筹学等理论的运用。人们把成功的管理方法引进到项目管理之中，作为动力，使项目管理越来越具有科学性，最终作为一门学科迅速发展起来了。

2. 项目管理在中国的发展

中国引进项目管理的起点是位于云南罗平县与贵州兴义县交界处的鲁布革水电站工程。该工程是世界银行贷款项目，要求必须采取招标方式组织建设。1982 年准备，1983 年 11 月当众开标，1984 年 4 月评标结束，结果日本大成建设株式会社以先进、合理的技术管理方案和 8463 万元的最低报价（比标底 14958 万元低 43%）中标。大成公司派了 30 多名管理人员和技术人员组成"鲁布革工程事务所"作为管理层，为该工程提供服务的是我国的水电 14 局。鲁布革水电站工程于 1984 年 7 月动工，1986 年 10 月完成 8.9km 的引水隧洞工程的开挖，比计划工期提前了 5 个月，全部工程于 1988 年 7 月竣工。在 4 年多的时间里创造了著名的"鲁布革效应",国务院领导提出总结学习推广鲁布革经验。至此,建筑工程项目管理在中国开始试点并深入推广和发展。鲁布革工程的项目管理经验主要有以下几点:

1) 最核心的是把竞争机制引入工程建设领域,实行铁面无私的招标投标。
2) 工程建设实行全过程总承包方式和项目管理。
3) 施工现场的管理机构和作业队伍精干灵活,真正能战斗。
4) 科学组织施工,讲求综合经济效益。

工程项目管理从20世纪80年代起在中国的成功应用,取得了举世瞩目的成就:到2006年年底全国公路总里程达到348万km,高速公路里程达4.54万km,居世界第二位。铁路建设纵贯南北的京九铁路、南疆、南昆铁路、青藏铁路依次投入使用。

葛洲坝水电站、龙羊峡水电站、大亚湾核电站、秦山核电站、二滩水电站、黄河小浪底水利枢纽工程、扬子石化、上海金茂大厦等工程对我国的经济发展、人民生活水平的提高都起到了一定的作用。2008年我国人均住宅面积已达28m^2,也是建筑业推行工程项目管理体制改革深化与发展的见证。随着举世瞩目的长江三峡、西电东送、西气东输、青藏铁路、南水北调等重大项目实施项目管理和相继竣工,可以看出,工程项目管理确实创造了一批技术先进、管理科学、已赶上世界先进水平的高、大、新工程项目,充分显示了建筑施工企业20多年来通过工程项目管理改革奠定的雄厚实力和所取得的丰硕成果。总之,我国推行项目管理是在政府的领导和推动下,有法则、有制度、有规划、有步骤进行的,这与国外进行项目管理的自发性和民间性是有区别的,因此取得了巨大的成就。

3. 中国的建筑业与发达国家建筑业之间还存在着一定的差距

2007年我国建筑业从业人数已达3650万人,占世界建筑业从业人数的25%,可是每年在国际市场工程总承包额中只占2.84%(每年国际市场工程营业额为1.43万亿美元)。我们来比较两个著名的建筑企业:美国最大的建筑公司贝克特尔建筑公司员工1.6万人,年产值120亿美元,中国最大的建筑公司中国建筑工程总公司员工15万人,年产值760亿元人民币。

由此可见,在现在和未来全球化的市场竞争中,中国建筑业能否真正在国际工程项目管理上取得成功,并在国际建筑市场占有一席之地,关键是中国建筑业能否真正实现产业国际化,能否尽快培育发展一批具有国际竞争实力的跨国工程总承包和项目管理公司,并在管理观念、管理体制、管理方法和管理人才上与国际接轨。

原建设部和人事部联合建立并推行中华人民共和国一(二)级建造师执业资格考试和注册制度,以此在2008年后全部取代之前由政府建设行政主管部门实行的项目经理资质认证制度,这对加强中国项目管理人才与国际接轨将产生深远的影响和重要的推动作用。项目管理已成为21世纪的热门话题,以注册建造师身份作为项目经理将成为年轻人首选的黄金职业。

1.3.2 建筑工程项目管理的类型

建设单位完成可行性研究、立项、设计任务和资金筹集以后,一个建筑工程项目即进入实施过程。而一个建筑工程项目的实施过程,各阶段的任务和实施的主体不同就构成了建筑工程项目管理的不同类型。同时由于建筑工程项目承包合同的形式的不同,建筑工程项目管理大致有如图1-1所示的几种项目管理。

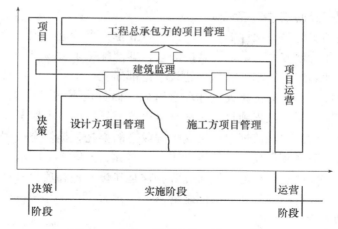

图 1-1　建筑工程项目管理类型示意图

1. 工程总承包方的项目管理

在设计施工连贯式总承包的情况下，业主在项目决策之后，通过招标择优选定总承包单位全面负责工程项目的实施过程，直至最终交付使用功能和质量标准符合合同文件规定的工程目的物。因此，总承包方的项目管理是贯穿于项目实施全过程的全面管理，既包括设计阶段也包括施工安装阶段。其性质和目的是全面履行工程总承包合同，以实现其企业承建工程的经营方针和目标，取得预期经营效益为动力而进行的工程项目自主管理。显然，它必须在合同条件的约束下，依靠自身的技术和管理优势或实力，通过优化设计及施工方案，在规定的时间内，按质按量地全面完成工程项目的承建任务。从交易的角度看，项目业主是买方，总承包单位是卖方，因此两者的地位和利益追求是不同的。

2. 设计方项目管理

设计单位受业主委托承担工程项目的设计任务，以设计合同所界定的工作目标及其责任义务作为该项工程设计管理的对象、内容和条件，通常简称设计项目管理。设计项目管理也就是设计单位对履行工程设计合同和实现设计单位经营方针目标而进行的设计管理，尽管其地位、作用和利益追求与项目业主不同，但它也是建设工程设计阶段项目管理的重要方面。只有通过设计合同，依靠设计方的自主项目管理才能贯彻业主的建设意图和实施设计阶段的投资、质量和进度控制。

3. 施工方项目管理

施工单位通过工程施工投标取得工程施工承包合同，并以施工合同所界定的工程范围，组织项目管理，简称施工项目管理。从完整的意义上说，这种施工项目应该指施工总承包的完整工程项目，包括其中的土建工程施工和建筑设备工程施工安装，最终成果能形成独立使用功能的建筑产品。然而从工程项目系统分析的角度，分项工程、分部工程也是构成工程项目的子系统，按子系统定义项目，既有其特定的约束条件和目标要求，而且也是一次性的任务。因此，工程项目按专业、按部位分解发包的情况下，承包方仍然可以按承包合同界定的局部施工任务作为项目管理的对象，这就是广义的施工企业的项目管理。

4. 业主方项目管理

业主方的工程项目管理是全过程的，包括项目实施阶段的各个环节，主要有：组织协调、安全管理、合同管理、信息管理、投资、质量、进度三大目标控制，人们把它通俗地概括为一协调三管理三控制或"三控三管一协调。"

由于工程项目的实施是一次性的任务，因此，业主方自行进行项目管理往往有很大的局限性，首先在技术和管理方面，缺乏配套的力量，即使配备了管理班子，没有连续的工程任务也是不经济的。计划经济体制下，每个建设单位都建立一个筹建处或基建处来搞工程，这不符合市场经济条件下资源的优化配置和动态管理，而且也不利于建设经验的积累和应用。因此，在市场经济体制下，工程项目业主完全可以依靠发展的咨询服务业为其提供项目管理服务，这就是社会建设监理。监理单位接受工程业主的委托，提供全过程监理服务。由于建设监理的性质是属于智力密集高层次的咨询服务，因此，如图 1-1 所示，它可以向前延伸到项目投资决策阶段，包括立项和可行性研究等，这是建设监理和项目管理在时间范围、实施主体和所处地位和任务目标等方面的不同之处。

5. 供货方的项目管理

从建设项目管理的系统分析角度看，建设物资供应工作也是工程项目实施的一个子系统，它有明确的任务和目标，明确的制约条件以及项目实施子系统的内在联系。因此制造厂、供应商同样可以将加工生产制造和供应合同所界定的任务作为项目，进行目标管理和控制，以适应建设项目总目标控制的要求。

本书主要研究建筑工程项目决策立项后实施阶段的承包商的项目管理。

1.3.3 建筑工程项目管理的任务

建筑工程项目管理的任务可以概括为最优地实现项目的总目标。也就是有效地利用有限的资源，用尽可能少的费用、尽可能快的速度和优良的工程质量，建成建筑工程项目，使其实现预定的功能。

建筑工程项目管理有多种类型，不同项目管理的具体任务也是不相同的。但其任务的主要范围是相同的。在建筑工程项目建设全过程的各个阶段，一般要进行 5 个方面的工作。

1. 组织工作

包括建立管理组织机构，制定工作制度，明确各方面的关系，选择设计施工单位，组织图纸、材料和劳务供应等。

2. 合同工作

包括签订工程项目总承包合同、委托设计合同、施工总承包合同与专业分包合同，以及合同文件的准备，合同谈判、修改、签订和合同执行过程中的管理等工作。

3. 进度控制

包括设计、施工进度、材料设备供应以及满足各种需要的进度计划的编制和检查，施工方案的制定与实施，以及设计、施工、总分包各方面计划的协调，经常性地对计划进度与实际进度进行比较，并及时地调整计划等。

4. 质量控制

包括提出各项工作质量要求，对设计质量、施工质量、材料和设备的质量监督、验收工作，以及处理质量问题。

5. 费用控制及财务管理

包括编制概算预算、费用计划、确定设计费和施工价款，对成本进行预测预控，进行成本核算，处理索赔事项和作出工程决算等。

1.4　施工项目管理

1.4.1　施工项目的概念

1. 施工项目的界定

施工项目一般是指作为建筑业企业的被管理对象的一次性施工过程，是建筑经济科学的一个基本范畴。施工项目的这一概念是从经济管理学的角度界定的，在一般项目概念的基础上做了两点限定。第一是指出了施工项目的管理主体是建筑业企业，项目是建筑业企业实现其目标的一种手段。施工项目的主体是建筑业企业而不是施工项目经理部。因为只有施工企业才是施工活动的法人，施工项目经理部是企业内的行政下属组织单位，它不能离开企业的授权活动，而且建筑业企业经营决策层虽然一般不直接参与施工项目内部具体业务的组织管理，但它是施工项目最终的权利人、责任人和利益人。第二是指出了施工项目管理的客体对象是特定的施工过程，即建筑业企业为实现其经营目标进行的投标决策工作、施工活动的组织管理工作及施工总结工作。施工项目主体与客体的这种界定使其成为建筑经济科学的一个基本范畴，施工项目管理是建筑业企业管理的重要内容。

2. 工程建设项目与施工项目的联系

工程建设项目和施工项目是工程投资建设活动中两种重要项目，分别构成工程投资过程和工程施工过程的基本单位。研究、认识两者的关系对于确保工程投资建设活动的顺利进行有重要意义。首先我们来分析两者的联系。

1）两者都是项目，具备项目的一切特征，服从于项目管理的一般规律，一般项目管理的理论和方法均可应用。

2）两者所进行的客观活动共同构成工程建设活动的整体。由于特定的工程建设过程本身是一个有机的整体，建设项目和施工项目必须相互配合才能有效地实现工程建设的目标。同时，建设项目在工程建设活动中一般是前期的、全局的、总体的任务，它的有效进行为施工项目提供必要的基础和前提，所以建设项目制约和影响着施工项目，施工项目在组织管理等方面必须适应建设项目的要求。

3）一般地说建设单位（建设项目的管理主体）和建筑业企业（施工项目的管理主体）是建筑产品的买卖双方，建筑业企业需要按建设单位的要求交付建筑产品。也就是说施工项目的组织管理必须适应建设项目的需要，因为施工任务来源于建设任务，施工任务的最终成果又要交付于建设单位。

工程建设项目和施工项目的联系要求我们在管理活动中不能把两者截然分开，相反，要使之相互配合、相互适应，以有效地完成工程建设活动。

3. 工程建设项目与施工项目的区别

工程建设项目与施工项目的联系是基于它们都作为工程建设领域的项目而确立的，但作为不同种类的项目，两者是有本质区别的。

（1）两者的管理主体不同，项目目标有着根本的区别

建设单位是以工程的投资者和产品的购买者身份出现的，所追求的目标是如何以最少的投资取得最有效的满足功能要求的使用价值。建设单位的这种目标是一种成果性目标，至于

实现这种成果的具体活动的效益与其无关，这对实现成果的过程和手段的干预仅限于其影响成果或可能影响成果的限度。建筑业企业是以工程施工活动承包者和产品出卖者身份出现的，所追求的目标是如何在保证满足消费者使用功能要求的情况下实现最大的价值，即实现施工企业的利润。建筑业企业的这种目标是一种效率性目标，它与所生产的产品的使用价值无关，它对使用价值的关心只是作为手段而不是目的，即这种考虑一般仅限于其影响或可能影响它的长期或短期利润的限度。因此建设项目目标以投资额、建筑产品质量、建设工期为主；施工项目目标以利润、施工成本、施工工期及施工质量为主。

（2）两者所管理的客体对象性质不同，所采用的管理方式和手段有较大的区别

建设项目的客体是投资活动，其工作重点是如何选择投资项目和控制投资费用，所以一般不需要掌握具体进行设计和施工的方法，其对设计和施工活动的控制方式是间接的。施工项目的客体是施工活动，其工作重点是如何利用各种有效的手段完成施工任务，所以其管理是直接的、具体的。

（3）两者的范围和内容不同，所涉及的环境和关系不同

建设项目所涉及的范围包括一个项目从投资意向开始到投资回收全过程各方面的工作，而施工项目所涉及的范围仅仅是从施工投标意向开始至工程保修过程结束的施工活动。建设项目立项后的客体范围一般由可行性研究报告界定，施工项目接标后的工作范围一般由施工合同界定。

建设项目与施工项目内容的不同除了从其寿命周期的比较可以明显看出，还需注意以下两个方面：

其一，建设单位要对参与建设活动的各种主体进行监督、控制、协调等管理工作，其中包括设计单位、施工单位、资金材料设备供应单位、工程咨询管理单位等。施工单位只是对参与施工活动的各个主体进行监督、控制、协调等管理工作，其中包括施工分包单位、材料供应单位等。

其二，就同属于施工阶段的任务，建设项目和施工项目的内容也是根本不同、互不交叉的。建设单位是对施工单位的施工活动进行监督和协助。施工单位的任务是具体组织实施施工活动。

1.4.2　施工项目寿命周期的概念

项目都有确定的寿命周期，施工项目当然也不例外。施工项目的寿命周期是指为完成施工项目的任务一般所必须经历的工作阶段以及各阶段之间的内在联系。不同的施工项目，其寿命周期、各阶段的工作内容及重点可能会有所不同，所以不但各阶段的详简程度可以有所不同，甚至有些工作可以重叠交错进行。但是不论具体表现形式如何，认识施工项目寿命周期都必须把握如下几层含义：

1）任何施工项目都有其完整的寿命周期全过程，我们对施工项目需要进行全过程的规划和优化，既不能仅抓一步而忽视全过程，也不能走一步看一步。

2）施工项目各阶段及每个阶段内各种工作之间存在着多种联系，必须严格区分、正确处理。一般地说前一阶段的活动为后一阶段提供必要的前提和基础，所以施工项目各阶段必须循序进行。项目阶段不可逾越和倒置。此外，也有些活动并无内在的顺序关系，可以根据管理的需要安排调整。

14

3）施工项目寿命周期阶段不同，其工作的性质、地位、内容也不同，所以相应的管理重点和管理手段也应有所变化。

施工项目寿命周期的阶段划分。一般说来项目寿命周期的阶段划分是要把同一段时期，同类性质的工作归结到一起，以便采取相同或相似的办法来管理；同样把不同时期，不同性质的工作分开，以避免阶段的倒置、逾越和管理的不便。项目阶段的划分有不同粗细程度，首先可作总体的阶段划分，而每个大阶段又可细分为若干小的阶段。

施工项目寿命周期的阶段一般可划分为立项、设计、实施、终结四个大的阶段。施工项目立项阶段是指从施工项目的投标意向开始到施工合同签订时为止的活动，其工作重点是投标决策，所有其他工作应围绕着投标决策进行。施工项目设计阶段是指从施工任务确立起至现场施工开始止的活动，其工作重点是根据建设单位和建筑业企业的目标要求，编制施工项目管理实施规划，规划布置具体完成施工任务的目标过程和手段。施工项目的实施阶段是指从现场施工开始至现场施工活动完成为止的活动，其工作重点是根据施工项目目标的要求具体组织配置施工生产要素。施工项目的终结阶段是指从现场施工活动完成起至施工项目的全部任务完成为止的活动（包括回访与保修），其工作重点是根据建设单位施工承包合同的要求检查施工任务及其成果、支付工程款等。

1.4.3 施工项目管理的概念

1. 概念

施工项目管理是指施工项目主体为了实现项目目标，利用各种有效的手段，对施工项目寿命周期全过程和各种施工生产要素所进行的计划、组织、指挥、控制、协调的活动过程。

从施工项目管理的定义可以看出其中包括如下几个要素：①施工项目主体；②施工项目目标；③施工项目管理手段；④施工项目寿命周期全过程；⑤施工项目生产要素；⑥施工项目管理职能。这六个方面构成了施工项目管理的全部要素。

2. 施工项目管理要素

（1）施工项目管理主体

施工项目管理主体是建筑业企业，其中包括以施工项目经理为核心的项目经理部。一些施工项目管理活动要由企业承担。项目经理部作为管理施工项目活动主体的一部分，也作为施工企业的管理对象。

（2）施工项目目标

施工项目目标是以经济效益为中心的工期、成本、质量、安全若干方面的综合。其管理内容包括：施工项目目标管理、工期控制、质量控制、成本控制和安全控制。

（3）施工项目管理手段

施工项目管理手段大体可分为两类：一类是一般性管理手段；另一类是适合于某一特定方面的管理手段。前者如会议控制法、节点管理法、偏差管理法，后者如全面质量管理法、ABC分类法、量本利分析法等。

（4）施工项目寿命周期

施工项目寿命周期已如前述，其管理主要是按阶段划分，如大类可分为施工项目前期管理、施工现场管理、施工交工管理、施工项目总结评价，其中每类中还可划分为更小部分。

15

（5）施工项目生产要素

施工项目生产要素包括劳动力、施工技术、施工资金、施工材料、施工设备等。

（6）施工项目管理职能

施工项目管理职能包括计划、组织、控制、协调、指挥等，其中大部分都与其他管理要素结合在一起。在施工项目管理中较具独立性的主要包括：施工项目组织形式、施工项目经理责任制、施工项目经理部、施工项目管理规划、施工项目计划管理、施工项目外部关系协调等。

复习思考题

1. 项目概念包含哪些基本要素？举出几个你了解的项目的例子。
2. 工程项目一般具有哪些特点？
3. 简述工程项目建设程序。
4. 项目管理与企业管理有何区别？
5. 解释工程项目管理概念并说明工程项目管理有何特征？
6. 建筑工程项目管理的类型有哪些？
7. 建筑工程项目管理有哪些任务？
8. 工程建设项目与施工项目有何区别？施工项目管理有哪些要素？

2 建筑工程项目管理组织与项目经理

通过本章的学习，要求学生了解组织的含义和职能，项目组织的特点，组织结构的概念，主要作用和构成。理解组织结构的设计原则和设计程序，项目经理的作用和要求，项目经理部的建立和运作。重点掌握五种工程项目的组织形式的结构、特点和如何进行选择。

• 2.1 建筑工程项目管理组织

2.1.1 建筑工程项目组织

1. 组织

组织有两层含义：第一层是组织机构，是指各生产要素相结合的形式和制度。表示一个实体、一群人为了某种目标按某种形式或制度结合在一起的具有正式关系的一个集合。这群人有一定的专业技术、管理技能，有明确的管理层次，有相对稳定的职务结构或职位结构，有规章制度和信息系统。是社会人的结合形式，可以完成一定的任务，并为此而处理人与人、人与事、人与物的关系。

第二层是指组织活动，其含义是指管理的一种重要职能。即通过一定的权力体系或影响力，为达到某种工作的目标，对所需要的一切资源（生产要素）进行合理配置的过程。它表示一个过程，实质上是一种管理行为。在这一过程中，体现了人类对自然的改造。

管理学中的组织职能，是上述两种含义的有机结合而产生并起作用的。

首先，作为一种机构形式，组织是为了使系统达到它的特定目标，使全体参加者经分工与协作以及设置不同层次的权力和责任制度而构成的一种人的组合。它可以理解为：

1）它是人们具有共同目标的集合体。

2）它是人们相互影响的社会心理系统。

3）它是人们运用知识和技术的技术系统。

4）它是人们通过某种形式的结构关系而共同工作的集合体。

其次，作为一种活动过程，它是指为达到某一目标而协调人群活动的一切工作。作为一种活动的过程，组织的对象是组织内各种可调控的资源。组织活动就是为了实现组织的整体目标而有效地配置各种资源的过程。

在此概念的基础上组织理论出现了两个相互联系的研究方向，即组织结构和组织行为。组织结构侧重于组织的静态研究，以建立精干、合理、高效的组织结构为目的；组织行为侧重于组织的动态研究，以建立良好的人际关系，保证组织的高效运行为目的。

2. 项目组织

人们为了实现项目目标，通过明确分工协作关系，建立不同层次的责任、权力、利益制度而构成的从事项目具体工作的运行系统。

项目组织的特点：

项目的特点决定了项目组织和其他组织相比具有许多不同的特点，这些特点对项目的组织设计和运行有很大的影响。

（1）项目组织的一次性

工程项目是一次性任务，为了完成项目目标而建立起来的项目组织也具有一次性。项目结束或相应项目任务完成后，项目组织就解散或重新组成其他项目组织。

（2）项目组织的类型多、结构复杂

由于项目的参与者比较多，他们在项目中的地位和作用不同，而且有着各自不同的经营目标，这些单位对项目进行管理，形成了不同类型的项目管理。不同类型的项目管理，由于组织目标不同，它们的组织形式也不同，但是为了完成项目的共同目标，这些组织形式应该相互适应。

为了有效地实施项目系统，项目的组织系统应该和项目系统相一致，由于项目系统比较复杂，导致项目组织结构的复杂性。在同一项目管理中可能用不同的组织结构形式组成一个复杂的组织结构体系，例如某个项目的监理组织，总体上采用直线制组织形式，而在部分子项目中采用职能制组织形式。项目组织还要和项目参与者的单位组织形式相互适应，这也会增加项目组织的复杂性。

（3）项目组织的变化较大

项目在不同的实施阶段，其工作内容不一样，项目的参与者也不一样；同一参与者，在项目的不同阶段的任务也不一样。因此，项目的组织随着项目的不同实施阶段而变化。

（4）项目组织与企业组织之间关系复杂

在很多情况下项目组织是企业组建的，它是企业组织的组成部分。企业组织对项目组织影响很大，从企业的经营目标、企业的文化到企业资源、利益的分配都影响到项目组织效率。从管理方面看，企业是项目组织的外部环境，项目管理人员来自企业；项目组织解体后，其人员返回企业。对于多企业合作进行的项目，虽然项目组织不是由一个企业组建，但是它依附于企业，受到企业的影响。

3. 建筑工程项目组织

建筑工程项目组织是指建筑工程项目的参加者、合作者按照一定的规则或规律构成的整体，是建筑工程项目的行为主体构成的协作系统。

建筑工程项目组织的结构分为内部系统和外部环境系统两部分。目前，我国建筑工程项目组织的结构图如图 2-1 所示。

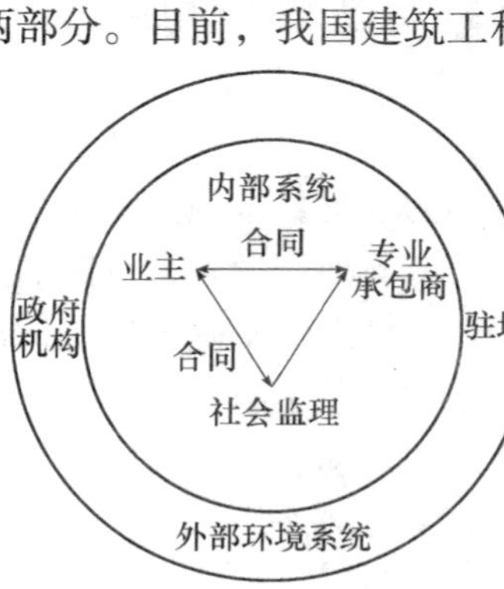

内部系统有：

（1）项目所有者

通常又被称为业主。他是项目的发起者，居于项目组织的最高层，对整个项目负责，他最关心的是项目的整体经济效益。他对项目管理体现在决策、计划、组织、协调、控制 5 种职能上。

（2）项目管理者

由业主选定，为其提供有效的、独立的管理服务，负责项目实施中具体事务性管理活动。他的主要责任是实现业主

图 2-1　建筑工程项目组织结构图

18

的投资意图，保护业主利益，达到项目的整体目标。第 1 章我们已谈到业主一般委托建设监理作为项目管理者，为其提供项目管理服务，还有一类项目管理者是建设单位的项目管理者。

（3）项目专业承包商

包括专业设计单位、施工单位和供应商等，是项目的实施者，负责项目的具体实施。其主要目的是在满足合同规定的费用、时间和质量的前提下，实现预期的工程项目的承包利润。它的主要任务和职能有：

1）建立工程项目管理组织，选聘项目经理，选择适当的组织形式，组建项目管理机构，编制项目管理制度；

2）编制项目管理计划；

3）进行项目目标控制，按合同规定完成自己所承担的项目任务，并进行进度、质量、成本、安全、现场等管理；

4）进行项目承包合同管理和信息管理以及安全管理；

5）遵守项目管理规则。

外部系统有：

（4）政府机构

是为了履行社会管理职能，由有关的政府机关，以相关法律为依据，对工程项目进行强制性监督和管理。政府的管理职能贯穿于项目的全过程。其中最重要的是建设部门的质量监督。主要的部门有：建设局、质监站、安监站、公安、环保、土地、规划、水、电、通信、消防、环卫等部门。

（5）项目驻地环境

指施工项目的建设地点的自然条件和驻地居民。驻地自然条件如厂区道路、水、电、原有建筑、当地的材料货源、质量与价格。驻地居民的合作态度的好坏主要在于施工单位是否有扰民行为。在处理与驻地居民的关系上要尽量照顾他们的利益，做好耐心细致的思想工作，对无理取闹者进行合理的制止，做好保卫工作，严防失盗现象的发生。

2.1.2　建筑工程项目管理组织

1. 建筑工程项目管理组织的内涵、分类与特点

（1）建筑工程项目管理组织的定义

项目管理组织是指在建筑工程项目组织内，由完成各种项目管理工作的人、单位、部门按照一定的规则或规律组织起来的临时性组织机构。

（2）分类

根据项目管理主体的不同，分为业主的项目管理组织和专业承包商的项目管理组织两大类。

（3）主要工作内容

1）建立严格的组织结构；

2）明确组织关系；

3）明确工作联系的组织途径；

4）明确任务分工和管理职能分工；

5）明确各项工作的工作流程；

6）健全组织工作条例。

（4）建筑工程项目管理组织的特点

1）系统性。项目的系统结构决定着项目的组织结构，通过项目结构分解到的工作都要在组织结构内无一遗漏地落实到责任者。

2）主动性。各级管理者都应被充分授权（主动性、决定权和一定范围内的变动的自由），充分发挥管理者的主观能动性，产生最佳工作状态。

3）一次性。项目的一次性和暂时性决定了项目管理组织的一次性和暂时性的特点，项目管理组织的寿命是由项目承包合同内容所确定的。

4）与企业组织之间有复杂的关系。项目管理组织依附于企业组织，项目组织的人员和部门常由企业组织提供，由此，企业组织对项目组织有领导和支配作用。项目管理人员要善于与企业组织保持良好的沟通，取得企业组织尤其是高层的必要支持。

5）高度的弹性可变性。许多组织成员随着工程施工进度，各分部分项工程的承接或完成而进入或退出项目管理组织，或承担不同的角色。项目组织可看成是多变的、可大可小的临时性组织，项目组织成员之间定期召开会议，这就是项目管理组织存在的一个明确的标志。

项目管理组织的上述五个特点，不同于通常意义上的企业组织和社团组织，具有很强的阶段性、开放性和可变性，作为项目管理者应十分明了。

2. 建筑工程项目管理组织设置的原则

一个合理的项目管理组织机构应该能够随着外部条件的变化而适时调整，这样才能为项目管理者创造良好的管理环境，才有利于更有效地实现管理目标，因此组织结构的设置非常重要，必须遵守一定的规则。

（1）目标性原则

任何一个组织的设立都有其特定的目标和任务，没有任务和目标的组织是不存在的。建筑工程项目管理组织的核心目标是在一定约束条件下，以最优实现建筑工程项目目标为目的，也可以说一切为了确保建筑工程项目目标的实现是其根本目的。

项目管理者，尤其是项目经理，应对管理组织认真分析，围绕目标设任务，围绕任务设人员、职位、部门、职能等要素，同时定岗定责、因责授权。在依据外部条件变化而对组织内部要素进行整合和取消时，也必须遵守目标性原则，以是否有利于实现其任务目标作为衡量组织结构优劣的标准。

（2）管理跨度的原则

跨度指宽度、范围的意思，管理跨度是指一个领导者直接指挥、监督下一层组织单元的数量。管理层次是从最高管理者到最下一层组织单元之间的等级次数，两者成反比关系。管理跨度越大，领导者的负担越重，决策越容易失控，管理层次越多，管理费用越高，命令传达越容易出错，信息沟通越复杂。适当的管理跨度，再加上适当的层次划分和适当的授权，是建立高效率组织的基本条件。领导是以良好的沟通为前提的，一个领导者的信息过于复杂，就会出现以偏概全、偏听偏信的官僚作风，因此在项目组织管理结构设置时，一定要综合考虑，建立一个规模适度、结构简单、层次较少的高效组织机构。

扁平化管理是企业为解决层级结构的组织形式在现代环境下面临的难题而实施的一种管理模式。当企业规模扩大时，原来的有效办法是增加管理层次，而现在的有效办法是增加管理幅度。当管理层次减少而管理幅度增加时，金字塔状的组织形式就被"压缩"成扁平状的组织形式。

扁平化得以在世界范围内大行其道的原因可以归纳为三条：

一是分权管理成为一种普遍趋势，金字塔状的组织结构是与集权管理体制相适应的，而在分权的管理体制之下，各层级之间的联系相对减少，各基层组织之间相对独立，扁平化的组织形式能够有效运作；

二是企业快速适应市场变化的需要。传统的组织形式难以适应快速变化的市场环境，为了不被淘汰，就必须实行扁平化；

三是现代信息技术的发展，特别是计算机管理信息系统的出现，使传统的管理幅度理论不再有效。

现代项目管理组织在保证履行必要职能的前提下，主张组织机构扁平化，适当减少管理层次，使领导者能够更加深入实际，做出准确的决策和判断。这种组织机构扁平化能实现尽可能减少中间管理层，使上下沟通及时有效，节约管理成本。

（3）系统化管理原则

项目自身具有系统性，组织设立时必须体现系统化。即组织要素之间既要分工合作，又必须统一命令。组织成员分工明确，权责对等，每个人都清楚自己在项目中的角色、职责及汇报关系，包括上级是谁，下级是谁，遇到困难从何处取得支持等。每个人都能得到充分授权，在完成他应该做的事情的同时，还有一种整体观念，知道自己工作上的失误将会对他人、对整个项目造成的影响。这时各人、各岗位之间必须相互协作，共同完成管理目标。分工越细，专业化水平越高、职责越明确、工作效率就越高。

另一方面，由于部门机构繁多，工作交接多，相互间沟通较难，对协作提出了更高的要求。在管理过程中，要想做好分工协作，提高效率，就必须统一命令，建立严格的管理责任制，逐层责任制，保证政令畅通。这里管理责任制的关键，就是要建立起管理者的权威性，主要手段是经济制裁，严重的包括清退出场。目的是令行禁止，保证项目管理的高度统一。

组织内部责、权、利、效相一致原则是系统化管理原则得以实施的有效保障。在经济法律关系中各管理主体和公有制经营主体所承受的权（力）利、利益、义务和职责必须相一致，不应当有脱节、错位、不平衡现象存在，其核心是主体的责权利相一致。组织内部有了明确的分工就意味着每个人或职位要承担一定的责任，而组织成员要完成责任，就必须拥有相应的权利，同时应该享受相应的利益，最终这就是职责、权利、利益相一致的原则。同时，经济效益和社会效益是我们一切经济工作的基本出发点和终极目的，因此，"效"既是责权利的起点，又是责权利的终点，也是检验责权利的设置和制衡机制是否正确得当的实践标准。

在项目组织日常管理过程中，一般可采取如下系统化管理措施进行管理：集中办公；人人参与；注重成果；发挥集体力量；培训；企业文化。

（4）精简原则

精简高效是任何一个组织建立时都力求达到的目标。组织结构中的每个部门、每个人和其他的组织要素为了一个统一的目标，组合成最适宜的结构形式，实行最有效的内部协调，使决策和执行便捷而正确，减少重复和扯皮，以提高组织效率。在保证必要职能的履行前提下，尽量简化机构，选用精干的队伍，选用一专多能的人才，这样才有利于提高组织工作效率，更好地实现组织管理目标。

（5）类型适应原则

建筑工程项目管理组织有多种类型，应在正确分析工程特点的基础上选择适当的类型，设置相应的项目管理组织。为完成组织所面对的任务和目标，必须进行有效的活动，这就要求组织必须选择适合本工程特点的组织类型并使其处于一种相对稳定状态。但随着项目实施进展，它也必须适时调整，以适应环境的变化。也就是说一个组织的部门结构、人员职责和工作职位都是可以变动的，保证组织结构能进行动态的调整，以适应组织内外部环境的变化。工程项目是一个开放的复杂系统，它以及它所处的环境的变化往往较大，所以项目组织结构应能满足由于项目以及项目环境的变化而进行动态调整的要求。

3. 建筑工程项目管理组织的形式

根据项目规模不同，外部环境不同、组织结构的形式多种多样，每种结构形式都有优缺点。企业应根据工程项目的特点，结合企业自身的特点和合同的要求，选择合适的组织结构形式。常见的组织结构形式有：直线型项目组织、工作队式项目组织、部门控制（纯项目）式项目组织、直线职能式项目组织、矩阵式项目组织、事业部式项目组织等。

可以说项目管理的目标决定了项目管理的组织，而项目管理组织是项目管理目标能够实现的决定性因素。

（1）直线型组织结构

直线型组织结构是出现最早、最简单的一种组织结构形式，也称"军队式组织"。其特点是：组织中上下级呈现直线的权责关系，各级均有主管，主管在其所辖范围内，具有指挥权，组织中每个人只接受一个直接上级的指示。简而言之，具有明显的"一个上级"特征。其优点是结构简单，权责分明，次序井然，命令统一，反应迅速，联系便捷，工作效率较高。其缺点是分工欠合理，横向联系差，对主管的知识面及能力要求高。一般地，这种组织结构形式适用于工程建设项目的现场作业管理。直线型组织结构形式如图 2-2 所示。其中 Li（$i=1$，2，3）表示组织第 i 层次管理人员。图 2-3 为一直线型承包商项目现场组织结构图。

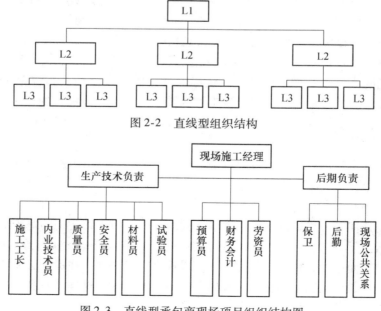

图 2-2　直线型组织结构

图 2-3　直线型承包商现场项目组织结构图

22

（2）工作队式项目组织

这种组织结构类型的特征是项目经理在企业内部聘用职能人员组成管理机构（工作队），由项目经理指挥，独立性大；项目组织成员在工程建设期间与原所在部门脱离领导与被领导关系，原单位负责人负责业务指导及服务，但不能随意干扰其工作或调回人员；项目管理组织与项目同寿命，项目结束后机构撤销，所有人员仍回原所在部门和岗位。

这种组织方式适用于工期要求紧迫的项目、要求多工种多部门密切配合的项目。其优点是：

1）能发挥各方面专家的特长和作用；

2）各专业人才集中办公，减少了扯皮和等待时间，办事效率高，解决问题快；

3）项目经理权力集中，受干扰少，决策及时，指挥灵便；

4）不打乱企业的原有结构。

这种组织方式的缺点是：

1）各类人员来自不同部门，具有不同的专业背景，配合不熟悉；

2）各类人员在同一时期内所担负的管理工作任务可能有很大差别，很容易产生忙闲不均；

3）成员离开原单位，需要重新适应环境，也容易产生临时观点。

（3）职能型组织结构

职能型组织结构同直线型组织结构恰好相反，它的各级直线主管都配有通晓所涉及业务的各种专门人员，直接向下发号施令。即组织内除直线主管外还相应地设立一些职能部门，分担某些职能管理的业务，这些职能部门有权向下级部门下达命令和指示。因此，下级部门除接受上级直线主管的领导外，还必须接受上级各职能部门的领导和指示。如图 2-4 所示，其中 Li（$i=1$，2，3）表示直线部门，F 表示职能部门。

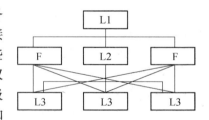

图 2-4　职能型组织结构

职能型组织结构的优点是大大提高管理的专业化程度，能够适应现代生产技术比较复杂和管理分工较细的特点，能够发挥职能部门的专业管理作用。它的最大缺点是每个职能人员都有直接指挥权，妨碍了组织必要的集中领导和统一指挥，形成了多头领导，导致基层无所适从，造成管理的混乱。

（4）直线参谋型组织结构

直线参谋型组织结构是在综合了以上两种结构优点的基础上而形成的一种组织结构形式。它的特点是：以按命令统一原则设置的直线指挥为基础，在各级直线主管之下设置相应的职能部门，作为该级直线主管的参谋部。职能部门拟定的计划、方案以及有关指令，统一由直线主管批准下达，并承担全部责任。职能部门只能对下级部门提供建议和业务指导，没有指挥和命令的权力。如图 2-5 所示，其中 Li（$i=1$，2，3）表示直线部门，F 表示起参谋作用的职能部门。

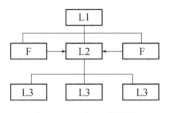

注明：—→ 表示参谋关系

图 2-5　直线参谋型组织结构

直线参谋型组织结构的优点是：一方面保持了直线型组织结构的优点，另一方面各级直线主管又有相应的参谋和助手，可以发挥职能部门的作用；缺点是过多地强调直线直接集中指挥，职能部门的主动性和积极性受到限制，作用未能充分发挥，部门间横向联系差。这种组织结构形式比较适合中小型组织，不适宜规模较大、决策时需要考虑较多因素的组织。

（5）直线职能参谋型组织结构

直线职能参谋型组织结构实际上是直线参谋型组织结构的补充和发展。它和直线参谋型的区别，在于坚持直线指挥的前提下，直线主管授予职能部门一定的决策权、控制权和协调权，即职能职权。职能部门在授予的权限范围内，可以直接指挥下级直线部门。职能职权的授予应谨慎。如运用得当，可以大大提高管理的有效性，反之，则可能削弱直线职权，引起管理的混乱。

在这种管理结构中的职能参谋部门大致分为四类：

1）顾问性的职能部门，为直线主管做决策时充当顾问。

2）控制性的职能部门，如计划、人事、财务、销售、质量检查等。

3）服务性的职能部门，如实验、技术、采购、运输、机修、基建等。

4）协调性的职能部门，如生产调度、信息反馈等。

这种结构形式在生产企业中用得比较多。世界各国企业采用这种结构形式由来已久，也比较普遍。我国目前大部分企业，也采用这种结构形式。

（6）矩阵式组织结构

矩阵式组织结构，又称规划目标结构。这种组织结构的特点是既有按职能划分的纵向组织部门，又有按规划目标（产品、工程建设项目）划分的横向部门，两者结合，形成一个阵，所以借用数学术语称作"矩阵结构"。为了保证完成一定的管理目标，横向部门的项目小组（或经理部）里设负责人，在组织的最高层直接领导下进行工作，负责最终结果（最终产品或完成项目）的责任。为完成规划目标（产品、工程建设项目）所需的各类专业人员从各职能部门抽调，他们既接受本职能部门的领导，又接受项目小组（或经理部）的领导。一旦任务目标完成，该项目小组（或经理部）即告解散，人员仍回原职能部门工作。图 2-6 为一建筑承包商的矩阵式项目组织结构图。

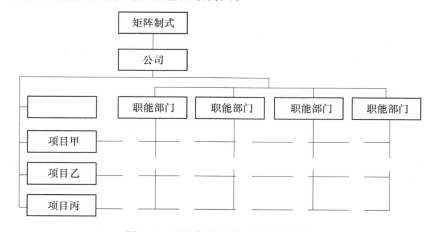

图 2-6　承包商的矩阵式组织结构图

矩阵式组织形式主要用于大型复杂项目；公司同时承担多个项目；当公司对人工利用率要求高时的项目。

矩阵式组织结构的优点是：加强了各职能部门的横向业务联系，克服职能部门相互脱节、各自为政的现象；专业人员和专用设备得到充分利用，能达到资源的最合理利用；有利于个人业务素质和综合能力的提高；具有较大的机动性和灵活性，能很好地适应动态管理和优化组合。

其缺点是人员受双重领导。当来自项目和来自职能部门两方面的领导意见不一致时，横向部门的人员就会感到无所适从，出了问题也难以查清责任。要达成一致的意见，往往需要召开许多次费时的会议来协调，因而决策的效率较低。

克服缺点的办法是：授予项目负责人以负责最终结果相对应的全部权力，保证项目负责人对项目的最有力控制；项目负责人与职能负责人共同制定项目管理的子目标，确定职能管理的重点，拟订解决重大问题的方案，如有矛盾，提交上一级解决；职能负责人不直接指挥项目里本部门的工作人员，只对其进行业务指导和管理业绩考评。

（7）事业部式项目组织

事业部对企业来说是职能部门，对外有相对独立的经营权，可以是一个独立单位。事业部可以按地区设置，也可以按工程类型或经营内容设置。当企业向大型化、智能化发展时，事业部是一种很受欢迎的选择，既可以加强经营战略管理，又可以加强项目管理。

图2-7是事业部式项目组织结构示意图。在事业部下面设置项目经理部。项目经理由事业部选派，一般对事业部负责，有的可以直接对发包人负责，具体可以根据其授权程度决定。

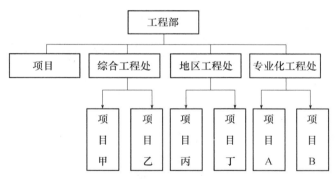

图2-7　事业部式项目组织结构

事业部式项目组织适用于大型经营型企业的工程承包，特别是适用于远离公司本部的工程承包。优点是有利于延伸企业的经营职能，扩大企业的经营业务，便于开拓企业的业务领域。还有利于迅速适应环境变化以加强项目管理。缺点是企业对项目部的约束力减弱，协调指导的机会减少，故有时会造成企业结构松散，必须加强制度约束，加大企业的综合协调能力。

4. 组织结构的选择

一个项目有许多组织形式可以选择。这些项目组织形式，各有其使用范围、使用条件和特点。不存在唯一的适用于所有组织或所有情况的最好组织形式，即不能说哪一种项目组织形式先进或落后，好或不好，必须按照具体情况分析。

1）项目自身的情况，如规模、难度、复杂程度、项目结构状况、子项目数量和特征。

2）上层系统（企业）组织状况，同时进行的项目的数量，及其在本项目中承担的任务范围。同时进行的项目（或子项目）很多，必须采用矩阵式的组织形式。

3）应采用高效率、低成本的项目组织形式，能使各方面有效地沟通，各方面责权利关系明确，能进行有效的项目控制。

4）决策简便、快速。由于项目与企业部门之间存在复杂的关系，而其中最重要的是指令权的分配。不同的组织形式有不同的指令权的分配。对此，企业和项目管理者都应有清醒的认识，并在组织设置及管理系统设计时贯彻这个精神。

5）不同的组织结构可用于项目生命周期的不同阶段，即项目组织在项目期间不断改变：早期仅为一个小型的研究组织；进入设计阶段可能采用直线式组织，或由一职能经理领导进行项目规划和设计、合同谈判；在施工阶段为一个生产管理为主的组织，对一个大项目可能是矩阵式的；在交工阶段，需要各层次参与，再次产生集中的必要，通常仍回到直线式组织。

6）通常强矩阵式的组织形式比弱矩阵或平衡矩阵式组织更能确保目标的实现，而比独立的项目组织更有效地降低成本。

5. 建筑工程项目组织管理

建筑工程项目组织管理是指为实现工程项目组织职能而进行的组织系统的设计、建立、运行和调查。组织系统的设计与建立，是指经过筹划与设计，建成一个可以完成工程项目管理任务的组织机构，建立必要的规章制度，划分并明确岗位、层次、部门、责任和权力，并通过一定岗位和部门内人员的规范化的活动和信息交流，实现组织目标。

高效率的组织体系的建立是工程项目管理取得成功的组织保证。组织运行就是按分担的责任完成各自的工作。组织运行有三个关键：一是人员配置；二是业务联系；三是信息反馈。组织调整是指根据工作的需要和环境的变化，分析原有项目组织系统的缺陷、适应性和效率，对原有组织系统进行调整或重新组合，包括组织形式的变化，人员的变动，规章制度的修订和废止，责任系统的调整，以及信息流通系统的调整等。

建筑工程项目管理组织机构建立程序：

1）采用适当的方式选聘诚实的项目经理；

2）根据工程项目管理组织原则和工程任务（目标），选用适当的组织形式，在企业的支持下组建工程项目管理机构，明确责任、权限和利益；

3）在遵守企业制度的前提下，制定工程项目管理制度。

2.2 建筑工程项目经理与项目经理部

2.2.1 建筑工程项目经理的含义

1. 项目经理

建筑工程项目经理，简称项目经理，是指企业为建立以建筑工程项目管理为核心的质量、安全、进度和成本的责任保证体系，全面提高工程项目管理水平而设立的重要管理岗位，是企业法定代表人在工程项目上的委托授权代理人。

由于建筑工程项目管理有多种类型，因此，一个建筑工程项目的项目经理也有多种情况，如建设单位的项目经理、设计单位的项目经理和施工单位的项目经理。

2. 施工项目经理

就建筑施工企业来说，项目经理是企业法定代表人在施工项目中派出的全权代表。原建设部颁发的《建筑施工企业项目经理资质管理办法》中指出"施工企业项目经理是受企业法定代表人委托，对工程项目施工过程全面负责的项目管理者，是建筑施工企业法定代表人在工程项目上的代表人。"这就决定了项目经理在项目中是最高的责任者、组织者，是项目决策的关键人物。项目经理在项目管理中处于中心地位。

建筑工程项目是一种特殊而复杂的一次性活动，其管理涉及人力、技术、设备、资金、设计、施工、生产设备、竣工验收等多方面因素和多元化关系。为了更好地进行决策、规划、组织、指挥和协调，保证项目建设按照客观规律和科学程序进行，为了统一意志、提高效率、取得管理的成功，就必须设置项目经理，使之在管理保证体系中处于最高管理者的地位。

在组织结构中，项目经理是协调各方面关系，使之相互紧密协作、配合的桥梁和纽带。他对项目管理目标的实现，承担着全部责任。即承担合同责任，履行合同义务，执行合同条款，处理合同纠纷，受法律的约束和保护。

1）施工项目经理是施工企业法定代表人在施工项目上负责管理和合同履行的委托授权代理人，是项目实施阶段的第一责任人。

2）施工项目经理是协调各方面关系，使之相互紧密协作、配合的桥梁和纽带。

3）施工项目经理对项目实施控制，是各种信息的集散中心。

4）施工项目经理是施工责、权、利的主体。

3. 施工项目经理的目标

在项目实施管理过程中，项目经理既要对业主负责，实现项目成果性目标，又要对施工企业负责，实现项目效率性目标。

4. 施工项目经理的设置原因

为了更好地进行决策、规划、组织、指挥和协调，保证项目建设按照客观规律和科学程序进行，为了统一意志，提高效率，取得管理成功，就必须设置项目经理，使其在管理保证体系中处于最高管理者的地位。

5. 施工项目经理的作用

在项目管理组织结构中，项目经理是协调各方面关系，使之相互紧密协作，配合的桥梁和纽带。他对项目管理目标的实现承担着全部责任，即承担合同责任，履行合同义务，执行合同条款，处理合同纠纷，受法律的约束和保护。项目经理素质的好坏及能力强弱直接关系到项目组织能否高效运行和项目目标能否有效实现。

2.2.2 建筑工程项目经理的责、权、利

1. 项目经理的责任

目前我国实行的是项目经理负责制，是由项目经理为施工项目的第一责任人，由项目管理班子对实现项目合同目标负责的制度。这种制度坚持"经理负责、标价分离、项目核算、指标考核、严格奖惩"的原则。主要通过项目经理与本企业签订《项目管理目标责任书》来实现。

项目经理的职责总体上是组织、计划和控制，在承担工程项目施工管理过程中履行以下

职责：

  1）项目责任书规定的职责；

  2）主持编制项目管理实施规划，并对项目目标进行系统管理；

  3）对资源进行动态管理；

  4）建立各种专业管理体系并组织实施；

  5）进行授权范围内的利益分配；

  6）收集工程资料，准备结算资料，参与工程竣工验收；

  7）接受审计，处理项目经理部解体的善后工作；

  8）协助组织进行项目的检查、鉴定和评奖申报工作。

  2. 项目经理的任务

  项目经理的总任务是保证施工项目按照合同规定和预定目标，高速优质低耗完成，使客户满意；在项目经理权限范围内，把生产要素最有成效地优化配置起来，实现项目效益，使本企业满意。

  具体的工作任务有：

  1）组织项目经理部，确定机构形式。具体的工作任务有：确定项目经理部的组织结构形式，合理配备人员，制定规章制度，明确管理人员的职责，组织领导项目经理部的运行。

  2）确定项目的总目标和阶段目标，进行目标分解，制定总体目标控制计划，保证成功建成项目。

  3）对项目管理中的重大问题及时决策。

  4）协调项目组织与相关单位之间的协作关系，协调技术与质量控制、成本控制、进度控制之间的关系。

  5）在委托权限范围内，代表本企业法定代表人进行有关签证。

  6）建立完善的内部及对外信息管理系统。

  7）严格全面履行合同。

  3. 施工项目经理的工作内容

  1）施工项目经理的基本工作有：规划施工项目管理目标，制定员工行为准则，选用人才。

  2）施工项目经理经常性工作有：决策，沟通，接受继续教育，实施合同。

  3）施工项目经理责任制。

  项目经理责任制是企业制定的、以项目经理为责任主体，确保目标实现的责任制度。

  施工项目经理责任制应贯彻的原则包括：

  1）实事求是的原则；

  2）兼顾企业、项目经理和员工三者利益的原则；

  3）责、权、利、效统一的原则。

  实施以施工项目为对象，实行项目、栋号、劳务分包三个层次的责任制。

  4. 项目经理的权限

  由于项目经理的任务和责任，必须授予他完成任务的权力条件。项目经理的权限是由企业法定代表人授予，以委托代理形式一次性确定下来。对一般项目来说，项目经理应具有以下权限：

1）参与项目招标与投标和合同签订；

2）参与组建项目经理部；

3）主持项目经理部工作；

4）决定授权范围内的项目资金的投入和使用；

5）制定内部计酬办法；

6）参与选择和使用具有相应资质的分包人；

7）参与选择物质供应单位；

8）在授权范围内协调和处理与项目管理有关的内、外部关系；

9）法定代表人授予的其他权力。

总体说项目经理应具有两方面的权力：一是与职位相关的权力，具体有位置权力、资源支配权力、决策权力、工作鉴定权力；二是与职位非相关的权力，具体有经验或专业技术方面的权力、人格权力。

项目经理的权限有一定的约束条件，具体包括：工程项目施工承包合同、项目管理目标责任书、企业法定代表人的授权范围。

5. 项目经理的利益与奖罚

1）获得工资和奖励；

2）项目完成后，按照项目管理目标责任书中的规定，经审计后给予奖励或处罚。

3）获得评优表彰、记功等奖励或行政处罚。

2.2.3 建筑工程项目经理的挑选与培养

现代工程建设项目的工程技术系统的复杂化，实施难度大，发包人越来越趋向把选择性竞争活动移向项目前期阶段。从过去纯施工技术方案的竞争，逐步过渡到设计方案的竞争，现在又以项目管理为竞争重点。发包人在选择项目管理单位和承包人时十分注重他们项目经理的经历、经验和能力的审查，并以此作为定标授予合同的条件之一，赋予很大的权重。因此项目管理公司和承包人便将项目经理的选择、培养作为一个重要的企业发展战略。

1. 项目经理应具备的基本素质

项目经理素质的高低，直接关系到项目管理的成败。一般讲项目经理的素质要求概括为：品德素质、能力素质、知识素质和身心素质四个方面。

（1）品德素质

一个称职的项目经理应具备正直、诚实、诚信、关心他人的道德品质以及认真负责、遵守法纪、锐意进取、造福社会的责任感。

（2）能力素质

1）获得充分资源的能力。

2）组织及组建团队的能力。一个项目经理必须了解组织是如何运作的以及应该如何与上级组织打交道。

3）权衡目标的能力。

4）应付危机及解决冲突的能力。项目经理应该具有对风险和不确定性进行评价的能力，了解冲突发生的根本原因，及时采取应对措施。

5）谈判及广泛沟通的能力。项目经理必须具有谈判技巧，这样才能获得充分的资源，解决项目实施中的问题，保证项目的成功。

6）领导才能及管理技能。项目经理要有快速决策的能力，同时在组织内部要有威信。在具备领导才能的基础上，还应掌握一定的管理技能，如计划、人才资源管理、预算进度安排及其他控制技术。

7）技术技能。要求项目经理懂技术、了解市场，对项目及企业所处的环境有充分的理解，这样有助于有效地寻求技术解决方案并进行技术创新。

8）创业能力。需要有全局的观念，远大的志向和创业的精神。

（3）知识素质

要求项目经理具有较宽的知识面和较新的知识结构，项目经理应当具有工程管理、经济、金融、市场营销和法律等方面的知识，才能在竞争中取胜，才能确保项目取得显著的经济效益和社会效益。

（4）身心素质

项目经理必须具备强健的身体和充沛的精力，以适应当今社会重负荷、快节奏、高效率的工作需要和生活条件、工作条件都因现场性强而相当艰苦的环境需要，另外还要有良好的心理素质。总起来说，项目经理的身心素质包括：

1）年富力强、身体健康；

2）精力充沛，思维敏捷、记忆力良好；

3）有坚强毅力和意志，健康的情感、良好的个性等心理素质。

2. 项目经理的挑选

建筑工程项目经理是决定项目成功实施的关键人物，因此如何选择出合适的项目经理非常重要。项目经理的挑选主要考虑两方面的问题：一是挑选什么样的人担任项目经理；二是通过什么样的方式与程序选出项目经理。

（1）挑选项目经理的原则。选择什么样的人担任项目经理，除了考虑候选人本身的素质特征外，还取决于两个方面：一是项目的特点、性质、技术复杂程度等；二是项目在该企业规划中所占的地位。挑选项目经理应遵循如下原则：

1）考虑候选人的能力。候选人最基本的能力主要有两方面，即技术能力和管理能力。对项目经理来说，对其技术能力要求视项目类型不同而不同，他应具备相关技术的沟通能力，能向高层管理人员解释项目中的技术，能向项目小组成员解释顾客的技术要求。然而，无论何种类型的项目，对项目经理的管理能力要求都很高，项目经理应该有能力保证项目按时在预算内完成，保证准时、及时的汇报，保证资源能够及时获得，保证项目小组的凝聚力，并能在项目管理过程中充分运用谈判及沟通能力。

2）考虑候选人的敏感性。敏感性具体指三方面，即对企业内部权力的敏感性，对项目小组成员及成员与外界之间冲突的敏感性及对危险的敏感性。对权力的敏感性，使得项目经理能够充分理解项目与企业之间的关系，保证其获得高层领导必要的支持。对冲突的敏感性能够使得项目经理及时发现问题及解决问题，而对危险的敏感性，使得项目经理能够避免不必要的风险，及时规避风险。

3）考虑候选人的领导才能。项目经理应具备领导才能，能知人善任，吸引他人投身于项目，保证项目组成员积极努力地投入项目工作。

4）考虑候选人应付压力的能力。压力产生的原因有很多，如管理人员缺乏有效的管理方式与技巧，其所在的企业面临变革，或经历连续的挫折而迫切希望成功。由于项目经理在项目实施过程中必然面临各种压力，项目经理应能妥善处理压力，争取在压力中获得成功。

（2）项目经理的挑选方式与程序

一般建筑施工企业选任项目经理的方式有以下三种：

1）由企业高层领导委派。这种方式的一般程序是，由企业高层领导提出人选或由企业职能部门推荐人选，经企业人事部门听取各方面的意见，进行资质考察，合格则经由总经理委派。这种方式要求公司总经理本身必须是负责任的主体，并且能知人善任。这种方式的优点是能坚持一定的客观标准和组织程序，听取各方面的评价，有利于选出合格的人选。

2）由企业和用户协商选择。这种方式和一般程序是，分别由企业内部及用户提出项目经理的人选，然后双方在协商的基础上加以确定。这种方式的优点是能集中各方面的意见，形成一定的约束机制。由于用户参与协商，一般对项目经理人选的资质要求较高。

3）竞争上岗的方式。其主要程序是由上级部门（有可能是一个项目管理委员会）提出项目的要求，广泛征集项目经理人选，候选人需提交项目的有关目标文件、由项目管理委员会进行考核与选拔。这种方式的优点是可以充分挖掘各方面的潜力，有利于人才的选拔，有利于发现人才，同时有利于促进项目经理的责任心和进取心。竞争上岗需要一定的程序和客观的考核标准。

对项目经理的挑选应在获得充分信息的基础上进行。这些信息包括：个人简历、学术成就、成绩评估、心理测试以及员工的职业发展计划。

3. 项目经理的培养

项目经理的培养主要靠工作实践，这是由项目经理的成长规律决定的。成熟的建筑工程项目经理都是从建筑工程项目管理的实际工作中选拔、培养而成长起来的。

1）应该把项目管理人员，包括项目经理，当作一个专业，在高校中进行有计划的人才培养。

2）可以从工程师、经济师以及有专业专长的工程管理技术人员中，注意发现熟悉专业计划技术、懂得管理知识、表现出色、有较强组织能力、社会活动能力和兴趣比较广泛的人，经过基本素质考察后，作为项目经理预备人才加以有目的的培养。

3）大中型项目的项目经理，在上岗前要在别的项目经理的带领下，接受项目副经理、助理或见习项目经理的锻炼，或独立承担小型项目的项目经理工作。

项目经理大多是技术出身，做技术工作时，他们的大部分时间和精力都用来解决技术问题，当他们承担工程管理的新角色时，他们应将大部分的时间与精力用到管理范畴的计划、组织、沟通、控制上，而具体的设计施工等则由小组成员去完成。但很多人往往不适应，就像无水之鱼一样，无所适从。施工企业应该积极为优秀的项目管理人员提供必要的培训和晋升的途径，以提高企业项目管理人才的竞争力。

总之，经过培养和锻炼，施工项目经理的工程专业知识和项目管理能力才能提高，才能承担重大项目的管理重任。

2.2.4 施工项目经理部

1. 项目经理部的作用

1）负责施工项目从开工到竣工的全过程施工生产经营的管理，对作业层负有管理与服务的双重责任；

2）为项目经理决策提供信息依据，执行项目经理的决策意图，向项目经理全面负责；

3）项目经理部作为项目团队，应具有团队精神，完成企业所赋予的基本任务——项目管理；凝聚管理人员的力量；协调部门之间、管理人员之间的关系；影响和改变管理人员的观念和行为，沟通部门之间、项目经理部与作业队之间、与公司之间、与环境之间的关系。

4）项目经理部是代表企业履行工程承包合同的主体，对项目产品和建设单位负责。

2．建立施工项目经理部的基本原则

1）要根据所设计的项目组织形式设置项目经理部。因为项目组织形式与项目的管理方式有关，与企业对项目经理部的授权有关。不同的组织形式对项目经理部的管理力量和管理职责提出了不同要求，提供了不同的管理环境。

2）要根据施工项目的规模、复杂程度和专业特点设置项目经理部。例如，大型项目经理部可以设职能部、处；中型项目经理部可以设处、科；小型项目经理部一般只需设职能人员即可。如果项目的专业性强，便可设置专业性强的职能部门，如水电处、安装处、打桩处等。

3）项目经理部是一个具有弹性的一次性管理组织，随着工程项目的开工而组建，随着工程项目的竣工而解体，不应搞成一级固定性组织。在工程施工开始前建立，在工程竣工交付使用后解体。项目经理部不应有固定的作业队伍，而是根据施工的需要，由企业（或授权给项目经理部）在社会市场吸收人员，进行优化组合和动态管理。

4）项目经理部的人员配置应面向现场，满足现场的计划与调度、技术与质量、成本与核算、劳务与物资、安全与文明施工的需要。而不应设置专营经营与咨询、研究与发展、政工与人事等与项目施工关系较少的非生产性管理部门。

5）在项目管理机构建成以后，应建立有益于项目经理部运转的工作制度。

3．施工项目的劳动组织

施工项目的劳动力来源于社会的劳务市场，应从以下三方面进行组织和管理：

1）劳务输入。坚持"计划管理、定向输入、市场调节、双向选择、统一调配，合理流动"的方针。

2）劳动力组织。劳务队伍均要以整建制进入施工项目，由项目经理部和劳务分公司配合，双方协商共同组建栋号（作业）承包队，栋号（作业）承包队的组建要注意打破工种界限，实行混合编组，提倡一专多能、一岗多职。

3）项目经理部对劳务队伍的管理。对于施工劳务分包公司组建的现场施工作业队，除配备专职的栋号负责人外，还要实行"三员"管理岗位责任制：即由项目经理派出专职质量、安全、材料员，实行一线职工操作全过程的监控、检查、考核和严格管理。

4．项目经理部部门设置

1）工程技术部门：生产调度、技术管理、进度计划、施工组织设计等。

2）监督管理部门：质量控制、安全控制、消防保卫、环境保护、计量、测量等。

3）经营核算部门：预算、合同、成本、资金、劳动力配置等。

4）物资设备部门：材料、设备的询价、采购、运输、管理。

5．项目经理部人员配置

目前国家对项目经理部的设置规模尚无具体规定。结合有关企业推行施工项目管理的实际，一般按项目的使用性质和规模分类。只有当施工项目的规模达到以下要求时才实行施工项目管理：1 万 m² 以上的公共建筑、工业建筑、住宅建设小区及其他工程项目投资在 500 万元以上的，均实行项目管理。

有些试点单位把项目经理部分为三个等级，具体见表 2-1。

表 2-1　项目经理部等级

序　号	等　级	规模（万元）	人　数	高级职称（%）	中级职称（%）	初级职称（%）	其他（%）
1	一级项目经理部	>8000	30 ~ 45	10	40	40	10
2	二级项目经理部	>3000	20 ~ 30	5	35	50	10
3	三级项目经理部	>500	15 ~ 20	3	30	57	10

建设总面积在 2 万 m² 以下的群体工程，面积在 1 万 m² 以下的单体工程，可实行栋号承包，以栋号长为承包人，直接与公司（或工程部）经理签订承包合同；也可委托某项目经理部兼任。

施工项目经理部的部门设置和人员配备的指导思想是把项目建成企业管理的重心、成本核算的中心，代表企业履行合同的主体。因此一级项目经理部管理人员中获得高级职称的不得低于 10%。

一般项目经理部可设置以下 5 个部门：

1）经营核算部门，主要负责工程预结算、合同与索赔、资金收支、成本核算、工资分配等工作。

2）技术管理部门，主要负责生产调度、文明施工、劳动管理、技术管理、施工组织设计、计划统计等工作。

3）物资设备供应部门，主要负责材料的询价、采购、计划供应、管理、运输、工具管理、机械设备的租赁配套使用等工作。

4）质量安全监控管理部门，主要负责工程质量、安全管理、消防保卫、环境保护等工作。

5）测试计量部门，主要负责计量、测量、试验等工作。

6. 项目经理部的运作体系

施工项目工作体系的建立，与组织机构的建立形式有关。不同的组织形式有不同的领导方式，项目经理部与公司的工作关系处理方式也不相同，业务部门之间的关系也各有特点。例如，矩阵制组织结构下的工作关系特点是：

1）项目经理在公司经理或工程部经理的直接领导下工作，项目经理对公司经理（或工程部经理）负责。同时项目经理直接领导项目经理部各职能部门，各承包队和作业队，故亦对项目组织全体人员负责。

2）项目经理部各职能部门由公司（或工程部）各职能部门派遣人员组成非固定化组织，既受业务部门领导，又受项目经理领导。由于职能人员组织关系仍归公司（或工程部）各职能部门，故他们对职能部门的关系比对项目经理的关系紧密。项目经理必须有很强的领导能力，才能团结和调动职能人员，且应善于协调职能人员的工作。职能人员对项目经理负责，更对职能部门负责。

3）项目中所用的作业队伍，一般是与企业签订合同的劳务分包企业，它们按合同接受项目经理的领导和各职能部门的专业指导，完成作业任务。

4）项目组织与外界环境的工作关系比公司少得多，需在企业法定代表人授权下才直接对外联系，且由项目经理总负责。项目经理部的对外关系有：政府部门、设计单位、建设单位、供应单位、市政与公用单位，以及与施工现场有关的其他单位。有的是合同关系，如与建设单位、供应单位的关系；有的是项目管理的协作关系，如与设计单位、市政公用单位的关系；有的是社会协作和制约关系，如与银行、税收单位、规划部门、审计部门、环保部门、交通部门、政府部门等的关系。因此，凡合同关系，需严格履约；凡项目协作关系，便要主动协调或接受协调；凡社会协作和制约关系，应遵守有关规定，依法办事，重信誉，讲社会公德。

5）项目组织与监理单位的关系很重要。总的说要接受监督。监理单位监督的主要内容为是否按合同办事。因此项目经理部必须严格履行合同。还要在建设单位向监理单位授权的范围内，在监理法规限定的条件下，与监理单位处理好例行性关系，如接受验收检查，按章签证，提供信息，接受建议，服从协调，尊重其确认权和否决权等。

项目经理部的内部工作关系还与项目经理部的目标责任及组织层次有关。如果项目经理部承担"建设项目"施工，下面又分单项工程子项目和单位工程子项目，则理想的工作关系应是直线职能制或矩阵制的，在业务关系上，虽然可以分为许多业务部门，但归纳起来只有三类：一类是生产系统，一类是技术系统，一类是经济系统。生产系统包括计划、统计、调度、劳动、材料、设备部门（人员），他们的主要控制目标是工期和施工现场；技术系统包括质量、技术、安全、消防、试验、计量等部门（人员），他们的主要控制目标是质量和安全；经济系统包括预算、合同、财务、成本等部门（人员），他们的主要控制目标是造价（或成本）和节约。三个系统又相互关联，存在着信息关系、协作关系，共同完成项目管理任务。

7. 项目经理部的解体

项目经理部是一次性具有弹性的施工现场生产组织机构，工程临近结尾时，业务管理人员乃至项目经理要陆续撤走，因此，必须重视项目经理部的解体和善后工作。

项目经理部解体办法与善后工作：

1）企业工程管理部门是项目经理部解体善后工作的主管部门，主要负责项目经理部的解体后工程项目在保修期间问题的处理，包括因质量问题造成的返（维）修、工程剩余价款的结算以及回收等，实行专款专用。

2）在竣工交付验收签字之日起15日内，项目经理部要向企业工程管理部写出项目经理部解体申请报告，同时提出善后留用和遣散人员的名单及时间，经有关部门审核批准后执行。

3）项目经理部在解聘人员时，要提前发给两个月的岗位效益工资，并给予有关待遇。从解聘第3个月起（含解聘合同当月）其工资福利待遇在公司或新的被聘单位领取。

4）项目经理部解体前，应成立以项目经理为首的善后工作小组，其留守人员由主任工程师、技术、预算、财务、材料各一人组成，主要负责剩余材料的处理，工程价款的回收，财务账目的结算移交，以及解决与建设单位的有关未定事宜。善后工作一般规定为3个月

（从工程管理部门批准项目经理部解体之日起计算）。

5）项目完成后，还要考虑该项目的保修问题，因此在项目经理部解体与工程结算前，要由项目经理部与工程管理部门协商同建设单位签订保修责任书，并确定工程保修费的预留比例。

项目经理部效益审计评估和债权债务处理：

1）项目经理部剩余材料原则上让售处理给公司物资部门，材料价格就质论价。如双方发生争议时可由企业经营管理部门协调裁决；对外让售必须经公司主管领导批准。

2）由于现场管理工作需要，项目经理部自购的通讯、办公等小型固定资产，必须如实建立台账，按质论价，移交公司。

3）项目经理部的成本盈亏审计以该项目工程实际发生成本与价款结算回收数为依据，由审计牵头，预算财务、工程部门参加，于项目经理部解体后一定时间写出审计评价报告，交经理办公会审批。

4）项目经理部的工程结算、价款回收及加工订货等债权债务的处理，由留守小组完成。如未能全部收回又未办理任何符合法规手续的，其差额部分作为项目经理部成本亏损额计算。

5）整个工程项目综合效益审计评估除完成《项目管理目标责任书》规定指标以外仍有盈余者，可作为项目经理部的管理奖。整个经济效益审计为亏损者，其亏损部分一律由项目经理部负责。

6）项目经理部解体善后工作结束后，项目经理离任重新投标或聘用前，必须按上述规定做到人走账清、物净，不留任何尾巴。

2.2.5 施工项目管理制度

1. 施工项目管理制度的作用

1）是贯彻国家和企业与施工项目有关的法律、法规、方针、政策、标准、规程等，指导本施工项目的管理。

2）是规范施工项目组织及职工的行为，是指按规定的方法、程序、要求、标准进行施工和管理活动，从而保证施工项目组织按正常秩序运转，避免发生混乱，保证各项工程的质量和效率，防止出现事故和纰漏，从而确保施工项目目标的顺利实现。

2. 建立施工项目管理制度的原则

1）指定施工项目管理制度必须贯彻国家法律、法规、方针、政策以及部门规章，且不得有抵触和矛盾，不得危害公共利益。

2）指定施工项目管理制度必须实事求是，即符合本施工项目的需要。

3）管理制度要配套，不留漏洞，形成完整的管理制度和业务体系。

4）各种管理制度之间不能产生矛盾，以免职工无所适从。

5）管理制度的制定要有针对性，任何一项条款都必须具体明确，词语表达简洁、明了。

6）管理制度的颁布、修改和废除要有严格程序。项目经理部制定的制度，由项目经理签字，应报公司法定代表人批准方可签字。

3. 项目经理部管理制度的内容

1）项目管理人员的岗位责任制。

2）项目技术管理制度。

3）项目质量管理制度。

4）项目安全管理制度。

5）项目计划、统计与进度管理制度。

6）项目成本核算制度。

7）项目材料、机械设备管理制度。

8）项目现场管理制度。

9）项目分配与奖励制度。

10）项目例会、施工日志与档案管理制度。

11）项目分包及劳务管理制度。

12）项目组织协调制度。

13）项目信息管理制度。

4. 项目经理部管理制度的建立和执行

施工项目经理部管理制度的建立应围绕计划、责任、监督、核算、奖罚等内容。责任制度建立的基本要求是：一个独立的职责，必须有一个人全权负责，应做到人人有责可负、事事有人负责。

项目管理制度一经制定，就应严格实施。在项目实施过程中应严格对照各项制度检查执行情况，并对制度进行及时的修改、补充和完善，以便于更好地规范项目管理。

复习思考题

1. 建筑工程项目组织与建筑工程项目管理组织的区别？

2. 建筑工程项目管理组织与一般组织的区别？

3. 建筑工程项目管理组织设置有哪些形式？

4. 下面三句话常被用来描述矩阵式组织环境，你是否同意？请说明理由。

①矩阵式项目能够更充分地使用人员。

②项目经理和部门经理必须就谁占主导地位达成一致意见。

③在矩阵组织中，做决策需要不断地权衡时间、成本、技术风险及不确定因素等。

5. 建筑工程项目经理有哪些职责？

6. 怎样挑选和培养建筑工程项目经理？

7. 怎样建立施工项目经理部？

8. 项目经理部管理制度有哪些内容？

3 建筑工程招标与投标

3.1 建筑工程招标投标基础知识

3.1.1 建筑工程招标投标的历史沿革

1. 国际工程承发包业务的形成和发展

招标投标在国际建筑承包市场已经应用了一二百年，成为一种习惯做法。早在19世纪初期，西方各发达国家先后形成了比较完善的建筑工程招标投标制度，颁布了有关的法规、条例和章程。19世纪末，资本主义发达国家为了争夺生产资源和谋取高额利润，向其殖民地和经济不发达的国家输出大量资本，利用当地的廉价劳动力承包建筑工程。到了20世纪70年代，中东地区盛产石油国的外汇收入急剧增长。这些国家大兴土木，进行国内各项经济建设，这无疑为当时已经发展成熟的发达资本主义国家的建筑商提供了难得的建筑工程承包市场。从20世纪80年代开始，东亚和东南亚地区经济发展较快，促进了本国建筑业的迅速发展，吸引了许多西方建筑公司的参与，这又促进了国际建筑市场的发展。

随着中国"走出去"步伐的不断加快，中国工程承包商的国际地位也在不断提升，由美国《工程新闻纪录》（ENR）评选出的2007年度全球最大225家国际承包商中，中国建筑工程总公司等49家承包商跻身225强。

近年来，我国对外承包工程额屡创新高。据商务部合作司统计，2007年，我国对外承包工程完成营业额406亿美元，同比增长35.3%；新签合同额776亿美元，同比增长17.6%。截至2007年年底，我国对外承包工程累计完成营业额2064亿美元，签订合同额3295亿美元。当前，中国公司承揽的大项目越来越多，项目规模和档次不断提升。2007年单个金额达到或超过1亿美元的项目达138个，10亿美元以上的项目5个，最大单个项目达到83亿美元，中国承包商在国际工程承包市场的地位不断提升。

2. 国内工程承发包业务的形成和发展

我国建筑工程承发包业务起步较晚，但发展速度较快，大致可分为以下四个阶段：

1）从19世纪80年代起，在上海陆续开办了一些营造厂（建筑企业）。这些营造厂实行的是层层转包的资本主义管理经营制度，由于资本主义市场竞争的出现，营造常见的竞争日趋激烈，客观上促进了我国建筑业的发展。到20世纪初，我国的建筑业已初步具有一般民用建筑设计与施工活动能力。

2）新中国成立后，由于国家建设的需要，建设任务极其繁重，建筑业有了很大的发展。虽然工程任务是以行政手段分配的，但仍起了较大的积极作用，施工周期和工程质量都能达到国家建设的要求，建筑设计和施工技术也都接近当时的国际水平。

3）1958～1976年期间由于受"左"的思想的影响，把工程承包方式当作资本主义经营方式进行批判，取消和废除了承包制、合同制、法定利润和甲乙方关系，建立了现场指挥部等管理体制，这实际上不承认建筑企业的客观经济规律，因此，施工企业成了来料加工、提供劳务的松散行业，在此期间施工企业处于徘徊不前的状态。

4）1978年至今，建筑业在我国改革开放的方针政策的指导下，认真总结经验教训，率先实行了体制改革。在此期间，建立、推行和完善了下列四项工程建设基本制度：

①颁布和实施建筑法、招投标法、合同法等法律法规，为建筑业的发展提供了法制基础；

②制定和完善了建设工程合同示范文本，贯彻合同管理制度；

③大力推行招投标制，把竞争机制引入建筑市场；

④创建了建设监理制，改革建设工程管理体制。

这些改革措施，有力地调动了建筑施工企业和全体职工的积极性，同时，在激烈的竞争中，迫使企业提高素质，改变施工条件，加快施工和管理现代化进程。那些技术力量雄厚、现代化程度高、施工技术先进的大型企业的业务拓向国外建筑市场。

3.1.2　我国建筑工程招标投标的基本情况

我国早在20世纪80年代就实行了项目招投标，1983年6月正式启动，标志是《建筑工程安装工程招标投标暂行规定》的颁布。《中华人民共和国招标投标法》（以下简称《招标投标法》）于1999年8月30日经全国人大颁布，并于2000年1月1日开始实施。《招标投标法》将国际上行之有效的采购方式引入我国，它的出台和实施是我国经济体制改革的重大突破，标志着我国的招投标步入法制化轨道。

建筑产品是商品，实行公开买卖，就要有竞争，要使价值规律对建筑产品价格起调节作用，就必须让企业生产产品的个别价格到市场上去衡量。如果中标，就是该企业产品的个别价格得到了社会承认，这样使企业的发展取决于市场的吸引力，不取决于行政的推动力。

招标投标在发达国家早已有之，是建筑业的主要竞争形式。能否正确报价，能否正确组织技术经济情报资料，不断发展新技术，改善经营管理，是承包商生存攸关的问题。

1. 我国建筑工程招标投标的特点

（1）我国招标投标是在国家计划指导下进行

实行招标的建筑安装工程必须是已列入国家或省、直辖市、自治区年度计划，有经符合国家标准的设计单位出的施工图和概算。这就是说，各建筑企业通过招标投标获得的建设任务是组成国家计划的内容，受国家计划的指导。

（2）我国招标投标竞争的目的与其他国家不同

我国招标投标竞争的目的是自觉地利用价值规律，鼓励先进，鞭策落后，促使企业主动改善技术条件，加强经营管理，在提高社会经济效益的同时，提高企业自身的经济效益，达到企业共同进步的目的。

（3）我国招标投标是在行政组织领导与监督下实施

在发达国家，招标投标完全是在市场中进行的，只要遵循有关的法律规定，业主可以自由招标（除军事等工程外），一般政府不出面组织。我国招标投标是在行政组织领导与监督下实施，政府从中起到较强的监管作用。

2. 建筑工程招标投标的范围

根据《招标投标法》，在中国境内的下列工程建设项目，包括项目的勘察、设计、施工以及与工程建设有关的重要设备、材料等的采购，必须进行招标。具体范围如下：

1）大型基础设施、公共事业等关系公共利益、公共安全的项目；

2）全部或部分使用国有资产投资和国家融资的项目；

3）使用国际组织或外国政府贷款、援助资金项目；

4）前款所列项目的具体范围和规模标准，由国务院发展计划部门会同国务院有关部门制定，报国务院批准。法律或者国务院对必须进行招标的其他项目的范围有规定的，依照其规定。

《招标投标法》规定，任何单位和个人不得将依法必须进行招标的项目化整为零，或者以其他方式规避招标。如果发生此类情况，有权责令改正，可以暂停项目执行或暂停资金拨付，并对单位负责人或其他直接责任人依法给予行政处分或纪律处分。另外不得限制或排斥投标，比如有的限制和排斥本地区和本系统以外的法人或其他组织参加投标，这种限制和排斥行为已构成违法。

只有涉及国家安全、国家机密、抢险救灾或者属于利用扶贫资金实行"以工代赈"需要使用农民工等特殊情况，以及低于国家规定的必须招标标准的小型工程或标的较小的改扩建工程，按国家的有关规定，经过履行批准手续后，可以采取直接委托的方式而不实行招标。

3. 建筑工程招标投标活动的基本原则

根据《招标投标法》，招标投标活动应当遵守公开、公平、公正和诚实信用原则。

（1）公开原则

公开原则又称透明原则，其主要精神就是要让招投标活动置于社会的公开监督之下，有效防止不正当交易。主要体现在：

1）招标人要在指定报刊上和其他媒体上发布招标公告，邀请所有潜在的投标人参加投标。

2）在招标文件中要详细说明拟采购工程的技术规格，招标投标的工作程序，评价投标文件和选定中标者的标准。

3）要在截止递交投标文件的同一时间（开标时间）公开开标。

4）在确定中标人之前，招标人不得与投标人就投标价格、投标方案等实质性内容进行谈判。

（2）公正原则

主要体现在评标、定标的过程中，目的是要按已在招标文件中公开的授标条件，使最符合该条件的投标人能中标。公正原则要求：

1）评标委员会的组织应当具有中立性、权威性和法定性。

2）评标应当依据已在招标文件中公开的标准，对招标文件进行客观的评价和比较，从中选出最符合标准的单位，并将其作为招标人承诺和合同成立的依据。

（3）公平原则

公平原则的基本点是反对歧视和特权，其中包括：

1）招标人给所有参与投标的投标人以同样的机会。

2）在进行资格审查时，所有投标人都适用同样的标准。

3）招标采购单位应向所购买了招标文件的投标人提供同样的信息。

4）任何投标人都有一次，而且只有一次报价机会。

（4）诚实信用原则

合同法中叙述的诚实信用原则在招标投标法中仍然适用，它是民事活动中的最高准则，无论是投标方还是招标方都必须遵守诚实信用的原则，招标投标法中更要强调以下几方面：

1）考察资质、业绩。对投标人而言，必须要有符合招标文件要求的资质、业绩，不得以欺诈或虚假手段投标，不得以低于成本价投标，损害业主利益。

2）防止低价烂标。在当前我国建筑市场还不十分成熟的条件下，特别要强调投标方式应当遵守诚实信用原则，尤其是在使用世界银行范本的时候，由于世界银行与亚洲银行都是以最低价原则作为中标条件，而我国的大型企业又多数是国有企业，使得近年来低价抢标现象屡屡出现，扰乱了建筑市场的公平竞争，要加以防止。《招标投标法》中专门规定，"不得以低于成本的价格竞争"。

3.1.3 招标投标的基本概念

招标投标是一种商品交换行为，它包括招标和投标两方面的内容。目前招标投标在国际上广泛采用，不仅政府、企业、事业单位用它来采购原材料、器械和机械设备，而且各种工程项目也日益用这种方式进行物资采购和工程承包，它是在商品经济比较发达的阶段出现的，是商品经济发展的结果。

由于招标投标是一家买主通过发布广告吸引多家卖主前来投标，进行洽谈，买主可享有灵活的选择权，所以它非常适合期货交易的需要。买卖双方通过招标投标达成协议，此时还需要签订合同，二者结合起来，才能保证期货交易成功。

土木工程招标投标的目的就是为了提高建设工程建设质量、提高资金的使用效率，促进建设市场公开竞争，遏制工程管理中的腐败现象。招投标制度就是一种国外广泛使用的，且行之有效的土木工程施工承包采购方法。在招标的过程中，由于工程项目的买方永远只有一个（即招标单位），而卖方却是多家投标人。也就是说，招标就是要形成一个相对的"供过于求"的形式——即买方市场，在承包商之间开展有利于提高技术水平、管理水平的竞争。因此招标的实质可归纳为："充分竞争，程序公开，机会均等，公平、公正地对待所有投标人，并按事先公布的标准等，将合同授予符合授标条件的投标人。"

下面是招标投标的一些基本概念。

1. 招标

招标是指招标人（或单位）利用报价的经济手段择优选购商品的购买行为。

2. 建筑工程招标

建筑工程招标是由具备招标资格的招标单位或招标代理单位，就拟建工程项目编制招标文件和标底，发出招标通知，公开或非公开地邀请投标单位前来投标，经过评标、定标，最终与中标单位签订承包合同的过程。

3. 投标

投标是指投标人（或单位）利用投标报价的经济手段来销售自己的商品的交易行为。

4. 建筑工程投标

建筑工程投标是指投标单位进行投标活动的全过程。各投标人依据自身的能力和管理水平，按照招标文件规定的统一要求，对招标项目估算自己的报价，在规定的时间内填写投标文件并递交给招标人（或单位），参加竞争，争取中标，这个过程叫做建筑工程投标。

5. 标底

标底是建筑工程造价的表现形式之一，是由招标单位自行编制或委托经建设行政主管部门批准具有编制标底资格和能力的中介代理机构编制，并经当地工程造价管理部门（招投标办公室、建设银行经办行或指定的其他机构）核准审定的发包造价。

标底是招标工程的预期价格，是招标者对招标工程费用的自我测算和控制，也是判断投标报价合理性的依据。标底应具有合理性、公正性、真实性和可行性。

6. 评标（议标）

评标又称议标，指招标人（或单位）按照投标文件的要求，由专门的评标委员会对各投标人（或单位）所报送的投标资料进行全面审查，择优选定中标人（或单位），这个过程叫做评标。

评标是一项比较复杂的工作，要求有生产、质量、检验、供应、财务、计划等各方面的专业人员参加，对各投标人（或单位）的质量、价格、期限等条件进行综合分析和评比，根据招标人（或单位）的要求，择优评出中标人（或单位）。中标人的评定办法有以下3种：

1）全面评比，综合分析条件，最优者为中标人（或单位）；

2）按各项指标打分评标，得分最高者为中标人（或单位）；

3）以能否满足招标人或单位的侧重条件如工期短或报价低等选择中标人。

7. 中标（得标）

当招标人（或单位）以中标通知书的形式正式通知投标人（或单位）得了标，作为投标人来说则是中标，就招标人来说则是接受了投标人的标。

在开标以后，经过评标、定标，择优选定的投标人（或单位）就叫中标人（或单位），在国际工程招投标过程中称之为成功的投标人。

8. 报价

建筑工程报价是指施工单位根据招标文件及有关计算工程造价的资料，按照一定的计算程序计算的工程造价，在此基础上，考虑投标策略及各种影响工程造价的因素，然后提出投标报价。投标报价是施工投标的重要工作。

9. 招标投标

招标投标是招标与投标两者的统称，它是指招标人通过发布公告，吸引众多的投标人前来参加投标，择优选定，最后达成协议的一种商品交易行为。买卖双方在进行商品交易时，一般要经过协商洽谈、付款、提货等几个环节。招标投标则属于协商洽谈这一环节。招标人进行招标，实际上是对自己所想购买的商品询价。所以，人们把这样的一种交易行为统称为招标投标。

10. 招标投标制

招标投标是一种商品交易行为，招标人与投标人之间存在一种商品经济关系。为体现招标投标双方的经济权力、经济责任，推动投标人员负起经济责任，就必须建立一套管理制度来维护、巩固这一系列权利、责任和利益，这就是招标投标制。

3.2 建筑工程招标

3.2.1 建筑工程招标的条件和方式

1. 招标单位应具备的条件

招标人自行组织招标，必须符合下列条件，并设立专门的招标组织，经招投标管理机构审查合格后发给招标组织资格证书。

1）是法人或依法成立的其他组织；

2）有与招标工作相适应的经济、法律咨询和技术管理人员；

3）有组织编制招标文件的能力；

4）有审查投标单位资质的能力；

5）有组织开标、评标和定标的能力。

不具备上述条件的招标人必须委托具有相应资质（资格）的招标代理人组织招标。

2. 招标工程应具备的条件

1）建设工程已批准立项；

2）向建设行政主管部门履行了报建手续，并取得批准；

3）建设资金能满足建设工程的要求，符合规定的资金到位率；

4）建设用地已依法取得，并取得了建设工程规划许可证；

5）技术资料能满足招标投标的要求；

6）法律、法规、规章规定的其他条件。

3. 建筑工程招标方式

根据项目本身的要求，项目面临的宏观和微观条件不同，项目招标可以选择的方式多种多样。不同的招标方式又可分别适用于不同的项目采购规模、不同的资金来源渠道、不同的采购项目的性质和要求。因此在项目的实施过程中，我们就有必要进行适当的选择，以决定采用最适合项目的招标方式。

为了规范招标投标活动，保护国家利益和社会利益以及招投标活动当事人的合法权益，《招标投标法》规定招标方式分为公开招标和邀请招标两类。只有不属于法规规定必须招标的项目才可以采用直接委托的方法。

（1）公开招标

是由招标单位通过报刊、广播、电视、互联网等媒体工具发布招标公告，凡具备相应资质符合招标条件的法人或组织不受地域和行业限制均可申请投标。一般投标人在规定的时间内向招标单位提交意向书，由招标单位进行资格审查，核准后购买招标文件，进行投标。公开招标的方式可以给一切合格的投标人以平等的竞争机会，能够吸引众多的投标者，故又称无限性招标。一般来讲，这种方式既能选出优秀的中标人，又能通过竞争降低成本。但也有缺点，所需招标时间长，费用高。

根据项目的规模大小，要求的技术、质量水平的高低以及资金的来源，公开招标又可根据其涉及的范围的大小，分为国际性公开招标和国内公开招标。

公开招标的主要工作程序是：刊登邀请参加的资格预审公告→公开约请有资格的投标人

购买资格预审文件→通过资格预审的单位购买招标文件参加投标→投标人全面响应招标文件的所有要求，进行尊重性投标→在投标截止日期以前密封投标人的投标报价及其他内容送到招标单位→开标→唱标宣布投标人的投标报价及其他内容→开标会后组织评标委员会在保密条件下评标，由评标委员会负责评标工作，选定中标单位。

公开招标的优点：

1）透明度高，能赢得众多投标人的信赖。

2）有较大的选择余地，可以从中选择报价低或报价合理、工期较短、信誉良好的投标人。

3）体现了公平竞争，打破垄断，能使承包人努力提高工程质量。

4）缩短工期和降低成本，是招标中应采用的基本方法。

公开招标的缺点是参加资格预审人员多，招标单位投入到资格预审、"澄清标前会"等环节的人力、物力很大，其时间较长。

（2）招标邀请

招标邀请又叫有限竞争性招标，是指由招标单位根据自己积累的资料或根据权威的咨询机构提供的信息，向预先选择的若干家具备承担招标项目能力、资信良好的特定法人或其他组织发出投标邀请函，将招标工程的概况、工作范围和实施条件等作出简要说明，请他们参加投标竞争。邀请对象的数目以 5~7 家为宜，但不应少于 3 家。由这些邀请单位在规定的时间内，向招标单位提交符合要求的投标文件进行招标。邀请招标的程序除不必在报刊上公开刊登招标公告外，其余的程序与公开招标相同。邀请招标的优点是，不需要发布招标公告和设置资格预审程序，节约招标费用和节省时间；由于对投标人以往的业绩和履约能力比较了解，减小了合同履行过程中承包方违约的风险。为了体现公平竞争和便于招标人选择综合能力最强的投标人中标，仍要求在投标书内报送表明投标人资质能力的有关证明材料，作为评标时的评审内容之一（通常称为资格后审）。

招标邀请的缺点是由于邀请范围较小，选择面窄，可能失去了某些在技术或报价上有竞争力的潜在投标人，这种方式的竞争不充分，容易产生暗箱操作的弊端，是有悖于招标采购的宗旨的，必须对使用邀请招标加以限制，只能在经批准的条件下（凡国家重点项目和省级重点项目不宜公开招标而需邀请的，经国务院发展计划部门或省级人民政府批准后）才能使用。只有公开招标才是基本的采购形式。邀请招标的优点是可以节省用于资格预审、评标上的人力、物力。

【例 3-1】

背景资料：某大型工程由于技术难度大，对施工单位的施工设备和同类工程施工经验要求高，而且对工期的要求也比较紧迫，业主在对有关单位和在建工程考察的基础上，邀请了三家国有一级企业参加投标，并预先与咨询单位和该三家施工单位共同研究确定了施工方案。

问题：

（1）《招标投标法》中规定的招标方式有哪几种？

（2）该工程采用邀请招标方式且仅邀请三家施工单位投标，是否违反有关规定，为什么？

【解】 （1）《招标投标法》中规定的招标方式有公开招标和邀请招标两种。

（2）不违反有关规定。因为根据《招标投标法》的规定，对于技术复杂的工程，允许采用邀请招标方式，邀请参加投标的单位不得少于三家。

3.2.2　建筑工程招标程序

招标活动是被动的，只需按照招标文件的要求进行即可。对承包商来说，参加投标就如同参加一场体育比赛，这场比赛不仅比价格的高低，而且比技术、经验、实力和信誉等。投标活动是主动的，为了取得报价低、质量高、信誉好、有创意的承包商，投标单位需要进行一系列的准备和组织工作。按招标人与投标人的参与程度可将招标过程概括划分成：招标准备阶段、招标投标阶段和决标成交阶段。

1. 招标准备阶段

招标准备阶段共分3部分：工程报建、申请招标及确定招标方式、编制招标有关文件。这一阶段的工作是由招标人单独完成的，投标人不参与。

（1）工程报建

建设项目的立项文件获得批准后，招标人须向建设行政主管部门履行建设项目报建手续。报建时交验的文件资料包括：

1）立项批准文件或年度投资计划；

2）固定资产投资许可证；

3）建设工程规划许可证；

4）资金证明文件。

（2）申请招标及确定招标方式

招标单位在招标准备工作完毕后，应向招标管理部门申报并由招标管理机构对申请招标的工程发包人进行审查。审查的主要内容包括：

1）建设资金落实情况；

2）主要材料物资是否落实；

3）施工执照是否办好；

4）招标文件的内容是否齐全；

5）标底是否编好等。

招标方式一般由建设单位（招标人）根据情况与招标管理机构协商后确定。招标方式有两种：公开招标、邀请招标。

（3）编制招标有关文件

我国规定，凡是确定招标的工程项目，必须是纳入本年度计划的项目，设计文件齐全，才能以此编制招标文件。这些文件包括：

1）招标公告；

2）资格预审文件；

3）招标文件；

4）合同协议书；

5）资格与审核评标的办法。

2. 招标投标阶段的工作

此阶段招标人应当做好招标的组织工作，投标人则按招标文件的有关程序和具体要求进行投标报价竞争。招标人应当合理确定投标人编制投标文件所需的时间，自招标文件开始发出 3 日之内到投标截止之日，最短不得少于 20 天。

（1）发布招标公告

作用是让潜在的投标人获得招标信息，以便进行项目筛选，确定是否参与竞争。招标公告或招标邀请函的具体格式由招标人自定。内容一般包括：

1）招标单位名称；

2）建设项目资金来源；

3）工程项目概况；

4）本次招标工作范围的简要介绍；

5）购买资格预审文件的地点、时间和价格等有关事项。

注意：在发布招标公告之前，还需进行的工作是具有招标条件的单位填写招标申请书，报有关部门审批。获批后组建招标班子和评标委员会，编写招标文件和标底，称为招标准备阶段。

（2）投标人资格预审

投标人必须是取得法人资格的施工企业，其企业的等级必须与工程项目相适应，不允许越级承包。同时还应调查了解企业过去的施工经历，财务状况等。一般由投标人填写资格审查表，报招标单位审查。

（3）领取购买招标文件

资格审查通过后，投标人到招标人（或招标代理机构）处购买招标文件，包括施工图。获得招标文件的单位就是合法的投标人。

（4）了解施工现场情况

现场勘察又叫现场踏勘，这是投标人为了正确编制标函，做出自己的报价，使之更符合现场的情况而必须采取的步骤。投标人应注意以下情况的了解：

1）施工现场可提供的场地和房屋；

2）施工用水源、电源位置及可供量；

3）施工运输道路及桥梁承载能力情况；

4）工程项目与拟建房屋关系；

5）施工现场的地貌、地质及水文情况等；

6）对市区建设项目还需要了解环保要求，可供堆放材料的地方及面积，城市交通运输管理要求等。

（5）召开标前会议

招标人邀请投标人、设计单位、招标管理部门、建设银行等参加标前会议，又称交底会。由招标人介绍工程情况，解答投标人提出的问题，补充和完善招标文件中的内容，明确投标人的投标时间、地点等。标前会议中若对招标文件中的内容有修改或补充，应做出会议纪要，分发给有关单位，作为投标人编制标函的依据。补充文件作为招标文件的组成部分，具有同等的法律效力。

（6）编制标函

这是投标人的主要工作，包括商务标书和技术标书。主要内容也就是投标报价和施工组织设计。

3. 决标成交阶段的工作

从开标到签订合同这一期间称为决标成交阶段，是对投标书进行评审比较，最终确定中标人的过程。这一阶段包括开标、定标、签订工程承包合同、合同公证。

（1）开标

我国目前的投标截止时间和开标时间是一致的（虽然可以提前投标）。开标一般采用公开开标的形式，当众将投标单位的标函启封，宣布各投标单位的标函内容的报价额，以当地规定的报价标准宣读合格单位及报价额，或从最低报价开始，依次排列，宣读各投标人的报价。

当众开标会议上发现有下列情况之一，应宣布投标书为废标：

1）投标文件未按规定标志、密封；

2）未经法定代表人签署或未盖投标单位公章或未盖法定代表人印鉴的；

3）未按规定格式填写，内容不全或字迹模糊、辨认不清的；

4）投标截止日期以后送达的；

5）投标人未出据法人资格证明书及法定代表人身份证（原件）或授权书及被授权人身份证（原件）；

6）投标人不参加开标会议的标书；

7）投标文件袋未加盖骑缝法人章及法定代表人印章的；

8）投标文件其他不响应招标文件要求的行为。

招标人于开标会现场当众宣布核查结果，并宣读有效标函名称。

（2）评标

评标是由招标人依法组建的评标委员会负责，评标委员会的组成按《中华人民共和国招标投标法》第三十七条相关规定进行确定。在招标管理机构监督下，依据评标原则、评标方法，对投标单位报价、工期、质量、主要材料用量、施工方案或施工组织设计、以往业绩、社会信誉、优惠条件等方面进行综合评价，公正合理择优选择中标单位。

1）评标委员会。由招标人的代表和有关技术、经济等方面的专家组成，成员人数为5人以上单数，其中招标单位外的专家不得少于成员总数的三分之二。专家人选应来自于国务院有关部门或省、自治区、直辖市政府有关部门提供的专家名册，或从招标代理机构的专家库中以随机抽取方式确定。与投标人有利害关系的人不得进入评标委员会，已经进入的应当更换，保证评标的公平和公正。

2）评标工作程序。小型工程由于承包工作内容较为简单、合同金额不大，可以采用即开、即评、即定的方式由评标委员会及时确定中标人。大型工程项目的评标因评审内容复杂、涉及面宽，通常需分成初评和详评两个阶段进行。

第一阶段，初评。评标委员会以招标文件为依据，审查各投标书是否为响应性投标，确定投标书的有效性。检查内容包括：投标人的资格、投标保证有效性、报送资料的完整性、投标书与招标文件的要求有无实质性背离、报价计算的正确性等。若投标书存在计算或统计错误，由评标委员会予以改正后请投标人签字确认。投标人拒绝确认，按投标人违约对待，没收其投标保证金。修改报价错误的原则是，阿拉伯数字表示的金额与文字大写金额不一致，以文字表示的金额为准；单价与数量的乘积之和与总价不一致，以单价计算值为准；副本与正本不一致，以正本为准。

第二阶段，详评。评标委员会对各投标书实施方案和计算进行实质性评价与比较。评审时不应再采用招标文件中要求投标人考虑因素以外的任何条件作为标准。设有标底的，评标时应参考标底。

详评通常分为两个步骤进行。首先对各投标书进行技术和商务方面的审查，评定其合理性，以及若将合同授予该投标人在履行过程中可能给招标人带来的风险。评标委员会认为必要时可以单独约请投标人对标书中含义不明确的内容作必要的澄清或说明，但澄清或说明不得超出投标文件的范围或改变投标文件的实质内容。澄清内容也要整理成文字材料，作为投标书的组成部分。在对标书审查的基础上，评标委员会比较各投标书的优劣，并编写评标报告。

由于工程项目的规模不同，各类招标的标的不同，评审方法可以分为定性评审和定量评审两大类。对于标的额较小的中小型工程评标可以采用定性比较的专家评议法，评标委员对各标书共同分项进行认真分析比较后，以协商和投票的方式确定候选中标人。这种方法评标过程简单并在较短时间内即可完成，但科学性较差。大型工程应采用"综合评分法"或"评标价法"对各投标书进行科学的量化比较。综合评分法是指将评审内容分类后分别赋予不同权重，评标委员依据评分标准对各类内容细分的小项进行相应的打分，最后计算的累计分值反映投标人的综合水平，以得分最高的投标书为最优。评标价法是指评审过程中以该标书的报价为基础，将报价之外需要评定的要素按预先规定的折算办法换算为货币价值，根据对招标人有利或不利的原则在投标报价上增加或扣减一定金额，最终构成评标价格。因此"评标价"即不是投标价也不是中标价，只是用价格指标作为评审标书优劣的衡量方法，评标价最低的投标书为最优。定标签订合同时，仍以报价作为中标的合同价。

3）评标报告是评标委员会经过对各投标书评审后向招标人提出的结论性报告，作为定标的主要依据。评标报告应包括评标情况说明；对各个合格投标书的评价；推荐合格的中标候选人等内容。如果评标委员会经过评审，认为所有投标都不符合招标文件的要求，可以否决所有投标。出现这种情况后，招标人应认真分析招标文件的有关要求以及招标过程，对招标工作范围或招标文件的有关内容作出实质性修改后重新进行招标。

（3）定标

定标也称决标。开标后由招标人组织有关人员对各投标人的标函进行评定，最后选定中标人，也有在开标时当场定标的，但不管采取哪种方法，必须有一个较为正确、公正的评标准则和方法。

1）定标程序。确定中标人前，招标人不得与投标人就投标价格、投标方案等实质性内容进行谈判。招标人应该根据评标委员会提出的评标报告和推荐的中标候选人确定中标人，也可以授权评标委员会直接确定中标人。中标人确定后，招标人向中标人发出中标通知书，同时将中标结果通知所有未中标的投标人并退还他们的投标保证金或保函。中标通知书对招标人和中标人具有法律效力，招标人改变中标结果或中标人拒绝签订合同均要承担相应的法律责任。

中标通知书发出后的 30 天内，双方应按照招标文件和投标文件订立书面合同，不得作实质性修改。招标人不得向中标人提出任何不合理要求作为订立合同的条件，双方也不得私下订立背离合同实质性内容的协议。

确定中标人后 15 天内，招标人应向有关行政监督部门提交招标投标情况的书面报告。

2）定标原则。投标单位的标函一般应按下列标准评定：

第一，标价合理。投标人的报价应符合当地的规定，我国的标底多以施工图预算为准，而各企业的报价只是在施工管理费和材料价格调整上浮动。标价在规定的浮动范围内，一般取最低标。这里必须说明的是"在规定的浮动范围内"这一条很重要，是以保证施工企业的正当经济利益为前提的，因此不能讲标价越低越好。

第二，工期适当。一般以当地获国家规定的工期定额为准，不能突破，又要在采取一定的技术组织措施下保证能够实现。

第三，保证质量。工程质量关系着工程建设项目的投产和使用，因此，要求投标人有比较严格的质量保证体系和措施，使工程质量达到国家规定范围要求。

第四，企业信誉好。企业信誉主要取决于信守合同，遵守国家的法令和法律，工程质量和服务质量好，且得到社会的广泛承认。

《招标投标法》规定，中标人的投标应当符合下列条件之一：

第一，能够最大限度地满足招标文件中规定的各项综合评价标准；

第二，能够满足招标文件的实质性要求，并且经评审的投标价格最低，但是投标价格低于成本的除外。

第一种情况即指用综合评分法或评标价法进行比较后，最佳标书的投标人应为中标人。第二种情况适用于招标工作属于一般投标人均可完成的小型工程施工；采购通用的材料；购买技术指标固定，性能基本相同的定型生产的中小型设备等招标，对满足基本条件的投标书主要进行投标价格的比较。

（4）签订承包合同

经评标确定出中标单位后，在投标有效期截止前，招标单位将以书面形式向中标单位发出中标通知书，说明中标单位按本合同实施、完成和维修本工程的中标价格（合同价格），以及工期、质量和有关签署合同协议的日期和地点，同时声明该中标通知书为合同的组成部分。

中标单位应按规定提交履约保证，履约保证可由在中国注册银行出具的银行保函（保证数额为合同价的 5%），也可由具有独立法人资格的经济实体企业出具履约担保书（保证数额为合同价 10%）。投标单位可以选其中一种，并使用招标文件中提供的履约保证格式。中标后不提供履约保证的投标单位将没收其投标保证金。

中标单位按中标通知书规定的时间和地点，由投标单位和招标单位的法定代表人按招标文件提供的合同协议书签署合同。若对合同协议书有进一步的修改和补充，应以合同协议书谈判附录形式作为合同的组成部分。

中标单位按文件规定提供履约保证后，招标单位及时将评标结果通知未中标的投标单位。

招标人和中标人按照中标通知书、招标文件和中标人的投标文件等订立书面合同时，合同成立并生效。

3.2.3 建筑工程招标文件的编写

招标文件是由招标书、工程设计资料、投标须知三部分组成。

1. 招标书

（1）工程综合说明

简单扼要地说明工程情况。包括工程名称、批准文号、建设地点、结构类型、特点、工程主要内容、设计标准、建设前期准备情况等。

（2）工程范围

说明工程的招标范围，即发包的工程内容。根据业主、发包人的意图，采取一次性发包或分包的方法。

（3）工程承包方式

根据工程情况，采取总价承包、固定单价承包或成本加酬金的承包方式。

（4）材料供应方式

明确规定各种工程用料的供应方法。各种供应方法具体有：材料指标计划下的包工包料、自由的包工包料、招标单位供应统配物资、承包人供给地方材料、招标单位供给全部材料、明确材料涨价和定额调整的处理办法。

（5）工程价款结算方式

这里指预付款比例、进度款分期支付和竣工结算等。

（6）工期要求

建设项目单项工程或单位工程的工期，计算工期的方法是日历工期还是指有效工期。

（7）工程质量

包括设计标准、技术规范、质量评定方法、质量处理规定等。

（8）奖惩办法

即对工期和质量等方面的奖惩条件和办法。

（9）标前会议和现场勘察的日期。

2. 工程设计资料

工程设计资料是指工程项目设计图样、资料、说明书等。工程招标时，应成套分发（收取资料费或押金）给有资格投标的施工企业。图纸在招标与投标中是基础资料，它是业主向投标人传达工程意图的技术文件，其目的是使投标人阅读招标文件之后，能准确地确定合同所包括的工作（包括性质和范围），投标人需要根据它来标志施工规划，复核工程量。技术规范、工程量清单、图纸三者都是招标与投标文件中不可缺少的资料，业主需要将其委托给设计单位编写，并且由业主审核定稿。投标人必须依据投标文件中拟订的施工规划（包括施工方案、施工顺序、施工工艺、施工进度等）进行工程估价，确定投标报价。

3. 投标须知

是招标单位对投标单位在编制投标函的过程中，在业务上、手续上和信誉上所作的规定以及对主要评标、定标等方面的细则所作的说明。具体内容有：

1）招标文件的单位、联系人、业务范围等方面的说明。

2）设计单位和投标人发生业务联系的方式。

3）填写标书的规定和投标、开标的时间地点等。

4）投标企业的担保方式如银行保函、银行汇票、保兑支票、现金支票。在投标保证金数额的规定上，对大型合同一般取工程估价的 1%（大型合同指金额超出 1 亿美元的合同），其余取 2%。

5）投标人对招标文件有关内容提出建议的方式。

6）招标单位的权利。主要指招标单位保留拒绝不符合要求的标函以及在特殊情况下可能推迟投标、开标日期的权利。

7）招标单位对投标保密的义务。

投标须知的组成包括：

1）总则；

2）招标文件的组成与解释顺序；

3）投标书的编制；

4）投标书的递交；

5）开标与评标；

6）合同授予。

4. 招标文件的发出

招标人应向合格的投标申请人发出招标文件。发出招标文件时，可适当收取工本费和设计文件押金，投标申请人收到招标文件、图纸和有关资料后，应认真核对，核对无误后，应以书面形式予以确认。

3.2.4 建设工程招标标底的编制

1. 标底的作用

标底又称底价，是招标人对招标项目所需费用的自我测算的期望值，它是评定投标报价合理性和可行性的重要依据，也是衡量招标投标活动经济效果的依据。标底应具有合理性、公正性、真实性和可行性。

建筑工程招标必须编制标底，标底的作用表现在以下三方面：

（1）标底是投资方核实建设规模的依据

标底是施工图预算的转化形式，受概算的控制，突破概算时应分析原因，如果是施工图扩大了建设规模，则需重新修改施工图，在以此编制标底。

（2）标底是衡量投标单位报价的准绳

投标报价高于标底，投标单位就失去了报价的竞争性，低于标底很多，招标单位就有理由怀疑报价的合理性，经进一步分析确认低价的原因是由于分项工程工料估算不切实际，技术方案片面，节减费用缺乏可靠性或故意漏项等，则可认为该报价不可信，当然通过优化方案，节省费用降低消耗而降低工程造价是合理可信的。

（3）标底是评标的重要尺度

既然是评标的重要尺度，标底的编制就必须科学、合理、准确可行，这样定标时才能作出正确的选择，否则评标就是失真的，失去了应有的作用和意义。

2. 标底的编制方法

我国编制工程施工招标标底的方法有四种：

1）以施工图预算为基础的标底，是当前我国建筑工程施工招标较多采用的一种标底编制方法。特点是根据施工详图和技术说明，按工程预算定额规定的分析分解工程子目逐项计算工程量，套用定额单价（或单估估价表）确定直接费，再按规定的取费标准确定施工管理费，冬雨期施工费、技术装备费、劳动保护费等项间接费以及计划利润，还要加上材料调价系数和适当的不可预见费，汇总后即为工程预算，也就是标底的基础。

这里直接费包括人工费、材料费和施工机械设备使用费；间接费包括投标费、保函手续费、贷款利息、代理人佣金或酬金、由承包人负担的税金、由承包人负担的保险费、业务费、施工管理费以及其他间接费。

2）以工程概算为基础的标底，其编制程序和以施工图预算为基础的标底大体相同，所不同的是采用工程概算定额，分部分项工程子目作了适当的归并与综合，使计算工作有所简化。采用这种方法编制的标底，通常适用于扩大初步设计或技术设计阶段即进行招标的工程。在施工图阶段招标，也可按施工图计算工程量，按概算定额和单价计算直接费，既可提高计算结果的准确性，又能减少计算工作量，节省时间和人力。

3）以扩大综合定额为基础的标底，是由工程概算为基础的标底发展起来的，特点是将施工管理费、各项独立费以及法定利润部分都纳入扩大的分部分项单价内，可使编制工作进一步简化。

4）以平方米造价包干为基础的标底，主要适用于采用标准图大量建造的住宅工程，一般做法是由地方主管部门对不同结构体系的住宅造价进行测算分析，制定每平方米造价包干标准，在具体工程招标时，再根据装修、设备情况进行适当的调整，确定标底单价。考虑到基础工程因地基条件不同而有很大差别，这种平方米造价多以工程的正负零以上为对象，基础和地下室工程仍以施工图预算为基础编制标底，二者之和才构成完整的标底。

【例3-2】

背景材料：

某办公楼工程全部由政府投资兴建，该项目为该市建设规划的重点项目之一，且已列入地方年度固定投资计划，概算已经主管部门批准，征地工作尚未完成，施工图及有关技术资料齐全。现决定对该项目进行施工招标，因估计除本市施工企业参加投标外，还有可能有外省市施工企业参加投标，故招标人委托咨询单位编制了两个标底，准备各用于对本市和外省市施工企业投标价的评定。投标人于2000年3月5日向具备承担项目能力A、B、C、D、E五家承包商发出招标邀请书，其中说明，3月10～11日9～16时在招标人总工程师室领取招标文件。

4月5日14时为投标截止时间，5家承包商均接受邀请，并领取了招标文件。3月18日招标单位对投标人就招标文件提出的所有问题作了统一书面说明，随后组织现场踏勘。

4月5日五家投标人均按规定的时间提交了投标文件，但承包商A送标后发现报价估算有严重失误，虽在投标截止时间前10分钟递交了一份书面声明，撤回已提交的投标文件。开标时，由招标人委托的市公证处人员检查投标文件的密封情况，确认无误后，工作人员当场开封。因A已撤回投标文件，故招标人宣布有B、C、D、E四家承包商投标，并宣读该四家承包商的投标报价、工期和其他内容。评标委员会由招标人直接确定，由7人组成。

经评标委员会按招标文件标准全面评审，综合得分从高到低是B、C、D、E，故评标委员会确认B为中标人，由于B为外地企业，招标人于4月8日将中标通知书寄出，承包商B于4月12日收到中标通知书，最终双方于5月12日签订了合同。

问题：在该项目的招投标程序中哪些方面不符合《招标投标法》的有关规定？

【解】

（1）征地工作尚未完成，不具备施工招标的必要条件。

（2）不应编制两个标底，一个工程只能编制一个标底。

（3）现场踏勘应安排在书面答复投标单位提问之前。

（4）招标人不应只宣布四家承包商参加投标，虽 A 撤回投标文件，但应作为投标人宣读其名称。

（5）评标委员会委员不应全部由招标人直接确定，一般招标项目应采取从专家库随机抽取的方式。

（6）订立书面合同时间过迟，招标人与中标人应当自中标通知书发出之日起 30 日内订立书面合同，而本案例为 34 日。

3.3 建筑工程投标

3.3.1 建筑工程投标程序

施工项目投标，是对施工项目招标的响应。投标人以订立合同为目的，向招标人作出含有实质性订约条件的意思表示。参加投标就如同参加一场赛事竞争，这场竞争不仅比报价高低，比技术和质量，比信誉和工期，而且比管理水平。单一的招标人从众多的投标人中择优选取中标人，充分地体现了招投标的竞争性。

建筑工程投标在法律上称为要约，要约是一种法律行为，必须依法进行。《招标投标法》是规范各类招投标行为的基本法。对于招投标活动更具有直接的指导、规范、甚至强化的作用，也只有依法进行的招投标活动才能实现《招标投标法》所要达到的目的，即保护国家利益，社会公共利益和招标投标活动当事人的合法权益，提高经济效益，保证项目质量。

下面是建筑工程投标的具体程序，共八个步骤。

1. 申请投标和投递资格预审书

企业获取招标信息后，经过前期的投标决策，要向招标人提出投标申请并购买资格预审书。一般以向招标人直接递交投标申请报告为好。

资格预审是取得投标资格的关键，其意义在于：对投标人的资格进行审查，是为了在招标过程中剔除资格条件不适合承担招标工程的投标申请人。采用资格审查程序，可以缩小招标人评审和比较招标文件的数量，节约费用和时间，因此资格审查程序既是招标人的一项权利，也是大多数投标活动中经常采取的一道程序。这个程序，对保障招标人的利益，促进招投标活动的顺利进行，具有重要意义。

（1）资格预审中投标人应提交的材料

1）公司章程、公司在当地的营业执照；

2）公司负责人名单及任命书，主要管理人员及技术人员名单，公司组织管理机构；

3）近 5 年内完成的工程清单（要附有已完工业主签署的证明）；

4）正在执行的合同清单；

5）公司近期财务情况、资产现值、大型机械设备情况；

6）银行对本公司的资信证明（资金信用证明简称，是财政部门或授权的银行证明企业资金数额的文件）。

这里我们应注意，业主比较看重的是近 5 年内完成的工程清单，以此了解投标人是否承担过类似工程的施工，还可能了解投标人在国外是否承担过类似工程。有类似工程施工经历的投标人，具有很大的竞争优势，一般可顺利通过资格预审。

（2）资格预审的方式

招标人一般根据工程规模、结构复杂程度或技术难度等具体情况，对投标人采取资格预审和资格后审两种方式。

1）目前在招标过程中，招标人经常采用的是资格预审方式。资格预审的目的是有效地控制招标过程中投标申请人的数量，确保工程招标人选择到满意的投标申请人实施工程建设。招标人对隐瞒事实，弄虚作假，伪造相关资料的投标人应当拒绝其参加投标。

2）对一些工期要求比较紧，工程技术、结构不复杂的项目，为争取早日开工，可不进行资格预审，而进行资格后审（如邀请招标时）。投标人在报送投标文件时，还应报送资格审查资料，评审机构在正式评标前先对投标人进行资格审定，淘汰不合格的投标人，对其投标文件不予评审。

（3）资格审查的内容

招标单位的审查主要是审查投标人是否符合下列条件：

1）具有独立订立合同的能力；

2）具有圆满履行合同的能力，包括专业、技术资格的能力、资金、设备和其他物资设备情况，管理能力，经验信誉和与之相符的工作人员；

3）以往承担类似工程的业绩情况；

4）没有处于被责令停业及财物被接管、冻结、破产状态；

5）在最近 3 年内没有与合同有关的犯罪或严重违约、违法行为。在不损害商业秘密的前提下，投标申请人应向招标人提交能证明上述有关资质和业绩的法定证明文件和其他材料。

2. 标书的购买和研究

施工企业只有接到招标人发出的投标通知书或邀请书后，才具有参加该项投标竞争的资格。按指定的日期和地点，凭资格预审合格通知书和有关证件去购买标书。

投标人购买标书后（招标文件），就应立即着手组织投标班子的全体成员，详细分析研究招标文件。分析研究分两个阶段。

（1）再次决策是否参加投标

1）首先要检查上述文件是否齐全，如发现问题，应立即向招标部门交涉补齐。

2）复印若干份，使项目成员人手一套，按个人的分工不同，进行不同的重点阅读，以达到正确理解，进而掌握招标文件的各项规定，以便考虑各项报价的因素。

3）讨论招标文件中存在的问题，相互解答，解答不了的问题进行如下处理。

①属招标文件本身的问题，向业主提出书面报告，请业主按规定的程序给予解答澄清；

②与施工现场有关的疑问，可考察现场，如仍有疑问的，向业主提问题要求澄清；

③招标文件中是否有未经上级批准的修改（对照范本）；

④属于投标人经验不足或承包业务不熟练而尚不能理解的，则千万不能向业主单位质询，以免招来对方产生不信任感。

4）进行投标机会可行性分析，主要有技术可行和履约付款两个内容。

①技术难度。投标项目技术可行性分析时，施工技术中技术困难不小于15%时，具有较大的风险，可选择联合投标或放弃。因存在经济风险和责任事故导致的刑事风险双重因素，故应谨慎决策。

②投标项目的资金来源与业主的付款能力分析。业主的资金来源可能有拨款（政府拨款）；融资（国际金融机构融资，国内金融机构融资）；援助（援助资金）；发行债权（发行建设债券）；自由资金；自筹资金。

融资要看其配套资金是否到位；对自有资金、自筹资金等，则应调查业主在银行的信誉程度，或要求业主提供银行对他的信誉评级证明。对私营业主，承包人也可以反过来要求业主提交履约保证金或履约保函。通过对业主的资金来源和付款能力分析，判断该工程资金的保证能力。

（2）如何进行投标的准备工作

1）深入研究招标文件，弄清楚以下情况：

①承包人的责任和报价范围，以免遗漏；

②各项技术要求，以便制定经济、实用、又可能加速施工进度的施工方案；

③招标文件是否有特殊的材料设备，对没掌握价格的要及时"询价"；

④理出含糊不清的问题，向招标人不断提出问题，要求澄清。

2）从影响投标报价和投标决策的角度，投标前对合同条款研究的重点大致有以下内容：

①有关任务范围的条款；

②关于工程变更的条款；

③履约保证金制度，归还办法，有无动员预付款、材料预付款、保留金及其额度制度，以及缺陷责任期、基本完工、工程进度款、最终支付条款是否和范本一致；

④其他，如关于不可抗力，仲裁，合同有效期，合同终止，税收，保险条款。

3. 参加现场踏勘和招标情况介绍会

现场踏勘是招标人组织投标人对工程现场场地和周围环境等客观条件进行的现场勘察。投标人到现场调查，可进一步了解招标人的意图和现场周围的环境情况，以获取有用的信息，并据此作出是否投标或投标策略以及投标报价。招标人应主动向投标申请人介绍所有施工现场的有关情况。

投标人现场踏勘应收集的资料如下：

1）现场的地质水文、气象条件。

2）现场的交通运输、供电和供水情况。

3）工程总体布置，主要包括交通道路、料场，施工生产和生活用房的场地选择，是否有现场的房屋可以利用。

4）工程所需材料在当地的来源和储量。

5）当地劳动力的来源及技术水平。

6）当地施工机械修配能力、生产供应条件。

7）周围环境对施工的限制情况，如周围建筑物是否需要维护，施工振动、噪声、爆破的限制等。

投标人在现场踏勘如有疑问，应在招标人答疑前以书面形式向招标人提出，以便得到招标人的解答。招标人踏勘现场发现的问题，招标人可以书面形式答复，也可以在投标预备会上解答。

招标人要召开标前会议（情况介绍会），进一步说明招标工程情况，或补充修正标书中的某些问题，同时解答投标人提出的问题。投标人必须参加上述招标会议，否则就视为退出投标竞争而取消其投标资格。

答疑会结束后，由招标人整理会议记录和解答问题（包括会上口头提出的询问和解答），并以书面形式将所有问题及解答问题内容向所有获得招标文件的投标人发放。投标人将其作为编制投标文件的依据之一。

4. 编制投标文件

这一过程中，投标人组织有关人员进行施工组织设计，拟定施工方案，确定轮廓进度，对施工成本作出估算，在工程成本估算的基础上，初步定出标价，最后填写投标文件。

投标文件的内容包括：

1）投标函；

2）施工组织设计及辅助资料表；

3）投标报价；

4）招标文件要求提供的其他材料。

投标文件编写的步骤应包括：

1）进行市场、经济有关法规等的调查；

2）复核或计算工程量；

3）制定施工规划；

4）计算工程成本；

5）确定投标报价；

6）编写投标书。

这里强调五项内容：

（1）做好各项调查工作

首先成立专门的投标报价业务班子。实践证明，投标单位能够建立一个强有力的、内行的、有工作效率的投标班子，是使投标获得成功的重要保证条件之一。这个班子中需要具有决策水平的管理人才，各类专业的工程师（由总工程师领导的技术班子），由总经济师率领的商务班子，同时要进行三类人才的搭配。

调查工作的主要内容有：

1）收集招标项目的情况。

2）投标人向业主的调查和宣传。作为承包人，为了工程投标能中标的目的，必须时刻注意业主的每一个有关的动态和变化，承包商的行动应处处满足业主的每一个要求，即争取做到"我所提供的工程服务是符合业主要求的，而且是质优价廉的"才能争取中标。向业主宣传调查的目的，是为了知道业主的工程开发计划与要求，为本单位制定投标决策提供依据。

当然，在调查的同时，自然应向业主宣传自己的实力，提供重信誉、守合同、质优高效的具体材料和业绩，取得业主对本企业的良好印象。调查方式一般是访问业主单位，要求与之举行技术交流活动，先由自己介绍，然后再提出一些要了解的问题，请业主回答。

（2）复核或计算工程量，编制施工规划

标书中一般都附有工程量清单。工程量清单是否基本符合实际，关系到投标成败和能否获利，因此必须对工程量进行复核。

复核工程量必须吃透图纸要求，改正错误，检查疏漏，必要时要实地勘察，取得第一手资料，掌握与工程量有关的一切数据，进行如实核算，当发现标书的工程量清单与图纸有较大的差异，提请工程师或业主进行改正。

（3）编写投标文件

投标人投标必须是尊重性投标，也就是投标文件中的要约条件必须与招标文件中的要约条件相一致，也可称"镜子反射原理"。投标文件必须全面、充分地反映招标文件中关于法律、商务、技术的条件条款。

编写商务标书的任务有以下几项内容：

1）编制投标报价，这是投标工作的核心。报价的准确与否将直接关系到投标工作的成败，这项工作一般由企业总经济师担任负责人；

2）研究合同条款，确定工程量清单；

3）编写投标书、投标书附录，办理投标保函、法人授权书以及资格预审更新资料。

编写技术标书的任务有以下几项内容：

1）编写投标单位的公司简介；

2）准备并复制公司的法人地位文件，主要有营业执照、资质等级证书、历次的奖励证书等；

3）编写为本公司项目施工而设置的组织机构图；

4）编写拟投入本合同中任职的关键人员简历表（如项目经理）；

5）编制拟投入本合同的主要施工机械设备；

6）编写分包情况表；

7）编写拟配备到本合同中的实验、测量、质量、检测用仪器仪表；

8）编写施工组织设计、施工总平面图、施工进度计划、临时设施设置、临时用地计划；

9）编写拟投入的劳动力和材料计划。

总体上是分施工组织设计和辅助资料表两部分。

5. 投标

全部投标文件编好之后，经校核无误，由负责人签署，按"投标须知"的规定，分装并密封之后，即成为标函（投递或邮寄的投标文件）。标函要在投标截止时间前送到招标人指定的地点，并取得收据。标函一般派专人专送。

标函一般一式三份，一份正本，两份副本，应以投标人名义签署加盖法人章和法定代表人章。若有填字或删改处，应由投标单位的主管负责人在此处签字盖章。投标文件发出后，在投标截止时间之前可以修改其中事项，但应以信函形式发给招标人。

6. 参加开标会

投标人必须按标书规定的时间和地点派委托授权人和项目经理出席开标会议，否则即被认为退出投标竞争。

开标宣读标函前，一般请公证处人员复验其密封情况，宣读标函的过程中，投标人应认真记录其他投标人的标函内容，特别是报价，以便对本企业的报价、各竞争对手的报价和标底进行比较，判断中标的可能性，了解各对手的实力，为今后竞争积累资料。

7. 谈判定标

开标以后，投标人的活动往往十分活跃，采用公开或秘密的手段，同业主或其代理人频繁接触，以求中标。而业主在开标后往往要把各投标人的报价和其他条件加以比较，从中选出几家，就价格和工程有关问题进行面对面谈判，然后择优定标。这叫商务谈判或定标答辩会。但是也有业主把这种商务谈判分为定标前、后两个阶段进行。

定标前，业主与初选出的几家（一般前 3 标）投标人谈判，其内容一般有：一是要投标人参加技术答辩。二是要求投标人在价格及其他一些问题上再作些让步。

技术答辩由招标委员会主持。主要是了解投标人如果中标，将如何组织施工，如何保证工期和质量，如何计划使用劳动力、材料和机械，对难度较大的工程将采取什么技术措施，对可能发生的意外情况是否有所考虑。一般说来，在投标人已经做出施工规划的基础上，是不难通过技术答辩的。

在这一时期，业主占有绝对主动地位。业主常常利用这一点，要求甚至强求投标人压低投标价，并就工程款中现金付款比例、付款期限等方面作出让步。在这种情况下，投标人一点不让步几乎是不可能的。对于业主的要求，投标人不可断然拒绝，也不能轻易承诺。而要据理力争，保护自己，同时也根据竞争的情况和自己报价情况，认真分析业主的要求，确定哪些可以让步，哪些不能让步。因此，在实际谈判中。为了使报价在关键时刻能降下来，投标人在确定报价时应留有余地。显然，这个余地又不能留得很大。究竟留多大余地合适，没有现成答案，得靠投标人在实践中积累经验，根据不同项目来确定。

8. 谈判签约

确定中标人后，业主即发出中标通知书，中标人一旦收到通知，就应在规定期限内与招标人谈判。谈判目的是把前阶段双方达成的书面和口头协议，进一步完善和确定下来，以便最后签订合同协议书。

中标后，中标人可以利用其被动地位有所改善的条件，积极地有理有节地同业主谈判，尽可能争取有利的合同条款。如认为某些条款不能接受，还可退出谈判，因为此时尚未签订合同，尚在合同法律约束之外。

当业主和中标人对全部合同款没有不同意见后，即签订合同协议书。合同一旦签订，双方即建立了具有法律保护的合作关系，双方必须履约。我国招标投标条例规定，确定中标人后，双方必须在一个月内（30 天）谈判签订承包合同。借故拒绝签订承包合同的中标单位，要按规定或投标保证金金额赔偿对方的经济损失。

投标单位若接到失标通知，即结束了在该招标工程中与业主的招投标关系，终止了招标文件的法律效力。

3.3.2　报价的计算与确定

报价是指承包商对所承包工程所开列的工程总造价的习惯称呼，是承包商在以投标方式承接工程项目时，按照招标文件的要求和其中的图纸、工程量清单、技术规范、投标须知所规定的价格条件为基础，结合自己对该工程项目的调查，现场考察所获得的情况，再根据本企业的企业定额、费率、价格资料计算并确定的该工程的全部费用，又称投标报价。它的计算方式和标底有相似之处。

影响报价的高低取决于 4 个因素：

1）工程量；

2）工程定额；

3）基础单价；

4）各项费率的取用标准。

合理的报价是关系到施工承包企业成败的关键，任何一个企业的主要负责人都必须亲自过问招标工作。

1. 报价的计算依据

（1）投标人经营管理方面的因素

1）积累企业的定额标准，这也是供投标时计算投标报价使用的内部资料，同时要十分注意影响报价的市场信息。

2）完善拟投标项目的施工组织设计，这将直接影响到施工成本的高低。管理技术要为保证质量，加快进度，降低成本服务。

（2）招标项目的本身因素

招标项目的本身因素有招标文件，包括工程范围和内容、技术质量和工期的要求等；施工图纸和工程量清单以及施工现场条件。投标人需要认真、详细地研究招标文件，提出问题，请招标人予以澄清。

（3）客观环境因素

1）形成价格内容的因素，例如：现行的建筑工程预算定额、单位估价表及取费标准、人工工资额、材料单价、材差计算的有关规定、机械台时费等。

2）决定竞争的市场价格水平。

投标报价的计算，更多的是根据投标人的实际水平计算出的反映自己成本加合理利润的价格，反映的是自己的实力。但千万不要忘记，投标时的竞争，是不同投标人之间的技术与管理水平的实力较量，要使自己的投标具有竞争力，还必须了解当地的市场价格，其他投标人的投标价格水平，只有自己的报价在市场上有较强的竞争力，才能夺标。

上述三方面形成一个报价的整体依据，报价工作就是对这些依据恰当地进行必要的整理，并提出一项有竞争力的报价，夺取中标的胜利。

2. 报价的原则

在进行投标报价时，可以参考下列原则来决定报价的策略。

1）根据招标文件所确定的计价方式来确定报价的内容以及各细目的计算深度。

2）根据合同条件、技术规范给合同双方作出的经济责任划分来决定投标报价的费用内容。

3）充分利用对项目的调查、考察所取得的成果和当地的行情资料。

4）根据为本项目投标所编制的施工方案、施工进度计划和本单位的技术水平，决定作价的基本条件。

5）投标报价的计算方法要简明适用，考虑的问题要对赢得中标有利。

3. 投标报价工作程序

投标环境调查、工程项目调查→制定投标策略→复核工程量清单→编制施工组织设计、施工进度→确定联营、分包询价，计算单价项目的直接费→确定分摊项目的费用，编制单价分析表→计算基础投标报价→盈亏分析，获胜概率分析→提出备选投标报价→确定最终投标报价。

4. 投标费用的组成

（1）相关概念

对工程量清单所列的全部以单价报价的细目来确定单价，是投标报价工作的基本内容。在进行报价计算前首先要划分报价细目与分摊细目。

1）报价细目，就是列入到工程量清单之中有细目名称的所有细目，如场地平整、土方石工程、混凝土工程等。报价细目的具体名称将随招标工程和招标文件来规定，其投标报价的计算也就各不相同。

2）分摊费用细目（待摊费），是不在工程量清单中出现名称，而又确实会构成投标报价的价格组成，施工中必然要发生的项目，是价格组成的隐含因素，需要在计算投标报价时分摊到所有或其他报价细目中去的费用。例如：投标费、代理费、税金、保函手续费、利润、缺陷责任的修复费用。

3）划分报价细目与分摊费用细目标准

只要写进工程量清单，就属于报价细目，而对于分摊细目，就必须认真阅读招标文件的技术规范，在投标报价中使用不平衡报价技巧，其本质就是将分摊费用摊到那些细目更能够扩大利润的技巧。

分摊费用实际包含了两部分：一是由于执行技术规范的要求，必然会隐含的工程费用。这里说的是虽然设计未指明，但属直接费的内容，比如钢筋保护层垫块、铁马凳等。二是间接费。在间接费中有一部分是具有包干性质的或属于一次性开支的，今后合同执行中如果发生各种原因引起合同单价调价时，这部分属于不可调价的，如投标费、保函手续费、代理人佣金、利润、上级企业管理费等。另一部分则属于可以参与随工程变更或物价因素引起的调价来调价的，如税金，测设费，办公费等。

（2）报价的基本组成

报价的费用组成包括直接费、间接费、利润、税金、其他费用和不可预见费等组成，对计日工和指定分包工程费单独列项。

其中直接费是由人工费、材料费、设备费和机械台班费、执行技术规范的要求必然会隐含的工程费用组成。比如结构施工中深基坑降水、边坡支护等各种措施费用要按施工技术规范的要求确定。

间接费可以按各细目逐项计算，但对一个多次投标有经验的投标人而言，可以确定一个比率，即确定间接费为直接费的百分之几，通常上级企业管理费、利润、风险合计，一般国际工程为按7%～10%考虑，国内工程按5%～10%考虑。

5. 报价的计算与确定

报价的计算与确定是一项技术与经济相结合，涉及设计、施工、材料、经营、管理等方面知识的综合性工作。

（1）计算标价要科学

要在彻底弄清招标文件的全部含义基础上，细致认真，科学严谨，不存侥幸心理，不搞层层加码。应当根据本公司的经验和习惯，确定各项单价和总额价的方法、程序，要在计算中明确确定工程量、基价、各项附加费用三大要素。

具体做法是：

1）编制投标文件时，不管时间多么紧，必须要复核招标文件给出的工程量。这是招标中决定成败与赢亏的关键环节。无论是总额价承包还是单价合同都会影响到工程造价。

2）按各项开支标准算出劳动工日的基价，按市场调查和询价结果，考虑运输、税收等，算出运抵现场的材料基价，以及各项机具设备的基价。

3）准确计算各类附加费，如管理费、材料保管、资金周转的利息、佣金、代理人费用、合法利润和其他开支。

只有以上三大要素的计算是准确的，或确定得比较合理，才能保证在报价时做到既有竞争力，又不至于严重失误。

（2）合理选择利润率

报价的高低，是投标工作中非常关键的事。高标价企业利润率高，但中标率低；反之，投标价低，中标率高。但过低的标价不仅潜伏着亏本的危险，而且面临着招致招标单位定为严重不平衡报价的待遇，要求提高履约保证金比率，甚至遭到拒绝。如何使报价达到"低而适当"呢？以下的两种可供参考。

1）用统计的方法选择利润率。编制"本单位的投标获胜概率表"，计算报价的预期贡献百分数的中标几率，求出几率为最大的报价范围，其计算公式如下。

$$E(B) = (B - C) \times P(B)$$

式中 C——成本取值100%；

$E(B)$——报价的预期贡献率；

B——报价相当于成本的百分数；

$P(B)$——投标获胜概率。

$E(B)$名为报价的预期贡献率，实际是利润率与投标概率的乘积。

表3-1是某次投标活动中编制的某投标单位的投标获胜概率表。

表3-1 某单位的投标获胜概率表

B	$P(B)$	$E(B)$	B	$P(B)$	$E(B)$
85	1	−15	110	0.6	6.0
90	1	−10	115	0.42	6.3
95	1	−5	120	0.24	4.8
100	0.88	0	130	0.01	0.3
105	0.78	3.9	135	0.00	0.0

注：$E(B)$——报价的预期贡献率；B——报价相当于成本的百分数；

$P(B)$——投标获胜概率。

2）所定利润率及管理费要恰当：管理费率要适当从紧，要据实测算得出，不能"死套定额"，否则很难中标。在国际承包市场上，我国公司管理水平、技术水平、对涉外事务的经验尚显不足，利润率以定在6%～8%为宜，过高则难以中标。另外，我们在具体投标时，一般选取获胜概率和预期贡献率均较高的报价作为其投标报价。

3.3.3　投标报价策略

投标的目的，当然是为了争取中标，所说的讲究投标技巧，不外乎是要提高自己投标的中标率，只有具有实力、经验、技术和信誉的竞争，才能够从真正意义上使投标价格具有竞争力，然而实力相当的公司，其投标的中标率却有高有低，这里就存在一个技巧的问题。应当强调的是：投标策略和技巧应当是来自投标人自身的经验、教训的总结，要在长期投标实践中积累，世上没有万灵的通用技巧，我们所介绍的，只能为开拓思路参考而已。

另外技巧是在遵守法律、法规和投标规则的前提下进行的，在符合法律、法规和规则的大原则下采取的趋利避害措施，凡是违法违纪的一概不属于投标技巧。

投标技巧研究，其实只是在保证工程质量和工期的前提下，寻求一个好的报价的技巧问题。承包商为中标并获得期望的效益，投标程序全过程几乎都要研究投标报价策略和技巧问题。

1. 投标策略的分析

投标策略是指承包商在投标竞争中的系统工作部署及其参与投标竞争的方式和手段，企业在参加工程投标前，应根据招标工程情况和企业自身的实力，组织有关投标人员进行投标策略分析，其中包括企业目前经营状况和自身实力分析、对手分析和机会利益分析等。

招投标过程中，如何运用以长制短、以优制劣的策略和技巧，关系到能否中标和中标后的效益。在通常情况下，投标策略有以下几种。

（1）高价赢利策略

这是在报价过程中以较大利润为投标目标的策略。这种策略的使用通常基于以下情况：

1）施工条件差的工程；

2）专业要求高的技术密集型工程，而本公司在这方面又有专长，声望也较高；

3）总价低的小工程，以及自己不愿做、有不方便不投标的工程；

4）特殊工程，如港口码头、地下开挖工程等；

5）工期要求急的工程；

6）投标对手少的工程；

7）支付条件不理想的工程。

（2）低价薄利策略

指在报价过程中以薄利投标的策略。这种策略的使用通常基于以下情况：

1）施工条件好的工程，工作简单，工程量大而一般公司都可以做的工程；

2）本公司目前急于打入某一市场、某一地区，或在该地区面临工程结束，机械设备等无工地转移时；

3）本公司在附近有工程，而本项目又可利用该工程的设备、劳务，或有条件短期内突击完成的工程；

4）投标对手多，竞争激烈的工程；

5）非急需工程；

6）支付条件好的工程。

（3）无利润算标的策略

缺乏竞争优势的承包商，在不得已的情况下，只好在算标中根本不考虑利润去夺标。这种策略一般在以下情况下采用：

1）可能在得标后，将大部分工程分包给索价较低的一些分包商；

2）对于分期建设的项目，先以低价获得首期工程，而后赢得机会创造第二期工程中的竞争优势，并在以后的实施中赚得利润；

3）长时期内，承包商没有在建的工程项目，如果再不得标，就难以维持生存。因此，虽然本工程无利可图，只要能有一定的管理费维持公司的日常运转，就可设法度过暂时的困难，以图将来东山再起。

2. 投标报价技巧的运用

投标报价方法是依据投标策略选择的，一个成功的投标策略必须运用与之相适应的报价方法才能取得理想的效果。能否科学、合理地运用投标技巧，使其在投标报价工作中发挥应有的作用，关系到最终能否中标，是整个投标报价工作的关键所在。如果以投标程序中的开标为界，可将投标的技巧研究分成两个阶段，即开标前的技巧研究和开标后至签订合同时的技巧研究。

（1）开标前的投标技巧研究

1）不平衡报价法。指在总价基本确定的前提下，如何调整内部各个子项的报价，以达到既不影响总报价，又在中标后可以获得较好的经济效益，一般采用此法的有以下几种情况：

①对能早期结账收回工程款的项目（如土方、基础等）的单价可以报高价，以利于资金周转；对后期项目（如装饰、电气设备安装等）单价可适当降低。

②估计今后工程量可能增加的项目，其单价可提高，而工程量可能减少的项目，其单价可降低。上述两条要统筹考虑。对工程量有错误的早期工程，如不可能完成工程量表中的数量，则不能盲目抬高单价，须具体分析后再确定。

③图样内容不明确或有错误，估计修改后的工程量要增加的，其单价可提高，而工程内容不明确的，其单价可降低。

④没有工程量只填报单价的项目，其单价宜高。这样既不影响总的投标报价，又可多获利。

⑤对暂定项目，实施的可能性大的项目，价格可定高价，估计该工程不一定实施的可定低价。

⑥零用工（计日工）一般可稍高于工程单价表中的工资单价。之所以这样做是由于零星用工不属于承包合同有效合同总价范围，发生时实报实销，也可多获利。

2）多方案报价法。若业主拟定的合同要求过于苛刻，为使业主修改合同要求，可提出两个报价，并阐明按原合同要求的规定，投标报价为某一数值；倘若合同要求作某些修改，可以降低报价一定百分比，以此来吸引对方。另一种情况是自己的技术和装备满足不了原设计要求，但在修改设计以适应自己的施工能力的前提下仍希望中标，于是可以报一个按原设计施工的投标报价（投高标）；另一个按修改设计施工的比原设计的报价低得多的投标报价，以诱导业主。

3）突然袭击法。由于投标竞争激烈，为迷惑对方，故意泄露一些假情报，如不打算参加投标，或准备投高标，表示出无利可图不干等假象，到投标截止前几小时突然前往投标，并压低投标价，从而使对方措手不及而败北。

4）低投标价夺标法。此种方法是非常情况下采取的非常手段，比如企业大量窝工，为减少亏损或为打入某一建筑市场，或为挤走竞争对手保住自己的地盘，于是制定了严重亏损标，力争夺标。若企业无经济实力，信誉不佳，此法也不一定会奏效。

5）联合体法。联合体法比较常用，即两、三家公司，其主营业务类似或相近，单独投标会出现经验、业绩不足或工作负荷过大而造成高报价，失去竞争优势。而以捆绑形式联合投标，可以做到优势互补、规避劣势、利益共享、风险共担，相对提高了竞争力和中标几率。这种方式目前在国内许多大项目中使用。

6）预备标价法。建筑工程投标的全过程也是施工企业互相竞争的过程。竞争对手们总是随时随地互相侦察对方的报价动态。而要做到报价绝对保密又很难，这就要求参加投标报价的人员能随机应变，当了解到第一报价对手不在时，可用预备的标价投标。

（2）开标后的投标技巧研究

投标人通过公开投标这一程序可以得知众多投标人的报价。但低价不一定能中标，须综合各方面的因素，经反复议审，议标谈判方能确定中标人。投标人通过议标谈判施展竞争手段，可以改变自己的投标书中不利因素为有利因素，大大提高了获胜机会。

议标谈判，通常是找2~3家条件较优者进行谈判，可以分别通知进行议标谈判。有些议标谈判改其报价是可以的。

1）降低投标报价

投标报价不是唯一因素，但却是中标的关键性因素。在议标中，投标人适时提出降价要求是议标的主要手段。

其一，摸清投标人意图，得到其降低标价的暗示后，再提出降价要求。

其二，降低标价要适当，不得损害投标人自己的利益。可从三方面入手，即降低投标利润、降低经营管理费和设定降价系数。

2）补充投标优惠条件

除价格外，在议标谈判中，还可考虑其他许多重要因素，如缩短工期、提高工程质量、降低支付条件要求、提出新技术和新设计方案以及提供补充物资和设备等，以此优惠条件争取得到招标人的赞许，争取中标。

工程项目建设中的招投标是国内外通用的、科学合理的工程承发包方式。投标竞争是企业之间综合素质的竞争，它的胜负不仅决定于投标者的技术、设备和资金等实力的大小，更决定于投标策略和方法的正确性、预见性，同时也非常讲究技巧，制定各投标人的投标报价策略时，要充分发挥自己的所长，务求综合优势。另外还要多作横向比较，积累各种价格资料并及时询价。只有在投标工作中认真总结这方面的经验和教训，深刻剖析，不断探索才能在以后的投标中取得胜利。

根据近年来对工程所在地同类项目的价格比较，以判断自己的报价能否为当地市场所接受。还要与竞争对手相比较，研究使自己的报价要低于对手一个什么样的比例才能中标，这是建立在了解竞争对手在历史上中标报价的基础之上的。另外，承包商还应该密切关注和研究招投标市场的变化和发展。随着大力推行工程量清单法招标，在未来的招投标活动中，工程量清单将被广泛使用。基于这样的发展趋势，承包商应该着重研究国内外通用的工程量计算规则并加强对市场的研究，以确定符合市场要求的、合理的分项单价和取费标准。并结合单价合同执行过程中，按照实际完成工程量结算的特点，采用适当的投标策略和技巧，从而提高企业的中标率，保证合理的高利润和在承包市场的竞争地位。

复习思考题

1. 什么叫建筑工程招标？招标工程和招标单位应具备哪些条件？
2. 建筑工程招标投标中，废标有哪几种？
3. 在评标的方法中，综合评分法是怎样进行的？综合评分得分最高者的报价是否最低？
4. 招标文件的主要内容有哪些？
5. 建筑工程招标标底的编制方法有哪些？
6. 投标报价的费用由哪几部分构成？如何确定最终的投标报价？
7. 在建筑工程招投标过程中，建筑承包商如何应用投标策略争取中标？
8. 案例题　某年5月，某制衣公司准备投资600万元兴建一幢办公兼生产大楼。该公司按规定公开招标，并授权由有关技术、经济等方面的专家组成的评标委员会直接确定中标人。招标公告发布后，共有6家建筑单位参加投标。其中一家建筑工程总公司报价为480万元（包工包料），在公开开标、评标和确定中标人的程序中，其他5家建筑单位对该建筑工程总公司报送480万元的标价提出异议，一致认为该报价低于成本价，属于以亏本的报价排挤其他竞争对手的不正当竞争行为。评标委员会经过认真评审，确认该建筑工程总公司的投标价格低于成本，违反了《招标投标法》有关规定，否决其投标，另外确定中标人。

问题：

（1）根据《招标投标法》的规定，中标人的投标应当符合哪些条件？

（2）根据《招标投标法》的规定，对评标委员会的成员组成有哪些要求？

4 建筑工程合同管理

4.1 建筑工程合同管理概述

4.1.1 建筑工程合同

1. 建筑工程合同的概念

建筑工程合同是指建筑工程项目业主与承包商为完成一定的工程建设任务，而明确双方权利义务的协议，是承包商进行工程建设，业主支付价款的合同。

建筑工程合同也是一种契约，是为承包商保证完成业主委托任务，业主保证按商定的条件给承包商支付酬金的合同。

建筑工程合同的主体是工程的发包人与承包人，即其中一方是发包人或称之为业主，另一方是承担工程勘察、设计、施工、监理和设备材料、供货的勘察者、设计者、承包人或材料设备的供货人。我们重点介绍的是施工合同，其合同的主体是业主单位和施工单位。

建筑工程合同的客体是"工程"，是指土木建筑工程和建筑业范围内的线路、管道、设备安装工程的新建、扩建及大型的建筑装修装饰活动。主要包括房屋、铁路、公路、机场、港口、航道、桥梁、矿井、水利、电站、通讯线路的建设及修建等。

建筑工程合同原本属于承揽合同中的一种，它是承揽完成不动产项目的合同，因此合同中关于承揽合同和建筑工程合同的条款，可以视为一般法与特殊法的关系，建筑工程合同中没有规定的，可以使用承揽合同的有关规定。

2. 建筑工程合同的特征

建筑工程合同是一种特殊的承揽合同，在《合同法》中作为一种独立的合同类型来规定，其具有承揽合同的一般特征，也是诺成合同、双务合同、有偿合同等。但工程项目合同又与一般承揽合同有明显区别，主要有如下特征：

1）合同法律关系的多元化。因工程项目投资多，工期长，参与单位多，一般由多项合同组成一个合同群，这些合同之间分工明确，层次清楚，自然形成一个合同体系。在合同的订立和实施过程中涉及多方面的关系，这些关系都要通过合同来实现。

2）合同主体只能是法人。建设工程合同的标的是建设工程，其具有投资大、建设周期长、质量要求高、技术力量要求全面等特点，作为公民个人是不能够独立完成的。同时，作为法人，也并不是每个法人都可以成为建设工程合同的主体，而是需经过批准加以限制的。合同中的发包人只能是经过批准建设工程的法人，承包人也只能是具有从事勘察、设计、施工任务资格的法人。因此，建设工程合同的当事人不仅是法人，而且须是具有某种资格的法人。

3）合同标的的特殊性。建筑工程合同的标的是各类建筑新产品，建筑产品是不动产，其基础部分与大地相连，不能移动。这就决定了每个建筑工程合同的标的都是特殊的，相互间具有不可替代性。另外，建筑产品的类别庞杂，其外观、结构、使用目的、使用人都各不相同，这就要求每一个建筑产品都需单独设计和施工（即使可重复利用标准设计或重复使用图纸，也应采取必要的修改设计才能施工），即建筑产品是单体性生产，这也决定了建筑工程合同标的的特殊性。

4）合同履约期限的长期性。与产品合同比较，工程项目合同庞大复杂，大型项目要涉及几十种专业，上百个工种，几万人作业，合同的内容庞大复杂。

5）计划和程序的严格性。建筑工程的标的为建筑物等不动产，其自然与土地密不可分，承包人所完成的工作成果不仅具有不可移动性，而且须长期存在和发挥作用，是关系到国计民生的大事。因此，国家对建筑工程不仅要进行建设规划，而且要实行严格的管理和监督。从建筑工程合同的订立到合同的履行，从资金的投放到最终的成果验收受到国家严格的管理和监督。正因如此，建筑工程项目合同的形式，都采用书面形式，以保证交易安全。

3. 建筑工程合同的类型

（1）按照工程建设阶段分类

建筑工程的建设过程中大体经过勘察、设计、施工3个阶段，围绕不同阶段订立相应的合同。

1）建筑工程勘察合同。是指对工程项目进行实地考察或察看，其主要内容包括工程测量、水文地质勘察和工程地质勘察等，其任务是为建设项目的选址、工程设计和施工提供科学、可靠的依据。建筑工程勘察合同即发包人与勘察人就完成商定的勘察任务明确双方权利义务的协议。

2）建筑工程设计合同。是指正式进行工程的建筑、安装之前，预先确定工程的建设规模、主要设备配置、施工组织设计的合同。根据我国现行法律规定，一般建设项目按初步设计和施工图设计两个阶段进行设计，技术复杂又缺乏经验的项目，需增加技术设计阶段，对一些大型联合企业、矿区和水利枢纽工程，还需要进行总体规划或总体设计。

3）建筑工程施工合同。是指承包人按照发包人的要求，依据勘察、设计的有关资料、要求，进行建设、安装的合同。工程施工合同可分为施工合同和安装合同两种，《合同法》将它们合并称为工程施工合同。实践中，这两种合同还是有区别的。施工合同是指承包人从无到有进行土木建设的合同。安装合同是指承包人在发包人提供基础设施、相关材料的基础上，进行安装的合同。一般来说，施工合同往往包含安装工程的部分，而安装合同虽然也进行施工，但往往是辅助工作。建筑工程施工合同即发包人与承包人就完成商定的建筑工程项目的施工任务明确双方权利义务的协议。

（2）按照承发包方式分类

1）勘察、设计或施工总承包。是指发包人将全部勘察、设计或施工的任务分别发包给一个勘察、设计单位或一个施工单位作为总承包人，经发包人同意，总承包人可以将勘察、设计或施工任务的一部分分包给其他符合资质的分包人。据此明确各方权利义务的协议，即为勘察、设计或施工总承包合同，总承包人与分包人就工作成果对发包人承担连带责任。

2）单位工程承包合同。是指在一些大型复杂的建筑工程中，发包人可以将专业性很强的单位工程发包给不同的承包人，与承包人分别签订土木工程施工合同，电气与机械工程承包合同，这些承包人之间为平行关系。单位工程施工承包合同常见于大型工业建筑安装工程。

3）工程项目总承包合同。是指建设单位将包括工程设计、施工、材料和设备采购等一系列工作全部发包给一家承包单位，由其进行实质性的设计、施工和采购工作，最后向建设单位交付具有使用功能的工程项目，工程项目总承包实施过程中可以把部分工程分包。据此明确各方权利义务的协议即为工程项目总承包合同。

按这种模式发包的工程主要为"交钥匙工程"，适用于简单、明确的常规性工程，如商业用房、标准化建筑等。对一些专业性较强的工业建筑，如钢铁、化工、水利等工程由专业的承包商进行项目总承包也是常见的。

4）工程项目总承包管理合同。工程项目总承包管理，即 CM（Construction Management）承包方式。是指建设单位将项目设计和施工的主要部分发包给专门从事设计和施工组织管理工作的单位，再由后者将其分包给若干设计、施工单位，并对它们进行项目管理。

项目总承包管理与项目总承包的不同之处在于：前者不直接进行设计和施工，没有自己的设计和施工力量，而是将承包的设计和施工任务全部分包出去，总承包单位专心致力于工程项目管理，而后者有自己的设计、施工力量，直接进行设计、施工、材料和设备采购等工作。

5）BOT 承包合同（又称特许权协议书）。BOT 承包模式，是指由政府或政府授权的机构授予承包商在一定期限内，以自筹资金建设项目并自费经营和维护，向东道国出售项目产品或服务，收取价款或酬金，期满后将项目全部无偿移交东道国政府的工程承包模式。

（3）按照承包工程计价方式分类

1）总价合同。总价合同一般要求投标人按招标文件要求报一个总价，在这个价格下完成合同规定的全部项目。总价合同有两种不同形式：固定总价合同和调价总价合同。调价总价合同是合同中工程量不变，单价一般也不变，只有在物价上涨时，业主按权威部门发布的物价指数和按合同约定的调价公式给承包人增加其中的调值金额。

由上可见，总价合同以一次包死的总价委托，价格不因环境变化和工程量的增减而变化，所以在这类合同中承包商承担了全部的工程量和价格风险。除设计有重大变化，一般不允许调整合同价格。由于承包商承担了全部风险，报价中的不可预见风险费用高，承包商报价必定考虑施工期间的物价变化以及工程量变化带来的影响。

2）单价合同。这种合同制根据发包人提供的资料，双方在合同中确定每一单项工程单价，结算则按实际完成工程量乘以每项工程单价计算。它是最常见的合同种类，适用范围广，如 FIDIC 土木工程施工合同，我国的建设工程施工合同也主要是这类合同。

单价合同的主要特征：

①价格是根据中标的承包人在投标时提出的各细目的单价报价确定的；

②协议实施的待建项目，其性质工程量仍然是应当事先明确商量好的，但由于工程规模较大，在实施时不可避免地会出现变更，或者预计到实际工程量与招标时的工程量有一定出入时使用。

这是承包人提出的正式单价，必须是与业主决定委托的工程任务（即技术规范和图纸的各项具体要求）一致；或者是与承包人在投标时根据业主提出的工程任务的基础上，用书面提出的建议且经业主书面认可后的工程任务一致。

单价合同是以合同中的工程量清单为计价基础，工程量清单是由业主根据施工图纸、技术规范，将拟发包的工程量无遗漏且不重复的分成许多的细项，并分门别类地将各细目的工程量填到该工程量清单的各工程量栏中（称之为招标工程量），这个工程量就是投标人投标时的依据，但不是工程支付的最后依据。

投标人在投标时仍然依据工程量清单及招标文件中的图纸、技术规范，对该工程量清单中的每一细目，填报报价单价；将每一项单价与该项的工程量相乘，就是该项的总额价。所有总额价的总计，即为合同总报价（即投标报价）。

这每一细目的投标报价中包括了承包人完成此项工作的一切投入和要产生的一切费用，包括人工、材料、机械设备、辅助劳动力、各项间接费用、管理费用、各种应交纳的税、费、捐等；承包人在实际施工中，只要工程量偏差不超过合同规定的范围，就应对所报单价负责。

单价合同又可分为可调值单价合同、不可调值单价合同、纯单价合同三种。

（a）可调值单价合同，指合同工期较长（一般超过 18 个月），当物价出现上涨时，业主可按权威部门（造价站）发布的物价指数和合同中约定的调价公式给承包人增加其中的调值金额的合同。

（b）不可调值单价合同，指合同期较短（短于 18 个月），当物价出现上涨时，不予增加调值金额的，称之为不可调值单价合同。

（c）纯单价合同（无确切工程量的承包合同），是以单价表中所列的价格再减少或增加一定的百分比作为基础单价，以基础单价乘以实际完成并经过确认的工程量，即为合同支付金额。

单价合同的特点是单价优先，业主在招标文件中给出的工程量表中的工程量是参考数字，而实际合同价款按实际完成的工程量和承包商所报的单价计算。在单价合同中应明确编制工程量清单的方法和工程计量方法。

在单价合同中，承包商仅按合同规定承担报价（报单价）的风险，而工程量变化的风险由业主承担，风险分配比较合理，能够适应大多数工程，能调动承包商和业主管理的积极性。

3）成本加酬金合同。酬金是指在合同签约时商定由业主支付给承包人的一笔经营管理费用，它包括管理费、利润、利润的附加费用。

成本加酬金合同在实际的项目管理中通常有四种具体做法：

①成本加固定百分比酬金合同。

$$C = C_d + C_d \times P \tag{4-1}$$

式中　C——合同总价；

C_d——实际发生项目成本；

P——固定百分比。

从上式看，总价随成本增加而增加，承包商显然没有动力去降低成本，反正花多少，业主报销多少，对业主不利，现在很少采用。

②成本加固定酬金合同。

$$C = C_d + F \tag{4-2}$$

式中　F——固定酬金。

成本加固定酬金合同虽不能鼓励承包商关心降低成本，但从尽快取得酬金出发，承包商将会关心缩短项目周期。

③成本加浮动酬金合同。

$$
\begin{aligned}
&当 C_d = C_o，则 C = C_d + F \\
&当 C_d > C_o，则 C = C_d + F - \Delta F \\
&当 C_d < C_o，则 C = C_d + F + \Delta F
\end{aligned}
\tag{4-3}
$$

式中　C——成本加浮动酬金合同；

　　ΔF——酬金的增减部分，可是百分数，也可是绝对数，$\Delta F = K(C_o - C_d)$；

　　C_o——预期成本。

这种承包方式是预先商定成本和酬金的预期水平，根据实际成本与预期成本的差值（离差），酬金上下浮动。

④目标成本加奖罚目标合同。

$$C = C_d + P_1 \times C_o + P_2 \times (C_o - C_d) \tag{4-4}$$

式中　P_1——基本酬金百分数；

　　P_2——奖罚百分数。

这种办法以项目粗略估算成本作为目标成本，随项目逐步细化，劳务数量和目标成本可以加以调整，另外，规定一个百分数，作为计算酬金的比率，最后结算时，根据实际成本与目标成本关系确定合同总价。

成本加酬金合同有时会损害工程的整体利益，所以这类合同的使用应该受到严格限制，通常的适用情况有：投标阶段依据不准，工程的范围无法界定，无法准确估价，缺少工程的详细说明，工程特别复杂，工程技术、结构方案不能预先确定；时间特别紧急，要求尽快开工等。

（4）与建筑工程有关的其他合同

严格地讲，与建筑工程有关的其他合同并不属于建筑工程合同的范畴。但是这些合同所规定的权利和义务等内容，与建筑工程活动密切相关，可以说建筑工程合同从订立到履行的全过程离开了这些合同是不可能顺利进行的。这些合同主要有下面几种：

1）建设工程委托监理合同；

2）国有土地使用权出让或转让合同、城市房屋拆迁合同；

3）建设工程保险合同和担保合同。

4.1.2　建筑工程主要合同关系

由于现代的社会化大生产和专业化分工，一个较大规模的工程项目其参加单位可能就有几十个，甚至成百上千个，它们之间形成各式各样的合同关系。工程项目的建设过程实质上就是一系列合同的签订和履行过程。由于这些合同都是为了完成项目目标，定义项目的活动，它们之间存在复杂的关系，形成项目的合同体系，如图 4-1 所示的工程项目合同体系。在这个体系中，业主和承包商是两个最重要的节点。

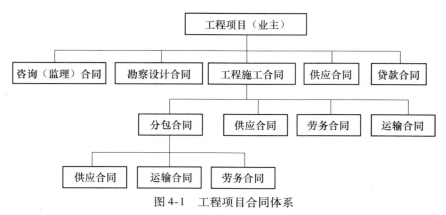

图 4-1　工程项目合同体系

1. 业主的主要合同关系

业主根据对工程的需求，确定工程项目的整体目标，这个目标是所有相关合同的核心。业主必须将经过项目目标分解和结构分析所确定的各种工程任务委托出去，由专门的单位来完成。与业主签订的合同通常被称为主合同。根据工程分标方式的不同，业主可能订立几十份合同，例如将各专业工程分别甚至分段委托，或将材料和设备供应分别委托；也可能将上述委托以各种形式进行合并，只签订几份甚至一份主合同。所以一份主合同的工程（工作）范围和内容会有很大的区别。通常业主必须签订咨询（监理）合同，勘察设计合同，供应合同（业主负责的材料和设备供应），工程施工合同，贷款合同等。

2. 承包商的主要合同关系

承包商是建筑工程的具体实施者，是工程承包合同的执行者，承包商与业主之间以工程承包合同为纽带进行合作。

承包商要完成合同所规定的责任，包括工程量表中所确定的工程范围的施工、竣工及保修，并为完成这些责任提供劳动力、施工设备、建筑材料、管理人员、临时设施，有时也包括设计工作。当然任何承包商不可能、也不必具备所有专业工程的施工能力和材料、设备供应能力，他可以将一些专业工程和工作委托出去。所以围绕着承包商常常会有复杂的合同关系，他必须签订工程分包合同、设备和材料供应合同、运输合同、加工合同、租赁合同、劳务合同和保险合同等。

3. 其他方面的合同关系

1）设计单位、各供应单位也可能存在各种形式的分包。

2）承包人有时也承担工程（或部分工程）的设计（如设计—施工总承包），承包人有时会将设计委托给设计单位进行，与设计单位签订委托设计合同。

3）如果工程的付款条件苛刻，承包商须带资承包，他也必须订立贷款合同。

4）大型建设工程或结构复杂的建筑工程，特别是全包工程中，承包商可以由两个以上的单位联合共同承包。则联合体成员之间必须订立联营合同。

所以在工程中，特别是在大的工程中合同关系是极为复杂的。

4.1.3　建筑工程合同管理

1. 建筑工程合同管理的概念

建筑工程合同管理是指对建筑工程项目建设有关的各类合同，从合同条件的拟订、协商，合同的订立、履行和合同纠纷处理情况的检查和分析等环节进行的科学管理工作，以期通过合同管理实现建筑工程项目的"三控制"目标，维护合同当事人双方的合法权益。

简而言之，建筑工程合同管理是通过对合同进行各环节的管理，通过控制目标，维护权益。

2. 建筑工程合同管理的内容

建筑工程合同管理是一个动态的管理过程，是随着项目的实施而逐步进行的。建筑工程合同管理包含着从合同总体策划、合同订立到合同履行以及合同纠纷的处理等方面的管理，是一个全过程的管理。

（1）建筑工程合同的总体策划

在建筑工程项目的开始阶段，为了实现建筑工程项目的"三控制"目标，维护合同当事人的合法权益，必须对与工程项目相关的合同进行总体策划。合同策划的目标是通过合同保证工程建设项目目标和项目实施战略的实现。它主要确定如下一些重大问题：如何将项目分解成几个独立的合同？每个合同有多大的工程范围？采用什么样的合同形式和合同条件？采用什么方式委托工程？合同中一些重要条件的确定，即如何通过合同实现对项目实行严格的全面的控制？与项目相关的各个合同在内容上、时间上、组织上、技术上、价格上的协调等。

正确的合同策划不仅能够签订一个完备的有利的合同，而且可以保证圆满地履行各个合同，并使它们之间能完善地协调，以顺利地实现工程建设项目的根本目标。

在工程中业主处于主导地位，他的合同总体策划对整个工程有很大影响。承包商必须按照业主的要求投标报价，确定方案并完成工程。业主通常必须就如下合同问题作出决策：

1）工程承包方式和范围的划分。根据项目的分包策划确定承包方式和每个合同的工程范围。

2）合同种类的选择。在实际工程中，合同计价方式丰富多彩，有近20种。不同种类的合同，有不同的应用条件，有不同的权力和责任的分配，有不同的付款方式，对合同双方有不同的风险。应按具体情况选择合同类型。

A. 单价合同

这是最常见的合同种类，适用范围广，如FIDIC工程施工合同，我国的建设工程施工合同也主要是这一类合同。在这种合同中，承包商仅按合同规定承担报价的风险，即对报价（主要为单价）的正确性和适宜性承担责任；而工程量变化的风险由业主承担。由于风险分配比较合理，能够适应大多数工程，能调动承包商和业主双方的管理积极性。单价合同又分为固定单价和可调单价等形式。

单价合同的特点是单价优先，业主在招标文件中给出的工程量表中的工程量是参考数字，而实际合同价款按实际完成的工程量和承包商所报的单价计算。在单价合同中应明确编制工程量清单的方法和工程计量方法。

B. 固定总价合同

这种合同以一次包死的总价格委托，除了设计有重大变更，一般不允许调整合同价格。所以在这类合同中承包商承担了全部的工作量和价格风险。在现代工程中，特别在合资项目中，业主喜欢采用这种合同形式，因为工程中双方结算方式较为简单、省事，承包商的索赔机会较少（但不可能根除索赔）。在正常情况下，可以免除业主由于要追加合同价款、追加投资带来的需上级，如董事会甚至股东大会审批的麻烦。

但由于承包商承担了全部风险，报价中不可预见风险费用较高。承包商报价的确定必须考虑施工期间物价变化以及工程量变化带来的影响。

在以前很长时间中，固定总价合同的应用范围很小，其适用的条件有：

a. 工程范围必须清楚明确，报价的工程量应准确而不是估计数字，对此承包商必须认真复核。

b. 工程设计较细，图纸完整、详细、清楚。

c. 工程量小、工期短，估计在工程过程中环境因素（特别是物价）变化小，工程条件稳定并合理。

d. 工程结构、技术简单，风险小，报价估算方便。

e. 工程投标期相对宽裕，承包商可以详细作现场调查、复核工作量，分析招标文件，拟定计划。

f. 合同条件完备，双方的权利和义务十分清楚。

但现在在国内外的工程中，固定总价合同的使用范围有扩大的趋势，用得比较多。甚至一些大型的全包工程，工业项目也使用总价合同。有些工程中业主只用初步设计资料招标，却要求承包商以固定总价合同承包，这个风险非常大。

固定总价合同是总价优先，承包商报总价，双方商讨并确定合同总价，最终按总价结算。

C. 成本加酬金合同

这是与固定总价合同截然相反的合同类型。工程最终合同价格按承包商的实际成本加一定比率的酬金（间接费）计算。在合同签订时不能确定一个具体的合同价格，只能确定酬金的比率。由于合同价格按承包商的实际成本结算，所以在这类合同中，承包商不承担任何风险，而业主承担了全部工作量和价格风险，所以承包商在工程中没有成本控制的积极性，常常不仅不愿意压缩成本，相反期望提高成本以提高他自己的工程经济效益。这样会损害工程的整体效益。所以这类合同的使用应受到严格限制，通常应用于如下情况：

a. 投标阶段依据不准，工程的范围无法界定，无法准确估价，缺少工程的详细说明。

b. 工程特别复杂，工程技术、结构方案不能预先确定。它们可能按工程中出现的新的情况确定。例如在国外这一类合同经常被用于一些带研究、开发性质的工程中。

c. 时间特别紧急，要求尽快开工。如抢救，抢险工程，人们无法详细地计划和商谈。

为了克服成本加酬金合同的缺点，扩大它的使用范围，人们对该种合同又作了许多改进，以调动承包商成本控制的积极性。

在这种合同中，合同条款应十分严格。业主应加强对工程的控制，参与工程方案（如施工方案、采购、分包等）的选择和决策，否则容易造成损失。同时，合同中应明确规定成本的开支和间接费范围，规定业主有权对成本开支作决策、监督和审查。

D. 目标合同

在一些发达国家，目标合同广泛使用于工业项目、研究和开发项目、军事工程建设项目中。它是固定总价合同和成本加酬金合同的结合和改进形式。在这些项目中承包商在项目可行性研究阶段，甚至在目标设计阶段就介入工程，并以全包的形式承包工程。

目标合同也有许多种形式。通常合同规定承包商对工程建成后的生产能力（或使用功能）、工程总成本（或总价格）、工期目标承担责任。如果工程投产后一定时间内达不到预定的生产能力，则按一定的比例扣减合同价格；如果工期拖延，则承包商承担工期拖延违约金。如果实际总成本低于预定总成本，则节约的部分按预定的比例给承包商奖励；反之，超支的部分由承包商按比例承担。如果承包商因提出合理化建议被业主认可，该建议方案使实际成本减少，则合同价款总额不予减少，这样成本节约的部分业主与承包商分成。

目标合同能够最大限度地发挥承包商工程管理的积极性，适用于工程范围没有完全界定或预测风险较大的情况。

3）招标方式的确定。《中华人民共和国招标投标法》规定招标方式有公开招标和邀请招标（选择性竞争招标）。两种方式有其特点及适用范围。一般要根据承包形式，合同类型，业主所拥有的招标时间（工程紧迫程度）等决定。

4）合同条件的选择。合同协议书和合同条件是合同文件中最重要的部分。在实际工程中，业主可以按照需要自己（通常委托咨询公司）起草合同协议书（包括合同条款），也可以选择标准的合同条件。在具体应用时，可以按照自己的需要通过特殊条款对标准的文本作修改、限定或补充。

对一个工程，有时会有几个同类型的合同条件供选择，特别在国际工程中。合同条件的选择应注意如下问题：

①大家从主观上都希望使用严密的、完备的合同条件，但合同条件应该与双方的管理水平相配套。如果双方的管理水平很低，而使用十分完备、周密，同时规定又十分严格的合同条件，则这种合同条件没有可执行性。

②最好选用双方都熟悉的标准的合同条件，这样能较好地执行。如果双方来自不同的国家，选用合同条件时应更多地考虑承包商的因素，使用承包商熟悉的合同条件。由于承包商是工程合同的具体实施者，所以应更多地偏向他，而不能仅从业主自身的角度考虑这个问题。当然在实际工程中，许多业主都选择自己熟悉的合同条件，以保证自己在工程管理中有利的地位和主动权，但结果工程不能顺利进行。

③合同条件的使用应注意到其他方面的制约。例如我国工程估价有一整套定额和取费标准，这是与我国所采用的施工合同文本相配套的。如果在我国工程中使用 FIDIC 合同条件，或在使用我国标准的施工合同条件时，业主要求对合同双方的责权利关系作重大的调整，则必须让承包商自由报价，不能使用定额和规定取费标准。

5）重要的合同条款的确定：

①适用于合同关系的法律，以及合同争执仲裁的地点、程序等。

②付款方式。如采用进度付款、分期付款、预付款或由承包商垫资承包。这由业主的资金来源保证情况等因素决定。让承包商在工程上过多地垫资，会对承包商的风险、财务状况、报价和履约积极性有直接影响。当然如果业主超过实际进度预付工程款，在承包商没有出具保函的情况下，又会给业主带来风险。

③合同价格的调整条件、范围、调整方法，特别是由于物价上涨、汇率变化、法律变化、海关税变化等对合同价格调整的规定。

④合同双方风险的分担。即将工程风险在业主和承包商之间合理分配。基本原则是，通过风险分配激励承包商努力控制三大目标、控制风险，达到最好的工程经济效益。

⑤对承包商的激励措施。各种合同中都可以订立奖励条款。恰当地采用奖励措施可以鼓励承包商缩短工期、提高质量、降低成本，提高管理积极性。

通常的奖励措施有：

a. 提前竣工的奖励。这是最常见的，通常合同明文规定工期提前一天业主给承包商奖励的金额。

b. 提前竣工，将项目提前投产实现的盈利在合同双方之间按一定比例分成。

c. 承包商如果能提出新的设计方案、新技术，使业主节约投资，则按一定比例分成。

d. 对具体的工程范围和工程要求，在成本加酬金合同中，确定一个目标成本额度，并规定，如果实际成本低于这个额度，则业主将节约的部分按一定比例给承包商奖励。

e. 质量奖。这在我国用得较多。合同规定，如工程质量达全优（或优良），业主另外支付一笔奖励金。

⑥设计合同条款，通过合同保证对工程的控制权力，并形成一个完整的控制体系。

a. 控制内容。明确规定业主和其项目经理对工期、成本（投资）、质量及工程成果等各方面的控制权力。

b. 控制过程。各种控制必须有一个严密的体系，形成一个前后相继的过程，例如：

工期控制过程，包括开工令，对详细进度计划的审批（同意）权，工程中出现拖延时的指令加速的权力，拖延工期的违约金条款等。

成本（投资）控制，包括工作量量方程序，付款期，账单的审查过程及权力，付款的控制，竣工结算和最终决策，索赔的处理，决定价格的权力等。

质量控制过程，包括图纸的审批程序及权力，方案的审批（或同意）权，变更工程的权力，材料、工艺、工程的认可权、检查权和验收权，对分包和转让的控制。

c. 对失控状态或问题的处置权力，例如：材料、工艺、工程质量不符合要求的处置权，暂停工程的权力，在极端状态下中止合同的权力等。

这些都有了具体的详细的规定，才能形成对实施控制的合同保证。

⑦为了保证双方诚实信用，必须有相应的合同措施。

6）其他问题：

①确定资格预审的标准和允许参加投标的单位的数量。业主应保证在工程招标中有比较激烈的竞争，则必须保证有一定量的投标单位。这样能取得一个合理的价格，选择余地较大。但如果投标单位太多，则管理工作量大，招标期较长。

在资格预审期要对投标人有基本的了解和分析。一般从资格预审到开标，投标人会逐渐减少。即发布招标广告后，会有大量的承包商来了解情况，但提供资质预审文件的单位就要少一点；买标书的单位又会少一点；提交投标书的单位还会减少；甚至有的单位投标后又撤回标书。对此必须保证最终有一定量的投标商参加竞争，否则在开标时会很被动。

②定标的标准。确定定标的指标对整个合同的签订（承包商选择）和执行影响很大。实践证明，如果仅选择低价中标，又不分析报价的合理性和其他因素，工程过程中争执较多，工程合同失败的比例较高。因为它违反公平合理原则，承包商没有合理的利润，甚至要亏损，当然不会有好的履约积极性。所以人们越来越趋向采用综合评标，从报价、工期、方案、资信、管理组织等各方面综合评价，以选择中标者。

③标后谈判的处理。

7）工程各相关合同的协调。为了一个工程的建设，业主要签订许多合同，如设计合同、施工合同、供应合同。这些合同中存在十分复杂的关系，业主必须负责这些合同之间的协调。在实际工程中这方面的失误较多。工程合同体系的协调就是各个合同所确定的工期、质量、技术要求、成本、管理机制等之间应有较好的相容性和一致性。这个协调必须反映项目的目标系统，技术设计和计划（如成本计划、工期计划）等内容。

总之，建筑工程的合同总体策划包括业主的总体策划和承包商的合同总体策划。对业主来说，合同实施中，针对承包商提出的各种索赔要求，应有一个总的原则：一是有利于工程质量和进度；二是严格审查和控制，避免重复变更和虚假签证。

（2）建筑工程合同的订立

工程合同的订立，是指发包人和承包人之间为了建立发承包关系，通过对工程合同具体内容进行协商而形成合意的过程。合同的订立都是通过招标方式选择承包商来订立的，中标通知书发出之日起 30 日内，双方要经过协商签订合同，有的要经过公证处的公正，确保其法律效力。

（3）建筑工程合同履行

项目合同的履行是指项目合同的双方当事人根据项目合同的规定在适当的时间、地点、以适当的方式全面完成自己所承担的义务。

严格履行项目合同是项目双方当事人的义务。因此，项目合同的当事人必须共同按计划履行合同，实现项目合同所要达到的各类预定的目标。项目合同的履行分为实际履行和适当履行两种形式。业主和承包人都必须有自己专业的合同管理小组负责合同的履行。

（4）建筑工程合同纠纷的处理

建筑工程合同纠纷的处理方式有协商、调节、仲裁、诉讼四种，应本着协商为主，调节优先的原则进行合同纠纷的处理。

3. 建筑工程合同管理的类型

1）根据合同的管理主体划分为业主的合同管理和承包商的合同管理。

2）根据项目实施的阶段划分：

①合同订立前的管理：做好充分的准备，市场预测；

②合同订立时的管理：认真严格地拟定条款，做到合同合法、公平、有效；

③合同履行中的管理：做好组织与管理工作，保管好相应的合同资料。总承包单位可以按合同规定对工程项目进行分包，但不得倒手转包。

4.2 建筑工程勘察、设计合同管理

4.2.1 建筑工程勘察、设计合同的概念

建筑工程勘察、设计合同是委托人与承包人为完成一定的勘察设计任务，明确双方权利、义务关系的协议。

为保证建筑工程质量达到预期的投资目的，工程项目的实施过程必须遵循项目建设的内在规律，即坚持先勘察、后设计、再施工的程序。

发包人通过招标方式与选择的中标人就委托的勘察设计任务签订合同。为保证勘察、设计合同的内容完备、责任明确、风险分担合理，在 2000 年原建设部和国家工商行政管理局颁布了《建设工程勘察合同示范文本》和《建设工程设计合同示范文本》。

4.2.2 建筑工程勘察、设计合同的订立与履行

1. 建筑工程勘察、设计合同的订立

（1）建筑工程勘察合同的订立

依据合同范本，订立勘察合同时，应根据工程特点，在相应条款内明确以下几方面内容：

1）发包人应提供的勘察依据文件和资料：

①本工程批复文件以及用地、施工、勘察许可证；

②勘察任务委托书、技术要求、工作范围的地形图、建筑总平面布置图；

③勘察工作范围内已有的技术资料及工程所需的坐标和标高资料；

④勘察工作范围内地下已有的埋藏物资料（如电力、电讯电缆、各种管道、人防设施、洞室等）及具体位置分布图；

⑤其他必备的相关资料。

2）委托任务的工作范围：

①工程勘察任务：可能包括自然条件观测，地形图测绘，资源探测，沿途工程勘察，地震安全性评价，工程水文地质勘察，环境评价，模型试验等；

②技术要求；

③设计的勘察任务量；

④勘察成果资料提交的份数。

3）合同工期。合同约定的勘察工作开始和终止时间。

4）勘察费用。包括勘察费用的预算金额、费用支出的程序和每次支付的百分比。

5）发包人应为勘察人提供的现场工作条件：

①落实土地征用、青苗树木赔偿；

②拆除地上、地下障碍物；

③处理施工扰民及影响施工正常进行的有关问题；

④平整施工现场；

⑤修好通行通道，接通电源、水源，挖好排水沟渠及水上作业用船等。

6）违约责任。包括承担违约责任的条件和违约金的计算方法等。

（2）设计合同的订立

依据设计合同范本订立设计合同的同时，根据工程项目的特点，在相应条款内明确以下几方面的具体内容：

1）发包人应提供的文件和资料。设计依据文件和资料，其中包括项目可行性研究报告或项目建议书、城市规划许可证、工程勘察资料等。双方应约定资料文件的名称、份数、提交的时间和有关事宜。项目设计要求主要有：工程的范围和规模，限额设计的要求，设计依据的标准，法律、法规规定应满足的其他要求。

2）委托任务的工作范围：

①设计范围。明确建设规模，详细列出工程分项的名称、层数和建筑面积。

②建筑物合理使用年限设计要求。

③委托的建设阶段和内容。包括方案设计、初步设计和施工图设计的全过程，也可以是

其中的某几个阶段。

④设计深度要求。方案设计应满足编制初步设计文件和编制概算的要求，初步设计文件应满足编制施工招标文件，主要设备材料订货和编制施工图设计文件的需要，施工图设计文件应满足设备、材料采购、非标准设备制作和施工的需要，并注明建筑工程合理使用年限。

⑤设计人配合施工工作的要求。包括向发包人和施工承包人进行设计交底，处理有关技术问题，参加重要隐蔽工程部位验收和竣工验收等事项。

3）合同时间。合同中应约定设计工作开始和终止时间。

4）设计费用。合同双方不得违反国家有关最低收费标准的规定任意压低勘察、设计费用，合同内除写明双方约定的总设计费外，还需列明分阶段支付进度款的条件，占总设计费的百分比及金额。

5）发包人应为设计人提供的现场服务。可能包括施工现场的工作条件、生活条件及交通等方面的具体内容。

6）违约责任。需要约定的内容包括承担违约责任的条件和违约金的计算方法等。

7）合同争议的最终解决方式。最终方式是采用仲裁还是诉讼应明确，采用仲裁时应明确仲裁委员会的名称。

2. 建筑勘察、设计合同的履行

合同签订后，当事人均须按诚实信用原则和全面履行原则完成合同约定的本方义务。

（1）勘察合同履行的管理

1）发包人的责任：

①在勘察现场范围内，不属于委托任务而又没有资料、图样的地区，发包人应负责查清地下埋藏物。

②若勘察现场需要看守，特别是在有害有毒等危险场所作业时，发包人应派人负责安全保卫工作，对从事危险作业的现场人员进行保健防护，并承担费用。

③工程勘察前，属于发包人负责提供的材料，应根据勘察人提供的工程用料计划，按时提供各种材料及产品合格证明，并承担费用和运到现场，派人与勘察人员一起验收。

④勘察过程中的任何变更，经办理正式变更手续后，发包人应按实际发生工程量支付勘察费。

⑤为勘察人员提供必要的生产生活条件，并承担费用，如不能提供时，应一次性付给勘察人临时设施费。

⑥发包人若要求在合同规定的时间内提前完工或提前提交勘察成果资料时，发包人应按提前天数向勘察人支付计算的加班费。

⑦发包人应保护投标人（勘察人）的投标书、勘察报告、报告书、文件、资料图样、数据、特殊工艺（方法）、专利技术或合理化建议，未经勘察人同意，发包人不得复制、泄露、擅自修改、传送或向第三人转让或用于本合同外的项目。

2）勘察人的责任：

①按国家技术规范、标准、规程和发包人的委托书及技术要求，进行工程勘察，按合同规定的时间，提交质量合格的勘察结果资料，并对其负责。

②由于勘察人提供的勘察资料不合格，勘察人应负责无偿给予补充，完善时期达到质量合格。若勘察人无力补充完善，需另委托其他单位时，勘察人应承担全部勘察费用。因为勘

察质量造成重大经济损失，或工程质量事故的，勘察人除应负责法律责任和免收直接损失部分的勘察费外，并应根据损失程度向发包人支付赔偿金。赔偿金由发包人、勘察人在合同中约定为实际损失的某一百分比。

③勘察过程中，根据所在工程的岩土工程条件（或工程现场地形、地貌、地址和水文条件及技术规范的要求），向发包人提出增减工程量或修改勘察工作的意见，并办理正式变更手续。

3）勘察合同的工期。勘察人应在合同约定的时间内提交勘察成果资料，勘察工作有效期限以发包人下达的开工通知书或合同规定的时间为准。如遇特殊情况（如涉及变更，工程量变化，不可抗力影响，非勘察人原因造成的停工、窝工等），可以相应延长合同工期。

4）勘察费用的支付：

①收费标准。合同中约定的勘察费用计价方式，可采用按国家现行收费标准取费，具体有预算包干、中标价加签证、实际完成工程量结算等方式中的一种。

②勘察费用的支付原则。合同生效后 3 天内，发包人应向勘察人支付预算勘察费的 20% 作为定金。勘察工作外业结束后，发包人应向勘察人支付勘察费的某一百分比。对勘察工程规模大，工程工期长的大型勘察工程，还可以将这笔费用按实际完成的进度进行分解，向勘察人分阶段支付工程进度款，提交勘察成果资料后 10 天内，发包人应一次付清全部工程费用。

5）违约责任：

①发包人的违约责任。由于发包人未给勘察人提供必要的工作生活条件，而造成窝工或来回进出现场，发包人应承担一定的责任。合同履行期间，由于工程停建而终止合同，或发包人要求解除合同时，勘察人未进行勘察的，不退还发包人已付定金，已进行勘察工作的，完成工程量的 50% 以内的，发包人应向勘察人支付预算额 50% 款项，完成工程量的 50% 以上的，则应向勘察人支付预算额 100% 勘察费。发包人未按合同规定时间拨付工程勘察费，每超过 1 天，应按未付勘察费的 1‰偿付逾期违约金。发包人不履行合同时，无权要求返还定金。

②勘察人的违约责任。由于勘察人原因造成勘察成果资料质量不合格，不能满足技术要求的，其返工勘察费用由勘察人承担，勘察人交付的报告、成果、文件达不到合同约定条件的部分，发包人可要求勘察人返工，勘察人按发包人要求的时间返工，直到符合约定条件。返工后仍达不到约定的条件，勘察人应承担违约责任，并根据因此造成的损失程度向发包人支付赔偿金，赔偿金额最高不超过返工项目的收费。由于勘察人直接原因未按合同规定时间提交勘察成果资料，每超过 1 天，应减收勘察费的 1‰，勘察人不履行合同时，应双倍返还定金。

（2）设计合同履行管理

1）合同的生效与设计期限：

①合同生效。设计合同采用定金担保，合同总价 20% 为定金，设计合同经双方当事人签字盖章，并在发包人向设计人支付定金后生效。发包人应在合同签字后的 3 天内支付该笔款项，设计人收到定金，为设计开工的标志。如果发包人未能按时支付定金，设计人有权推迟开工时间，且交付设计文件的时间相应顺延。

②设计期限。是指判定设计人是否按期履行合同义务的标准，包括的内容可能有：合同

约定支付设计文件的时间，还有非设计人应承担的原因（如设计过程发生影响设计进展的不可抗力事件，非设计人原因的设计变更，发包人应承担责任的事件对设计的进度的干扰等），经过双方补充协议确定顺延的时间之和。

③合同终止。在合同正常履行情况下，工程施工完成竣工验收工作，设计人为合同项目的服务结束。

2）发包人的责任：

①提供设计依据资料。按时提供设计依据文件和基础资料，按合同约定时间，一次性或陆续向设计人提交设计的依据文件和相关资料，保证设计工作的顺利进行。如发包人提交上述资料及文件超过规定期限15天以内，对设计人规定的交付设计文件的时间相应顺延；交付上述资料及文件超过规定期限15天以上，设计人有权重新确定提交设计的时间。进行专业设计时，如果设计文件中需选用国家标准图、地方标准图，应由发包人负责解决。

发包人还应对所提供资料的正确性负责。尽管提供的某些资料不是发包人自己完成的，但就设计合同的当事人而言，发包人仍需对所提交的基础资料及资料的完整性、正确性及时限负责。

②提供必要的现场工作条件。由于设计人完成设计工作的主要地点不在施工现场，因此发包人有义务为设计人在现场工作期间提供必要的工作、生活、交通等方面的便利条件以及必要的劳动保护装备。

③外部协调工作。设计阶段（初步设计、技术设计、施工图设计）完成后，应由发包人组织鉴定和验收，并负责向发包人的上级或有管理资质的设计审批部门完成报批手续。施工图设计完成后，发包人应将施工图报送到建设行政主管部门，由建设行政主管部门委托的审查机构进行结构安全和强制性标准、规范执行情况等内容的审查。发包人和设计人必须共同保证施工图设计满足以下条件：

建筑物的设计稳定、安全、可靠；设计符合消防、节能、环保、抗震、卫生、人防等有关强制性标准规范；设计的施工图达到规范的设计深度；不存在有可能损害公共利益的其他影响。

④其他相关工作。发包人委托设计人配合引进项目的设计任务，从询价、对外谈判、国内外技术考察，直至建成投产的各个阶段，应吸收承担有关设计任务的设计人参加。出国费用，除制装费外，其他费用由发包人支付。发包人委托设计人承担合同约定委托范围之外的服务工作，需另行支付费用。

⑤保护设计人的知识产权。发包人应保护设计人的投标书设计方案、文件资料图样、数据、计算软件和专利技术。未经设计人同意，发包人对设计人交付的设计资料及文件不得擅自修改、复制或向第三人转让或用于本合同外的项目。如发生以上情况，发包人应负法律责任，设计人有权向发包人提出索赔。

⑥遵循合理设计周期的规律。如发包人要求设计人比合同规定时间提前交付设计文件时，须征得设计人的同意。设计的质量是工程发挥预期效益的基本保证，发包人不应严重背离合理设计周期的规律，强迫设计人不合理的缩短设计周期的时间。双方经协商一致并签订提前支付设计文件协议之后，发包人应支付相应的赶工费。

3）设计人的责任：

①保证设计质量。是设计人的基本责任。设计人应根据批准的可行性研究报告、勘察资

料，在满足国家规定的设计规范、规程、技术标准的基础上，按合同规定的标准完成各阶段的设计任务，并对提交的设计文件质量负责。在投资限额内，鼓励设计人采用先进的设计思想和方案。对新技术、新材料可能影响工程质量安全的，又没有国家标准时，应由国家认可的检测机构进行试验、论证，并经国务院有关部门或省、直辖市、自治区有关部门组织的建设工程技术专家委员会审定后方可使用。

设计人负责设计的建筑物须注明设计的合理使用年限。设计文件中选用的材料、构配件、设备等，应当注明规格、型号、性能等技术指标，其质量要求必须符合国家规定的标准。对各设计阶段设计文件审查会提出的修改意见，设计人应负责修改和完善。设计人交付设计资料和文件后，须按规定参加有关的设计审查，并根据审查结论负责对不超出原定范围的内容作必要的调整和补充。当没按勘察成果文件进行工程设计，制定材料、构配件的生产厂家、供应商，未按照工程建设强制性标准进行设计的，均属违反法律、法规行为，要追究设计人的责任。

②各设计阶段的工作任务有：

a. 初步设计，包括总体设计、方案设计。

b. 技术设计，包括提出技术设计计划，编织技术设计文件，参加初步审查，做出必要修改。

c. 施工图设计，包括建筑设计、结构设计、设备设计、专业设计的协调、编织施工图设计文件。

③对外商的设计资料进行审查。设计人应负责对外商的设计资料进行审查，并负责该合同项目的设计联络工作。

④配合施工的义务。设计人在建筑工程施工前，须向发包人、施工承包人和监理人说明建筑工程勘察设计意图，解释建筑工程勘察、设计文件，以保证施工工艺达到预期的设计水平要求。设计人按合同规定时限交付设计资料及文件后，如当年内项目开始施工，负责向发包人及施工单位进行设计交底，处理有关技术问题和参加竣工验收。如果在1年内项目未开始施工，设计人仍负责上述工作，但可按所需工程量向发包人适当收取咨询服务费，收费额由双方以补充协议商定。

a. 解决施工中出现的设计问题

设计人有义务解决施工中出现的设计问题，如属于设计变更范围，按照变更原因确定费用负担责任。发包人要求设计人派专人留驻施工现场进行配合与解决有关问题时，双方另行签订补充协议或技术咨询服务合同。

b. 工程验收

为保障建筑工程质量，设计人应按合同约定参加工程验收工作。这些约定的工作可能包括重要部位的隐蔽工程验收（如基础、地基、主体结构验收等），试车验收和竣工验收。

⑤保护发包人的知识产权。设计人应保护发包人的知识产权，不得向第三人泄漏、转让发包人提交的产品图样等技术经济资料，如发生以上情况并给发包人造成经济损失，发包人有权向设计人索赔。

4）支付管理：

①定金的支付。发包人在合同生效后的3天内支付设计费总款的20%作为定金。在合

同履行过程中的中期付款中，定金不参与结算，双方的合同义务全部完成进行合同结算时，定金可以抵作设计费或收回。

②合同价格。建筑工程勘察设计发包人与承包人应执行国家有关建筑工程勘察费、设计费的管理规定。签订合同时，双方商定的合同设计费及收费依据和计算办法按国家和地方有关规定执行。没有规定的，由双方协商。如果合约的费用为估算设计费，则双方在初步设计审批后，须按批准的初步设计概算核算设计费。工程建设期间，如遇概算调整，则设计费也应作相应调整。

③设计费的支付与结算：

a. 支付管理原则

发包人应及时支付约定的各阶段的设计费，设计人提交最后一部分施工图的同时，发包人应结清全部设计费，不留尾款，实际设计费按初步设计概算核定，多退少补，实际设计费与估算设计费出现差额时，双方需另行签订补充协议，发包人委托设计人承担本合同之外的工程服务，另行支付费用。

b. 按设计阶段支付费用的百分比

合同生效3天内，支付总额的20%作为定金。设计人提交初步设计文件后3天内，支付总额的30%，施工图阶段，应根据约定的支付条件，所完成的施工图工程量比例和时间，分期分批地向设计人支付剩余总设计费的50%，施工图完成后，发包人结清设计费，不留尾款。

5）设计工作内容变更。指设计人承接工程范围的内容的改变，按发生原因的不同，有以下几个方面的原因：

①设计人的工作。参加有关的设计审查，并根据审查结果论负责对不超出原定范围的内容作必要的调整补充。

②委托任务范围内的设计变更。发包人、施工承包人、监理人均不得修改建设工程勘察、设计文件。如果发包人确需修改建设工程勘察设计文件时，应首先报经原审批机关批准，然后由原建设工程勘察、设计单位修改，修改后仍须报有关部门审查后使用。

③委托其他设计单位完成的变更。修改单位对修改的勘察、设计文件承担相应责任，设计人不再对修改部分负责。

④发包人原因的重大设计变更。双方除需另行协商签订补充协议，重新明确有关条款外，发包人应按设计人所耗工程量向设计人增付设计费。在未签合同前，发包人已同意，设计人为发包人所作的各项设计工作，应按收费标准，相应支付设计费。

6）违约责任：

①发包人的违约责任。发包人未按合同规定的金额和时间向设计人支付设计费，每逾期支付1天，应承担相应支付金额的2‰的逾期违约金。设计人可提交的设计文件的时间顺延。逾期30天以上时，设计人有权暂时停下正做的工作，并书面通知发包人。

因发包人原因要求解除合同，设计人尚未开始设计工作的，不退还发包人已付定金，已开始设计工作的，发包人应根据设计人已进行的实际工作量，不足一半时，按该阶段设计费的一半支付，超过一半时，按该阶段设计费的全部支付。

②设计人的违约责任。由于设计错误，设计人除负责采取补救措施外，应免收直接受损失的设计费。损失严重的，还应根据损失的程度和设计人责任大小，向发包人支付赔偿金。

范本中要求设计人赔偿责任按工程实际损失的百分比计算，当双方签订合同时，需在相关条款内具体约定百分数的数额。设计人延误完成设计任务，每延误1天，应减收该项应受设计费的2‰，因设计原因要求解除合同，设计人应双倍返还定金。

③不可抗力事件的影响。由于不可抗力因素，使合同无法履行时，双方应及时协商解决。

4.3 建筑工程施工合同管理

4.3.1 建筑工程施工合同

1. 建筑工程施工合同的概念

建筑工程施工合同是发包人和承包人为完成商定的建筑安装工程，明确相互权利、义务关系的合同。

建筑工程施工合同是建筑工程合同中的一种，其标的是将设计图样变为满足功能、质量、进度、投资等发包人投资预期目的的建筑产品，该合同与其他建筑工程合同一样，是双务合同，在订立时应遵循自愿、公平、诚实信用的原则。

施工合同的当事人是发包人和承包人，双方是平等的民事主体。承发包双方签订施工合同时，必须具备相应资质条件和履行施工合同的能力。对合同范围内的工程实施建设时，发包人必须具备组织协调能力；承包人必须具备有关部门核定的资质等级并持有营业执照等证明文件。发包人既可能是建设单位，也可以是取得建设项目总承包资格的项目总承包单位。

在建筑工程施工合同中，我国实行的是以工程师为核心的管理体系。施工合同中的工程师是指监理单位委派的总监理工程师或发包人指定的履行合同的负责人，其具体身份和职责由双方在合同中约定。

2. 建筑工程施工合同的作用

1) 合同确立了建筑工程施工项目管理的主要目标，是合同双方在工程中各种经济活动的依据。

2) 合同是工程施工过程中双方的最高行为准则。工程实施过程中的一切活动都是为了履行合同，都必须按合同办事，双方的行为主要靠合同来约束，所以工程项目管理，施工项目管理均以合同为核心。

3) 合同能协调并统一各参加者的行为。一个参加单位与工程项目的关系，它所担任的角色，所负的责任、义务、均由与它相关的合同来限定，合同和它的法律约定力是工程施工和管理的要求和保证。

4) 合同是工程实施过程中双方争执解决的依据。

3. 建筑工程合同的特点

（1）合同内容的多样性和复杂性以及合同履行期限的长期性

虽然施工合同的当事人只有两方，但履行过程中涉及的主体却有许多种。内容的约定还需与其他相关合同相协调，如设计合同、供货合同、本合同的其他施工合同。建筑物的施工由于结构复杂，体积大，建筑材料类型多、工作量大，使得工期都较长。在较长的合同期内，双方履行义务往往会受到不可抗力、履行过程中法律、法规、政策的变化、市场价格的浮动等因素的影响，必然会导致合同内容约定、履行管理都很复杂。

（2）合同监督的严格性和合同标的的特殊性

施工合同的标的是各类建筑产品，建筑产品是不动产，建筑过程中往往受到自然条件、地质条件、社会条件、人为因素等的影响。这就决定了每个施工合同的标的物不同于工厂批量生产的产品，具有单件性特点，也就决定了合同标的的特殊性。

由于施工合同的履行对国民经济发展、公民的工作和生活都有重大的影响，因此，国家对施工合同的监督是十分严格的。主要体现在：

1）对合同主体监督的严格性。建筑工程施工合同主体一般只能是法人。发包人只能是经过批准进行工程项目建设的法人，必须有国家批准的建设项目、落实投资计划，并应具备相应的协调能力，承包人必须具备法人资格，而且应当具备相应的从事施工的资质。

2）对合同订立监督的严格性。订立合同必须以国家批准的投资计划为前提，即使是以其他方式筹资也要受到当年贷款规模和批准限额的限制，纳入当年投资规模的平衡，并经过严格的审批程序。合同的订立还必须符合国家关于建设程序的规定。

（3）合同管理的经济效益显著

合同管理的成败对工程经济效益产生的影响之差能达到20%的工程造价。

4.3.2　建筑工程施工合同范本简介

1. 建筑工程施工合同范本的作用

鉴于施工合同的内容复杂，涉及面宽，为避免施工合同的编制有遗漏某些方面的重要条款，或条款约定责任不够公平合理，原建设部和国家工商行政管理局于1999年12月24日印发了《建筑工程施工合同（示范文本）》（GF—1999—0201）该文本的条款内容不仅涉及各种情况下双方的合同责任和规范化的履行管理程序，而且涵盖了非正常情况的处理原则，如变更、索赔、不可抗力、合同的被迫终止，争议的解决等方面，示范文本中的条款属于推荐使用，应结合具体工程特点加以取舍、补充，最终形成责任明确、操作性强的合同。

2. 建筑工程施工合同示范文本的组成

《施工合同示范文本》由"协议书"、"通用条款"、"专用条款"三部分组成，并附有三个附件：附件一是"承包人承揽工程项目一览表"、附件二是"发包人供应材料设备一览表"、附件三是"工程质量保修书"。如果具体项目的实施为包工包料承包，则可以不使用"发包人供应材料设备表"。

（1）协议书

合同协议书是施工合同的总纲性法律文件，经双方当事人签字盖章后合同即成立。标准化的协议书格式文字量不大，需要结合承包工程特点，填写的内容主要包括工程概况、工程承包范围、合同工期、质量标准、合同价款、合同生效时间，并明确对对方有约束力的合同文件的组成。

（2）通用条款

"通用"的含义是所列条款的约定不分具体工程的行业、地域、规模等特点，只要是属于建筑安装工程均可适用，通用条款是在总结国内工程实践中成功经验和失败教训的基础上，参考FIDIC编写的《土木工程施工合同条件》相关内容的规定，编制的规范承发包双方履行合同义务的标准化条款，具有很强的通用性。

（3）专用条款

由于具体实施工程项目的工作内容各不相同，施工现场和外部环境条件各异，因此，还必须有反映招标工程具体特点和要求的专项条款的规定。合同中"专用条款"部分只为当事人提供了编制具体合同时应包括内容的指南，具体内容由当事人根据发包工程的实际要求细化。

具体工程项目编制专用条款的原则是：结合项目特点，针对通用条款的内容进行补充或修正，达到相同序号的通用条款和专用条款共同组成对某一方面问题内容完备的约定。因此专用条款的序号不必依次排列，通用条款已构成完善的部分，不需重新抄录，只需对通用条款部分需要补充、细化甚至弃用的条款作相应的说明后，按照通用条款对该问题的编号顺序排列即可。

3. 施工合同文件的组成及解释顺序

组成建设工程施工合同的文件包括：

1）施工合同协议书；

2）中标通知书；

3）投标书及其附件；

4）施工合同专用条款；

5）施工合同通用条款；

6）标准、规范及有关技术文件；

7）图纸；

8）工程量清单；

9）工程报价单或预算书。

双方有关工程的洽商、变更等书面协议或文件视为协议书的组成部分。

上述合同文件应能够互相解释、互相说明。当合同文件中出现不一致时上面的顺序就是合同的优先解释顺序。当合同文件出现含糊不清或者当事人有不同理解时，按照合同争议的解决方式处理。

4.3.3 建筑工程施工合同双方的权利和义务

1. 合同当事人

（1）发包人，是指具有工程发包主体资格和支付工程价款能力的当事人及取得当事人资格的合法继承人。

（2）承包人，是指被发包人接受的具有工程施工承包主体资格的当事人及取得该当事人资格的合法继承人。

从以上定义可以看出，施工合同签订后，当事人任何一方均不允许转让合同。承包人与发包人在招投标中已建立起相互的信任，因此按诚实信用原则订立合同后，任何一方都不能将合同转让给第三方。所谓合同继承人是因资产重组后，合并或分离后的法人或组织可以作为合同的当事人。

2. 工程师

（1）工程师的委派

合同示范文本定义的工程师包括监理单位委派的总监理工程师，或者发包人指定的履行合同的负责人两种情况。

1) 发包人委托的监理工程师。工程监理单位应按照法律、法规及有关的技术标准、设计文件和建设工程施工承包合同，对承包方在施工质量、建设工期和建设资金使用等方面，代表发包人实施监督。监理单位委派的总监理工程师在施工合同中称为工程师，总监是经监理单位法定代表人授权，派驻施工现场监理组织的总负责人，行使监理合同赋予监理单位的权利和义务，全面负责受委托工程的建设监理工作。

2) 发包人派驻代表。发包方代表是经发包方单位法定代表人授权，派驻施工现场的负责人，其姓名、职务、职责在专用条款内约定，但职责不得与监理单位委派的总监理工程师职责相互交叉。双方职责发生交叉或不明确时，由发包方明确双方职责，并以书面形式通知承包方。

（2）工程师的职责

工程师按约定履行职责。发包方对工程师行使的权力范围一般都有一定的限制，如对委托监理的工程师要求在行使认可索赔权力时，如索赔额超过一定限度，必须先征得发包方的批准。

4.3.4　建筑工程施工合同的订立

依据合同示范文本，订立合同时应注意通用合同条款及专用合同条款须明确说明的内容。

1. 工期和合同价格

（1）工期。在合同协议书内应明确注明开工日期，竣工日期和合同工期的总日历天数，如果是招标选择的承包人，工期总日历天数应为投标人承诺的天数，则不一定是招标文件要求的天数。因为招标文件通常规定，招标文件要求的天数是本招标工程最长允许的完工时间，而承包人为了竞争，申报的投标工期往往短于招标文件限定的最长工期，此项因素也是评标比较的一项内容，因此中标通知书中应注明发包人接受的投标工期。如有分包工程，在专项条款内，还须明确约定中间交工工程的范围和竣工时间。此约定也是规定承包人是否按合同履行了义务的标准。

（2）合同价格：

1) 发包人接受的合同价格。在合同协议书内，同样要注明合同价格，虽然中标通知书中已经写明了来源于投标书的中标合同价款，但考虑到某些工程可能不是通过招投标选择的承包人，如合同价值低于法定要求必须招标的小型工程或出于保密要求直接发包的工程等。因此，标准化合同协议书内要求填写合同价款。非招标工程的合同价款，由当事人双方依据工程预算书协调后，填在协议书内。

2) 费用。在合同的许多条款内涉及"费用"和"追加合同价款"两个专业术语。费用指不包含在合同价款之内的应当由发包人或承保人承担的支出。追加合同价款是合同履行中需要增加合同价款的情况，经发包人确认后，按照计算合同价款的方法给承包人增加的合同价款。

3) 合同的计价方式

通用条款中规定有三类可选择的计价方式需要在专业条款中说明：

①固定价格合同；

②可调价格合同；

③成本加酬金合同。

4）工程预付款的约定。施工合同的预付程序中是否有预付款，取决于工程性质，承包工程量的大小及发包人在工程招标文件中的规定。预付款是发包人为帮助承包人解决工程施工前期施工所需资金紧张的困难，提前给付的一笔款项。在专用条款内应约定预付款总额，一次或分阶段支付的时间及每次付款的比例（或金额），扣回的时间及每次扣回的计算方法，是否需要承包人提供预付款保函等相关内容。

5）支付工程进度款的规定。在专项条款内约定工程进度款的支付时间和支付方式。工程进度款的支付可以采用按月计量支付，按里程碑完成工程的进度分阶段支付或完成工程后一次性支付等方式。对合同内不同的工程部位或工作内容，可以采用不同的支付方式，只要在专用条款中具体明确即可。

2. 订立施工合同应当具备条件

（1）初步设计已经批准；

（2）工程项目已列入年度建设计划；

（3）有能够满足施工需要的设计文件和有关技术资料；

（4）建设资金和主要建筑材料设备来源已经落实；

（5）招投标工程，中标通知已经下达。

3. 订立施工合同的程序

施工合同作为合同的一种，其订立也应经过要约和承诺两个阶段。最后，将双方协商一致的内容以书面合同的形式确立下来。其订立方式有两种：直接发包和招标发包。如果没有特殊情况，工程建设的施工都应通过招标投标确定施工企业。

中标通知书发出后，中标的施工企业应当与建设单位及时签订合同。依据《招标投标法》的规定，中标通知书发出30天内，中标单位应与建设单位依据招标文件、投标书等签订工程承发包合同（施工合同）。签订合同的必须是中标的施工企业，投标书中已确定的合同条款在签订时不得更改，合同价应与中标价相一致。如果中标施工企业拒绝与建设单位签订合同，则建设单位将不再返还其投标保证金（如果是由银行等金融机构出具投标保函的，则投标函出具者应当承担相应的保证责任），建设行政主管部门或其授权机构还可给予一定的行政处罚。

4. 标准和规范

标准和规范是检验承包人施工应遵循的准则以及判定工程质量是否满足要求的标准。

4.3.5 建筑工程施工合同的履行

1. 建筑工程施工合同分析

（1）合同分析的必要性

进行合同分析是基于以下原因：

1）合同条文复杂，内涵意义深刻，法律语言不容易理解；

2）同在一个工程中，往往几份，十几份甚至几十份合同交织在一起，有十分复杂的关系；

3）合同文件和工程活动具体要求（如工期、质量、费用等）的衔接处理；

4）工程小组、项目管理职能人员所涉及的活动和问题不是合同文件的全部，而仅为合同的部分内容，如何全面理解合同对合同的实施将会产生重大影响；

5）合同中存在问题和风险，包括合同审查时已经发现的风险和还可能隐藏着的尚未发现的风险；

6）合同条款的具体落实；

7）在合同实施过程中合同双方将会产生的争议。

（2）合同分析的内容

合同分析在不同时期，为了不同的目的，有不同的内容。

1）合同的法律基础。通过分析订立合同依据的法律、法规，承包人了解适用于合同的法律的基本情况（包括范围、特点等），用以指导整个合同实施和索赔工作，对合同中明示的法律应重点分析。

2）承包人的主要任务：

①明确承包人的总任务，即完成合同标的。承包人在设计、采购、生产试验、运输、土建、安装、验收、试生产、缺陷责任期维修等方面的主要责任，施工现场的管理，给发包人的管理人员提供生活和工作条件等责任。

②明确合同中的工程量清单、图纸、工程说明、技术规范的定义。工程范围的界限应很清楚，否则会影响工程变更和索赔，特别是对固定总价合同。

在合同实施中，如果工程师指令的工程变更属于合同规定的工程范围，则承包人必须无条件执行；如果工程变更超过承包人应承担的风险范围，则可向发包人提出工程变更的补偿要求。

③明确工程变更的补偿范围，通常以合同金额的一定百分比表示。通常这个百分比越大，承包人的风险越大。

④明确工程变更的索赔有限期限，由合同具体规定，一般为28天，也有14天的，一般这个时间越短，对承包人管理水平的要求越高，对承包人越不利。

3）发包人的责任：

①发包人雇用工程师并委托他全权履行发包人的合同责任。

②发包人和工程师有责任对平等的各承包人和供应商之间的责任界限作出划分，对这方面的争执做出裁决，对他们的工作进行协调，并承担管理和协调失误造成的损失。

③及时做出承包人履行合同所必须的决策，如下达指令，履行各种批准手续，作出认可、答复请示，完成各种检查和验收手续等。

④提供施工条件，如及时提供设计资料、图纸、施工场地、道路等。

⑤按合同规定及时支付工程款，及时接收已完工程等。

4）合同价格分析：

①合同所采取的计价方式和合同价格所包括的范围。

②工程计量程序，工程款结算（包括进度付款、竣工结算、最终结算）方法和程序。

③合同价格的调整。即费用索赔的条件，价格调整方法，计价依据，索赔有效期规定。

④拖欠工程款的合同责任。

5）施工工期。在实际工程中，工期拖欠极为常见和频繁，而且对合同实施和索赔的影响很大，所以要特别重视。

6）违约责任。如果合同一方未遵守合同规定，造成对方损失，应受到相应的合同处罚。

7）验收、移交和保修。验收包括许多内容，如材料和机械设备的现场验收，隐蔽工程验收，单项工程验收，全部工程竣工验收等。

在合同分析中，应对重要的验收要求、时间、程序以及验收所带来的法律后果作说明。

竣工验收合格即办理移交。移交作为一个重要的合同事件，同时又是一个重要的法律概念，它表示：

①发包人认可并接收工程，承包人工程施工任务的完结。

②工程所有权的转让。

③承包人工程照管责任的结束和发包人工程照管责任的开始。

④保修责任的开始。

⑤合同规定的工程款支付条款有效。

8）索赔程序和争执的解决。它决定着索赔的解决方法。这里要分析：

①索赔的程序（详见4.7.3中有关施工索赔程序的内容）。

②争执的解决方式和程序。

③仲裁条款，包括仲裁所依据的法律、仲裁地点、方式和程序、仲裁结果的约束力等。

2．建筑工程施工合同实施中的管理与控制

（1）合同控制的作用

1）通过合同实施情况分析，找出偏离，以便及时采取措施，调整合同实施过程，达到合同总目标，所以合同跟踪是决策的前导工作。

2）在整个工程施工过程中，能使项目管理人员一直清楚地了解合同实施情况，对合同实施现状、趋向和结果有一个清醒地认识。

（2）工程分包的控制

未经发包人同意，承包人不得将承包工程的任何部分分包，工程分包不能解除承包人的任何责任和义务。发包人控制工程分包的基本原则是：主体工程的施工任务不允许分包，主要工程量必须由承包人完成。

（3）支付工程预付款的控制

预付时间应不迟于约定的开工日期前7天。发包人如不按约定预付工程款，承包人在约定预付时间7天后，向发包人发出预付的通知。发包人收到通知后，仍不能按要求预付，承包人可在发出通知7天后停止施工，发包人应从约定应付之日起向承包人支付应付款的贷款利息，并承担违约责任。

（4）对材料、设备的质量控制

为保证工程项目达到投资建设的预期目的，确保工程质量符合要求至关重要。对工程质量进行控制，应从使用的材料质量控制开始。材料设备的到货检验：

①发包人供应的材料设备：

a．发包人供应的材料设备的现场验收。发包人在到货前24小时以书面形式通知承包人。由承包人派1人，与发包人共同清点。主要是外观质量和对照发货单证进行数量清点（如检斤、检尺），大宗建筑材料进行必要的抽样检查。

b．材料设备接收后移交承包人保管。

c. 发包人供应的材料设备与约定不符时的处理。

这时由发包人承担有关责任，具体有：（a）单价不符；（b）种类、规格、型号、数量、质量不符，其中规格、型号不符可由承包人代为调换；（c）到货地点不符；（d）提前到货，加保管费；（e）延期到货，发包人赔偿延误工期损失。

②承包人采购的材料设备：

a. 承包商负责采购材料设备的，提供产品合格证，对材料设备质量负责；

b. 承包商在到货24小时前应通知（监理）工程师共同进行到货清点。

c. 采购设备、材料与约定不符时，在工程师要求的时间内运出施工现场，重新采购，承担费用损失，工期不予顺延。

d. 由承包人采购的，发包人不得指定生产厂或供应商。

③材料和设备的使用前检验。为防止材料和设备因在现场储存时间过长或保管不善而导致的质量降低，应在用于永久工程施工前进行必要的检查试验。

a. 发包人供应的材料设备。进入现场后需进行使用前检验的，由承包人负责检验试验，费用由发包人负责。检查通过后，当承包人又发现材料设备有问题时，发包人仍应承担重新采购及拆除重建的追加合同款，并应相应顺延由此延误的工期。

b. 承包人负责采购的材料和设备。

ⓐ使用前，承包人应按工程师要求进行检验和试验，不合格的不得使用，检验试验费由承包人承担；

ⓑ工程师发现承包人采购并使用不符合设计或标准要求的材料设备时，应要求由承包人负责修复，拆除或重新采购，并承担费用和工期损失。

ⓒ承包人需要使用代用材料时，应经工程师认可后才能使用，双方协议增减合同价款。

（5）对施工质量的监督管理

工程师在施工过程中应采用巡视、旁站、平行检验等方式监督检查承包人的施工工艺和产品质量，对建筑产品的生产过程进行严格控制。检验程序：

①承包人自检。当工程具备验收条件时，承包人进行自检（班组自检、质检员检查），并在隐蔽和中间验收前48小时通知工程师验收（书面形式），通知应包括隐蔽和中间验收的内容、时间、地点，承包人准备验收资料记录。

②共同检验。工程师和承包人共同进行检查和试验。验收合格，工程师签字后，承包人可进行工程隐蔽和继续施工，验收不合格，承包商在工程师限定时间内修改重新验收。

如工程师不能按时验收，应在承包商通知的验收时间前24小时，以书面形式向承包商提出延期验收，最多不超过48小时。

如工程师不能按以上时间提出延期要求，又未按时参加验收，承包人可自行组织验收，经验收的检查、试验程序后，将检查、试验记录交给工程师，本次检验视为工程师在场情况下进行的检验与验收，工程师应承认验收记录的正确性。

经检验，工程质量符合规范、标准和设计图等要求，验收24小时后，工程师不在验收记录上签字，视为工程师已经认可验收记录，承包人可进行隐蔽或继续施工。

③重新检验。目的是将工程师对某部分的工程质量在验收后仍有怀疑时，按工程师要求进行重新检验，检验后进行修复。如工程内容经检验有质量问题，承包人承担损失，如质量合格，发包人赔偿承包人的损失，并顺延工期。

（6）施工进度管理

工程开工后，合同履行即进入施工阶段，直至竣工验收。承包人一般需要修改进度计划。

1）暂停施工问题，具体原因有：

①工程师指定的暂停施工：

a. 暂停施工原因。工程师认为确有必要暂停施工时，应当以书面形式要求承包人暂停施工，并在提出要求后48小时内提出书面处理意见。

b. 暂停施工管理程序。承包人应当按工程师要求停止施工，并妥善保护已完工程。承包人实施工程师作出的处理意见后，可以书面形式提出复工要求，工程师应当在48小时内给予答复。工程师未能在规定时间内提出处理意见，或收到承包人复工要求后48小时内未予答复，承包人可自行复工。因发包人原因造成停工的，由发包人承担所发生的追加合同价款，赔偿承包人由此造成的损失，相应顺延工期；因承包人原因造成停工的，由承包人承担发生的费用，工期不予顺延。

②由发包人不能按时支付的暂时停工：

a. 延误支付工程预付款；

b. 拖欠工程进度款。

2）关于工期延误：

①可以顺延工期的条件：

a. 发包人未能按专用条款的约定提供图纸及开工条件；

b. 发包人未能按约定日期支付工程预付款、进度款，致使施工不能正常进行；

c. 工程师未按合同约定提供所需指令、批准等，致使施工不能正常进行；

d. 设计变更和工程量增加；

e. 一周内非承包人原因停水、停电、停气造成停工累计超过8小时；

f. 不可抗力；

g. 专用条款中约定或工程师同意工期顺延的其他情况。

②顺延工期的程序。承包人在工期可以顺延的情况下发生后14天内，将顺延的工期向工程师提出书面报告，工程师收到报告后14天内予以答复，逾期视为报告已被确认。

3）发包人提出提前竣工。双方达成一致后签订提前竣工协议，内容一般包括以下几方面：提前竣工时间；发包人提供的方便条件；承包人的赶工措施；提前竣工所需的追加合同款。

（7）设计变更管理

1）变更价款的确定。确定变更价款的程序：

①承包人在工程变更确定后14天内，可提交变更设计的追加合同款要求的报告，经工程师确认后相应调整合同价格。如没有提出报告，则视为该变更不涉及价款调整。

②工程师应在收到承包人的变更合同价款报告后14天内，对承包人的要求予以确认或作出其他答复。工程师无正当理由不确认或答复时，自承包人的报告送达之日14天后，视为变更价款报告已被确认。

③工程师确认增加的工程变更价款作为追加合同价款，与工程价款同期支付，工程师不同意承包人提出的变更价款，按合同约定的争议条款处理。

注：因承包人自身原因导致的工程变更，承包人无权要求追加合同价款。

2）确定变更价款的原则：

①已有适用于变更工程的价格，按已有价格计算；

②已有类似变更工程的价格，参照类似价格；

③没有使用或类似变更工程的价格，由承包人提出，经工程师确认后执行。

3）工程量的确定。清单内开列的工程量是估计工程量，发包人支付工程进度款前应对承包人完成的实际工程量予以确认或核实，按照承包人实际完成永久工程的工程量进行支付。

承包人应按专用条款约定的时间，向工程师提交已完工程量的报告。工程师接到报告后7天内按设计图纸核实已完工程量（以下称计量），并在计量前24小时通知承包人，承包人为计量提供便利条件并派人参加。承包人收到通知后不参加计量，计量结果有效，作为工程价款支付的依据。

工程师收到承包人报告后7天内未进行计量，从第8天起，承包人报告中开列的工程量即视为被确认，作为工程价款支付的依据。工程师不按约定时间通知承包人，致使承包人未能参加计量，计量结果无效。

对承包人超出设计图纸范围和因承包人原因造成返工的工程量，工程师不予计量。

4）可调价格合同中合同价款的调整因素包括：

①法律、行政法规和国家有关政策变化影响合同价款；

②工程造价管理部门公布的价格调整；

③一周内非承包人原因停水、停电、停气造成停工累计超过8小时；

④双方约定的其他因素。

5）调整合同价款的管理程序。承包人应当在需要调整合同价款的情况发生后14天内，将调整原因、金额以书面形式通知工程师，工程师确认调整金额后作为追加合同价款，与工程款同期支付。工程师收到承包人通知后14天内不予确认也不提出修改意见，视为已经同意该项调整。

（8）支付管理

工程款支付管理程序如下：

1）在确认计量结果后14天内，发包人应向承包人支付工程款（进度款）。按约定时间发包人应扣回的预付款，与工程款（进度款）同期结算。

2）确定调整的合同价款、工程变更调整的合同价款及合同中约定的追加合同价款，应与工程款（进度款）同期调整支付。

3）发包人超过约定的支付时间不支付工程款（进度款），承包人可向发包人发出要求付款的通知，发包人收到承包人通知后仍不能按要求付款，可与承包人协商签订延期付款协议，经承包人同意后可延期支付。协议应明确延期支付的时间和从计量结果确认后第15天起应付款的贷款利息。

4）发包人不按合同约定支付工程款（进度款），双方又未达成延期付款协议，导致施工无法进行，承包人可停止施工，由发包人承担违约责任。

（9）不可抗力

不可抗力包括因战争、动乱、空中飞行物体坠落或其他非发包人承包人责任造成的爆炸、火灾，以及专用条款约定的风雨、雪、洪、震等自然灾害。

不可抗力事件发生后，承包人应立即通知工程师，在力所能及的条件下迅速采取措施，尽力减少损失，发包人应协助承包人采取措施。不可抗力事件结束后48小时内承包人向工程师通报受害情况和损失情况，及预计清理和修复的费用。不可抗力事件持续发生，承包人应每隔7天向工程师报告一次受害情况。不可抗力事件结束后14天内，承包人向工程师提交清理和修复费用的正式报告及有关资料。

因不可抗力事件导致的费用及延误的工期由双方按以下方法分别承担：

1）工程本身的损害、因工程损害导致第三方人员伤亡和财产损失以及运至施工场地用于施工的材料和待安装的设备的损害，由发包人承担；

2）发包人、承包人人员伤亡由其所在单位负责，并承担相应费用；

3）承包人机械设备损坏及停工损失，由承包人承担；

4）停工期间，承包人应工程师要求留在施工场地的必要的管理人员及保卫人员的费用由发包人承担；

5）工程所需清理、修复费用，由发包人承担；

6）延误的工期相应顺延。

因合同一方迟延履行合同后发生不可抗力的，不能免除迟延履行方的相应责任。

（10）施工环境管理

1）遵守法律、法则对环境的要求；

2）保持现场整洁；

3）安全施工，安全防护：承包人按安全标准组织施工；发包人应对其在现场工作的工作人员进行安全教育，并对他们的安全负责。

（11）工程保修

承包人应当在工程竣工验收之前，与发包人签订质量保修书，作为合同附件。质量保修书的主要内容包括工程质量保修范围和内容；质量保修期；质量保修责任；保修费用和其他约定五部分。

1）工程质量保修范围和内容。承包人在质量保修期内，按照有关法律、法规、规章的管理规定和双方约定，承担工程质量保修责任。质量保修范围包括地基基础工程、主体结构工程，屋面防水工程、有防水要求的卫生间、房间和外墙面的防渗漏，供热与供冷系统，电气管线、给排水管道、设备安装和装修工程，以及双方约定的其他项目。

2）质量保修期。保修期从竣工验收合格之日起计算。当事人双方应针对不同的工程部位，在保修书内约定具体的保修年限。当事人协商约定的保修期限不得低于法律规定的标准。国务院《建设工程质量管理条例》明确规定，在正常使用下的最低保修期限为：

①基础设施工程、房屋建筑的地基工程和主体工程为设计文件规定的该工程的合理使用年限；

②屋面防水工程，有防水要求的卫生间、房间和外墙面的防渗漏保修为5年；

③供热与供冷，为2个采暖或供冷期；

④电器管线、给排水管道、设备安装与装修工程，保修期为2年。

3）质量保修责任：

①属于保修范围、内容的项目，承包人应当在接到保修通知之日起7天内派人保修。承包人不在约定期限内派人保修的，发包人可以委托他人修理。

②发生紧急抢修事故的，承包人在接到事故通知后，应当立即到达事故现场抢修。

③对于涉及结构安全的质量问题，应当按照《房屋建筑工程质量保修办法》的规定，立即向当地建设行政主管部门报告，采取安全防范措施；由原设计单位或者具有相应资质等级的设计单位提出保修方案，承包人实施保修。

④质量保修完成后，由发包人组织验收。

4）保修费用。《建设工程质量管理条例》颁布后，由于保修期限较长，为了维护承包人的合法利益，竣工结算时不再扣留质量保修金。保修费用由造成质量缺陷的责任方承担。

（12）竣工结算

1）竣工结算程序：

①承包人递交竣工决算报告。工程竣工验收报告经发包人认可后，承发包双方应当按协议书约定的合同价款及专用条款约定的合同价款调整方式，进行工程竣工结算。

工程竣工验收报告经发包人认可后28天内，由承包人递交竣工决算报告及完整的结算资料，双方按协议书约定的合同价款及专用条款约定的合同价款调整方式，进行竣工结算。

②发包人的核算与支付。发包人自收到竣工结算报告及结算资料后28天内进行核实，给予确认或提出修改意见。发包人认可竣工结算报告后，及时办理竣工结算价款的支付手续。

③移交工程。承包人收到竣工结算价款后14天内，将竣工工程移交给发包人，施工合同即告终止。

2）竣工结算的违约责任：

①发包人的违约责任：

a. 发包人收到竣工结算报告和结算资料后28天内无正当理由不支付工程竣工结算价款，从第4天按承包人同期向银行贷款利率支付拖欠工程价款的利息，并承担违约责任。

b. 发包人收到竣工决算报告及结算资料后28天内不支付工程竣工结算价款，承包人可以催告发包人支付结算价款。发包人在收到竣工结算报告和结算资料后56天内仍不支付，承包人可以与发包人协议将该工程折价，也可以由承包人申请人民法院将该工程依法拍卖，承包人就该工程折价或拍卖的价款优先受偿。

②承包人的违约责任。工程竣工验收报告经发包人认可后28天内，承包人未能向发包人递交竣工决算报告和完整的结算资料，造成工程竣工结算不能正常进行或工程竣工结算价款不能及时支付时，如果发包人要求交付工程，承包人应当交付；发包人不要求交付工程，承包人仍应承担保管责任。

（13）建筑工程合同档案管理

1）合同资料种类：

①合同资料，如各种合同文本；

②合同分析资料；

③工程施工过程中产生的各种资料；

④工程施工实施中的各种记录，施工日记，官方的各种文件批文，反映工程实施情况的各种报表，报告，图片等。

2）合同资料文档的管理内容：

①合同资料的收集；

②资料的整理；

③资料的归档；

④资料的使用。

合同管理人员有责任向项目经理、发包人做工程实施情况报告，向各职能人员和各工程小组、分包商提供资料；为工程的各种验收，为索赔和反索赔提供资料和证据。

3. 违约责任

合同当事人一方有下列内容，责任方应受到相应的合同处罚：

1）承包人不能按合同规定工期完成工程的违约金或承担发包人损失的条款；

2）由于管理上的疏忽造成对方人员和财产损失的赔偿条款；

3）由于预谋或故意行为造成对方损失的处罚和赔偿条款；

4）由于承包人不履行或不能正确履行合同责任，或出现严重违约时的处理规定；

5）由于发包人不履行或不能正确履行合同责任，或出现严重违约时的处理规定，特别是对发包人不及时支付工程款时的处理规定。

发包人承担违约责任，赔偿因其违约给承包人造成的经济损失，顺延延误的工期。双方在专用条款内约定发包人赔偿承包人损失的计算方法或者发包人应当支付违约金的数额或计算方法。

承包人承担违约责任，赔偿因其违约给发包人造成的损失。双方在专用条款内约定承包人赔偿发包人损失的计算方法或者承包人应当支付违约金的数额可计算方法。

一方违约后，另一方要求违约方继续履行合同时，违约方承担上述违约责任后仍应继续履行合同。

4. 合同解除

施工合同订立后，当事人应当按照合同的约定履行。但是，在一定的条件下，合同没有履行或者完全履行，当事人也可以解除合同。

（1）可以解除合同的情形

在下列情况下，施工合同可以解除：

1）合同的协商解除。施工合同当事人协商一致，可以解除。这是在合同成立以后、履行完毕以前，双方当事人通过协商而同意终止合同关系的解除。当事人的这项权利是合同中意思自治的具体体现。

2）发生不可抗力时合同的解除。因为不可抗力或者非合同当事人的原因，造成工程停建或缓建，致使合同无法履行，合同双方可以解除合同。

3）当事人违约时合同的解除。合同当事人出现以下违约时，可以解除合同：

第一，当事人不按合同约定支付工程款（进度款），双方又未达成延期付款协议，导致施工无法进行，承包人停止施工超过56天，发包人仍不支付工程款（进度款），承包人有权解除合同。

第二，承包人将其承包的全部工程转包给他人，或者分解以后以分包的名义分别转包给他人，发包人有权解除合同。

第三，合同当事人一方的其他违约致使合同无法履行，合同双方可以解除合同。

（2）一方主张解除合同的程序

一方主张解除合同的，应向对方发出解除合同的书面通知，并在发出通知前7天告知对方。通知到达对方时合同解除。对解除合同有异议的，按照解决合同争议程序处理。

（3）合同解除后的善后处理

合同解除后，当事人双方约定的结算和清理条款仍然有效。承包人应当妥善做好已完工程和已购材料、设备的保护和移交工作，按照发包人要求将自有机械设备和人员撤出施工场地。发包人应当为承包人撤出提供必要的条件，支付以上所发生的费用，并按照合同约定支付已完工程价款。已经订货的材料、设备由订货方负责退货，不能退还的货款和退货，解除订货合同发生的费用，由发包人承担。但未及时退货造成的损失由责任方承担。

4.4　FIDIC 土木工程施工合同条件

4.4.1　FIDIC 合同条件简介

1. FIDIC 组织简介

FIDIC 是国际咨询工程师联合会的法语缩写。它是各国家的咨询工程师协会的国际联合会，总部设在瑞士的洛桑。它始建于 1913 年，由欧洲四个国家的咨询工程师协会组成了 FIDIC，至今已有 60 多个会员国（它的会员在每个国家只有一个），是被世界银行认可的、世界上最具权威性的国际咨询服务机构。中国工程咨询协会代表我国于 1996 年 10 月加入了该组织。

FIDIC 编制了许多标准合同条件，其中在工程界影响最大的是 FIDIC 土木工程施工合同条件。FIDIC 合同条件在世界上应用很广，不仅为 FIDIC 成员国采用，世界银行、亚洲开发银行等国际金融机构的招标采购样本也常常采用。

FIDIC 组织下设两个地区委员会和四个专业委员会。两个地区委员会分别是：

1) 亚洲及太平洋地区协会（ASPAC）；

2) 非洲成员协会集团（CAMA）。

四个专业委员会分别是：

1) 业主与咨询工程师关系协会（CCRC）；

2) 土木工程合同委员会（CECC）；

3) 电气机械合同委员会（EMCC）；

4) 职业责任委员会（CAMA）。

2. FIDIC 合同条件简介

由 FIDIC 组织编写的规范性合同条件，通常被称为 FIDIC 条款，这些条款不仅在 FIDIC 组织成员国中使用，而且被世界银行、亚洲开发银行、非洲开发银行等国际金融机构采用，并且纳入其招标文件规范。因此 FIDIC 组织编写的各种合同条件在国际上最为广泛流行。1987 年第 4 版合同条件共有四种：

1)《土木工程施工合同条件》（FIDIC 红皮书）；

2)《电气和机械工程合同条件》（FIDIC 黄皮书）；

3)《业主/咨询工程师标准协议书》（FIDIC 白皮书或 IGRA 条款）；

4)《设计—建造与交钥匙项目合同条件》（橘皮书）。

1999 年版的 FIDIC 合同条件也包括四种：

1)《施工合同条件》（新红皮书）；

2)《工程设备和设计—建造合同条件》（新黄皮书）；

3）《EPC 交钥匙工程合同条件》；

4）《合同简短格式》。

FIDIC 土木工程合同条件是国际咨询工程师联合会与欧洲国际建筑联合会共同编制的，现行本为 1987 年第四版的 1992 年及 1995 年再修订版，1999 年又出版了新的合同条件，它是用于土木工程施工承包合同的合同协议，其中主要规定合同履行中当事人的基本权利和义务，合同履行中的合同管理程序以及监理工程师的职责和权力。

3. FIDIC 合同条件的构成

（1）FIDIC 通用合同条件

FIDIC 通用合同条件共 28 节、83 条、194 款（特指土木工程合同通用条件），是固定不变的，工程建设项目只要是属于土木工程施工，如工业与民用建筑工程、水电工程、路桥工程、港口工程等建设项目都可适用。FIDIC 通用合同条件大体可分为涉及权利义务的条款、涉及费用管理的条款、涉及工程进度控制的条款，涉及质量控制的条款、涉及法规性的条款等五大部分。

（2）FIDIC 专用合同条件

考虑到具体工程的特点，所在地区，所处环境等的不同，FIDIC 在编制通用合同条件的同时，也编制了专用合同条件。通用合同条件与专用合同条件一起构成了决定一个具体工程项目各方的权利、义务和对工程施工的具体要求的合同条件。编入专用条款的内容有以下四种情况：

1）凡是在通用条款的措辞中已经表明需要由专用条款再给出进一步信息，才能使该条款的含义表达完整的，则必须在专用条款中或采用专用条款资料表形式编写此进一步的内容。

2）凡是在通用条款的措辞中指出可能会在专用条款中进一步补充内容的，但如果不补充，这些条款的含义仍是完整的。

3）因招标工程的本身类型和由此相伴产生的工程地区、工程环境等因素而需要填补的内容。

4）因工程所在国的法律或特殊环境要求，对通用条件作出变更的。

（3）FIDIC 合同文件的组成和优先顺序

FIDIC 合同文件的组成和优先顺序是：①合同协议书；②中标函；③投标书；4）合同条件的第二部分（专用合同文件）；⑤合同条件的第一部分（通用合同文件）；⑥规范；⑦图纸；⑧标价的工程量表。

4. FIDIC 条款的优点

1）有利于采用竞争性公开招标来确定中标单位，且由于它是大多数承包人所熟悉的，如果直接采用，承包人只需详细阅读招标资料表与项目专用合同条件即可，大大节省了招投标双方的时间和精力。

2）有利于业主、监理工程师、承包人三方共同管理和建设好工程项目（各方的职责、权力分明，权利义务对等）。

3）合同内专门列有技术规范，有利于质量控制（标准明确，既定性又定量，有章可循）。

4）合同中列有工程量清单，有利于工程进度和工程费用控制（实行单价为主的合同，实行月支付进度款，延期认证，误期罚款等证书，最终支付证书并由总监理工程师签证制度）。

5）有利于及时处理与解决合同执行过程中所发生的争议和纠纷（规定有争议解决办法与明确的责任义务）。

6）有利于造就适应国际工程承包的监理、施工、项目管理队伍，有利于我国土木工程界与国际接轨。

归纳起来其特点是具有国际性、通用性、权威性；公正合理、职责分明；程序严谨，易于操作；通用条件和专用条件的有机结合。

5. 使用 FIDIC 条款需要满足的条件

1）要通过招标，在充分的竞争基础上选择承包商；

2）实行施工监理制度；

3）监理工程师应具有良好的独立性与公正性；

4）工程所在地有良好的法制环境；

5）按单价合同编制招标文件。

4.4.2 FIDIC 土木工程施工合同条件简介

1. FIDIC 土木工程施工条件的基本特点

1）内容严密，可操作性强。具体表现为内容广泛，文字严谨，但过于繁琐。

2）合同风险划分的公平性好。具体表现为：对那些属于承包人在施工中即使是加强了管理也仍然无法避免也无法克服的风险，一律划归业主承担，这样增大了合同的公平性，由于承包人不必考虑这部分风险成本，有利于降低工程造价。

3）制度严密。具体表现在：实行施工监理制度，实行合同担保制度，实行工程保险制度。推行施工监理、投保和担保三大制度有利于合同正常履行，对于质量、费用、进度的监理和控制有着良好的效果。

4）计价公正。实行以单价合同为主，包含部分总价，加计日工，暂定金，少量凭证支付的计价方式，使合同更加公正。

5）合同条件是经济、法律、技术三方面内容的统一体。

由于以上特点，按 FIDIC 条款签订的合同有利于保证质量、进度、降低工程造价，以及可以更好地保证合同正常履行。凡是应用 FIDIC 条件作为合同条件的工程，必须是业主、承包人以及监理工程师构成合同的三方时，才能使用。

FIDIC 合同条件引进了监理工程师对工程项目实施管理的机制，业主通过监理工程师监督土木工程建筑项目的实施，监理工程师的任命以业主的正式授权为基础，其职责权利由施工合同加以规定。作为业主与承包商之间及政府与当事人之间的中介环节，监理工程师应以业主与承包人之间签订的施工承包合同为准绳，积极努力和公平、正直地发挥其监督工程实施的作用，不能偏袒任何一方的利益。所有业主与承包人之间的有关工程业务交往，原则上都应通过监理工程师这个渠道。

监理工程师负责监督与检查工程质量与进度，及时向业主报告，并向承包人发出各种指令，向业主开据按工程进度付款的凭证，并据此向上级（或世界银行）报账。业主与承包商之间如果出现任何争端，应首先由监理工程师协调解决。FIDIC 条款的这种监理制度，已被我国肯定是一个好办法，并已明文规定普遍采用。

2. 合同条件中的一般术语、概念和基本规定

（1）合同中涉及的有关方面及其人员

1）世界银行。它包括国际复兴开发银行（IBRD）和国际开发协会（IDA）。

实际上世行还有三个组织：国际金融公司（IFC）、解决投资争端国际中心（ICSID）、多边投资担保机构（MIGA），但与 FIDIC 条款有关的只有前两个组织。

国际复兴开发银行提供的为有息贷款，习惯称之为硬贷款，而协会提供的是无息贷款（软贷款）。只有贷款国年人均收入低于协会指定的标准，才能够获得无息贷款。

2）业主（英文 Employer）。也称雇主，特征是它是工程项目的提出者，组织论证立项者，是将来组织项目生产、经营和负责偿还债务的责任人。

3）项目监理（监理工程师、工程师）。工程监理制度是一种把工程技术、工程经济和相关法律融为一体的全方位、全过程的动态工程管理模式。

在 FIDIC 条款中把执行土木工程监理任务的单位（或机构）加以人格化后，英文称为 Engineer，它是受业主委托提供监理服务并且有监理资质的法人，或其合法继承人，或其合法受让人。但也有时指由监理单位根据合同派驻到项目所在地履行监理服务的机构。

4）承包人（Contractor）。是指其投标已被发包人所接受，并履行了合同签约，提交了合同保证金的投标人，是为业主发包工程提供服务的那些公司。简单地说，承包人就是直接与业主签订施工承包合同的那个法人。

承包人的形式有：①总承包人；②独立承包人；③分包人；④联营体。联营体指联合承包的承包工程实体，每个联营体应有自己的名称，订有联营体章程。

被承包人授权的承包人代表称承包方项目经理。

（2）FIDIC 条款中所指的合同

1）合同文件的组成。FIDIC 条款中所指的合同是指整个施工承包文件的全部内容，土木工程合同文件按"前款优先"原则进行解释。承包人在签署合同协议书后，编制的施工进度计划和施工中监理工程师签发的用于工程施工的"工程师图纸"虽没有进入合同文件，但也应视为合同文件的组成部分，对合同双方具有合同约束力。

2）FIDIC 条款涉及的合同价款。一般说来，投标报价通常是由总价支付部分、单价支付部分、暂定金部分、计日工部分和凭证报销部分（保险费有时也采用）组成。我们称这种计价的形式为"单价为主，加部分总价，加计日工、暂定金，加少量凭证支付的传统计价形式"。

A. 单价支付部分

单价合同是工程承包合同中最常使用的。投标是对于工程量清单中给出的每一个细目，无论其工程量是否列明，必须逐一填写单价和总额价，如果出现承包人在合同工程量清单中没有填入单价和总额价，则按 FIDIC 条款的规定，视其为已包括在工程量清单的其他单价和总额价之中了。

这样一来，凡是没填入单价和总额价的细目，就不得给予支付。一般情况下，承包人不得要求变动单价（有固定单价和可调单价之分），由于各投标人在投标中使用的工程量是一致的，其报价属于竞争性报价。

B. 总价支付的部分

为了更好地执行合同，通常将一部分细目采用总价支付，常用于总价支付的细目有：

（a）进出场；（b）监理工程师的驻地建设；（c）"掘除"；（d）"水下围堰"。

C. 计日工单价、计日工总计价

计日工可以用来支付在施工中遇到的，在工程量清单中没有合适项目的零星工作，或用于支付工程变更所发生的款项。它是在招标文件中由业主在计日工表中填入劳务工人与承包人设备的计日工投标计价名义数量，承包人在投标时应填入各种劳务人工的"工—日"单价与各种承包人设备的"台—时"单价。这些单价是具有竞争性的单价。在合同的实施过程中，如果监理工程师认为有必要，则可以用计日工去支付任何工程变更发生的款项，或一些小规模的性质不明的工程，或完成工程项目所必须的附属工程。

D. 暂定金

暂定金是合同中包含的一项款项，在工程量清单中以该名义列出，供工程在任何部分的施工或货物、材料、设备或服务的供应，或供不可预见费用之用，这项金额可按工程师的指示，全部或部分使用或根本不予动用。用于支付"给定分包工程"的工程费，如果有在招标时尚未能确定工程量的项目时，可以在招标文件中暂时给定一个工程款额，留作不可预见费。

E. 费用（cost）

费用指在现场内外已发生或将发生的所有正当的开支，包括管理费，可分摊的费用，但不包括利润。

F. 动员预付款

动员预付款是由业主在合同生效后预付给承包人用于支付在工程开始时与本工程有关的无息贷款。动员预付款应当由业主从以后付给承包人的月进度款中陆续扣回，扣款的开始日期（称为起扣点），定在其进度款的累计支付额达到了合同总额的20%之后的那个月起，扣款的技术日期定在合同规定的完工日期前三个月为止。

G. 材料预付款

材料预付款是对于由承包人购进的，将用于永久工程的材料，如果在合同中规定可以提供"材料预付款"的，则可由业主在收到工程师出具的"材料预付款支付证书"的当月月支付中，提供给承包人一笔数额为材料价款75%的无息贷款。

H. 现金流量估算表

现金流量估算表是承包人接到中标通知书后，在合同专用条款中所规定的时间内，应当向监理工程师提供的一份详细的、按每季度估计的承包人将要得到的工程进度款的现金流动计划，以便业主安排筹措款项，保证为工程提供资金。

FIDIC 合同条件规定，承包人应向监理工程师提交一份作为详细的季度现金流量估算以供参考，此现金流量估算为承包人根据合同有权得到的所有支付金额。而且如果工程师要求，承包人应每季度调整一次。在投标书附录中规定的日期内，最初的现金流量估算表应与提交工程施工进度计划一起提交。

I. 计量

计量是指对承包人已完成的工程进行测量计算及由工程师给予确认的过程。监理工程师是工程量的负责人，只有监理工程师确认的工程量才是支付的依据。合同执行过程中所发生的工程变更、计日工、临时工程等都必须进行计量。

工程实施时则要通过测量来核实实际完成的工程量并据以支付。工程师测量时应通知承包商一方派人参加，如果承包商未能派人参加测量，即应承认工程师的测量数据是正确的。有时也可以在工程师的监理下，由承包商进行测量，工程师审核签字确认。

测量方法应事先在合同中确定。如果合同没有特殊规定，工程均应测量净值。

J. 支付

支付是监理工程师确认业主应付给承包人的款项，并由业主予以支付的过程。没有工程师签发的证书，承包人不能得到工程款。

（3）FIDIC 条款所称的工程

1）工程（works）：指永久性工程、临时性工程或二者之一。

2）设备（plant）：指预定构成或构成永久性工程一部分的机械、装置等。

3）承包人的装备（contractor's equipment）：指所有为实施并完成合同工程和修复合同工程的缺陷所需的，任何性质的机械、机具、物品，不含临建和已构成永久性工程一部分的设备、材料或其他物品。

4）现场（site）：指由业主在合同实施所在地提供给承包人用于工程施工的场所，以及在合同中可能明确的具体指定为构成现场的一部分的任何场所。一般可以通过技术规范和施工图纸对施工现场中附现场界限图，对详细细节加以布局和说明。

5）区段（section）：由合同中具体指定，是作为合同工程一部分的工程区段（标段，合同段）。

（4）合同工期

1）合同工期：指承包人在投标书附录中所规定的，并能合格地通过合同中规定的竣工检验的时间。如果工程师签发了竣工时间的延长，则应考虑延长期在内的相应时间。

2）开工通知令和工程开工日期。开工通知令是监理工程师控制工程进度的一种手段，是鉴证业主已经按期完成（或未能如期完成）开工前的义务，证明合同工期从哪天开始，证明承包人履行义务的起算和判定承包人工期延误的依据。开工日期系总监理工程师发出的开工同指令中所规定的日期，或者是合同中已写明的日期。

3）竣工时间：指从开工日期算起，加上上述合同总工期的时间之后，得出的工期。

4）缺陷责任期：从发给移交证书之日起算，缺陷责任期的期限以投标书附录中规定的时间为依据（一般为一年），办法移交证书后，业主应发还一半保留金给承包人。

3. FIDIC 合同条件的风险划分、保险和担保

（1）风险划分

无论是国际还是国内工程，无论是业主、承包商还是监理工程师，在土木工程施工中的风险与成功总是相伴而行的。FIDIC 条款中公平之处，在于对于那些属于承包人在施工中即使加强了管理也仍然无法避免和克服的风险，一律划归业主承担，这增大了合同的公平性，凡是不属于划分给业主的风险，都是属于承包人的风险。

（2）条款中业主的风险

1）由不可抗力引起的风险，包括社会动乱即人祸和自然力即天灾。

2）业主占用现场的风险。

3）非承包人承担的设计出现设计错误的风险。

4）不可预见事件的风险，具体包括后继法规、货币及汇率的变化、物价变动、不可预见的是无障碍或自然条件、在施工中遇到化石、文物、矿产、古迹等需要停工处理的风险。

5）合同出错的风险。

6）监理工程师决定引起的风险。

（3）条款中承包人的风险

自开工之日起，至颁发缺陷责任书之日止，人员伤亡及财产（包括工程本身、设备、材料和施工机械，但不限于此）的损失或损坏，只要不是业主的风险，则均为承包人的风险。具体有：

1）对招标文件理解的风险；

2）招标前对现场调查完备性、正确性风险；

3）招标时招标报价完备性、正确性风险；

4）按施工方案施工的安全性、完备性、正确性和效率性风险；

5）合同中承包人采购材料、设备的采购风险；

6）工程质量和工程进度的风险；

7）承担承包人自己确定的分包人、供应商、雇员的工作过失的风险。

（4）合同条件规定的向保险公司投保制度

1）土木工程保险分为强制性保险和自愿保险两类。

A. 强制性保险

凡属于合同中规定的保险项目都属于强制性必须投保的险种。这一险种有：工程一切险（保费费率 1.5‰ ~ 5‰）；第三方责任险（2.5‰ ~ 3.5‰）；承包人施工装备险；承包人职工人身责任险（2.5% ~ 7%）。

土木工程保险还有一个特点，就是保险公司要求投保人根据其不同的损失，自付一定的责任，这笔由被保险人承担的损失成免赔额。也就是说，保险公司不是全额赔偿的。

B. 自愿保险：是承包人根据自身的利益，在他认为购买该险种对自己在转移风险实施必要的，完全自主的决定是否购买的险种。

2）投保制度的作用。在工程发包与承包的各阶段，难免不遇风险，购买保险就是一种将风险转移给社会的办法。当购买了保险的投保人，一旦遇到了承包范围内规定的自然灾害或意外事故，并造成财产损失和人员伤亡时，投保人可以向保险公司（责任方）提出索赔，用以保障投保人抗御风险的能力。

（5）FIDIC 合同条件中的担保制度

我国的担保法对各类不同的合同，规定了合同担保形式为定金、质押、抵押、保证金、留置权 5 种。在土木工程施工合同中，定金、质押、抵押三种是不合适的。

FIDIC 合同条件所规定的履约阶段的担保形式有：履约保证金、预付款保证金（含动员及材料预付款保证金）、保留金和留置权。

4.5 建筑工程施工索赔

4.5.1 建筑工程施工索赔

1. 索赔的概念及特点

索赔是指在合同实施过程中，合同一方因对方不履行或未能正确履行合同所规定的义务或未能保证承诺的合同条件实现而遭受损失后，向对方提出的补偿要求。索赔是相互的、双向的，承包人可以向发包人索赔，发包人也可以向承包人索赔（这里的索赔一般指承包人向发包人的索赔，发包人向承包人的索赔称为反索赔。）

在工程实践中，发包人不让索赔，承包人不敢索赔和不懂索赔，监理工程师不会处理索赔的现象普遍存在。面对这种情况，在建筑市场上应大力提倡承发包双方对施工索赔的认识，加强对索赔理论和方法的研究，认真对待和搞好施工索赔，这对国家和企业利益都有十分重要的现实意义。

索赔具有以下基本特点

1）索赔作为一种合同赋予双方的具有法律意义的权利主张，其主体是双向的。

2）索赔必须以法律或合同为依据。

3）索赔必须建立在损害后果已客观存在的基础上，不论是经济损失或权利损害，没有损失的事实而提出索赔是不可能的。

4）索赔应采用明示的方式，即索赔应该有书面文件，索赔的内容和要求应该明确而肯定。

5）索赔是一种未经对方的单方行为。

2. 索赔的作用

1）保证合同的实施。对违约者起警戒作用，尽力避免违约事件的发生。

2）落实和调整双方经济责任关系。

3）维护合同当事人正当权益。

4）促使工程造价更合理。将一些不可预见费用改为按实际发生损失支付，有助于降低工程造价。

3. 施工索赔的类型

（1）按索赔当事人分类

1）承包人与发包人之间的索赔；

2）承包人与分包人之间的索赔；

3）承包人与供货人之间的索赔；

4）承包人与保险人之间的索赔。

（2）按索赔事件的影响分类

1）工期拖延索赔。由于发包人未能按合同规定提供施工条件，如：未及时交付设计图、技术资料、场地、道路等；或非承包人原因发包人指令停止工程实施；或其他不可抗力因素作用等原因，造成工程中断或工程进度放慢，施工工期拖延，承包人对此提出索赔。

2）不可预见的外部障碍或条件索赔。如果在施工期间，承包人在现场遇到一个对有经验的承包人来说，通常不能预见到的外界障碍或条件，如地质与发包人提供的资料不同，出现未遇见到的岩石、淤泥或地下水等。

3）工程变更索赔。由于发包人或工程师指令修改设计、增加或减少工程量、增加或删除部分工程，修改实施计划，变更施工次序，造成工期延长，费用损失，承包人对此提出索赔。

4）工程终止索赔。由于某种原因，如：不可抗力因素影响、发包人违约，使工程被迫在竣工前停止实施，并不再继续进行，使承包人蒙受经济损失，因此提出索赔。

（3）按索赔要求（目的）分类

1）工期索赔。即要求发包人延长工期，推迟竣工日期。

2）费用索赔。即要求发包人补偿费用损失，调整合同价格。

（4）按索赔所依据的理由分类

1）合同内索赔。即索赔以合同条文为依据，发生了合同规定给承包人以补偿的干扰事件，承包人根据合同规定，提出索赔要求，这是最常见的索赔。

2）合同外索赔。指工程过程中发生的干扰事件的性质已超过合同范围，在合同中找不出具体的依据，一般必须根据适用于合同关系的法律解决索赔问题。

3）道义索赔。指由于承包人失误（如报价失误，环境调查失误等），或发生承包人应负责任的风险而造成承包人重大损失，进而提出的恳请发包人给予救助。发包人支付这种道义救助，能获得承包人更理想的合作，最终发包人未有损失。

（5）按索赔的处理方式分类

1）单项索赔。针对某一干扰事件提出。索赔的处理是在合同实施过程中，干扰事件发生时或发生后立即进行。它由合同管理人员处理，并在合同规定的索赔有效期内向发包人提出索赔意向书和索赔报告。

2）总索赔，又叫一揽子索赔或综合索赔。这是在国际工程中经常采用的索赔处理和解决办法。一般在工程竣工前，承包人将工程过程中未解决的单项索赔集中起来，提出一份总索赔报告，合同双方在工程交付前或交付后进行最终谈判，以一揽子的方案解决索赔问题。

4.5.2 施工索赔的原因

1. 索赔的原因

索赔属于合同履行过程中的正常风险管理，索赔的原因包括：

1）业主负责起草合同，招标文件的编制过程中承包人没有发言权等，将会导致合同文件不完善，甚至有错误、有矛盾。

2）在工程承包市场长期处于买方市场的形势下，由于投标竞争的需要，所以"靠低价夺标，靠索赔赢利"已经是司空见惯的事。

3）发包人一方的问题，如发包人违约，工程师指示不当和工作不力，其他承包人和指定分包人的干扰，以及应由发包人负责的工作产生的问题。

4）不可预见事件的影响。主要有不利的自然环境和外界障碍以及法规、政策的变化。

2. 索赔成立的条件

承包商索赔要求成立必须同时具备的下述四个条件：

1）与合同相比较，事件已经造成了实际的额外费用增加或工期损失；

2）造成费用增加或工期损失的原因不是由于承包商自身的原因所造成；

3）这种经济损失或权利损害也不是应由承包商应承担的风险所造成；

4）承包商在规定的期限内提交了书面的索赔意向通知和索赔报告。

3. 施工项目索赔应具备的理由

1）发包人违反合同给承包人造成的时间、费用损失；

2）因工程变更（含设计变更、发包人提出的变更、监理工程师提出的工程变更以及承包人提出并经监理工程师批准的变更）造成的时间、费用损失；

3）由于监理工程师对合同文件的歧义解释，技术资料不确切，或由于不可抗力导致的施工条件的改变，造成了时间费用的增加；

4）发包人提出提前完成项目或缩短工期而造成承包人的费用增加；

5）发包人延误支付期限造成承包人的损失；

6）合同规定以外的项目进行检验且检验合格或非承包人原因导致的项目缺陷的修复所发生的损失或费用；

7）非承包人原因导致工程暂时停工；

8）物价上涨，法规变化及其他。

4. 常见的施工索赔。

（1）因合同文件引起的索赔

1）文件组成问题。

2）文件有效性，如图纸变更带来的重大后果；

3）图纸及工程量表中的错误。

（2）有关工程施工的索赔

1）地质条件变化；

2）工程质量要求变更；

3）工程中人为障碍；

4）额外的试验和检查费；

5）变更命令有效期；

6）指定分包商违约或延误；

7）增减工程量；

8）其他有关施工的索赔。

（3）关于价款方面的索赔

1）关于价格调整；

2）关于货币贬值和严重经济失调；

3）拖延支付工程款。

（4）关于工期的索赔

1）关于延展工期；

2）关于延误产生损失；

3）赶工费用。

（5）特殊风险和不可抗力灾害的索赔

1）特殊风险；

2）不可抗力灾害。

（6）工程暂停、终止合同的索赔

1）关于暂停；

2）关于中止合同。

（7）财务费用补偿的索赔

财务费用的损失要求补偿，是指因各种原因使承包人财务开支增大而导致的贷款利息等财务费用。

5. 建筑工程索赔的依据

（1）合同条件

合同条件是索赔最主要的依据，包括：①本合同协议书；②中标通知书；③投标书及其附件；④本合同专用条款；⑤本合同通用条款；⑥标准、规范及有关技术文件；⑦图纸；⑧工程量清单；⑨工程报价单或预算书；⑩合同履行中，发包人、承包人有关工程的洽商、变更等书面协议或文件视为本合同的组成部分。

（2）订立合同所依据的法律、法规

1）适用法律和法规——中华人民共和国《合同法》、《建筑法》、《招标投标法》。

2）适用标准、规范——《建筑工程施工合同示范文本》。

（3）相关证据

1）证据是指能够证明案件事实的一切材料。

2）可以作为证据使用的材料有以下7种：①书证；②物证；③证人证言；④视听材料；⑤被告人供述和有关当事人陈述；⑥鉴定结论；⑦勘验、检验笔录。

3）在工程索赔中的证据：

①招标文件、合同文本及附件、其他各种签约，发包人认可的工程实施计划，各种工程图纸、技术规范；②来往信函；③各种会议纪要；④施工现场的工程文件；⑤工程照片；⑥气候报告；⑦各种检查验收报告和各种技术鉴定报告；⑧工地的交接记录；⑨建筑材料和设备的采购、订货、运输、进场、使用方面的记录、凭证和报表等；⑩市场行情资料；⑪各种会计核算资料；⑫国家法律、法规和政策文件。

4.5.3 建筑施工索赔的处理

1. 索赔程序

合同实施阶段中的每一个施工索赔事项，都应依照国际工程施工索赔的惯例和工程项目合同条件的具体规定进行。具体的索赔程序如图4-2所示。

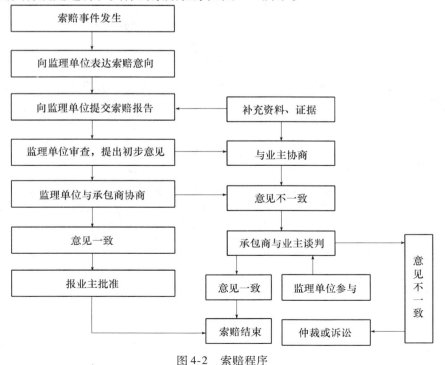

图 4-2　索赔程序

承包人按下列程序以书面形式向发包人索赔：

1）提出索赔要求。当出现索赔事件时，承包人以书面的索赔通知书形式，在索赔事件发生后的 28 天内，向工程师正式提出索赔意向通知。

2）报送索赔资料。在索赔通知书发出后的 28 天内，向工程师提出延长工期和（或）补偿经济损失的索赔报告及有关资料。

3）工程师答复。工程师在收到承包商交送的索赔报告的有关资料后，于 28 天内给予答复，或要求承包商进一步补充索赔理由和证据。

4）工程师逾期答复后果。工程师在收到承包人送交的索赔报告的有关资料后，28 天内未予答复或未对承包人作进一步要求，视为该项索赔已经认可。

5）持续索赔。当索赔事件持续进行时，承包人应阶段性向工程师发出索赔意向，在索赔事件终了后 28 天内，向工程师送交有关的索赔资料和最终索赔报告，工程师应在 28 天内给予答复或要求承包人进一步补充索赔理由和证据。逾期未答复，视为该项索赔成立。

6）仲裁和诉讼。工程师对索赔的答复，承包人或发包人不能接受，即进入仲裁或诉讼程序。

2. 索赔文件的编制方法

1）索赔意向通知编制方法应考虑以下内容：

①索赔事件发生的时间、地点或工程部位；

②索赔事件发生的双方当事人或其他有关人员；

③索赔事件发生的原因及性质，应特别说明并非承包人的责任；

④承包人对索赔事件发生后的态度，特别应说明承包人为控制事件的发展，减少损失所采取的行动，否则损失扩大部分由承包人自负；

⑤写明事件的发生将会使承包人产生额外支出或其他不利影响；

⑥提出索赔意向，注明合同条款依据。

索赔文件的组成：索赔信、索赔报告、附件。

2）索赔报告的编制。索赔报告使承包人提交的要求发包人给予一定经济赔偿和（或）延长工期的重要文件。它在索赔处理的整个过程中起着重要的作用，通常包括以下五方面的主要内容：

①标题：索赔报告的标题应能准确地概括索赔的中心内容。

②总述部分：索赔事件的叙述要准确，不能有主观随意性，应该要论述索赔事项发生的日期和过程，承包人为该索赔事项付出的努力和附加开支，承包人的具体索赔要求。

③论证部分：论证部分是索赔报告的关键部分，要明确指出依据合同某条某款、某某会议纪要，其目的是说明自己有索赔权，是索赔能否成立的关键。

④索赔款项（或工期）计算部分：如果说合同论证部分的任务是解决索赔权能否成立，则款项计算是为了解决能得到多少款项，前者定性，后者定量。

⑤证据部分：要注意引用的每个证据的效力或可信程度，对重要的证据资料最好附以文字说明，或附以确认件。

3）附件。附件中应含索赔证据和详细的计算书。作用是为所列举的事实、理由以及所要求的补偿提供证明材料。

3. 施工索赔的证据

（1）收集索赔证据的重要性

索赔证据是关系到索赔成败的重要文件之一。工程实践中，承包人及时抓住施工合同履行中的索赔机会，但如果拿不出证据或证据不充分，其索赔要求往往难以成功，或被大打折扣。如果承包人拿出的索赔证据漏洞百出，前后自相矛盾，经不起对方的推敲和质疑，不仅不能促进索赔的成功，反而会被对方作为反索赔的证据，使自己在索赔问题上处于极为不利的地位。因此，收集有效的索赔证据是管理好索赔中的不可忽视的内容。

（2）索赔证据的有效性

1）真实性。索赔证据必须是施工过程中产生的真实资料。

2）全面性。索赔证据的全面性是指所提供的证据能说明索赔事件的全部内容。索赔证据中不能只有发生原因的证据，而没有持续影响的证据，或证据零乱无序，含糊不清。

3）法律效力。各种索赔证据应使书面文件，要有双方代表签字，所提供的证据必须符合国家法律的规定。

4. 工程师对索赔报告的审查

（1）审查的目的

工程师对索赔报告的审查目的是：对承包商的索赔要求，通过核对事实，分清责任后将其正当的利益给予批准补偿，将其不合理的索赔或索赔中不合理的部分给予否定或纠正。

（2）审查的内容

1）对索赔事件真实性的审查；

2）对索赔事件责任分担的审查；

3）对索赔报告合同依据的审查；

4）对索赔费用的审查；

5）对要求工期延长的审查。

（3）索赔审查应注意的事项问题

1）客观公正性；

2）深入实际，调查研究；

3）着眼大局，本着有利于双方合作及工程进展的原则，主动与承包商联系进行协商解决。

A. 工程师对索赔报告审查的步骤：

第一步，重点审查承包商的索赔要求是否有理有据，即承包商的索赔要求是否有合同依据，所受损失是否确属不应由承包商负责的原因造成，提供的证据是否足以证明索赔要求成立，是否需要提交其他补充材料。

第二步，以公正、科学的态度，审查并核算承包商的索赔值计算，分清责任，提出承包商索赔值计算中的不合理部分，确定索赔金额和工期延长天数。

B. 索赔的处理

在经过认真分析研究，并与承包人、业主广泛讨论后，工程师应向业主和承包人提出自己的《索赔处理决定》。工程师在《索赔处理决定》中应该简明地叙述索赔事件、理由和建议给予补偿的金额及（或）延长的工期。

工程师还需提出《索赔评价报告》，作为《索赔处理决定》的附件。该评价报告根据工程师所掌握的实际情况叙述索赔事实依据、合同及法律依据，论述承包人索赔的合理方面，详细计算应给予的补偿。《索赔评价报告》是工程师站在公正的立场上独立编制的。

通常，工程师的处理决定不是终局性的，对业主和承包人都不具有强制性的约束力。在收到工程师的索赔处理决定后，无论业主还是承包人，如果认为工程师处理决定不公平，都可以在合同规定的时间内，提示工程师重新考虑。工程师不得拒绝这种要求。一般对工程师的处理决定，业主不满意的情况很少，而承包人不满意的情况较多。承包人如果持有异议，他应该提供进一步的证明材料，向工程师进一步说明为什么其决定是不合理的。有时甚至需要重新提交索赔申请报告，对原报告作一些修正、补充或进一步让步。如果工程师仍坚持原来的决定，或承包人对工程师的新决定仍不满意，则可以按合同中的仲裁条款提交仲裁机构仲裁。

5. 业主审查索赔处理

当工程师的索赔额超过其权限范围时，必须报请业主批准。

业主首先根据事件发生的原因、责任范围、合同条款审核承包商的索赔申请和工程师的处理报告，再依据工程建设的目的、投资控制、竣工投产期要求以及针对承包人在施工中的缺陷或违反合同规定等的有关情况，决定是否批准工程师的处理意见。

索赔报告经业主批准后，工程师即可签发有关证书。

6. 承包人是否接受最终索赔处理

承包人接受最终的索赔处理决定，索赔事件的处理即告结束。如果承包人不同意，就会导致合同争议。应该强调，合同各方应该争取以友好协商的方式解决索赔问题，不要轻易提交仲裁。因为对工程争议的仲裁往往是非常复杂的，要花费大量的人力、物力、财力和时间，对工程建设会带来不利，有时甚至是严重的影响。

7. 施工索赔的解决

1）双方无分歧解决；

2）双方友好协商解决；

3）通过调解解决；

4）通过仲裁或诉讼解决。

【例4-1】 北京某工程基坑开挖后发现地下情况和发包上提供的地质资料不符，有古河道，须将河道中的淤泥清除并对地基进行二次处理。为此，业主以书面形式通知施工单位停工 10 天，并同意合同工期顺延 10 天。为确保继续施工，要求工人、施工机械等不要撤离施工现场，但在通知中未涉及由此造成的施工单位停工损失如何处理。施工单位认为对其损失过大，意欲索赔。

问题

（1）施工单位的索赔能否成立，索赔证据是什么？

（2）由此引起的损失费用项目有哪些？

（3）如果提出索赔要求，应向业主提供哪些索赔文件？

【解】 （1）索赔成立。这是因为业主的原因造成的施工临时中断，从而导致承包商工期的拖延和费用支出的增加，因而承包商可提出索赔。

索赔证据为业主以书面形式提出的要求停工通知书。

（2）此事项造成的后果是承包商的工人、施工机械等在施工现场窝工 10 天，给承包商造成的损失主要是现场窝工的损失，因此承包商的损失费用项目主要有：10 天的人工窝工费，10 天的机械台班窝工费，由于 10 天的停工而增加的现场管理费。

（3）索赔文件是承包商向业主索赔的正式书面材料，一般有以下三部分组成：

①索赔信：主要是说明索赔事项，列举索赔理由，提出索赔要求。

②索赔报告：这是索赔材料的正文，其主要内容是事实与理由，即叙述客观事实，合理引用合同条款，建立事实与损失之间的因果关系，说明索赔的合理、合法性，从而最后提出要求补偿的金额及工期。

③附件：包括索赔证据和详细计算书，其作用是为所列举的事实、理由以及所要求的补偿提供证明材料。

4.5.4 承包人的索赔

1. 充分认识施工索赔的重要意义

（1）施工索赔是施工合同管理的重要环节

施工合同是索赔的依据，整个施工索赔处理的过程是履行合同的过程，也称施工索赔为合同索赔。日常单项索赔的管理可由合同管理人员来完成，对重大的综合索赔，要依据合同管理人员从日常积累的工程文件中提供证据，供合同管理方面的专家进行分析。因此索赔的前提是加强合同管理，及时提出是否索赔的意向。

（2）施工索赔是计划管理的动力

索赔必须分析在施工过程中，实际实施的计划和原计划的偏离程度。我们分析一下工期索赔是怎么做的，这种索赔主要是通过可索赔事件后项目的实际进度与原计划的关键线路分析对比找出差距后才能成功。

再来分析费用索赔，我们可假设某一可索赔事件发生后，我们如何依据原定计划成本进行索赔呢？当然是分析实际成本因这一索赔事件的发生与原定计划成本相比发生了多少费用的增加。可以看出，施工索赔与计划管理之间的关系，索赔是计划管理的动力，反过来，离开了计划管理，索赔就成了空话。

（3）施工索赔是挽回成本损失的重要手段

承包人在投标报价中最重要的工作是计算工程成本，依据是招标文件规定的工程量和责任，给定的投标条件以及项目的自然经济环境作出成本估算。在具体的合同履行中上述这些条件必然会发生一些变化，这样变化了的条件就会引起施工成本的增减，双方就需要重新确定工程成本，只有通过施工索赔这种合法的手段才能做到。

我们应强调，施工索赔是以赔偿实际损失为原则，而不是漫天要价。这就要求有可靠的工程成本计算依据。承包人因此必须建立完整的成本核算体系，及时准确地提供整个工程以及分项工程的成本核算资料，索赔计算才能有可靠的依据。这里我们能得出一个结论，承包人施工索赔是利用经济杠杆进行施工项目管理的有效手段，施工索赔管理水平的高低，将成为反映其施工项目管理水平高低的重要标志。

2. 努力创造索赔处理的最佳条件

所谓索赔处理的最佳条件，总的说是让业主满意，具体有承包人已完工程和工作令业主满意，承包人所提出的索赔要求的时机和条件成熟，较顺利地获得发包人的认可。

当索赔事件的解决过程中造成承包人和发包人双方或一方不满时，不是因为当事人的主观意愿，而是缺乏索赔解决的最佳条件。

承包人要努力创造索赔处理的最佳条件，就必须认真实施施工合同，同时考虑双方利益，因此我们把创造索赔处理的最佳条件之途径归纳为：

1）认真实施合同，履行合同职责；

2）遵守诚信原则，考虑双方利益。

3. 着眼于重大索赔，着眼于实际损失

着眼于重大索赔，主要是指集中精力抓住索赔事件中对工程影响程度大，索赔额高的事件提出索赔，相对于重大索赔的小额索赔可采用灵活的方式处理，有时可将小项索赔作为谈判中让步的余地。这种让步会使业主在处理重大索赔上较为开通，从而使重大索赔获得成功。

着眼于实际损失，也就是计算时实事求是，不宜弄虚作假。高估冒算者自以为聪明，其实业主也会及时发现，结果会对承包人产生不诚实的印象，从而给以后的索赔工作投下阴影。

4. 注意索赔证据资料的收集

各种索赔证据资料进行收集的原则性要求：

1）要建立一个专人管理、责任分工的组织体系；

2）建立健全文档资料的管理制度；

3）对重大事件的相关资料应有针对性的收集。

5. 施工索赔常见的技巧和策略

（1）充分做好各项准备，索赔有理、有力、有节

1）组织强有力的索赔班子，并保持相对稳定性；

2）制定切实可行的索赔方案；

3）收集整理索赔证据，要求证据充分、真实、有说服力，及时积累证据很重要；

4）编制索赔报告。

（2）有的放矢，选准索赔对象

也就是说索赔目标必须是合理要求，不能胡乱编造，否则不但完不成索赔任务，还会给业主创造反索赔的证据。

（3）正确确定索赔数额

只有比较正确地确定了索赔的数额，才能加大索赔成功的系数。

（4）重视索赔时效

只有在索赔有效期才能行使索赔权。

1）严守双方约定的或法定的索赔期限。

2）注意以司法方式索赔的诉讼时效。

3）必要时提出保留索赔权。

4.5.5 发包人的索赔

1. 发包人的索赔内容及方式

1）发包人向承包人索赔的主要内容是工程进度索赔和工程质量索赔。

2）发包人的索赔方式是发包人书面通知承包人并从应付给承包人的工程款额中扣除相应数额的款项。当承包人在工程进度和工程质量等方面严重违约，给发包人造成严重损失时，发包人甚至可以留置承包人在施工现场中的材料和施工设备。

110

2. 发包人索赔的特点

1）索赔发生的频率较低。只要承包人在施工技术和管理方面不出现大的失误，发包人向承包人提出的索赔一般不易发生。

2）在索赔处理中发包人处于主动地位。

3）发包人向承包人索赔的目的是按时获得满意的工程，同时防止和减少经济损失的发生。注意，索赔的目的不是为了索赔费用，这种索赔和承包人的索赔是为了自身的经济利益不同。

3. 发包人索赔的处理方法和处理事项

由于发包人索赔的目的是为了按时获得满意的工程，而不是为了索赔费用，所以发包人在索赔处理时应根据不同的客观情况采取不同的处理方法。

1）以管为主，管帮结合。发包人应充分利用工程师，以外部强制管理促进承包人的内部进度管理和质量管理。又从维护合同关系出发，帮助承包人采取措施，克服施工中的困难。在技术管理方面给予指导和帮助，通过以管为主，管帮结合之手段达到索赔目的。

2）坚持扣款，留置材料设备。

3）索赔处理注意事项：发包人应注意不应滥用扣款或留置权。当双方协商不能解决问题的情况下，以书面形式通知承包人，给其最后一次纠正的机会，只有在承包人确实较严重违约的情况下，才可以使用扣款或留置权。

4.5.6 反索赔

1. 建筑工程反索赔的概念

反索赔是相对索赔而言，是对提出索赔的一方的反驳。发包人可以针对承包人的索赔进行反索赔。承包人也可以针对发包人的索赔进行反索赔。通常的反索赔主要指发包人向承包人的索赔。

反索赔的目的是防止和减少经济损失的发生，则其必然涉及防止对方提出索赔和反击对方的索赔两方面的内容。要防止对方提出索赔，必须按施工合同规定办事，防止己方违约。而要反击对方的索赔，最重要的是反击对方的索赔报告，找出理由和证据，证明对方的索赔报告不符合事实或合同规定，索赔值的计算不确定，推卸或减轻己方的赔偿责任，必须明确责任在谁，明确实际用工和测算。

2. 反索赔的作用

1）成功的反索赔能减少和防止经济损失；

2）成功的反索赔能阻止对方提出索赔；

3）成功的反索赔必然促进有效的索赔；

4）成功的反索赔能增长管理人员的士气，促进工作的展开。

3. 反索赔的实施

实施反索赔，理想结果应是对方企图索赔却找不到索赔的理由和根据，而己方提出索赔时，对方却无法推卸自己的责任，找不出反驳的理由。

反索赔工作是一个系统工程，从签订施工合同开始，并贯穿于合同履行的全过程。

（1）为防止对方索赔，先签订对己方有利的施工合同

如何利用制约对方的条款来缓解对方对己方的制约，使己方在签订施工合同阶段就处于

不被对方制约的有利地位。

（2）认真履行施工合同，防止己方违约

不使己方产生违约行为，使对方找不到索赔的理由和根据。

（3）发现己方违约，应及时补救：

1）发现己方违约后，及时采取补救措施；

2）己方违约，应及时收集有关资料，分析合同责任，测算给对方造成的损失数额，做到心中有数，以应对对方可能提出的索赔。

（4）双方都有违约行为时，首先向对方提出索赔

反索赔总体上讲是防守性的，但他却是一种积极意识，有时则表现为以攻为守，争取索赔中的有利地位。其策略是：

1）尽早提出索赔，防止超过索赔有效期。也可体现己方高水平的管理和迅速的反应能力，使对方有一种紧迫感和迟钝感，在心理上处于劣势。

2）对方接到索赔后，必然要花费经历和时间进行研究，以寻求反驳的理由，这就是对方进入己方的思路考虑问题，陷入被动状态。

3）为最终索赔的解决留有余地，双方都需做出让步，这对首先提出索赔的一方往往有利。

（5）反驳对方的索赔要求

为了避免和减少损失，必须反击对方的索赔请求。对承包商来说，这个索赔可能来自业主、总（分）包商、供应商。最常见的反击对方的索赔要求措施有：

1）用我方的索赔对抗（平衡）对方的索赔要求，最终使得双方都作出让步或不支付。

2）反驳对方的索赔报告，找出理由和证据，证明对方的索赔报告不符合合同规定、没有根据、计算不准确，以及不符合事实的情况都以推卸甚至减轻自己的赔偿责任，使自己不受或少受损失。

4. 反驳对方的索赔报告

对对方的索赔报告必须进行反驳，不能直接全盘认可。

（1）对索赔理由的分析

找到对自己有利的合同条款，从而推卸己方责任。

（2）索赔事件的真实性分析

实事求是地认真分析对方索赔报告中证据资料的真实性，从而找到反驳对方的事实根据。

（3）索赔事件的责任分析

要分清楚合同双方在索赔事件中应承担的责任。

（4）索赔值计算的分析

重点在于分析索赔费用原始数据的来源是否正确，分析索赔费用的计算是否符合当地有关工程概预算文件的规定，索赔费用计算过程是否正确。

5. 反索赔报告及其内容

反索赔报告是指施工合同的一方对另一方索赔要求的反驳文件，其内容有：

1）概括阐述对对方索赔报告的评价；

2）对对方索赔报告中问题和索赔事件进行合同总体评价；

3）反驳对方的索赔要求；

4）发现有索赔机会时，提出新的索赔；

5）结论；

6）附各种证据资料。

4.5.7 承包商防止和减少索赔的措施

1. 做好招投标工作

总承包商有时身兼承包商和业主的双重角色，招投标是工程项目按计划完成的重要环节。对招标方而言，通过公平、公正的招标，可以选择管理水平高、技术力量强的施工队伍，从而保证项目按规定的工期、质量、投资额完成。否则，会造成工期延长、质量无保证、投资增加，影响项目按时完成，甚至造成巨大的经济损失。对投标方而言，通过公平、公正的投标，可以显示自己的管理、技术、施工能力等方面的优势，从而保证自己中标，并达到自己应该得到的利润水平。要做好施工索赔的事前控制，将索赔降为零或减至最少，首先要做好招投标工作，签订好工程施工合同。切不可随意报价，或者为了中标，故意压低标价，企图在中标后靠索赔弥补或赢利。

2. 建好工程项目

一方面应加强施工质量管理，严格按合同文件中规定的设计、施工技术标准和规范进行施工，并注意按施工图施工，对材料及各种工艺严格把关，推行全面质量管理，消除工程质量的隐患；另一方面应加强施工进度计划与控制，这就要求承包商做好施工组织与管理，从各个方面保证按施工进度计划执行，防止由于承包商自身管理不善造成工程进度延期。对由于业主或其他客观原因引起的工程进度延期，应及时做好工期索赔工作，以获得合理的工程延期。

3. 成功的成本控制

有效的成本控制不但可以提高工程的经济效益，而且也为索赔工作打下了基础。在施工过程中，成本控制主要包括定期进行成本核算及成本分析，严格控制工程开支，及时发现成本控制过程中存在的问题，随时找到成本超支的原因。当发现某一项工程费超出预算时，应立即查明原因，采取有效的措施。对于计划外的成本开支应提出索赔。

4. 有效的合同管理

工程实践经验表明，对合同管理的水平越高，索赔和反索赔水平也就越高，索赔和反索赔的成功率也就越大。施工中有效的合同管理工作是保证工程项目按照合同文件中的规定完成的重要保证。它的主要内容是实现工程上的"三大控制"，即施工进度控制、工程成本控制以及施工质量控制；进行合同分析、合同纠纷处理以及工程款申报等工作，从而实现承包商的目标。合同管理应有专门的部门负责。在项目部里设置合同管理部门，其组织结构一般宜采用垂直式与矩阵式相结合的方式：一方面垂直式可保证项目经理的直接监管，对合同中的重大问题可及时由项目经理进行把关；另一方面矩阵式可以加强和其他部门的横向联系，这将有利于综合各部门的力量处理索赔问题。同时，合同管理部门应经常与业主、监理工程师、分包商进行联系和沟通，这样可以及时总结和调整合同管理工作；另外，在资金计划、合同价款等的制定方面，应得到总经济师的指导和协助，这样可以确保一定的合理性和可行性。

113

【例4-2】 在我国一项总造价数亿美元的房屋建造工程项目中,某国TL公司以最低价击败众多竞争对手而中标。作为总包,他又将工程分包给中国的一些建筑公司。中标时,许多专家估计,由于报价低,该工程最多只能保本。而最终工程结束时,该公司取得10%的工程报价的利润。它的主要手段有:

(1)利用分包商的弱点。承担分包任务的中国公司缺乏国际工程经验。TL公司利用这些弱点在分包合同上作文章,甚至违反国际惯例,加上许多不合理的、苛刻的、单方面的约束性条款。在向我分包公司下达任务或提出要求时,常常故意不出具书面文件,而我分包商却轻易接受并完成工程任务。但到结账、追究责任时,我分包商因拿不出书面证据而失去索赔机会,受到损失。

(2)竭力扩大索赔收益,并避免受罚。无论工程设计细微修改,物价上涨,或影响工程进度的任何事件,都是TL公司向我方业主提出费用索赔或工期索赔的理由。只要有机可乘,他们就大幅度加价索赔。仅1989年一年中,TL公司就向我国业主提出索赔要求达6000万美元。而整个工程比原计划拖延了17个月,TL公司灵活巧妙地运用各种手段,居然避免受罚。

(3)反过来,TL公司对分包商处处克扣,分包商如未能在分包合同规定工期内完成任务,TL公司对他们实行重罚,毫不手软。

这听起来令人生气,但又没办法。这是双方管理水平的较量,不能靠道德来维持,不提高管理水平,这样的事总是难免的。

在国际承包工程中这种例子极多,没有不苛求的发包商,只有无能的承包商。对发包商来说,也很少有不刁滑的承包商。这完全靠管理,"道高一尺,魔高一丈"才能使自己立于不败之地。

5. 良好的员工素质及强烈的索赔意识

索赔和反索赔工作是一门跨学科的专业知识,涉及广泛的专业知识,如工程技术的专业知识、工程成本知识、合同知识、法律法规知识和合同谈判技巧。索赔和反索赔工作的艰巨性和复杂性,要求从事索赔和反索赔工作的人员具备以下特点和素质:

1)具有索赔和反索赔的意识观念(合同意识、风险意识、成本及时间观念)。

2)具有综合的索赔和反索赔知识(工程技术的专业知识、工程成本知识、合同知识、法律法规知识、合同谈判技巧)。

3)具有良好的公关技巧和沟通能力。

复习思考题

1. 什么是建筑工程合同?什么是建筑工程合同管理?
2. 根据合同计价形式的不同,建筑工程合同可分哪几类?
3. 建筑工程主要合同关系主要包括哪些方面?
4. 建筑工程勘察设计合同双方的义务有哪些?
5. 建筑工程设计合同生效和设计开始的标志是什么?
6. 简述建筑工程施工合同的概念、作用和特点?
7. 我国《建筑工程施工合同文本》由哪几部分组成?各包含哪些内容?
8. 订立施工合同时应具备哪些条件?申请施工许可证应当具备哪些条件?

9. 简述合同分析的内容。

10. 施工合同实施中，可以顺延工期的条件和顺延工期的程序是什么？

11. 施工索赔的程序是什么？施工索赔报告的主要内容有哪些？

12. 在某桥梁工程中，承包商按业主提供的地质勘察报告作了施工方案，并投标报价。开标后业主向承包商发出了中标函。由于该承包商以前曾在本地区进行过桥梁工程的施工，按照以前的经验，他觉得业主提供的地质报告不准确，实际地质条件可能复杂得多。所以在中标后做详细的施工组织设计时，他修改了挖掘方案，为此增加了不少设备和材料费用。结果现场开挖完全证实了承包商的判断，承包商向业主提出了两种方案费用差别的索赔，但为业主否决。业主的理由是：按合同规定，施工方案是承包商应负的责任，他应保证施工方案的可用性、安全、稳定和效率。承包商变换施工方案是从他自己的责任角度出发的，不能给予赔偿。

问题：

（1）该事项中承包商的做法是否合理？请说明原因。

（2）该事项中承包商应该如何处理才能取得索赔的成功？

5 建筑工程项目质量控制

通过本章的学习，要求学生了解 ISO 9000 系列标准的构成与特点，质量控制的特点以及质量工作如何评定。理解施工承包企业质量体系的建立，如何运行，质量的概念内涵和工程项目质量管理的概念。重点掌握施工项目质量控制的过程和方法，特别是数理统计方法，建筑工程施工质量验收方法，质量检验与试验的内容等。

5.1 建筑工程项目质量控制概述

5.1.1 建筑工程项目质量控制的含义

1. 质量的概念

质量，是指一组固有特性满足要求的程度。即反映产品或服务满足明确或隐含需要能力的特征和特性（ISO 9000—2000）。也可以说质量是反映实体满足明确和隐含需要的能力的特性总和（GB/T 19000—ISO 9000）。

实体是指可单独描述和研究的事物，它几乎涵盖了质量管理和质量保证活动中所涉及的所有对象。所以，实体可以是结果，也可以是过程，是包括了它们的形成过程和使用过程在内的一个整体。

质量通常被转化为有规定准则的特性，如适用性、安全性、可信性、可靠性、维修性、经济性、美观性和环境协调性等方面。但是，在许多情况下，质量会随时间、环境的变化而改变，这就意味着要对质量要求进行定期评审。质量的明确需要是指在合同、标准、规范、图纸、技术文件中已经作出明确规定的要求；质量的隐含需要则应加以识别和确定，如人们对实体的期望，公认的、不言而喻的、不必作出规定的"需要"。

2. 工程项目质量

工程项目质量是一个广义的质量概念，它由工程实体质量和工作质量两个部分组成，在这其中，工程实体质量代表的是狭义的质量概念。参照国际标准和与之进行比照而形成的我国现行国家标准定义，工程实体质量可描述为"实体满足明确或隐含需要能力的特性之和"。工程实体质量又可称为工程质量，与建设项目的构成相呼应，工程实体质量还通常可分为工序质量、分项工程质量、分部工程质量、单位工程质量和单项工程质量等各个不同的质量层次单元。

工作质量，是指为了保证和提高工程质量而从事的组织管理、生产技术、后勤保障等各方面工作的实际水平。工程建设过程中，按内容组成工作质量可区分为社会工作质量和生产过程工作质量，其中前者是指围绕质量课题而进行的社会调查、市场预测、质量回访等各项有关工作的质量；后者则是指生产工人的职业素质、职业道德教育工作质量、管理工作质量、技术保证工作质量和后勤保障工作质量等。而按照工程建设项目实施阶段的不同，工作质量还可具体区分为决策、计划、勘察、设计、施工、回访保修等不同阶段的工作质量。

工程质量与工作质量的两者关系，体现为前者是后者的作用结果，而后者则是前者的必要保证。项目管理实践表明：工程质量的好坏是建筑工程产品形成过程中各阶段各环节工作质量的综合反映，而不是依靠质量检验检查出来的。要保证工程质量就要求项目管理实施方有关部门和人员精心工作。对决定和影响工程质量的所有因素加以严格控制，即通过良好的工作质量来保证和提高工程质量。

综上所述，工程项目质量是指能够满足用户或社会需要的并由工程合同、有关技术标准、设计文件、施工规范等具体详细设定其适用、安全、经济、美观等特性要求的工程实体质量与工程建设各阶段、各环节的工作质量的总和。

工程项目质量反应了建筑工程适合一定用途，满足用户要求所具备的自然属性，具体内涵包含以下三方面：

1）工程项目实体质量。所包括的内容有工序质量、分项工程质量、分部工程质量和单项工程质量，其中工序质量是创造工程项目实体质量的基础。

2）功能和使用价值。从项目的功能和使用价值看，其质量体现在性能、寿命、可靠性、安全性和经济型五方面。这些特性指标直接反映了工程项目的质量。

3）工作质量。是建筑企业的经营管理工作、技术工作、组织工作和后勤工作等达到和提高工程质量的保证程度。可分为生产过程质量和社会工作质量两方面。工作质量是工程质量的保证和基础，工程质量是企业各方面工作质量的综合反映。同时质量管理的主要内容和工作重点是工作质量。

将工程质量与管理过程质量整合起来考虑，如果项目能够做到：①满足规范要求；②达到项目目的；③满足用户要求；④让用户满意（应注意有一定的原则，那就是盈利不亏本），这个项目的质量就是好的。

3. 质量管理

按 ISO19000 的定义，质量管理是指在质量方面指挥和控制组织的协调活动。这些活动通常是包括制定质量方针和质量目标以及质量策划、质量控制、质量保证和质量改进。

（1）质量方针

由组织的最高管理者正式发布的与该组织总的质量有关的宗旨和方向。它体现了该组织的质量意识和质量追求，施工组织内部的行为准则，体现了顾客的期待和对顾客做出的承诺。常与组织的总方针相一致，并为制定质量目标提供框架。

（2）质量目标

在质量方面所追求的标准。质量目标通常是依据组织的质量方针制定，并且通常对组织内相关的职能和层次分别规定质量目标。在作业层面，质量目标应是定量的。

（3）质量策划

质量策划是致力于制定质量目标并规定必要的运行过程和相关资料以实现质量目标。

（4）质量保证

质量保证是致力于质量要求会得到满意的信任。可将质量保证措施比作预防疾病，是用来提高获得质量好的产品的步骤和管理流程。其目的是将产品一次性地做成功、做正确。

（5）质量改进

质量改进是致力于增强满足质量要求的能力的循环活动。

4. 质量管理体系

体系的含义是若干有关事物的相互联系，互相制约而构成的有机整体。而质量管理是在质量方面指挥和控制组织的协调活动。

质量管理体系是在质量方面指挥和控制组织的管理体系。另外它也是实施质量方针和质量目标的管理系统，其内容要以满足质量目标的需要为准，它是一个有机整体，强调系统性和协调性。它的组成部分是相互关联的。

质量管理体系把影响质量的技术、管理人员和资源等因素加以组合，在质量方针的指引下，为达到质量目标而发挥效能。

5. 质量控制

质量控制是 GB/T 19000 质量管理体系标准的一个质量管理术语。属于质量管理的一部分，是致力于满足质量要求的一系列相关活动。

质量控制包括采取的作业技术和管理活动。作业技术是直接产生产品或服务质量的条件；但并不是具备相关作业技术能力，都能产生合格的质量。在社会化大生产条件下，还必须通过科学的管理，来组织和协调作业技术活动的过程，以充分发挥其质量形成能力，实现预期的质量目标。

6. 质量控制与质量管理的关系

质量控制是质量管理的一部分，质量管理是指确立质量方针及实施质量方针的全部职能及工作内容，并对其工作效果进行评价和改进的一系列工作。因此质量控制与质量管理的区别在于质量控制是在明确的质量目标条件下，通过行动方案和资源配置的计划、实施、检查和监督来实现预期目标的过程。

5.1.2　建筑工程项目质量控制的内容、特点、原则

1. 建筑工程项目质量控制的内容

建筑工程项目质量控制的内容是围绕工程质量形成全过程的各个环节，对影响工作质量的人、机、料、法、环五大因素进行控制，并对控制成果进行分阶段验证，以便及时发现问题，采取相应措施，防止不合格重复发生，尽可能减少损失。因此质量控制应贯彻预防为主与检验把关相结合的原则。

因为质量要求是随时间的进展在不断变化，为满足新的质量要求，就要注意质量控制的动态性，要随工艺、技术、材料、设备的不断改进，研究新的控制方法。

2. 建筑工程项目质量控制的特点

由于工程建设项目所具有的单项性、一次性和使用寿命的长期性及项目位置固定、生产流动、体积大、整体性强、建设周期长、施工涉及面广、受自然气候条件影响大且结构类型、质量要求、施工方法均可因项目不同而存在很大差异等特点，工程建设项目建造成为一个极其复杂的综合性过程，并使工程建设项目质量亦相应地形成以下六种特点。

（1）影响质量的因素多

如设计、材料、机械设备、地形、地质、水文、气象、施工工艺、施工操作方法、技术、措施、管理制度等，均可直接影响工程建设项目质量。

（2）设计原因引起的质量问题显著

按实际工作统计，在我国近年发生的工程质量事故中，由设计原因引起的质量问题已占

据 40.1%的比例，其他质量问题则分别由施工责任、材料使用等原因引起，设计工作质量已成为引起工程质量问题的主要原因。因此为确保工程建设项目质量，严格设计质量控制便成为一个十分重要的环节。

严格设计质量控制应做好的工作包括：①通过设计招标，优选设计单位；②保证初步设计、技术设计、施工图设计均符合项目决策阶段确定的质量要求；③保证工程各组成部分的设计均符合有关技术法规和技术标准的规定；④保证各专业设计之间的相互协调关系；⑤保证设计文件、图纸符合现场施工的实际条件，其深度应能满足施工的要求。

（3）容易产生质量变异

质量变异是指由于各种质量影响因素发生作用引起产品质量存在差异。质量变异可分为正常变异和非正常变异，前者是指由经常发生但对质量影响不大的偶然性因素引起质量正常波动而形成的质量变异；后者则是指由不常发生但对质量影响很大的系统性因素引起质量异常波动而形成的质量变异。偶然性因素如材料的材质不均匀，机械设备的正常磨损、操作细小差异、一天中温度、湿度的微小变化等，其特点是无法或难以控制且符合规定数量的样本其质量特征值的检验结果服从正态分布；系统性因素如使用材料的规格品种有误、施工方法不妥、操作未按规程、机械故障、仪表失灵、设计计算错误等，其特点则是可控制、易消除且符合规定数量的样本其质量特征值的检验结果不呈现正态分布。由于工程建设项目施工不像工业产品生产那样有规范化的生产工艺和完善的检测技术，有成套的生产设备和稳定的生产环境，有相同系列规格和相同功能的产品，因此影响工程建设项目质量的偶然性和系统性因素为数甚多，特别是由系统性因素引起的质量变异，严重时可导致重大工程质量事故。为此，项目实施过程中应十分注重查找造成质量异常波动的原因并全力加以消除，严防由系统性因素引起的质量变异，从而把质量变异控制在偶然性因素发挥作用的范围之内。

（4）容易产生第一、第二类判断错误

工程建设项目施工建造因工序交接多、中间产品多、隐蔽工程多，若不及时检查实质，事后再看表面，就容易产生第二类判断错误即纳伪错误，就是说，容易将不合格产品，认为是合格产品；反之，若检查不认真，测量仪表不准，读数有误，则会产生第一类判断错误，就是说将合格产品认定为不合格产品。

（5）工程产品不能解体、拆卸，质量终检局限大

工程建设项目建成后，不可能像某些工业产品那样，再拆卸或解体检查其内在、隐蔽的质量，即使发现有质量问题，也不可能采取"更换零件"、"包换"或"退款"方式解决与处理有关质量问题，因此工程建设项目质量管理应特别注重质量的事前、事中控制，以防患于未然，力争将质量问题消灭于萌芽状态。

（6）质量要受投资、进度要求的影响

工程建设项目的质量通常要受到投资、进度目标的制约，一般情况下，投资大、进度慢，工程质量就好，反之则工程质量差。项目实施过程中，质量水平的确定尤其要考虑成本控制目标的要求，鉴于由质量问题预防成本和质量鉴定成本所组成的质量保证费用随着质量水平的提高而上升，产生质量问题后所引起的质量损失费用都随着质量水平的提高而下降，这样由保证和提高产品质量而支出的质量保证费用及由于未达到相应质量标准而产生的质量损失费用两者相加而得的工程质量成本必然存在一个最小取值，这就是最佳质量成本。在工

程建设项目质量管理实践中，最佳质量成本通常是项目管理者订立质量目标的重要依据之一。

3. 建筑工程项目质量控制的原则

（1）坚持质量第一，用户至上的原则

建筑工程产品作为一种特殊的商品，其使用年限较长，是"百年大计"，其一旦出现质量问题，往往会严重威胁到人民的生命财产安全，应始终牢记把"质量第一、用户至上"作为工程建设项目质量管理的一条重要基本原则。

（2）坚持以人为质量控制的核心的原则

人是质量的创造者，因此工程建设项目质量管理必须"以人为核心"，就是说把"人"作为能够影响工程质量的最关键因素，以此调动人的积极性、主动性和创造性，增强人的责任感，从而真正使"质量第一"的概念深入人心；并切实通过提高人的素质，避免人的失误，最终做到以人的工作质量保工序质量、促工程质量。

（3）坚持以预防为主的原则

"坚持以预防为主"，就是要求从对产品质量的事后检查把关转向对产品质量的事前控制、事中控制；从对最终产品质量的检查，转向对工作质量、工序质量及中间产品的质量检查，事实证明，这才是确保工程建设项目质量的最为有效的办法。

（4）坚持质量标准，严格检查，一切以数据说话的原则

质量标准是评价产品质量的尺度，质量数据是质量管理的必要基础和依据。工程产品质量是否符合质量标准，必须通过检查环节，并做到一切用数据说话。

（5）坚持全面控制

1）全过程的质量控制。全过程指的就是工程质量产生、形成和实现的过程。建筑安装工程质量，是勘察设计质量、原材料与成品半成品质量、施工质量、使用维护质量的综合反映。为了保证和提高工程质量，质量控制不能仅限于施工过程，而必须贯穿于从勘察设计直到使用维护的全过程，要把所有影响工程质量的环节和因素控制起来。

2）全员的质量控制。工程质量是由项目各方面、各部门、各环节工作质量的集中反映。提高工程项目质量依赖于上至项目经理下至一般员工的共同努力。所以，质量控制必须把项目所有人员的积极性和创造性充分调动起来，做到人人关心质量控制，人人做好质量控制工作。

（6）恪守质量道德，严格质量责任的原则

许多工程质量事故悲剧业已表明，工程质量关系特别重大，在工程质量问题上的任何疏忽及不负责任的做法均可导致极其严重的后果，因此工程质量问题应当被升到质量道德的范畴来加以看待，而绝非是仅仅将其看成一种单纯的信誉、效益或使用需要，由工程产品粗制滥造而导致工程质量事故并引起他人人身伤亡、财产损失从本质上讲就是犯罪。经国务院常务会议通过、由时任总理的朱镕基签发的《建设工程质量管理条例》已于2000年1月30日起开始实施，该《条例》对建设行为各实施主体如建设单位、勘察、设计单位、施工单位、工程监理单位的质量责任和义务及违反有关规定造成工程质量问题的处理办法均已作出详细说明，《条例》还特别强调：上述有关单位如有故意违反规定、降低工程质量标准、造成重大质量与安全事故的，须依照《刑法》对有关直接责任人员追究其相应的刑事责任。这就迫切要求在工程建设项目质量管理过程中必须把端正质量工作态度和建立质量责任作为一项

极其重要的原则并加以严格遵守。

5.1.3 建筑工程质量保证

建筑工程建设中建立的比较系统的三个质量管理体系有设计、施工单位的全面质量管理保证体系；建设监理单位的质量检查体系；政府部门的质量监督体系。

1. 设计、施工单位的全面质量管理保证体系

（1）质量保证

质量保证是指企业对用户在工程质量方面做出的担保，即企业向用户保证其承建的工程在规定的期限内能满足设计和使用功能。它充分体现了企业和用户之间的关系，即保证满足用户的质量要求，对工程的使用质量负责到底。

由此可见，要保证工程质量，必须从加强工程的规划设计开始，并确保从施工到竣工使用全过程的质量管理。因此，质量保证是质量管理的引申和发展，它不仅包括施工企业内部各个环节、各个部门对工程质量的全面管理，从而保证最终建筑产品的质量，而且还包括规划设计和工程交工后的服务等质量管理活动。质量管理是质量保证的基础，质量保证是质量管理的目的。

（2）质量保证的作用

质量保证的作用，表现在对工程建设和施工企业内部两个方面。

对工程建设，通过质量保证体系的正常运行，在确保工程建设质量和使用后服务质量的同时，为该工程设计、施工的全过程提供建设阶段有关专业系统的质量职能正常履行及质量效果评价的全部证据，并向建设单位表明，工程是遵循合同规定的质量保证计划完成的，质量是完全符合合同规定的要求。

对建筑企业内部，通过质量保证活动，可有效地保证工程质量，或及时发现工程质量事故征兆，防止质量事故的发生，使施工工序处于正常状态之中，进而达到降低因质量问题产生的损失，提高企业的经济效益。

（3）质量保证的内容

质量保证的内容，贯穿于工程建设的全过程，按照建筑工程形成的过程分类，主要包括：规划设计阶段质量保证，采购和施工准备阶段质量保证，施工阶段质量保证，使用阶段质量保证。按照专业系统不同分类，主要包括：设计质量保证，施工组织管理质量保证，物资、器材供应质量保证，建筑安装质量保证，计量及检验质量保证，质量情报工作质量保证等。

（4）质量保证的途径

质量保证的途径包括：在工程建设中的以检查为手段的质量保证，以工序管理为手段的质量保证和以开发新技术、新工艺、新材料、新产品（以下简称"四新"）为手段的质量保证。

1）以检查为手段的质量保证。实质上是对照国家有关工程施工验收规范，对工程质量效果是否合格作出最终评价，也就是事后把关，但不能通过它对质量加以控制。因此，它不能从根本上保证工程质量，只不过是质量保证的一般措施和工作内容之一。

2）以工序管理为手段的质量保证。实质上是通过对工序能力的研究，充分管理设计、施工工序，使每个环节均处于严格的控制之中，以此保证最终的质量效果。但它仅是对设

计、施工中的工序进行了控制，并没有对规划和使用阶段实行有关的质量控制。

3）以"四新"为手段的质量保证。这是对工程从规划、设计、施工和使用的全过程实行的全面质量保证。这种质量保证克服了以上两种质量保证手段的不足，可以从根本上确保工程质量，这也是目前最高级的质量保证手段。

（5）全面质量保证体系

全面质量保证体系是以保证和提高工程质量为目标，运用系统的概念和方法，把企业各部门、各环节的质量管理职能和活动合理地组织起来，形成一个有明确任务、职责权限，又互相协调、互相促进的管理网络和有机整体，使质量管理制度化、标准化，从而生产出高质量的建筑产品。

工程实践证明，只有建立全面质量保证体系，并使其正常实施和运行，才能使建设单位、设计单位和施工单位，在风险、成本和利润三个方面达到最佳状态。我国的工程质量保证体系一般由思想保证、组织保证和工作保证三个子体系组成。

2. 建设监理单位的质量检查体系

工程项目实行建设监理制度，这是我国在建设领域管理体制改革中推行的一项科学管理制度。建设监理单位受业主的委托，在监理合同授权范围内，依据国家的法律、规范、标准和工程建设合同文件，对工程建设进行监督和管理。

在工程项目建设的实施阶段，监理工程师既要参加施工招标投标，又要对工程建设进行监督和检查，但主要的是实施对工程施工阶段的监理工作。在施工阶段，监理人员不仅要进行合同管理、信息管理、进度控制和投资控制，而且对施工全过程中各道工序进行严格的质量控制。国家明文规定，凡进入施工现场的机械设备和原材料，必须经过监理人员检验合格后才可使用；每道施工工序都必须按批准的程序和工艺施工，必须经施工企业的"三检"（初检、复检、终检），并经监理人员检查论证合格，方可进入下道工序；工程的其他部位或关键工序，施工企业必须在监理人员到场的情况下才能施工；所有的单位工程、分部工程、分项工程，必须由监理人员参加验收。

由以上可以看出，监理人员在工程建设中，将工程施工全过程的各工作环节的质量都严格地置于监理人员的控制之下，现场监理工程师拥有"质量否决权"。经过多年的监理实践，监理人员对工程质量的检查认证，已有一套完整的组织机构、工作制度、工作程序和工作方法，构成了工程项目建设的质量检查体系，对保证工程质量起到了关键性的作用。

3. 政府部门的工程质量监督体系

国务院［1984］123号文件《关于改革建筑业和地区建设管理体制若干问题的暂行规定》中明确指出：工程质量监督机构是各级政府的职能部门，代表其政府部门行使工程质量监督权，按照"监督、促进、帮助"的原则，积极支持、指导建设、设计、施工单位的质量管理工作，但不能代替各单位原有的质量管理职能。

各级工程质量监督体系，主要由各级工程质量监督站代表政府行使职能，对工程建设实施第三方的强制性监督，其工作具有一定的强制性。其基本工作内容有：对施工队伍资质审查、施工中控制结构的质量、竣工后核验工程质量等级、参与处理工程事故、协助政府进行优质工程审查等。

5.2 影响建筑工程质量因素的控制

工程项目建设过程，就是工程项目质量的形成过程，质量蕴藏于工程产品的形成之中。因此，分析影响工程项目质量的因素，采取有效措施控制质量影响因素，是工程项目施工过程中的一项重要工作。

5.2.1 工程项目建设阶段对质量形成的影响

工程建设项目实施需要依次经过由建设程序所规定的各个不同阶段；工程建设的不同阶段，对工程建设项目质量的形成所起的作用则各不相同。对此可分述如下。

1. 项目可行性研究阶段对工程建设项目质量的影响

项目可行性研究是运用工程经济学原理，在对项目投资有关技术、经济、社会、环境等各方面条件进行调查研究的基础之上，对各种可能的拟建投资方案及其建成投产后的经济效益、社会效益和环境效益进行技术分析论证。以确定项目建设的可行性，并提出最佳投资建设方案作为决策、设计依据的一系列工作过程。项目可行性研究阶段的质量管理工作，是确定项目的质量要求，因而这一阶段必然会对项目的决策和设计质量产生直接影响，它是影响工程建设项目质量的首要环节。

2. 项目决策阶段对工程质量的影响

项目决策阶段质量管理工作的要求是确定工程建设项目应当达到的质量目标及水平。工程建设项目建设通常要求从总体上同时控制工程投资、质量和进度。但鉴于上述三项目标互为制约的关系，要做到投资、质量、进度三者的协调统一，达到业主最为满意的质量水平，必须在项目可行性研究的基础上通过科学决策，来确定工程建设项目所应达到的质量目标及水平。

没有经过资源论证、市场需求预测、盲目建设、重复建设，建成后不能投入生产和使用，所形成的合格而无用途的产品，从根本上是对社会资源的极大浪费，不具备质量适用性的特征。同样盲目追求高标准，缺乏质量经济性考虑的决策，也将对工程质量的形成产生不利影响。因而决策阶段提出建设实施方案是对项目目标及其水平的决定，项目在投资、进度目标约束下，预定质量标准的确定，它是影响工程建设项目质量的关键阶段。

3. 设计阶段对工程建设项目质量的影响

工程建设项目设计阶段质量管理工作的要求是根据决策阶段业已确定的质量目标和水平，通过工程设计使之进一步具体化。总体规划关系到土地的合理使用，功能组织和平面布局，竖向设计，总体运输及交通组织的合理性，工程设计具体确定建筑产品或工程目的物的质量标准值，直接将建设意图变为工程蓝图，将适用、美观、经济融为一体，为建设施工提供标准和依据。建筑构造与结构的合理性、可靠性以及可施工性都直接影响工程质量。

设计方案技术上是否可行，经济上是否合理，设备是否完善配套，结构使用是否安全可靠，都将决定项目建成之后的实际使用状况，因此设计阶段必然影响项目建成后的使用价值和功能的正常发挥，它是影响工程建设项目质量的决定性环节。

4. 施工阶段对工程建设项目质量的影响

工程建设项目施工阶段，是根据设计文件和图纸的要求通过施工活动而形成工程实体的连续过程。因此施工阶段质量管理工作的要求是保证形成工程合同与设计方案要求的工程实体质量，这一阶段直接影响工程建设项目的最终质量，它是影响工程建设项目质量的关键环节。

5. 竣工验收阶段对工程建设项目质量的影响

工程建设项目竣工验收阶段的质量管理工作要求是通过质量检查评定、试车运转等环节考核工程质量的实际水平是否与设计阶段确定的质量目标水平相符，这一阶段是工程建设项目自建设过程向生产使用过程发生转移的必要环节，它体现的是工程质量水平的最终结果。因此工程竣工验收阶段影响工程能否最终形成生产能力，是影响工程建设项目质量的最后一个重要环节。

5.2.2 建筑工程质量形成的影响因素

影响施工工程项目的因素主要包括五大方面，即建筑工程的4M1E。主要指人（Man）、材料（Material）、机械（Machine）、方法（Method）和环境（Environment）。在施工过程中，事前对这5方面的因素严加控制，是施工管理中的核心工作，是保证施工项目质量的关键。

1. 人的质量意识和质量能力对工程质量的影响

人是质量活动的主体，对建设工程项目而言，人是泛指与工程有关的单位、组织和个人，包括：

1）建设单位、勘察设计单位、施工承包单位、监理及咨询服务单位；

2）政府主管及工程质量监督检测单位；

3）策划者、设计者、作业者、管理者等。

建筑业实行企业经营资质管理，市场准入制度，职业资格注册制度、持证上岗制度以及质量责任制度等，规定按资质等级承包工程任务，不得越级、不得跨靠、不得转包，严禁无证设计、无证施工。

人的工作质量是工程项目质量的一个重要组成部分，只有首先提高工作质量，才能保证工程质量，而工作质量的高低，又取决于与工程建设有关的所有部门和人员。因此，每个工作岗位和每个人的工作都直接或间接地影响着工程项目的质量。提高工作质量的关键，在于控制人的素质，人的素质包括很多方面，主要有：思想觉悟、技术水平、文化修养、心理行为、质量意识、身体条件等。

2. 建筑材料、构配件及相关工程用品的质量因素

材料是指在工程项目建设中所使用的原材料、半成品、成品、构配件和生产用的机电设备等，它们是建筑生产的劳动对象。建筑质量的水平在很大程度上取决于材料工业的发展，原材料及建筑装饰材料及其制品的开发，导致人们对建筑消费需求日新月异的变化，因此正确合理地选择材料，控制材料构配件及工程用品的质量规格、性能、特性是否符合设计规定标准，直接关系到工程项目的质量形成。

材料质量是形成工程实体质量的基础，使用的材料质量不合格，工程质量也肯定不会符合标准要求。加强材料的质量控制，是保证和提高工程质量的重要保障，是控制工程质量影响因素的有效措施。

3. 机械对工程质量的影响

机械是指工程施工机械设备和检测施工质量所用的仪器设备。施工机械是实现工业化、加快施工进度的重要物质条件，是现代机械化施工中不可缺少的设施，它对工程质量有着直接影响。所以，在施工机械设备选型及性能参数确定时，都应考虑到它对保证工程质量的影响，特别要注意考虑它经济上的合理性、技术上的先进性和使用操作及维护上的方便性。

质量检验所用的仪器设备，是评价和鉴定工程质量的物质基础，它对工程质量评定的准确性和真实性，对确保工程质量有着重要作用。

4. 方法对工程质量的影响

方法（或工艺）是指对施工方案、施工工艺、施工组织设计、施工技术措施等的综合。施工方案的合理性、施工工艺的先进性、施工设计的科学性、技术措施的适用性，对工程质量均有重要影响。

施工方案包括工程技术方案和施工组织方案。前者指施工的技术、工艺、方法和机械、设备、模具等施工手段的配置，后者指施工程序、工艺顺序、施工流向、劳动组织之间的决定和安排。通常的施工顺序是先准备后施工、先场外后场内、先地下后地上、先深后浅、先主体后装修、先土建后安装等，都应在施工方案中明确，并编制相应的施工组织设计。这两种方案都会对工程质量的形成产生影响。

在施工工程实践中，往往由于施工方案考虑不周和施工工艺落后而拖延工程进度，影响工程质量，增加工程投资。为此，在制定施工方案和施工工艺时，必须结合工程的实际，从技术、组织、管理、措施、经济等方面进行全面分析、综合考虑，确保施工方案技术上可行，经济上合理，且有利于提高工程质量。

5. 工程项目的施工环境

影响工程质量的环境因素较多。有工程技术环境，包括地质、水文、气候等自然环境及施工现场的通风、照明、安全卫生防护设施等劳动作业环境；工程管理环境，也就是由工程承包发包合同结构所派生的多单位、多专业共同施工的管理关系，组织协调方式及现场施工质量控制系统等构成的管理环境，如质量保证体系、质量管理制度等；劳动环境，如劳动组合、作业场所、工作面等。环境因素对工程质量的影响，具有复杂而多变的特点，如气象条件就变化万千，温度、湿度、大风、暴雨、酷暑、严寒都直接影响工程质量。又如前一道工序就是后一道工序的环境，前一分项工程、分部工程就是后一分项工程、分部工程的环境。因此，根据工程特点和具体条件，应对影响工程质量的环境因素，采取有效的措施严加控制。

5.3 ISO 9000 族标准与质量体系

5.3.1 ISO 9000 族标准的构成与特点

1. ISO 9000 族标准的演变

质量管理自 20 世纪初以来依次经历了质量检验、统计质量管理和全面质量管理这三大不同的发展阶段。自 1990 年起，国际标准化组织质量管理和质量保证标准化技术委会总结了各国实施系列标准的经验，于 1994 年 7 月 1 日正式公布了 ISO 9000 族标准 1994 年版。

1994 年版本在实施过程中，很多国家反映在实际应用中具有一定的局限性，标准的质量要素间的相关性也不好；强调了符合性，而忽视了企业整体业绩的提高，也缺乏对顾客满意或不满意的监控。为此，国际标准化组织又进一步对 1994 年版标准作了修订，于 2000 年年底正式发布为国际标准，称 2000 年版 ISO 9000 族标准。2000 年版 ISO 9000 族标准只有 4 个核心标准，即 ISO 9000：2000《质量管理体系—基础和术语》、ISO 9001：2000《质量管理体系—要求》、ISO 9004：2000《质量管理体系—业绩改进指南》和 ISO 19011《质量和环境管理体系—审核》。

2. 我国 GB/T 19000—2000 族标准

（1）GB/T 19000—2000 族标准的组成

随着 ISO 19000 的发布和修订，我国及时、等同地发布和修订了 GB/T 19000 族国家标准。2000 年版 ISO 9000 族标准发布后，我国又等同地转换为 GB/T 19000：2000（Idt ISO 9000：2000）族国家标准，这些标准包括：

1）GB/T 19000 表述质量管理体系基础知识，并规定质量管理体系术语；

2）GB/T 19001 规定质量管理体系要求，用于组织证实其具有提供满足顾客要求和适用的法规要求的产品的能力，目的在于增进顾客满意；

3）GB/T 19004 提供考虑质量管理体系的有效性和效率两方面的指南。其目的是组织业绩改进和使顾客及其他相关方满意；

4）GB/T 19011 提供审核质量和环境体系指南。

（2）GB/T 19000—2000 族标准的特点

GB/T 19000—2000 族标准有以下几个方面的主要特点：

1）标准的结构与内容更好地适用于所有产品类别，不同规模和各种类型的组织；

2）强调质量管理体系的有效性与效率，引导组织关注顾客和其他相关方、产品与过程，而不仅是程序文件与记录；

3）对标准要求的适用性进行了更加科学与明确的规定，在满足标准要求的途径与方法方面，提倡组织在确保有效性的前提下，可以根据自身经营管理的特点做出不同的选择，给予组织更多的灵活度；

4）标准中增加了质量管理八项原则，便于从理念和思路上理解标准的要求；

5）采用"过程方法"的结构，同时体现了组织管理的一般原理，有助于组织结合自身的生产和经营活动采用标准来建立质量管理体系，并重视有效性的改进与效率的提高；

6）更加强调最高管理者的作用，包括对建立和持续改进质量管理体系的承诺，确保顾客的需求和期望得到满足，制定质量方针和质量目标并确保得到落实，确保所需的资源，指定管理者代表和主持管理评审等；

7）将顾客和其他相关方满意或不满意信息的监视作为评价质量管理体系业绩的一种重要手段，强调要以顾客为关注焦点；

8）突出了"持续改进"是提高质量管理体系有效性和效率的重要手段；

9）概念明确，语言通俗，易于理解、翻译和使用，术语用概念图形式表达术语间的逻辑关系；

10）对文件化的要求更加灵活，强调文件应能够为过程带来增值，记录只是证据的一种形式；

11）强调了 GB/T 19001 作为要求性的标准和 GB/T 19004 作为指南性的标准的协调一致性，有利于组织的业绩的持续改进；

12）提高了与环境管理体系标准等其他管理体系标准的相容性。

ISO 9000 族标准对企业生产经营过程中的质量管理和质量保证工作具有很强的指导意义，但在对其进行实际应用的过程中还应切实注意该系列标准所具有的如下特点：

①标准的目的是提供指导。质量管理和质量保证标准并不是质量管理工作标准化，而只是在于提供指导。标准是在总结国际质量管理工作成功经验的基础上，从质量问题的共性出发阐述质量管理工作的基本原则、基本程序和质量体系基本构成，因此，适用于指导不同体制、不同行业的生产企业开展质量管理工作。

②标准是规范的补充。出于各自不同的动机，无论工业、商业或政府组织通常都希望生产厂家提供的产品或服务能充分满足用户的需要和要求，而一般情况下这些需要或要求的满足均取决于产品生产技术规范是否已对此作出明确规定。当产品设计或提供产品的组织体系本身不够完善，那么也就意味着技术规范本身的缺陷不能保证用户的需要和要求得到或始终得到满足。而系列标准明确了企业质量管理工作程序以作为对技术规范和有关产品及服务要求的必要补充，用于控制产品的形成，这样便可保证稳定的合乎用户要求的产品质量。

③灵活应用，内容可以调整。不同行业的生产企业尽管其质量管理工作的规律、原理原则基本相同，但由于在市场条件、产品性能、企业管理机制、消费者偏好与需求等方面毕竟存在很大差异，这就决定了某一具体企业必须针对具体环境特点和各种主客观因素对质量标准所规定的质量体系要素，进行遴选并确定对其进行采用的程度，从而建立一套既符合质量管理原理，又适合于本企业条件的最佳质量体系。

④推荐性标准被法规或合同确定采用之后便成为"强制性标准"。与 ISO 9000 标准的 GB/T 19000 系列标准在我国尚属于一套推荐标准，编号中的"T"就是"推荐"一词的汉语拼音首写字母。GB/T 19000 系列标准尽管是一套推荐性标准，但在合同环境之下供需双方在诸系列标准范围之内定的标准模式一旦被合同条款采用，则在该确定范围之内所采用标准便成为具有法律效力的强制性标准。

5.3.2　施工承包企业质量体系

作为工程产品的直接生产与经营者，施工承包企业担负着将工程项目的建设意图转变为物的任务，施工承包企业的质量管理与质量保证工作水平在很大程度上决定着工程产品的最终质量。为使工程产品质量得到可靠保证并充分实现企业自身的质量追求目标，施工承包企业应自觉建立质量体系并努力维护其正常运转。

1. 施工承包企业建立质量体系的目的

建立与完善质量体系主要是有助于施工承包企业达成以下各种目标：

1）满足规定的需要和用途。质量指按用户指定的设计方案施工并使工程产品最终达到规定的使用要求。

2）满足用户对工程产品的质量要求和期望。它是指工程产品在适用性、可靠性、耐久性、美观性和经济性方面均达到用户的预期水准。

3）使施工质量符合有关标准的规定和技术规范的要求。

4）使施工活动符合有关安全及环境保护方面的法令或条例规定。

5）使工程产品取费低而质量优。

6）使企业具备较强的竞争能力，获得良好的经济效益。

2.8 项质量管理原则

在 ISO 9000：2000 标准中增加了 8 项质量管理原则，这是在近年来质量管理理论和实践的基础上提出来的，是组织领导做好质量管理工作必须遵循的准则。8 项质量管理原则已成为改进组织业绩的框架，可帮助组织达到持续成功。

（1）以顾客为中心

组织依存于其顾客。因此组织应理解顾客当前和未来的需求，满足顾客的要求并争取超越顾客的期望。

组织贯彻实施以顾客为中心的质量管理原则，有助于掌握市场动向，提高市场占有率，提高企业经营效益。以顾客为中心，不仅可以稳定老顾客，吸引新顾客，而且可以招来回头客。

（2）领导作用

强调领导作用的原则，是因为质量管理体系是最高管理者推动的，质量方针和目标是领导组织策划的，组织机构和职能分配是领导确定的，资源配置和管理是领导确定安排的，顾客和相关方要求是领导确认的，企业环境和技术进步、质量体系改进和提高是领导决策的。所以，领导者应将本组织的宗旨、方向和内部环境统一起来，并创造员工能充分参与实现组织目标的环境。

（3）全员参与

质量管理是一个系统工程，关系到过程中的每个岗位和每个人。实施全员参与这一质量管理原则，将会调动全体员工的积极性和创造性，努力工作、勇于负责、持续改进、作出贡献，这对提高质量管理体系的有效性和效率，具有极其重要的作用。

（4）过程方法

过程方法是将相关的资源和活动作为过程进行管理。因为过程概念反映了从输入到输出具有完整的质量概念，过程管理强调活动与资源相结合，具有投入产出的概念。过程概念体现了用 PDCA 循环改进质量活动的思想。过程管理有利于适应进行测量保证上下工序的质量。通过过程管理可以降低成本、缩短工期，从而可更高效的获得预期效果。

（5）管理的系统方法

系统方法是从系统整体出发，从系统和要素之间、要素和要素之间，以及系统和环境之间的相互联系、相互作用中考察对象，以达到最佳的处理问题为目的的科学方法。管理的系统方法就是针对设定的目标，识别、理解并管理一个由相互关联的过程所组成的体系，有助于提高组织的有效性和效率。管理的系统方法体现全面质量管理的思想，反映了过程与过程的关系，有助于部门与要素的结合，追求各管理体系间的融合和保持与组织战略一致性。

（6）持续改进

持续改进是组织永恒的目标。为了满足顾客对质量更高期望的要求，为了赢得竞争的优势，必须不断地改进产品及服务的质量。

（7）基于事实的决策

以事实为依据进行决策，可避免决策的失误。基于事实的决策，首先应明确规定收集信息的种类、渠道和职责，保证资料能够让使用者得到。通过对得到的资料和信息分析、判断，结合过去的经验作出决策并采取行动。

（8）互利的供方关系

供方是产品和服务供应链上的第一环节，供方的过程是质量形成过程的组成部分，供方的质量影响产品和服务的质量，在组织的质量效益中包含有供方的贡献。供方应按组织的要求也建立质量管理体系。通过互利关系，可以增强组织与供方创造价值的能力，也有利于降低成本和优化资源配置，并增强对付风险的能力。

上述 8 项质量管理原则之间是相互联系和相互影响的。其中，以顾客为中心是主要的，是满足顾客要求的核心。为了以顾客为中心，必须持续改进，才能不断地满足顾客不断提高的要求。而持续改进又是依靠领导作用、全员参与和互利的供方关系来完成的。所采用的方法是过程方法（控制论）、管理的系统方法（系统论）和基于事实的决策（信息论）。可见，这 8 项质量管理原则，体现了现代管理理论与实践发展的成果，并被人们普遍接受。

3. 建立和实施质量管理体系的方法

1）确定顾客和其他相关方的需求和期望；

2）建立组织的质量方针和质量目标；

3）确定质量目标必须的过程和职责；

4）确定和提供实现质量目标必须的资源；

5）规定测量每个过程的有效性和效率的方法；

6）应用这些方法测量每个过程的有效性和效率；

7）确定防止不合格并消除产生原因的措施；

8）建立和应用持续改进质量管理体系的过程。

5.4　工程项目质量计划

5.4.1　质量计划的概念

我国国家标准 GB/T 19000：2000 对质量计划的定义是指对特定的项目、产品、过程或合同，规定由谁及何时应使用哪些程序和相关资源的文件。对工程项目而言，质量计划主要是针对特定的项目所编制的规定程序和相关资源的文件。

质量手册和质量体系程序所规定的是各种产品都使用的通用要求和方法。但各种特定产品都具有其特殊性，通过质量计划，可将某产品、项目或合同的特定要求与现行的通用的质量体系程序相结合。质量计划引用的是质量手册和程序文件中的适用条款。

质量计划应明确指出所开展的质量活动，并直接或间接通过相应程序或其他文件，指出如何实施这些活动。

5.4.2 质量计划的作用

质量计划是一种工具，其应用可以起以下作用：

1）在企业内部，通过产品或项目的质量计划，使产品的特殊质量要求能够通过有效的措施得到满足，是质量管理的依据。

2）在合同情况下，供方可向顾客证明其如何满足特定合同的特殊质量要求，并作为顾客实施质量监督的依据。

5.4.3 质量计划的内容

1）应达到的产品质量目标，如特性或规范、可靠性、综合指标等；

2）企业实际运作的各个过程步骤（可以用流程图等形式展示过程的各项活动）；

3）在项目的各个不同阶段，职责、权限和资源的具体分配。如果有产品因特殊需要或企业管理的特殊要求，需要建立相对独立的组织机构，应规定有关部门和人员应承担的任务、责任、权限和完成工作任务的进度要求；

4）实施中采用的程序、方法和指导书；

5）有关阶段（如设计、采购、施工、检验等）适用的试验、检查、检验和评审大纲；

6）达到质量目标的测量方法；

7）随项目或产品的进展而修改和完善质量计划的程序；

8）为达到质量目标而采取的其他措施，如更新检验测试设备，研究新的工艺方法和设备，需要补充制定的特定程序、方法、标准和其他文件等。

5.4.4 质量计划的编制

质量计划的编制就是确定与项目相关的质量标准，并决定如何达到这些标准的要求。质量计划是质量管理的基础，质量小组应事先识别、理解顾客的质量要求，然后制定出详细的计划去满足这些要求。

1. 质量计划编制的依据

（1）质量方针

处于组织中的项目小组在实施项目的过程中必须依照质量方针的要求，当然也可根据项目的特点作适当的调整。要保证在质量方向上项目小组与投资方达成共识。

（2）项目范围说明书

项目范围说明书阐述了客户的要求以及项目目标，理应成为编制项目质量计划的主要依据。

（3）产品描述

产品描述可能已在项目范围说明书中得到体现，但设计文件、图纸中有更详细的技术要求和性能参数。

（4）标准和规则

项目质量计划的制定必须考虑到任何实际领域的特定标准和规则，以体现这些标准和规则的要求。

2. 项目质量计划制定的工具和方法

（1）质量功能展开

这种方法广泛应用于制造业，能很好地帮助项目经理把顾客的质量要求转化为产品或服务特性。例如总质量可分解为工作质量、工序质量和项目质量，而工作质量又可分解为管理、思想、技术、后勤质量，工序质量又可分解为人员、材料、方法、环境质量，项目（功能和使用要求）质量又可分解为安全可靠、环境协调、美观、经济、适用等方面。

（2）成本效益分析

成本效益分析的目的就是从经济利益上分析质量管理活动所带来的成本效益之间的关系，力求实现收益大于成本，这也是质量管理活动追求的目标。

（3）基准比较

是通过比较实际或计划项目的实施过程与其他同类项目的实施过程，为改进项目实施过程提供思路。

（4）流程图

流程图是反映一个系统相联系的各部分之间相互关系的一种示意图。流程图又可分为因果流程图和过程流程图。

因果流程图又叫鱼骨图（见图 5-1），它反映了潜在问题或结果与各种因素之间的关系，主要用来分析和说明各种原因如何导致或产生各种潜在问题的后果。

过程流程图，主要用来分析和说明系统各要素之间存在的相互关系。通过流程图可以帮助项目组提出解决问题的相关方法。

（5）排列图法

排列图又叫主次因素分析图或帕累特图，是用来寻找影响工程（产品）质量主要因素的一种有效工具。排列图由两个纵坐标、一个横坐标、若干个直方图形和一条曲线组成。其中左边的纵坐标表示频数，右边的纵坐标表示频率，横坐标表示影响质量的各种因素。若干个直方图形分别表示质量影响因素的项目，直方图形的高度则表示影响因素的大小程度，按大小顺序由左向右排列，曲线表示各影响因素大小的累计百分数。这条曲线称为帕累特曲线，如图 5-2 所示。

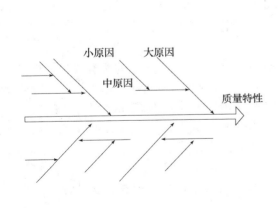

图 5-1　因果流程图

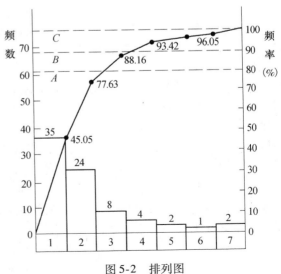

图 5-2　排列图

131

（6）直方图法

直方图又叫频数分布直方图（见图5-3），它以直方图形的高度表示一定范围内数值所发生的频数，据此可掌握产品质量的波动情况，了解质量特征的分布规律，以便对质量状况进行分析判断。

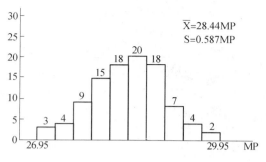

图5-3　频数分布直方图

（7）控制图法

前述排列图法、直方图法是质量控制的静态分析方法，反映的是质量在某一段时间里的静止状态。控制图法是一种典型的动态分析方法（见图5-4），当控制图中的点子满足以下两个条件时（一是点子没有跳出控制界限；二是点子随机排列且没有缺陷），即可认为生产过程基本上处于控制状态，即生产正常。否则，就认为生产过程发生了异常变化。

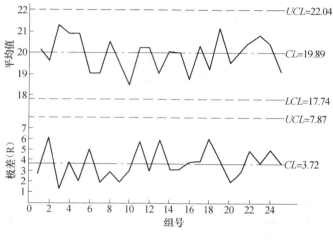

图5-4　$\overline{X}$—R 控制图

（8）试验设计

实验设计是一种统计方法，它帮助人们识别影响特定变量的因素。这种技术常应用于项目的产品分析。实验设计对分析、辨明影响整个项目的因素非常有效。

（9）质量成本

质量成本是指未达到产品或服务质量标准要求而进行全部活动所发生的所有成本。这些努力包括为确保与要求意志而作的所有工作，以及由于不符合要求所引起的返工修补等额外工作。这些工作引起的质量成本包括三种：预防成本（指提高质量系统和过程与产品质量的预防措施所花费的成本），鉴定成本（指确定质量和过程的成本）和失效成本（指纠正及纠正措施引发的成本），失效成本又可分为内部失效和外部失效成本。

1）预防成本包括：培训、过程能力研究、分承包商、供应商调查；

2）鉴定成本包括：检测及测试、维护及检查测试设备、整理测试数据、设计评审、内部设计评审及研究、费用评审；

3）失效成本包括：内部失效成本。废弃及返工、晚付款造成的变化（次品的库存费用）、工程变更费用。外部失效成本。担保费用、外部人员培训、抱怨处理、后期业务损失。

在项目管理过程中，质量成本是项目管理的重要内容。为满足客户质量要求而产生的所有成本就是该产品或服务的质量成本，不论该产品是正品还是次品。

3. 质量计划编制的步骤

开始时，从总体上考虑如何保证产品质量，可以是一个带有规划性的较粗的质量计划。随着工程进展，再编制各阶段较详细的质量计划。

4. 施工质量计划编制的内容

1）工程特点及施工条件分析；

2）履行施工承包合同所必须达到的工程质量总目标及其分解目标；

3）质量管理组织机构、人员及资源配置计划；

4）为确保工程质量所采取的施工技术方案、施工程序；

5）材料、设备质量管理及控制措施；

6）工程检测项目计划及方法。

5. 编制质量计划的要求

1）最高领导者应当亲自领导，项目经理必须亲自主持和组织质量计划的编制工作。

2）必须建立质量计划的编制小组。小组成员应具备丰富的知识，有实践经验，善于听取不同意见，有较强的沟通能力和创新精神。当质量计划编制完成后，在公布实施时，小组即可解散。

3）编制质量计划的指导思想是：始终以顾客为关注焦点。

4）准确无误地找出关键质量问题。

5）反复征询对质量计划草案的意见。

6）质量计划应成为对外质量保证对内质量控制的依据。

5.4.5　质量计划的实施与验证

项目质量控制是通过对项目质量计划的实施实现的，在实施质量计划时，应注意两点：

1）质量管理人员应按照分工控制质量计划的实施，并按规定保存控制记录。

2）当发生质量缺陷或事故时，必须分析原因，分清责任，进行整改。

在执行质量计划过程中，要不断对质量计划的执行情况进行验证，具体要求如下：

1）项目技术负责人应定期组织具有资格的质量检查人员和内部质量审核员验证质量计划的实施效果，将实施效果与质量计划中的要求和控制标准进行对照，从而发现质量问题和隐患。当存在问题和隐患时，采取质量纠偏措施，使其保证在受控状态。

2）对重复出现的不合格和质量问题，不仅要分析原因，采取措施进行纠正，而且要追究责任，责任人应按规定承担责任，并应依据验证评价的结果对责任人进行处罚，使责任落实。每个人都应努力培养科学、严谨的工作方法。

5.5　设计阶段的质量控制

工程建设通常是先对拟建项目的建设条件、建设方案等进行比较，论证推荐方案实施的必要性、可行性、合理性，进而提出可行性研究报告，报经上级有关部门批准后，该工程建设项目才进入实质性的建设阶段。工程项目设计是工程建设的第一阶段，是工程建设质量控制的起点，这个阶段质量控制得好，就为保证整个工程建设质量奠定了基础。否则，带着"先天不足"进入后续工作，即便是以后各项工序均控制得很好，工程建成后也不能确保其质量。因此，工程建设设计质量的控制是工程建设全面质量控制最重要的环节。

工程设计阶段的质量控制要解决的问题是确保工程设计质量、投资、进度三者之间的关系，其中质量是最重要的，使工程设计尽量做到适用、经济、美观、安全、节能、节约用地、生态环保和可持续发展等综合协调工作。

5.5.1 设计质量控制的任务和依据

1. 设计阶段的划分和质量控制的任务

工程建设项目的规模不同、重要性不同，设计阶段的划分和任务也不相同。一般工程建设项目可分为扩大初步设计阶段和施工图设计阶段；重要的工程建设项目可分为初步设计、技术设计和施工图设计 3 个阶段。

（1）初步设计阶段的任务

初步设计是在已批准的建设项目可行性研究报告的基础上开展工作。其基本任务是：进一步论证建设项目在技术上的可行性和在经济上的合理性；确定主要建筑物的形式、控制尺寸及总体布置方案；确定主体工程的施工方法、施工总进度、施工总布置方案；确定施工现场的总平面布置、道路、绿化、小区设施和施工辅助设施方案等。初步设计应提交初步设计图纸及其有关设计说明等设计文件。

（2）技术设计阶段的任务

技术设计是在已批准的建设项目初步设计的基础上开展工作。其基本任务应视工程项目的具体情况、特点和需要而确定。一般主要包括：如对重大技术方案进行分析、研究、设计；对构筑物某关键部位采用的新结构、新材料、新工艺、具体尺寸进行研究确定等。

（3）施工图设计阶段的任务

施工图设计是在已批准的建设项目技术设计（或初步设计）的基础上开展工作。其基本任务是：按照初步设计（或技术设计）所确定的设计原则、结构方案、控制尺寸和建筑施工进度的需要，分期分批地绘制出施工详图，提供给工程项目施工承包商等在施工中使用。

2. 设计质量控制的任务

工程建设的行业不同（如工业与民用工程、公路与桥梁工程、水利水电工程等），其建设特点也不同，设计质量控制的具体内容和任务也各有差异。在设计阶段，监理方对设计质量控制起着主导作用，设计质量控制通常应当包括以下内容：

1）根据可行性研究报告和行业工程设计规范、标准、法规，编制"设计要求"文件。

2）根据业主的委托，协助业主编制设计招标文件。

3）协助业主在组织设计招标中，对设计投标者进行资质审查。

4）可以参加评标工作，选择设计中标单位。

5）可以根据业主的委托，与设计承包商签订设计承包合同。

6）代表业主向设计承包商进行技术交底。

7）对设计中所用资料进行分析、审查、确认，即进行设计准备阶段的质量控制。

8）对设计方案的合理性以及图纸和说明文件的正确性予以确认，即进行设计过程的质量控制。

9）控制设计中供应施工图的速度。

3. 设计质量控制和评定的依据

经国家决策部门批准的设计任务书，是工程项目设计阶段质量控制及评定的主要依据。而设计合同根据项目任务书规定的质量水平及标准，提出了工程项目的具体质量目标。因此，设计合同是开展设计工作质量控制及评定的直接依据。此外，以下各项资料也作为设计质量控制及评定的依据：

1）有关工程建设及质量管理方面的法律、法规。例如，有关城市规划、建设用地、市政管理、环境保护、三废治理、建筑工程质量监督等方面的法律、行政法规和部门规章，以及各地政府在本地区根据实际情况发布的地方法规和规章。

2）有关工程建设项目的技术标准，各种设计规范、规程、设计标准，以及有关设计参数的定额、指标等。

3）经有关主管部门批准的项目可行性研究报告、项目评估报告、项目选址报告等资料和文件。

4）有关建设工程项目或个别建筑物的模型试验报告及其他有关试验报告。

5）反映项目建设过程及使用寿命周期的有关自然、技术、经济、社会协作等方面情况的数据资料。

6）有关建设主管部门核发的建设用地规划许可证、征地移民报告。

7）有关设计方面的技术报告，如工程测量报告、工程地质报告、水文地质报告、气象报告等。

5.5.2 设计方案和设计图纸的审核

1. 设计方案的审核

设计方案的审核是控制设计质量的最重要的环节，工程实践证明，只有重视和加强设计方案的审核工作，才能保证项目设计符合设计纲要的要求，才能符合国家有关工程建设的方针、政策，才能符合现行建筑设计标准、规范，才能适应我国的基本国情和符合工程实际，才能达到工艺合理、技术先进，才能充分发挥工程项目的社会效益、经济效益和环境效益。

设计方案审核意味着对设计方案的批准生效，应当贯穿于初步设计、技术设计或扩大初步设计阶段。主要包括总体方案的审核和各专业设计方案的审核两部分。

对方案的审核应是综合分析，将技术与效果、方案与投资等有机结合起来，通过多方案的技术经济的论证和审核，从中选择最优方案。

（1）总体方案审核

总体方案的审核，主要在初步设计时进行，重点审核设计依据、设计规模、产品方案、工艺流程、项目组成、工程布局、设施配套、占地面积、协作条件、三废治理、环境保护、防灾抗灾、建设期限、投资概算等方面的可靠性、合理性、经济性、先进性和协调性，是否满足决策质量目标和水平。

工程项目的总体方案审核，具体包括以下内容：

1）设计规模。对生产性工程项目，其设计规模是指年生产能力；对非生产性工程项目，则可用设计容量来表示，如医院的床位数、学校的学生人数、歌剧院的座位数、住宅小区的户数等。

2）项目组成及工程布局。主要是总建筑面积及组成部分的面积分配。

3）采用的生产工艺和技术水平是否先进，主要工艺设备选型等是否科学合理。

4）建筑平面造型及立面构图是否符合规划要求，建筑总高度等是否达到标准。

5）是否符合当地城市规划及市政方面的要求。

（2）专业设计方案审核

专业设计方案的审核，是总体方案审核的细化审核。其重点是审核设计方案设计参数、设计标准、设备和结构选型、功能和使用价值等方面，是否满足适用、经济、美观、安全、可靠等要求。

专业设计方案审核，应从不同专业的角度分别进行，一般主要包括以下十个方面：

1）建筑设计方案审核。是专业设计方案审核中的关键，为以下各专业设计方案的审核打下良好基础。其主要包括平面布置、空间布置、室内装修和建筑物理功能。

2）结构设计方案。关系到建筑工程的先进性、安全性和可靠性，是专业设计方案的另一重点。主要包括：主体结构体系的选择；结构方案的设计依据及设计参数；地基基础设计方案的选择；安全度、可靠性、抗震设计要求；结构材料的选择等。

3）给水工程设计方案。审核主要包括：给水方案的设计依据和设计参数；给水方案的选择；给水管线的布置、所需设备的选择等。

4）通风、空调设计方案。审核主要包括：通风、空调方案的设计依据和设计参数；通风、空调方案的选择；通风管道的布置和所需设备的选择等。

5）动力工程设计方案。审核主要包括：动力方案的设计依据和设计参数；动力方案的选择；所需设备、器材的选择等。

6）供热工程设计方案。审核主要包括：供热方案的设计依据和设计参数；供热方案的选择；供热管网的布置；所需设备、器材的选择等。

7）通信工程设计方案。审核主要包括：通信方案的设计依据和设计参数；通信方案的选择；通信线路的布置；所需设备、器材的选择等。

8）厂内运输设计方案。审核主要包括：厂内运输的设计依据和设计参数；厂内运输方案的选择；运输线路及构筑物的布置和设计；所需设备、器材和工程材料的选择等。

9）排水工程设计方案。审核主要包括：排水方案的设计依据和设计参数；排水方案的选择；排水管网的布置；所需设备、器材的选择等。

10）三废治理工程设计方案。审核主要包括：三废治理方案的设计依据和设计参数；三废治理方案的选择；工程构筑物及管网的布置与设计；所需设备、器材和工程材料的选择等。

对设计方案的审核，并不是一个简单的技术问题，也不是一个简单的经济问题，更不能就方案论方案，而应当综合加以分析研究，将技术与效果、方案与投资等有机地结合起来，通过多方案的技术经济的论证和审核，从中选择最优方案。

2. 设计图纸的审核

设计图纸是设计工作的最终成果，也是工程施工的标准和依据。设计阶段质量控制的任务，最终还要体现在设计图纸的质量上。因此，设计图纸的审核，是保证工程质量关键的环节，也是对设计阶段的质量评价。

审核人员通过对设计文件的审核，确认并保证主要设计方案和设计参数在设计总体上正确，设计的基本原理符合有关规定，在实施中能做到切实可行，符合业主和本工程的要求。设计图纸的审核，主要包括业主对设计图纸的审核和政府机构对设计图纸的审核。

（1）业主对设计图纸的审核

1）初步设计阶段的审核。由于初步设计是决定工程采用的技术方案的阶段，所以，这个阶段设计图纸的审核，侧重于工程所采用的技术方案是否符合总体方案的要求，以及是否能达到项目决策阶段确定的质量标准。

2）技术设计阶段的审核。技术设计是在初步设计的基础上，对初步设计方案的具体化，因此，对技术设计阶段图纸的审核，侧重于各专业设计是否符合预定的质量标准和要求。

还需指出，由于工程项目要求的质量与其所支出的资金是呈正相关的，因此，业主（监理工程师）在初步设计及技术设计阶段审核方案或图纸时，需要同时审核相应的概算文件。只有符合预定的质量标准，而投资费用又在控制限额内时，以上两阶段的设计才能得以通过。

3）施工图设计的审核。施工图是对建筑物、设备、管线等所有工程对象物的尺寸、布置、选用材料、构造、相互关系、施工及安装质量要求的详细图纸和说明，是指导施工的直接依据，从而也是设计阶段质量控制的一个重点。对施工图设计的审核，应侧重于反映使用功能及质量要求是否得到满足。

施工图设计的审核，主要包括建筑施工图、结构施工图、给排水施工图、电气施工图和供热采暖施工图的审核。

（2）政府机构对设计图纸的审核

政府机构对设计图纸的审核，与业主（监理工程师）的审核不同，这是一种控制性的宏观审核。主要内容包括以下三个方面：

1）是否符合城市规划方面的要求。如工程项目的占地面积及界限；建筑红线；建筑层数及高度；立面造型及与所在地区的环境协调等。

2）工程建设对象本身是否符合法定的技术标准。如在安全、防火、卫生、防震、三废治理等方面是否符合有关标准的规定。

3）有关专业工程的审核。如对供水、排水、供电、供热、供天然气、交通道路、通信等专业工程的设计，应主要审核是否与工程所在地区的各项公共设施相协调与衔接等。

5.5.3　设计文件的审查和图纸会审

1. 设计文件的审查

在施工图交付施工承包单位使用前，或使用中进行的对设计文件的全面审查，这种审查工作可以由业主、监理工程师和施工单位分别进行，随着工程的施工进展，更多的问题暴露出来，经过充分论证分析，然后加以解决。

工程项目设计文件是保证工程质量的关键，控制设计文件的质量是确保工程质量的基础。控制设计文件质量的主要手段，就是要定期地对设计文件进行审查，发现不符合质量标准和要求的，设计人员应当进行修改，直至符合标准为止。对设计文件的审查的内容，主要包括以下几个方面。

（1）图纸的规范性的审查

审查图纸的规范性，主要是审查图纸是否规范、标准。如图纸的编号、名称、设计人、校核人、审定人、日期、版次等栏目是否齐全。

（2）建筑造型与立面设计的审查

在考察选定的设计方案进入正式设计阶段后，应当认真审查建筑造型与立面设计方面能否满足要求。

（3）平面设计的审查

平面设计是确定设计方案的重要组成部分。如房屋建筑平面设计，包括房间布置、面积分配、楼梯布置、总面积等是否满足要求。

（4）空间设计的审查

空间设计同平面设计一样，是确定建筑结构尺寸、型式的基本技术资料。如房屋建筑空间设计，包括层高、净高、空间利用等情况。

（5）装修设计的审查

随着对环境美化和人们审美观点的提高，装饰工程的造价越来越高，加强对装修设计的审查，对于满足装修要求和降低工程造价，均有十分重要的意义。如房屋建筑装修设计，包括内外墙、楼地面、天花板等装修设计标准和协调性，是否满足业主的要求。

（6）结构设计的审查

结构设计的审查，是工程项目中设计审查的重中之重，它关系到整个工程项目的可靠性。对结构设计的审查，主要是审查结构方案的可靠性、经济性等情况。如房屋建筑的结构，根据地基情况审查采用的基础形式；根据当地情况审查选用的建筑材料，构件（梁、板、柱）的尺寸及配筋情况；审查主要结构参数的取值情况；审查主要结构的计算书；验证结构抗震抗风的可靠度等。

（7）工艺流程设计的审查

工艺流程设计的审查，主要审查其合理性、可行性和先进性等。

（8）设备设计的审查

设备设计的审查，主要包括设备的布置和选型。如电梯布置选型、锅炉布置选型、中央空调布置选型等。

（9）水电、自控设计的审查

水电、自控设计的审查，主要包括给水、排水、强电、弱电、自控消防等设计方面的合理性和先进性。

（10）对有关部门要求的审查

是否满足其他有关部门的要求的审查，也是目前设计审查中的一项重要内容，其主要包括对城市规划、环境保护、消防安全、人防工程、卫生标准等方面的要求。

（11）各专业设计协调情况的审查

对各专业设计协调情况的审查，主要包括建筑、结构、设备等专业设计之间是否尺寸一致，各部位是否相符。

（12）施工可行性的审查

对施工可行性的审查，主要审查图纸的设计意图能否在现有的施工条件和施工环境下得以实现。

有了对设计文件的审查，决不等于设计单位就可以因此取消原来的逐级校核和审定制度，相反，这种自身的校审制度更应该加强，以保证工程项目设计的质量。

2. 设计交底和图纸会审工作

设计图纸是进行质量控制的重要依据。为了使施工单位熟悉有关的设计图纸，充分了解拟建项目的特点、设计意图和工艺与质量要求，减少图纸的差错，消灭图纸中的质量隐患，要做设计交底和图纸会审工作。

（1）设计交底

工程施工前，由设计单位向施工单位有关人员进行设计交底，其主要内容有：

1）地形、地貌、水文、气象、工程地质及水文地质等自然条件；

2）施工图设计依据：初步设计文件、规划、环境等要求、设计规范；

3）设计意图、设计思想、设计方案比较，基础处理方案、结构设计意图、设备安装和调试要求，施工进度安排等。

4）施工注意事项：对地基处理的要求，对建筑材料的要求、采用新结构、新工艺的要求，施工组织和技术保证措施等。

交底后，由施工单位提出图纸中的问题和疑点，以及要解决的技术难题，经协商研究，拟提出解决办法。

（2）图纸会审

为了确保建筑工程的设计质量，加强设计与采购、施工、试车各个环节的联系，在工程正式施工之前，需实行各环节负责单位共同参加的联合会审制度，充分吸收多方面的意见，各方对设计图纸形成共识，提高设计的可操作性和安全性。

在总承包的形式下，由总承包商组织联合会审，其采购、施工、试车、设计各单位共同参加；在直接承包方式下，则由业主项目经理（监理工程师）组织联合会审，其采购、施工、试车、设计各单位共同参加。

图纸会审，实质上是对设计质量的最终控制，也是在工程施工前对设计进行的集体认可。通过图纸会审使设计更加完善、更加符合实际，从而成为各单位共同努力的目标和标准。图纸会审的内容没有具体的规定，一般应主要包括以下方面：

1）对设计单位再次进行资质审查，对设计的图纸确认是否无证设计或越级设计，设计图纸是否经设计单位正式签署。

2）建筑工程项目的地质勘探资料是否齐全，工程基础设计是否与地质勘探资料相符。

3）工程项目的设计图纸与设计说明是否齐全，有无分期供图的时间表，供图安排是否满足施工的要求。

4）工程项目的抗震设计是否满足，设计地震烈度是否符合国家和当地的要求。

5）如果工程设计由几个设计单位共同完成，设计图纸相互间有无矛盾；专业图纸之间、平立剖面图之间有无矛盾；设计图纸中的标注有无遗漏。

6）总平面图与施工图的几何尺寸、平面位置、结构形式、设计标高、选用材料等是否一致。

7）工程项目的防火、消防设计是否符合国家的有关规定，这是保证今后使用安全的非常重要的问题。

8）建筑结构与各专业图纸本身是否有差错及矛盾；结构图与建筑图的平面尺寸及标高是否一致；建筑图与结构图的表示方法是否清楚；所有设计图纸是否符合制图标准；预埋件在图纸上是否表示清楚；有无钢筋明细表或钢筋的构造要求在图中是否表达清楚。

9）施工图中所列的各种标准图册，施工单位是否具备。若不具备时，采取何种措施加以解决。

10）材料来源有无保证，无保证时能否代换；图中所要求的条件能否满足；新材料、新技术的应用有无把握。

11）地基处理方法是否合理，建筑与结构构造是否存在不能施工、不便于施工的技术问题，或容易导致质量、安全、工程费用增加等方面的问题。

12）工艺管道、电气设备、设备安装、运输道路、施工平面布置与建筑物之间有无矛盾，布置是否科学合理。

13）施工安全措施是否有保证，施工对周围环境的影响是否符合有关规定。

14）设计图纸是否符合质量目标中关于性能、寿命、经济、可靠、安全等五个方面的要求。

5.6 施工阶段的质量控制

施工阶段是形成工程实体的阶段，也是最终形成工程产品质量和工程项目使用价值的重要阶段。由于工程施工阶段工期长、露天作业多、受自然条件影响大、影响质量的因素多等特点，所以施工阶段的质量控制尤为重要。施工阶段的质量控制，不但是承包商和监理工程师的核心工作内容，也是工程项目质量控制的重点。

5.6.1 施工质量控制的目标

工程项目施工阶段是工程实体形成的阶段，也是工程产品质量和使用价格形成的阶段。建筑施工企业的所有质量工作也要在项目施工过程中形成。因此，施工阶段的质量控制，不仅是承包人和监理工程师的核心工作内容，也是工程项目质量控制的重点。明确各主体方的施工质量控制目标就显得格外重要。

1）施工质量控制的总体目标是贯彻执行建设工程项目质量法规和强制性标准，正确配置施工生产要素和采用科学管理的方法，实现工程项目预期的使用功能和质量标准。这是工程参与各方的共同责任。

2）建设单位的质量控制目标是通过施工全过程的全面质量监督和管理、协调和决策，保证竣工项目达到投资决策所确定的质量标准。

3）施工单位的质量控制目标是通过施工全过程的全面质量自控，保证交付满足施工合同及设计文件所规定的质量标准（含工程质量创优要求）的建设工程产品。

4）监理单位在施工阶段的质量目标是通过审核施工质量文件、报告、报表及现场旁站检查、平行检测、施工指令和结算支付控制等手段的应用，监控施工承包单位的质量活动行为，协调施工关系，正确履行工程质量的监督责任，以保证工程质量达到施工合同和设计文件所规定的质量标准。

5.6.2　施工项目质量控制的对策

对施工项目而言，质量控制，就是为了确保合同、规范所规定的质量标准，所采取的一系列检测、监控措施、手段和方法。在进行施工项目质量控制的过程中，为确保工程质量其主要对策如下。

1. 以人的工作质量确保工程质量

工程质量是人（包括参与工程建设的组织者、指挥者和操作者）所创造的。人的政治思想素质、责任感、事业心、质量关、业务能力、技术水平等均直接影响工程质量。据统计资料证明，88%的质量安全事故都是人的失误所造成的。为此，我们对工程质量的控制始终应"以人为本"，狠抓人的工作质量，避免人的失误；充分调动人的积极性，发挥人的主导作用，增强人的质量观和责任感，使每个人牢牢树立"百年大计，质量第一"的思想，认真负责地搞好本职工作，以优异的工作质量来创造优质的工程质量。

2. 严格控制投入品的质量

任何一项工程施工，均需投入大量的各种原材料、成品、半成品、构配件和机械设备，要采用不同的施工工艺和施工方法，这是构成工程质量的基础。投入品质量不符合要求，工程质量也就不可能符合标准，所以，严格控制投入品的质量，是确保工程质量的前提。为此，对投入品的订货、采购、检查、验收、取样、试验均应进行全面控制，从组织货源，优选供货厂家，直到使用认证，做到层层把关；对施工过程中所采用的施工方案要进行充分论证，做到工艺先进、技术合理、环境协调，这样才有利于安全文明施工，有利于提高工程质量。

3. 严格执行《工程建设标准强制性条文》

《工程建设标准强制性条文》是工程建设全过程中的强制性规定，具有强制性和法律效力；是参与建设各方主体执行工程建设强制性标准的依据，也是政府对执行工程建设强制性标准情况实施监督的依据。严格执行《工程建设标准强制性条文》，是贯彻《建设工程质量管理条例》和现行建筑工程施工质量验收规范、标准的有力保证；是确保工程质量和施工安全的关键；是规范建设市场，完善市场运行执行，依法经营、科学管理的重大举措。

4. 全面控制施工过程，重点控制工序质量

任何一个工程项目都是由分项工程、分部工程所组成，要确保整个工程项目的质量，达到整体优化的目的，就必须全面控制施工过程，使每个分项、分部工程都符合质量标准。而每个分项、分部工程，又是通过一道道工序来完成，由此可见，工程质量是在工序中所创造的，为此，要确保工程质量就必须重点确保工序质量。对每一道工序质量都必须进行严格检查，当上一道工序质量不符合要求时，决不允许进入到下一道工序施工。这样，只要每一道工序质量都符合要求，整个工程项目的质量就能得到保证。

5. 贯彻"以预防为主"的方针

"以预防为主"，防患于未然，把质量问题消灭于萌芽之中，这是现代化管理的观念。预防为主就是要加强对影响质量因素的控制，对投入品质量的控制；就是要从对质量的事后检验把关，转向对质量的事前控制、事中控制；从对产品质量的检查，转向对工作质量的检查、对工序质量的检查、对中间产品的检查。这些是确保施工质量的有效措施。

6. 严把检验批质量检验评定关

检验批的质量等级是分项工程、分部工程、单位工程质量等级评定的基础；检验批的质量等级不符合质量标准，分项工程、分部工程、单位工程的质量也不可能评为合格；而检验批质量等级评定正确与否，有直接影响分项工程、分部工程、单位工程质量等级的真实性和可靠性。为此，在进行检验批质量检验评定时，一定要坚持质量标准，严格检查，用数据说话，避免出现第一、第二判断错误。

7. 严防系统性因素的质量变异

系统性因素，如使用不合格的材料、违反操作规程、混凝土达不到设计强度等级、机械设备发生故障等，均必然会造成不合格产品或工程质量事故。系统性因素的特点是易于识别、易于消除，是可以避免的；只要我们增强质量观念，提高工作质量，精心施工，完全可以预防系统性因素引起的质量变异，为此，工程质量的控制，就是把质量变异控制在偶然性因素引起的范围内，要严防或杜绝由系统性因素引起的质量变异，以免造成工程质量事故。

5.6.3 施工项目质量控制的过程

任何工程都是有分项工程、分部工程和单位工程所组成，施工项目是通过一道道工序来完成的。所以，施工项目的质量控制是从工序质量到分项工程质量、分部工程质量、单位工程质量的系统控制过程（见图5-5）；也是一个由对投入品的质量控制开始，直到完成工程质量检验为止的全过程的系统过程（见图5-6）。

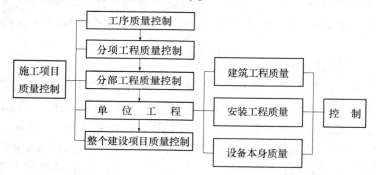

图 5-5　施工项目质量控制过程（一）

5.6.4 施工项目质量控制阶段

为了加强对施工项目的质量控制，明确各施工阶段质量控制的重点，可把施工项目质量分为事前控制、事中控制和事后控制三个阶段。

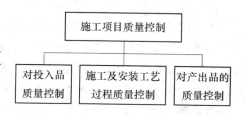

1. 事前质量控制

指在正式施工前进行的质量控制，其控制重点

图 5-6　施工项目质量控制过程（二）

是做好施工准备工作，且施工准备工作要贯穿于施工全过程中。

（1）施工准备的范围

1）全场性施工准备，是以整个项目施工现场为对象而进行的各项施工准备。

2）单位工程施工准备，是以一个建筑物或构筑物为对象而进行的施工准备。

3）分项（部）工程施工准备，是以单位工程中的一个分项（部）工程或冬雨季施工为对象而进行的施工准备。

4）项目开工前的施工准备，是在拟建项目正式开工前所进行的一切准备。

5）项目开工后的施工准备，是在拟建项目开工后，每个施工阶段开工前所进行的施工准备，如混合结构住宅施工，通常分为基础工程、主体工程和装饰工程等施工阶段，每个阶段的施工内容不同，其所需的物质技术条件、组织要求和现场布置也不同，因此，必须做好相应的施工准备。

（2）施工准备的内容

1）技术准备，包括项目扩大初步设计方案的审查；熟悉和审查项目的施工图纸；项目建设地点的自然条件、技术经济条件调查分析；编制项目施工图预算和施工预算；编制项目施工组织设计等。

2）物质准备，包括建筑材料准备、构配件和制品加工准备、施工机具准备、生产工艺的准备等。

3）组织准备，包括建立项目组织机构；集结施工队伍；对施工队伍进行入场教育等。

4）施工现场准备，包括控制网、水准点、标桩的测量；"五通一平"；生产生活临时设施的准备；组织机具、材料进场；拟定有关试验、试制及技术进步项目计划；编制季节性施工措施；制定施工现场管理制度等。

2. 事中质量控制

指在施工过程中进行的质量控制。事中控制的策略是：全面控制施工过程，重点控制工序质量。其具体措施是：工序交接有检查；质量预控有对策；施工项目有方案；技术措施有交底；图纸会审有记录；配置材料有试验；隐蔽工程有验收；计量器具校正有复核；设计变更有手续；钢筋代换有制度；质量处理有复查；成品保护有措施；行使质控有否决（如发现质量异常、隐蔽未经验收、质量问题未处理、擅自变更设计图纸、擅自代换或使用不合格材料、无证上岗未经资质审查的操作人员等，均应对质量予以否决）；质量文件有档案（凡是与质量有关的技术文件，如水准、坐标位置，测量、放线记录，沉降、变形观测记录，图纸会审记录，材料合格证明、试验报告，施工记录，隐蔽工程验收记录，设计变更记录，调试、试压记录，试车运转记录，竣工图等都要编目建档）。

3. 事后质量控制

指在完成施工过程形成产品的质量控制，其具体工作内容有：

1）组织联动试车；

2）准备竣工验收资料，组织自检和初步验收；

3）按规定的质量评定标准和办法，对完成的分项、分部工程，单位工程进行质量评定；

4）组织竣工验收；

5）质量文件编目建档；

6）办理工程交接手续。

5.6.5 施工生产要素的控制

1. 劳动主体的控制

劳动主体的质量包括参与工程施工各类人员的生产能力、文化素养、生理体能、心理行为等方面的个体素质及经过合理组织充分发挥其潜在能力的群体素质。人作为控制的对象，是要避免产生失误；作为控制的动力，是要充分发挥人的积极性，发挥人的主导作用。为此除了加强政治思想教育、职业道德教育、专业技术培训，健全岗位责任制，改善劳动关系，公平合理地激励劳动热情外，还需根据工程特点，从确保质量出发，在人的技术水平、人的生理缺陷、人的心理行为、人的错误行为等方面来控制人的使用。如对技术复杂、难度大、精度高的工序或操作，应有技术熟练、经验丰富的工人来完成；反应迟钝、应变能力差的人，不能操作快速运行、动作复杂的机械设备；对某些要求万无一失的工序和操作，一定要分析人的心理行为，控制人的思想活动，稳定人的情绪；对具有危险源的现场作业，应控制人的错误行为，严禁吸烟、打赌、嬉戏、无判断、误动作等。

此外应严格禁止无技术资质的人员上岗操作；对不懂装懂、图省事、碰运气、有意违章的行为，必须及时制止。总之，企业应通过择优录用、加强思想教育及技能方面的教育培训，合理组织严格考核，并辅以必要的激励机制，使企业员工的潜在能力得以最好的组合和充分的发挥，从而保证劳动主体在质量控制系统中发挥主体自控作用。

在使用人的问题上，坚持对所派的项目领导者、组织者进行质量意识教育和组织管理能力的培训，坚持对分包商的资质考核和施工人员的资格考核，坚持工种按规定持证上岗制度，从政治素质、思想素质、业务素质和身体素质等方面综合考虑，全面控制。

2. 劳动对象的控制

原材料、半产品、设备是构成工程实体的基础，其质量是工程项目实体质量的组成部分。故加强原材料、半成品、设备的质量控制，不仅是提高工程质量的必要条件，也是实现工程项目投资目标和进度目标的前提。

(1) 材料质量控制的要点

1) 掌握材料信息，优选供货厂家。掌握材料质量、价格、供货能力的信息，选择好供货厂家，就可获得质量好、价格低的材料资源，从而确保工程质量，降低工程造价。这是企业获得良好社会效益、经济效益、提高市场竞争力的重要因素。

2) 合理组织材料供应，确保施工正常进行。合理地、科学地组织材料的采购、加工、储备、运输，建立严密的计划、调度体系，加快材料的周转，减少材料的占用量，按质按量如期地满足建设要求，乃是提高供应效益，确保正常施工的关键环节。

3) 合理地组织材料使用，减少材料的损失。正确按定额计算使用材料，加强运输、仓库、保管工作，加强材料限额管理和发放工作，健全现场材料管理制度，避免材料损失、变质，乃是确保材料质量、节约材料的重要措施。

4) 加强材料检查验收，严把材料质量关：

①对用于工程的主要材料，进场时必须具备正式的出厂合格证和材质化验单。如不具备或对检验证明有怀疑时，应补做检验。

②工程中所有各种构件，必须具有厂家的批号和出厂合格证。钢筋混凝土和预应力钢筋混凝土构件，均应按规定的方法进行抽样检验。由于运输、安装等原因而出现的质量问题，应研究分析，经处理鉴定后方能使用。

③凡标志不清或认为质量有问题的材料，对质量保证资料有怀疑或与合同规定不符的一般材料，由于工程的重要程度决定，应进行一定比例实验的材料；需要进行追踪检验，以控制和保证其质量的材料等，均应进行抽检。对于进口的材料设备和重要工程或关键施工部位

所用的材料，则应进行全部检验。

④材料质量抽样和检验的方法，应符合《建筑材料质量标准与管理规定》，要能反映该批材料的质量性能。对于重要构件或非匀质材料，还应酌情增加检验的数量。

⑤在现场配置的材料，如混凝土、砂浆、防水材料、防腐材料、绝缘材料、保温材料等的配合比，应先提出适配要求，经适配检验合格后才能使用。

⑥对进口材料、设备应会同商检局进行检验，如核对凭证中发现问题，应取得供方和商检人员签署的商务记录，按其提出索赔。

⑦高压电缆、电压绝缘材料，要进行耐压试验。

5）要重视材料的使用认证，以防错用或使用不合格的材料：

①对主要装饰材料及建筑配件，应在订货前要求厂家提供样品或看样订货；主要设备订货时，要审核设备清单，是否符合设计要求。

②对材料性能、质量标准、适用范围和施工要求必须充分了解，以便慎重选择和使用材料。如红色大理石或带色纹（红、暗红、金黄色纹）的大理石易风化剥落，不宜用作外装饰；外加剂木钙粉不宜用蒸汽养护；早强剂三乙醇胺不能用作抗冻剂；碎石或卵石中含有不定形二氧化硅时，将会使混凝土产生碱-骨料反应，使质量受到影响。

③凡是用于重要结构、部位的材料，使用时必须仔细地核对、认证，其材料的品种、规格、型号、性能有无错误，是否适合工程特点和满足设计要求。

④新材料应用，必须通过试验和鉴定；代用材料必须通过计算和充分的论证，并要符合结构构造的要求。

⑤材料认证不合格时，不许用与工程中，有些不合格材料，如过期、受潮的水泥是否降级使用，亦需结合工程的特点予以论证，但绝不允许用于重要的工程或部位。

6）现场材料应按以下要求管理：

①入库材料要分型号、品种、分区堆放，予以标识，分别编号；

②对易燃易爆的物资，要专门存放，有专人负责，并有严格的消防保护措施；

③对有防湿防潮要求的材料，要有防湿防潮措施，并要有标识；

④对有保质期的材料要定期检查，防止过期，并做好标识；

⑤对易损坏的材料、设备，要保护好外包装，防止损坏。

（2）对原材料、半产品及设备进行质量控制的内容

1）材料质量标准。材料质量标准使用以衡量材料质量的尺度，也是作为验收、检验材料质量的依据。不同的材料有不同的质量标准，如水泥的质量标准有细度、标准稠度用水量、凝结时间、强度、体积安定性等。掌握材料的质量标准，就便与可靠地控制材料和工程的质量。如水泥颗粒越细，水化作用就越充分，强度就越高；初凝时间过短，不能满足施工有足够的操作时间，初凝时间过长，直接危害结构的安全。为此对水泥的质量控制，就是要检验水泥是否符合质量标准。

2）材料质量的检验：

①材料质量检验的目的：是通过一系列的检测手段，将取得的材料数据与材料的质量标准相比较，借以判断材料质量的可靠性，能否适用于工程中；同时，还有利于掌握材料信息。

②材料质量的检验方法：有书面检验、外观检验、理化检验和无损检验等四种。

a. 书面检验，是通过对提供的材料质量保证资料、试验报告等进行审核，取得认可方

能使用。

　　b. 外观检验，是对材料从品种、规格、标志、外形尺寸等进行直观检查，看其有无质量问题。

　　c. 理化检测，是借助试验设备和仪器对材料样品的化学成分、机械性能等进行科学的鉴定。

　　d. 无损检验，是在不破坏材料样品的前提下，利用超声波、X 射线、表面探伤仪等进行检测。

　　③材料质量检验程度：根据材料信息和保证资料的具体情况，其质量检验程度分免检、抽检和全部检查 3 种。

　　④材料质量检验项目：材料质量检验项目分："一般试验项目"，为通常进行的项目；"其他试验项目"为根据需要进行的试验项目。

　　⑤材料质量检验的取样：材料质量检验的取样必须有代表性，即所采取的质量应能代表该批材料的质量。在采取试样时，必须按规定的部位、数量及采选的操作要求进行。

　　⑥材料抽样检验的判断：抽样检验一般使用于对原材料、半成品或成品的质量鉴定。由于产品数量大或检验费用高，不可能对产品逐个进行检验，特别是破坏性和损伤性的检验。通过抽样检验，可判断整批产品是否合格，一次抽样方案如图 5-7 所示。

　　⑦材料质量检验的标准：对不同的材料，有不同的检验项目和不同的检验标准，而检验标准则是用以判断材料是否合格的依据。

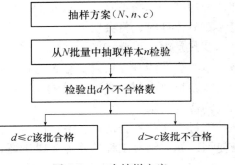

图 5-7　一次抽样方案

（3）材料的选择和使用要求

　　材料的选择和使用不当，均会严重影响工程质量或造成质量事故。为此，必须针对工程特点，根据材料的性能、质量标准、适用范围和对施工要求等方面进行综合考虑，慎重地选择和使用材料。

　　施工企业应在施工过程中贯彻执行企业质量程序文件，明确材料设备在封样、采购、进场检验、抽样检测及质保资料提交等一系列明确规定的控制标准。

　　3. 施工方法的控制

　　这里所指的方法控制，包含施工方案、施工工艺、施工组织设计、施工技术措施等的控制。尤其是施工方案正确与否，是直接影响施工项目的进度控制、质量控制、投资控制三大目标能否顺利实现的关键；往往由于施工方案考虑不周而拖延进度，影响质量，增加投资。为此，在制定和审核施工方案时，必须结合工程实际，从技术、组织、管理、工艺、操作、经济等方面进行全面分析、综合考虑，力求方案技术可行、经济合理、工艺先进、措施得力、操作方便，有利于提高质量，加快进度，降低成本。

　　施工方法的先进合理是直接影响工程质量、工程进度、工程造价的关键因素，施工方法的合理可靠还直接影响到工程施工安全。因此在工程项目质量控制系统中，制定和采用先进合理的施工方法是工程质量控制的重要环节。

　　施工项目质量控制的方法，主要是审核有关技术文件、报告和直接进行现场质量检验或必要的试验等。

（1）审核有关技术文件、报告或报表

对技术文件、报告、报表的审核，是项目经理对工程质量进行全面控制的重要手段，其具体内容有：

1）审核有关技术资质证明文件；

2）审核开工报告，并经现场核实；

3）审核施工方案、施工组织设计和技术措施；

4）审核有关材料、半成品的质量检验报告；

5）审核反映工序控制动态的统计资料或控制报表；

6）审核设计变更、修改图纸和技术核定书；

7）审核有关质量问题的处理报告；

8）审核有关应用新工艺、新材料、新技术、新结构的技术鉴定书；

9）审核有关工序交接检查，分项、分部工程质量检查报告；

10）审核并签署现场有关技术签证、文件等。

（2）现场质量检验

1）现场质量检验的内容：

①开工前检查。目的是检查是否具备开工条件，开工后能否连续正常施工，能否保证工程质量。

②工序交接检查。对于重要的工序或对工程质量有重大影响的工序，在自检、互检的基础上，还要组织专职人员进行工序交接检查。

③隐蔽工程检查。凡是隐蔽工程均应检查认证后方能掩盖。

④停工后复工前的检查。因处理质量问题或某种原因停工后需复工时，亦应经检查认可后方能复工。

⑤分项、分部工程完工后，应检查认可，签署验收记录后，才许进行下一项工程施工。

⑥成品保护检查。检查成品有无保护措施，或保护措施是否可靠。

此外，还应经常深入现场，对施工操作质量进行巡视检查；必要时，还应进行跟班或追踪检查。

2）现场质量检验工作的作用：

①质量检验工作。质量检验就是根据一定的质量标准，借助一定的检测手段来估价工程产品、材料或设备等的性能特征或质量状况的工作。

②质量检验的作用。要保证和提高施工质量，质量检验是必不可少的手段。概括起来，质量检验的主要作用如下：

a. 它是质量保证与质量控制的重要手段。为了保证工程质量，在质量控制中，需要将工程产品或材料、半成品等的实际质量状况（质量特性等）与规定的某一标准进行比较，以便判断其质量状况是否符合要求的标准，这就需要通过质量检验手段来检测实际情况。

b. 质量检验为质量分析和质量控制提供了所需依据的有关技术数据和信息，所以它是质量分析、质量控制与质量保证的基础。

c. 通过对进场和使用的材料、半成品、构配件及其他器材、物资进行全面的质量检验工作，可以避免因材料物资的质量问题而导致工程质量事故的发生。

d. 在施工过程中，通过对施工工序的检验取得数据，可以及时判断质量，采取措施，防止质量问题的延续与积累。

3）现场质量检查的方法：有目测法、实测法和试验法三种。

①目测法。其手段可归纳为看、摸、敲、照四个字。

②实测法。就是通过实测数据与施工规范及质量标准所规定的允许偏差对照，来判别质量是否合格。实测检查法的手段，也可归纳为靠、吊、量、套四个字。

③试验检查。指必须通过试验手段，才能对质量进行判断的检查方法。如对桩或地基的静载试验，确定其承载力；对钢结构进行稳定性试验，确定是否会产生失稳现象；对钢筋对焊接头进行拉力试验和冷弯试验，以检验对焊接头的质量是否合格等。

4. 施工机械设备的控制

施工机械设备是实现施工机械化的重要物质基础，是现代化施工中不可缺少的设备，对施工项目的质量、进度和造价均有直接的影响。

机械的控制，主要是指对施工机械设备和机具的选用控制。

施工机械设备的选用，必须综合考虑施工现场的条件、建筑结构类型、机械设备性能、施工工艺和方法、施工组织与管理、建筑技术经济等各种因素进行多方案比较，使之合理装备、配套使用、有机联系，以充分发挥机械设备的效能，力求获得较好的综合经济效益。

机械设备的选用，应着重从机械设备的选型、机械设备的主要性能参数和机械设备的使用操作要求三方面予以控制。

（1）机械设备的选型

机械设备的选择，应本着因地制宜、因工程制宜，按照技术上先进、经济上合理、生产上适用、性能上可靠、使用上安全、操作方便和维修方便的原则，贯彻执行机械化、半机械化与改良工具相结合的方针，突出施工与机械相结合的特色，使其具有工程的适用性，具有保证工程质量的可靠性，具有使用操作的方便性和安全性。

对施工机械设备及器具的选用应重点做好以下工作：

1）对施工所用的机械设备，包括起重设备、各项加工设备、专项技术设备、检查测量仪表设备及人货两用电梯等，应从设备选型、主要性能参数及使用操作要求等方面加以控制。机械设备的使用形式包括自行采购、租赁、承包和调配。

2）对施工方案中选用的模板、脚手架等施工设备，除按使用的标准定性选用外，一般须按设计及施工要求进行专项设计，对其设计方案及制作质量的控制及验收应作为重点进行控制。

3）按现行施工管理制度要求，工程所用的施工机械、模板、脚手架，特别是危险性较大的现场安装的起重机械设备，不仅要对其设计安装方案进行审批，而且在安装完毕交付使用前必须经专业管理部门的验收，合格后方可使用。同时在使用过程中，尚需落实相应的管理制度，以确保其安全正常使用。

（2）机械设备的主要性能参数

机械设备的主要性能参数是选择机械设备的依据，要能满足需要和保证质量的要求。如起重机的选择是吊装工程的重要环节，因为起重机的性能和参数直接影响构件的吊装方法、起重机开行路线与停机点的位置、构件预制和就位的平面布置等问题。根据工程结构的特点，应使所选择的起重机的性能参数，必须满足结构吊装中的起重量 Q、起重高度 H 和起重

半径 R 的要求，才能保证正常施工，不致引起安全质量事故。

（3）机械设备使用、操作要求

合理使用机械设备，正确地进行操作，是保证项目施工质量的重要环节。应贯彻"人机固定"原则，实行定机、定人、定岗位责任的"三定"制度，合理划分好施工段，组织好机械设备的流水施工。搞好机械设备的综合利用，尽量做到一机多用，充分发挥其效率。要使施工现场环境、施工平面布置适合施工作业要求，为机械设备的施工创造良好条件。施工机械设备保养与维修要实行例行保养与强制保养相结合。操作人员必须认真执行各项规章制度，严格遵守操作规程，防止出现安全质量事故。

机械设备在使用中，要尽量避免发生故障，尤其是预防事故损坏（非正常损坏），即指人为的损坏。造成事故损坏的主要原因有：操作人员违反安全技术操作规程和保养规程；操作人员技术不熟练或麻痹大意；机械设备保养、维修不良；机械设备运输和保管不当；施工使用方法不合理和指挥错误，气候和作业条件的影响等。这些都必须采取措施，严加防范，随时要以"五好"标准予以检查控制。这里所谓"五好"是指：

1）完成任务好：要做到高效、优质、低耗和服务好。

2）技术状况好：要做到机械设备经常处于完好状态，工作性能达到规定要求，机容整洁和随机工具部件及附属装置等完整齐全。

3）使用好：要认真执行以岗位责任制为主的各项制度，做到合理使用、正确操作和原始记录齐全准确。

4）保养好：要认真执行保养规程，做到精心保养，随时搞好清洁、润滑、调整、紧固、防腐。

5）安全好：要认真遵守安全操作规程和有关安全制度，做到安全生产，无机械事故。

只要调动人的积极性，建立健全合理的规章制度，严格执行技术规定，就能提高机械设备的完好率、利用率和效率。

5. 施工环境的控制

影响施工项目质量的环境因素较多，有工程技术环境，如工程地质、水文、气象等；工程管理环境，如质量保证体系、质量管理制度等；劳动环境，如劳动组合、作业场所、工作面等。环境因素对质量的影响，具有复杂而多变的特点，如气象条件就变化万千，温度、湿度、大风、暴雨、酷暑、严寒都直接影响工程质量。又如前一工序往往就是后一工序的环境，前一分项、分部工程也就是后一分项、分部工程的环境。因此，根据工程特点和具体条件，应对影响质量的环境因素，采取有效的措施严加控制。尤其是施工现场，应建立文明施工和文明生产的环境，保持材料工件堆放有序，道路畅通，工作场所清洁整齐，施工程序井井有条，为确保质量、安全创造良好条件。

对环境因素的控制，又与施工方案和技术措施紧密相关。如在可能产生流砂和管涌工程地质条件下进行基础工程施工时，就不能采用明沟排水大开挖的施工方案，否则，必然会诱发流砂、管涌现象。这样，不仅会使施工条件恶化，拖延工期，增加费用，更严重的是将会影响地基的质量。

环境因素对工程施工的影响一般难以避免。要消除其对施工质量的不利影响，主要采取预测预防的控制方法：

1）对地质水文等方面影响因素的控制，应根据设计要求，分析地基地质资料，预测不利因素，并会同设计等方面采取相应的措施，如降水、排水、加固等技术控制方案。

2）对天气、气象等方面的不利条件，应在施工方案中制定专项施工方案，明确施工措施，落实人员器材等方面各项准备以紧急应对，从而控制其对施工质量的不利影响。例如在冬期、雨期、风季、炎热季节施工中，应针对工程的特点，尤其是对混凝土工程、土方工程、深基础工程、水下工程及高空作业等，必须拟定季节性施工保证质量和安全的有效措施，以免工程质量受到冻害、干裂、冲刷、塌陷的危害。同时要不断改善施工现场的环境和作业环境；要加强对自然环境和文物的保护；要尽可能减少施工所产生的危害对环境的污染；要健全施工现场管理制度，合理的布置，使施工现场秩序化、标准化、规范化，实现文明施工。

3）对环境因素造成的施工中断，往往会对工程质量造成不利影响，必须通过加强管理、调整计划等措施，加以控制。

5.6.6 施工作业过程的质量控制

建筑工程施工项目是由一系列相互关联、相互制约的作业过程（工序）所构成，控制工程项目施工过程的质量，必须控制全部作业过程，即各道工序的施工质量。

1. 施工作业过程质量控制的基本程序

1）进行作业技术交底，包括作业技术要领、质量标准、施工依据、与前后工序的关系等。技术交底包括如下内容：

①按照工程重要程度，单位工程开工前，应由企业或项目技术负责人组织全面的技术交底。工程复杂、工期长的工程可按基础、结构、装修几个阶段分别组织技术交底。

②交底的内容应包括：图纸交底、施工组织设计交底、分项工程技术交底、安全交底等。

③交底的作用是明确对轴线、构件尺寸、标高、预留孔洞、预埋件、材料规格及配合比等要求，明确工序搭接，工种配合，施工方法、进度等施工安排，明确质量、安全、节约措施。

④交底的形式，除书面、口头外，必要时可采用样板示范操作等。交底应书面交底为主，要履行签字制度，明确责任。

2）检查施工工序程序的合理性、科学性。防止工序流程错误而导致工序质量失控。检查内容包括施工总体流程和具体施工作业的先后顺序，在正常情况下，要坚持先准备后施工、先深后浅、先土建后安装、先验收后交工等。

3）检查工序施工条件，即每道工序投入的材料，使用的工具、设备及操作工艺和环境条件等是否符合施工组织设计的要求。

4）检查工序施工时工种人员操作程序、操作质量是否符合质量规程要求。

5）检查工序施工中产品的质量，即工序质量、分项工程质量。

6）对工序质量符合要求的中间产品（分项工程）及时进行供需验收及隐蔽工程验收。

7）质量合格的工序经验收后可进入下道工序验收，未经验收合格的工序不得进入下道工序施工。

2. 施工工序质量控制的要求

工序质量是施工质量的基础，工序质量也是施工顺利进行的关键。

1）工序施工过程中，测得的工序特性数据是有波动的，产生的原因有两种，波动也分为两种。一类是操作人员在相同技术条件下，按照工艺标准去做，可是不同的产品却存在波动。这种波动在目前的技术条件下还不能控制，称偶然性因素，如混凝土试块强度较大偏差；另一类是在施工过程中发生的异常现象，如不遵守工艺标准，违反操作规程等，这类因素称为异常因素，在技术上是可以避免的。

2）工序管理就是去分析和发现影响施工中每道工序质量的这两类因素中影响质量的异常因素，采取相应的技术和管理措施，使这些因素被控制在允许的范围内，从而保证每道工序的质量。工序管理的实质是工序质量控制，即使工序处于稳定的受控状态。

3）工序质量控制的含义是为把工序质量的波动限制在要求的界限内所进行的质量控制活动。其最终目的是要保证稳定的生产合格产品。工程质量控制的实质是对工序因素的控制，特别是对主导因素的控制，所以工序质量控制的核心是管理因素，而不是管理结果。

4）为达到对工序质量的控制效果，在工序管理方面应做到：

①贯彻预防为主的要求、设置、工序质量检查点，将材料质量状况，工具设备状况，施工程序，关键操作，安全条件，新材料新工艺应用，常见质量通病，甚至包括操作者的行为等影响因素列为控制点，作为重点检查项目进行预控。

②落实工序操作质量巡查、抽查及重要部位跟踪检查等方法，及时掌握施工质量总体状况。

③对工序产品、分项工程的检查应按标准要求进行目测、实测及抽样试验的程序，做好原始记录，经数据分析后，及时作出合格及不合格的判断。

④对合格工序产品应及时提交监理进行隐蔽工程验收。

⑤完善管理过程中的各项检查记录、监测资料及验收资料，作为工程质量验收的依据，并为工程质量分析提供可追溯的依据。

5.6.7 特殊过程控制

1. 特殊过程控制定义

特殊过程控制是指对那些施工过程或工序施工质量不易或不能通过其后检验和试验而得到充分的验证，或者万一发生质量事故则难以挽救的施工对象进行施工质量控制。

特殊过程是施工质量控制的重点，设置质量控制点，目的就是依据工程项目特点，抓住影响工序质量的主要因素，进行施工质量的重点控制。

（1）质量控制点的概念

质量控制点一般是指对工程的性能、安全、寿命、可靠性等有严重影响的关键部位或对下道工序有严重影响的关键工序，这些点的质量得到了有效控制，工程质量就有了保证。

一般将国家颁布的建筑工程质量检验评定标准中规定应检的项目，作为检查工程质量的控制点。

（2）质量控制点可分为 A、B、C 三级：

A 级为最重点的质量控制点，由施工项目部、施工单位、业主或监理工程师三方检查确认；

B 级为重点质量控制点，由施工项目部、监理工程师双方检查确认；

C 级为一般质量控制点，由施工项目部检查确认。

2. 质量控制点设置原则

1）对工程的适用性、安全性、可靠性和经济性有直接影响的关键部位设立控制点；

2）对下道工序有较大影响的上道工序设立控制点；

3）对质量不稳定，经常容易出现不良品的工序设立控制点；

4）对用户反馈和过去有过返工的不良工序设立控制点。

3. 质量控制点的管理

为保证项目控制点的目标的实现，要建三级检查制度：

1）操作人员每日的自检；

2）两班组之间的互检；

3）质检员的专检、上级单位、部门进行抽查；

4）监理工程师的验收。

5.6.8 成品保护

在施工过程中，有些分项、分部工程已经完成，其他工程尚在施工，或者某些部位已经完成，其他部位正在施工，如果对已完成的成品，不采取妥善的措施加以保护，就会造成损伤，影响质量。这样，不仅会增加修补工作量，浪费工料，拖延工期；更严重的是有的损伤难以恢复到原样，成为永久性的缺陷。因此，搞好成品保护，是一项关系到确保工程质量，降低工程成本，按期竣工的重要环节。

加强成品保护，首先要教育全体职工树立质量观念，对国家、对人民负责，自觉爱护公物，尊重他人和自己的劳动成果，施工操作时要珍惜已完成的和部分完成的成品。其次，要合理安排施工顺序，采取行之有效的成品保护措施。

1. 施工顺序与成品保护

合理地安排施工顺序，按正确的施工流程组织施工，是进行成品保护的有效途径之一。例如：

1）遵循"先地下后地上"、"先深后浅"的施工顺序，就不至于破坏地下管网和道路路面。

2）地下管道与基础工程相配合进行施工，可避免基础完工后再打洞挖槽安装管道，影响质量和进度。

3）先在房心回填土后再作基础防潮层，则可保护防潮层不致受填土夯实损伤。

4）装饰工程采取自上而下的流水顺序，可以使房屋主体工程完成后，有一定沉降量，已做好的屋面防水层，可防止雨水渗漏。这些都有利于保护装饰工程质量。

5）先做地面，后做顶棚、墙面抹灰，可以保护下层顶棚、墙面抹灰不致受渗水污染；但在已做好的地面上施工，需对地面加以保护。若先做顶棚、墙面抹灰，后做地面时，则要求楼板灌缝密实，以免漏水污染墙面。

6）楼梯间和踏步饰面，宜在整个饰面工程完成后，再自上而下地进行；门窗扇的安装通常在抹灰后进行；一般先油漆，后安装玻璃；这些施工顺序，均有利于成品保护。

7）当采用单排外脚手砌墙时，由于砖墙上面有脚手洞眼，故一般情况下内墙抹灰需待同一层外粉刷完成，脚手架拆除，洞眼填补后，才能进行，以免影响内墙抹灰的质量。

8）先喷浆而后安装灯具，可避免安装灯具后又修理浆活，从而污染灯具。

9）当铺贴连续多跨的卷材防水屋面时，应按先高跨、后低跨，先远（离交通进出口）、后近，先天窗油漆、玻璃，后铺贴卷材屋面的顺序进行。这样可避免在铺好的卷材屋面上行走和堆放材料、工具等物，有利于保护屋面的质量。

以上示例说明，只要合理安排施工顺序，便可有效地保护成品的质量，也可有效地防止后道工序损伤或污染前道工序。

2. 成品保护的措施

成品保护主要有护、包、盖、封四种措施。

5.7 工程质量评定及竣工验收

5.7.1 工程质量评定与竣工验收的作用

工程质量评定与竣工验收的作用，就是采用一定的方法和手段，以工程技术立法形式，对建筑安装工程的分部分项工程以及单位工程进行检测，并根据监测结果和国家颁布的有关工程项目质量检验评定标准和验收标准，对工程项目进行质量评定和办理竣工验收交接手续，通过工程质量的评定与验收，对工程项目施工过程中的质量进行有效控制，对检查出来的"不合格"分项工程与单位工程进行相应处理，使其符合质量标准和验收标准。可以把住建筑安装工程的最终产品关，为用户提供符合工程质量标准的建筑产品。

5.7.2 工程质量评定项目划分

一个工程的建成，从施工准备到竣工验收交付使用，需要经过若干工种的配合施工，每一个工种又是由若干工序组成。为了便于对工程质量的控制，将一个工程划分成若干个分部工程，每个分部工程又划分为若干个分项工程，每个分项工程又划分若干个检验批。因此建筑安装工程质量评定是以分项工程质量来综合鉴定分部工程的质量，以各分部工程质量来鉴定单位工程质量。

建安工程的质量评定，包括建筑工程质量评定和建筑设备安装质量评定两部分。

1. 建筑工程的项目划分

（1）检验批

检验批是指按同一的生产条件或按规定的方式将分项工程划分为由一定数量样本组成的检验体。

检验批从属于分项工程，可根据施工及质量控制和专业验收需要按楼层、施工段、变形缝等进行划分。在一个分项工程中以各检验批质量来综合鉴定该分项工程质量。

（2）分项工程

分项工程一般按主要工种进行划分，如砌砖工程。

（3）分部工程

分部工程是各分项工程的组合，一般按主要部分划分为四大分部：地基与基础、主体结构、建筑装饰装修（含内外墙面、地面与楼面、门窗）和建筑屋面分部。

当分部工程较大或较复杂时，可按材料种类、施工特点、施工程序、专业系统及类别等划分为若干子分部工程。

（4）子单位工程

建筑规模较大的单位工程，可以将其能形成独立使用功能的部分作为一个子单位工程。

2. 建筑设备安装工程项目划分

（1）检验批

根据施工及质量控制和专业验收需要按楼层、施工段、变形缝等进行划分。

（2）分项工程

建筑设备安装工程的分项工程一般按用途、种类及设备组别进行划分，如室内给水管线安装工程，也可按系统、区段来划分，如采暖卫生与煤气工程的分项工程。

（3）分部工程

建筑设备安装工程的分部工程按工种分类划分为五个分部工程：建筑给排水与采暖、建筑电气、智能建筑、通风与空调和电梯分部工程。

在建筑工程和建筑安装工程中每一分项工程均应独立参加评定分部工程质量等级，这是严格划分分项工程的目的，以便正确鉴定分部工程的质量等级，进而正确判定单位工程的质量等级，从而决定是否达到工程合同的要求，能否进行竣工验收等工作。

（4）单位工程

1）独立工程的单位工程：建筑物与建安工程共同组成一个单位工程。

2）小区建设中的单位工程，新建、扩建的居住小区或厂房内，室外给排水供热和煤气等分项工程可组成一个单位工程。

道路或围墙建筑工程分项工程也可组成一个单位工程，室外架空线路，电缆线路和电灯安装工程等分部工程也可组成一个单位工程，但在原有小区内进行施工的零星工程，比如修建几段道路，增设几排路灯等不能视做一个单位工程进行质量评定。

5.7.3 施工质量验收的方法

建筑工程质量验收是对已完工程的工程实体的外观质量及内在质量按规定程序检查后，确认其是否符合设计及各项验收标准的要求，可交付使用的一个重要环节。正确地进行工程项目的检查评定和验收，是保证工程质量的重要手段。

鉴于建筑工程施工规模较大，专业分工较多，技术安全要求高等特点，国家相关行政管理部门对各类工程项目的质量验收标准制定了相应的规范，以保证工程验收的质量，工程验收应严格执行相应国家规范的标准和要求。

从2002年1月1日起开始实施《建筑工程施工质量验收统一标准》（GB 50300—2001），具体内容说明如下：

本标准规定，建筑工程施工质量按下列要求进行验收：

1）建筑工程施工质量应符合本标准及相关专业验收规范的规定；

2）建筑工程应符合勘察、设计文件的要求；

3）参加工程施工质量验收的各方人员应具备规定的资格；

4）工程质量的验收均应在施工单位自行检查评定的基础上进行；

5）隐蔽工程在隐蔽前均应由施工单位通知有关单位进行验收，并形成验收文件；

6）涉及安全的试块、试件以及有关材料，应按规定进行见证取样；

7）检验批的质量应按主控项目和一般项目验收；

8）对涉及结构安全和使用功能的重要分部工程应进行抽样检测；

9）承担见证取样和有关结构安全检测的单位应具有相应资质；

10）工程的观感质量应由验收人员通过现场检查，并应共同确认。

新标准对建筑工程质量验收的划分增加了检验批、子分部和子单位。

1. 检验批合格规定

检验批合格质量应符合下列规定：

1）主控项目和一般项目的质量经抽样检验合格。

2）具有完整的施工操作依据、质量检查记录。

检验批是工程验收的最小单位，是分项工程乃至整个建筑工程质量验收的基础。检验批是施工过程中条件相同并有一定数量的材料、构配件或安装项目，由于其质量基本均匀一致，因此可以作为检验的基础单位，并按批验收。

检验批质量合格的条件，共三个方面：资料检查、主控项目检验和一般项目检验。

质量控制资料反映了检验批从原材料到最终验收的各施工工序的操作依据，检查情况以及保证质量所必须的管理制度等。对其完整性的检查，实际是对过程控制的确认，这是检验批合格的前提。

为了使检验批的质量符合安全和功能的基本要求，达到保证建筑工程质量的目的，各专业工程质量验收规范应对各检验批的主控项目、一般项目的子项合格质量给予明确的规定。

检验批的合格质量主要取决于对主控项目和一般项目的检验结果。主控项目是对检验批的基本质量起决定性影响的检验项目，因此必须全部符合有关专业工程验收规范的规定。这意味着主控项目不允许有不符合要求的检验结果，即这种项目的检查具有否决权。鉴于主控项目对基本质量的决定性影响，从严要求是必须的。

2. 分项工程合格规定

分项工程质量验收合格应符合下列规定：

1）分项工程所含的检验批均应符合合格质量的规定。

2）分项工程所含的检验批的质量验收记录应完整。

分项工程的验收在检验批的基础上进行。一般情况下，两者具有相同或相近的性质，只是批量的大小不同而已。因此，将有关的检验批汇集构成分项工程。分项工程合格质量的条件比较简单，只要构成分项工程的各检验批的验收资料文件完整，并且均已验收合格，则分项工程验收合格。

3. 分部工程合格规定

分部（子分部）工程质量验收合格应符合下列规定：

1）分部（子分部）工程所含分项工程的质量均应验收合格。

2）质量控制资料应完整。

3）地基与基础、主体结构和设备安装等分部工程有关安全及功能的检验和抽样检测结果应符合有关规定。

4）观感质量验收应符合要求。

分部工程的验收在其所含各分项工程验收的基础上进行。

分部工程验收合格的条件：

首先，分部工程的各分项工程必须已验收合格且相应的质量控制资料文件必须完整，这是验收的基本条件。其次，由于各分项工程的性质不尽相同，因此作为分部工程不能简单地组合而加以验收，尚需增加以下两类检查项目。

涉及安全和使用功能的地基基础、主体结构、有关安全及重要使用功能的安装分部工程应进行有关见证取样送样试验或抽样检测。关于观感质量验收，这类检查往往难以定量，只能以观察、触摸或简单量测的方式进行，并由各个人的主观印象判断，检查结果并不给出"合格"或"不合格"的结论，而是综合给出质量评价。对于"差"的检查点应通过返修处理等补救。

4. 单位工程合格规定

单位（子单位）工程质量验收合格应符合下列规定：

1）单位（子单位）工程所含分部（子分部）工程的质量均应验收合格。

2）质量控制资料应完整。

3）单位（子单位）工程所含分部工程有关安全和功能的检测资料应完整。

4）主要功能项目的抽查结果应符合相关专业质量验收规范的规定。

5）观感质量验收应符合要求。

单位工程质量验收也称质量竣工验收，是建筑工程投入使用前的最后一次验收，也是最重要的一次验收。验收合格的条件有五个：除构成单位工程的各分部工程应该合格，并且有关的资料文件应完整以外，还须进行以下三个方面的检查：

①涉及安全和使用功能的分部工程应进行检验资料的复查。不仅要全面检查其完整性（不得有漏检缺项），而且对分部工程验收时补充进行的见证抽样检验报告也要复核。这种强化验收的手段体现了对安全和主要使用功能的重视。

②此外，对主要使用功能还须进行抽查。使用功能的检查是对建筑工程和设备安装工程最终质量的综合检验，也是用户最为关心的内容。因此，在分项、分部工程验收合格的基础上，竣工验收时再做全面检查。抽查项目是在检查资料文件的基础上由参加验收的各方人员商定，并用计量、计数的抽样方法确定检查部位。检查要求按有关专业工程施工质量验收标准的要求进行。

③最后，还须由参加验收的各方人员共同进行观感质量检查。检查的方法、内容、结论等已在分部工程的相应部分中阐述，最后共同确定是否通过验收。

5. 建筑工程质量验收分为过程验收和竣工验收，其程序及组织包括

1）施工过程中，隐蔽工程在隐蔽前通知建设单位（或工程监理）进行验收，并形成验收文件；

2）分部分项工程完成后，应在施工单位自行验收合格后，通知建设单位（或工程监理）验收，重要的分部分项应请设计单位参加验收；

3）单位工程完工后，施工单位应自行组织检查，评定，符合验收标准后，向建设单位提交验收申请；

4）建设单位收到验收申请后，应组织施工、勘察、设计、监理单位等方面人员，进行工程验收，明确验收结果，并形成验收报告；

5）按国家现行管理制度、房屋建筑工程及市政基础设施工程验收合格后，尚需在规定时间内，将验收文件报政府管理部门备案。

6. 建筑工程施工质量验收应符合下列要求

1）工程质量验收均应在施工单位自行检查评定的基础上进行；

2）参加工程施工质量验收的各方人员，应该具有规定的资格；

3）建设项目的施工，应符合工程勘察设计文件的要求；

4）隐蔽工程应在隐蔽前由施工单位通知有关单位进行验收，并形成验收文件；

5）单位工程施工质量应该符合相关验收规范的标准；

6）涉及结构安全的材料及施工内容，应有按照规定对材料及施工内容进行的见证取样检测资料；

7）对涉及结构安全和使用功能的重要部位工程，专业工程应进行功能性抽样检测；

8）工程外观质量应由验收人员通过现场检查后共同确认。

5.7.4 工程项目竣工验收

下面从六个方面阐述工程项目竣工验收的内容。

1. 最终检验和试验

单位工程质量验收也称质量竣工验收，是建筑工程投入使用前的最后一次验收，也是最重要的一次验收，验收合格的条件有五个：

1）构成单位工程的各分部工程的质量均应验收合格。

2）有关内业资料文件应完整。

3）涉及安全和使用功能的分部工程应进行检验资料的复查。不仅要全面检查其完整性（不得有漏检缺项），而且对分部工程验收时补充进行的见证抽样检验报告也要进行复核。这种强化验收的手段体现了对安全和使用功能的重视。

4）主要使用功能项目抽查结果应符合相关专业质量验收规范的规定。

使用功能的检查是对建筑和设备安装工程最终质量的综合检查，也是用户最关心的内容。因此在分部分项工程验收合格的基础上，竣工验收时再做全面检查。抽查项目时在检查资料文件的基础上，由参加验收的各方人员商定，用计量、技术的抽样方法确定检查部位。检查要求按有关专业工程施工质量验收标准的要求进行。

5）由参加验收的各方人员共同进行观感质量验收并应符合要求。

观感质量验收，往往难以定量，只能以观察、触摸以及简单量测方式进行，并由个人的主观印象判断，检查结果并不给出"合格"或"不合格"的结论，而是综合给出质量评价，最终确定是否通过验收。

各单位工程技术负责人应按编制竣工资料的要求收集和整理原材料、构配件和设备的质量合格证明材料，验收材料，各种材料的试验、检验资料，隐蔽工程、分项工程和竣工工程验收记录，其他的施工记录等。

2. 技术资料的整理

技术资料，特别是永久性技术资料，是工程项目进行竣工验收的主要依据，也是项目施工情况的重要记录。因此，技术资料的整理要符合有关规定及规范的要求，必须做到准确齐全，能满足建设工程进行维修、改造和扩建时的需要。监理工程师应对以上技术资料进行审查，并请建设单位及有关人员对技术资料进行检查验证。

其主要内容有：

1）工程项目开工报告；

2）工程项目竣工报告；

3）图纸会审和设计交底记录；

4）设计变更通知单；

5）技术变更核定单；

6）工程质量事故发生后调查和处理资料；

7）水准点位置、定位测量记录、沉降及位移观测记录；

8）材料、设备构件的质量合格证明资料；

9）试验、检验报告；

10）隐蔽工程验收记录及施工日志；

11）竣工图；

12）质量验收评定资料；

13）工程竣工验收资料。

3. 施工质量缺陷的处理

（1）缺陷是指未满足与期望或规定用途有关的要求

缺陷与不合格两术语的含义上的区别：不合格是指未满足要求，该要求指"明示的，习惯上隐含的或必须履行的需求或期望"，是一个包含多方面内容的要求，当然也应包括"与期望或规定用途有关的要求"。而缺陷是指未满足其中特定的（与期望或用途有关的）要求，因此，缺陷是不合格中特定的一种。例如建筑物是内阴角线局部略有不直，属于不合格，但如果不妨碍使用功能要求，客户也认可的情况下，不属于质量缺陷。

（2）质量缺陷的处理方案

1）修补处理。工程的某些部位质量虽未达到规定的标准、规范或设计要求，存在一定的缺陷，但经修补后可达到要求的标准，又不影响使用功能或外观要求，可以做出进行修补处理的决定。如某些混凝土结构表面出现蜂窝麻面，经检查分析，该部经处理修补后，不影响使用及外观要求。

2）返工处理。工程质量未达到规定的标准要求，有明显严重的质量问题，对结构使用和安全有重大影响，又无法通过修补方法给予纠正时，可作出返工处理。如某钢筋混凝土楼梯施工中由于对施工图理解不透，造成起步段位置错误，影响到了使用功能的要求，修补效果不理想，为确保施工质量和美观的要求，最终决定将起跑段楼梯凿掉进行返工处理。

3）限制使用。当工程质量缺陷按修补方法处理无法保证达到规定的使用要求和安全需要，又无法返工处理的情况下，不得以时可做出结构卸荷、减荷以及限制使用的决定。

4）不做处理。某些工程质量缺陷虽不符合规定的要求或标准，但其情况不严重，经分析论证和慎重考虑后，可以做出不做处理的决定。这些情况有：不影响结构安全和使用要求的，经后序工序可弥补的不严重的质量缺陷，经复核验算，仍能满足要求的质量缺陷。

5）通过返修或加固处理仍不能满足安全使用要求的分部工程、单位（子单位）工程，严禁验收。

4. 工程竣工文件的编制和移交准备

1）项目可行性研究报告、项目立项批准书、土地、规划批准文件；设计任务书、初步设计（扩大初步设计）、工程概算等。

2）竣工资料整理，绘制竣工图，编制竣工决算。

3）竣工验收报告，建设项目总说明，技术档案建立情况，建设情况，效益情况，存在和遗留的问题等。

4）竣工验收报告的主要附件：竣工项目概况一览表，已完单位工程一览表，已完设备一览表，应完未完设备一览表，竣工项目财务决算综合表，概算调整与执行情况一览表，交付使用（生产单位）财务总表及交付使用（生产）财务一览表；单位工程质量总项目（工程）总体质量评价表。

工程项目交接是在工程质量验收之后，由承包单位向业主进行移交项目所有权的过程。工程项目移交前，施工单位要编制竣工决算书，还应将成套的工程技术资料进行分类整理，编目建档。

5. 产品的防护

竣工验收期间，要定人定岗，采取有效防护措施，保护已完工程。发生丢失损坏时，应及时补救，设备、设施未经允许不得擅自启用，防止设备失灵或设施不符合使用要求。

6. 撤场计划

工程交工后，项目经理部编制的撤场计划内容应包括：施工机具、暂设工程、建筑残土、剩余物件在规定时间内拆除运走，达到场清地平，有绿化要求的达到树活草青。

5.7.5 竣工验收程序

工程项目的竣工验收，应由监理工程师牵头，会同业主单位、承建单位、设计单位和质检部门等共同进行。其具体竣工验收的程序如下。

1. 施工单位进行竣工预验

施工单位竣工预验是指工程项目完工后，先由承建单位自行组织的内部验收，以便发现存在的质量问题，并及时采取措施进行处理，以保证正式验收的顺利通过。施工单位竣工预验，根据工程重要程度及规模大小，通常有以下三个层次。

（1）基层单位的竣工预验

基层施工单位的竣工预验，由施工队长组织有关职能人员，对拟报竣工工程的情况和条件，根据设计图纸、合同条件和验收标准，自行进行评价验收。其主要内容包括：竣工项目是否符合有关规定，工程质量是否符合质量检验评定标准，工程资料是否完备，工程完成情况是否符合设计要求等。若有不足之处，及时组织人力物力，限期按质完成。

（2）项目经理组织自验

项目经理部根据基层施工单位的预验报告和提交的有关资料，由项目经理组织有关职能人员进行自检。为使项目正式验收顺利进行，最好能邀请现场监理人员参加。经严格检验，达到竣工标准，可填报验收通知；否则，提出整改措施，限期完成。

（3）公司级组织预验

根据项目经理部的申请，竣工工程可视其重要程度和规模大小，由公司组织有关职能人员（亦可邀请监理工程师参加）进行检查预验，并进行初步评价。对不合格的项目，提出整改意见和措施，由相应施工队限期完成，并再次组织检查验收，以决定是否提请正式验收报告。

2. 施工单位提交验收申请报告

在以上三级竣工预验合格的基础上，施工单位可正式向监理单位提交工程竣工验收申请报告。监理工程师在收到验收申请报告后，应参照工程合同的要求、验收标准等进行仔细审查。

3. 根据验收申请报告作现场初验

监理工程师在审查验收申请报告后，若认为可以进行竣工验收，则应由监理单位负责组成验收机构，对竣工的项目进行初步验收。在初步验收中发现的质量问题，应及时书面通知或以备忘录的形式通知施工单位，并令其在一定期限内完成修补工作，甚至返工。

4. 进行正式竣工验收

在监理工程师初验合格的基础上，可由监理工程师牵头，组织业主单位、设计单位、施工单位、上级主管部门和质量监督站等，在规定时间内进行正式竣工验收。正式竣工验收，一般分为以下两个阶段进行。

（1）单项工程竣工验收

单项工程竣工验收，是指在一个总体建设项目中，一个单项工程或一个车间已按设计要求建设完成，能满足生产要求或具备使用条件，且施工单位已预验合格，监理工程师已初验通过，在满足以上条件的前提下进行正式验收。

由几个建筑安装单位负责施工的单项工程，当其中的某一个施工单位所承担的部分已按设计要求完成，也可组织正式验收。办理交工手续，交工验收时应请总包施工单位参加，以免相互耽误时间。对于建成的住宅，可分幢进行正式竣工验收，以便及早交付使用，提高经济效益。

（2）全部竣工验收

全部竣工验收是指整个建设项目已按设计要求全部建设完成，并已符合竣工验收标准，施工单位预验合格，监理工程师初验通过，可由监理工程师组织以业主单位为主，有业主主管部门及设计、施工和质检单位参加的正式竣工验收。在对整个工程项目进行全部竣工验收时，对已验收过的单项工程，可以不再进行正式验收和办理验收移交手续，但应将单项工程验收单作为全部工程验收的附件而加以说明。

5. 正式竣工验收程序

1）参加工程项目竣工验收的各方对已竣工的项目进行目测检查，同时，逐一检查工程资料所列的内容是否齐备和完整。

2）举行由各方参加的现场验收会议。现场验收会议一般由监理工程师主持，会议主要包括以下内容：

①项目经理介绍工程施工情况、自检情况以及竣工情况，出示竣工资料（竣工图纸和各项原始资料及记录）。

②监理工程师通报工程监理中的主要内容，发表竣工验收的意见。

③业主根据在竣工项目目测中发现的问题，按照工程合同规定对施工单位提出限期处理的意见。

④暂时休会。由质检部门会同业主及监理工程师，讨论工程正式竣工验收是否合格。

⑤复会。由监理工程师宣布竣工验收结果，质检站人员宣布工程项目质量等级。

⑥办理竣工验收签证书（竣工验收证书）。

竣工验收签证书必须由业主单位、承建单位和监理单位三方代表的签字方可生效。

复习思考题

1. 质量的概念及工程项目的概念和功能特点是什么?
2. 工程项目质量的保证体系包括哪些方面?
3. 影响建筑工程项目质量控制的因素有哪些?
4. 设计质量控制和评定的依据是什么?
5. 图纸会审一般包括哪些内容?
6. 材料构配件质量控制的内容和方法是什么?
7. 施工工序质量控制的要点有哪些?
8. 施工技术交底包括哪些内容?
9. 工程质量评定的等级、依据及分项工程质量评定标准是什么?
10. 在项目的不同阶段,如何验收项目的质量?

6 建筑工程项目进度控制

通过本章的学习，要求学生了解进度控制的基本概念、主要任务。理解工程项目的进度计划的内容构成，表达进度的要素，以及实施步骤。重点掌握检查进度计划实施的方法，如何进行调整，分析实际进度和计划进度的差异并就此可以采取的措施。

6.1 建筑工程项目进度控制概述

6.1.1 建筑工程项目进度控制概念

1. 进度

进度是指工程实施结果的进展情况，也就是指活动顺序、活动之间的相互关系、活动持续时间和过程的总时间。

现在人们将进度赋予综合的含义，即将工程质量、工期、成本有机地结合起来，形成一个综合指标，能全面反映项目的实施情况。工程活动包括项目结构图上各个层次的单元，上至整个工程项目，下至各个具体工作单元或工序活动。项目进度状况通常是通过各工序活动逐层汇总计算得到的。

2. 进度控制

进度控制是指对工程建设项目的建设阶段的工作程序和持续时间进行规划、实施、检查、调查等一系列活动的总称。

也可以说是在经确认的进度计划的基础上实施工程各项具体工作，在一定的控制期内检查实际进度完成情况，并将其与进度计划相比较，若出现偏差，便分析产生的原因和对工期的影响程度，找出必要的调整措施，修改原计划，不断如此循环，直至工程项目竣工验收。

工程项目进度控制的总目标是确保工程项目的目标工期的实现。

为了实现这一目标，项目管理者应做好两项基本工作，一是进行进度控制目标分解；二是编制施工进度计划。

进度是工程项目任务、工期、成本的有机结合，是一个综合的指标，能全面反映项目的实施状况。所以进度控制不能狭义地理解为工期控制，应将工期与工程实物、成本、劳动消耗、资源等统一起来综合控制。实际上进度计划、成本、资金、资源计划已构成综合计划，这成为进度控制必要的基础。

进度控制的基本对象是工程活动，它包括工程项目结构分解（WBS）上各个层次的项目单元，包括进度计划中的各项工作任务。

1）进度控制总目标的分解可按三种方法进行：一是按单位工程分解为交工分目标；二是按承包专业或施工阶段分解为完工分目标；三是按年、季、月计划期分解为时间分目标。

每次分解并非都要分解到分项工程或工序，这需要根据控制主体的要求进行决策。如果此分解要满足作业要求，则必须分解到工序，若要满足承包专业或施工阶段的要求，则可分解到分部工程或单位工程。

2）建设项目是在动态条件下实施的，因此进度控制也就必须是一个动态的管理过程，它包括：

①进度目标的分析和论证。进度目标分析和论证的目的是论证进度目标是否合理，进度目标有否可能实现。如果经过科学的论证，目标不可能实现，则必须调整目标。

②在收集资料和调查研究的基础上编制进度计划。工程项目的进度受许多因素的影响，我们必须事先对影响进度的各因素进行分析和调整，预测他们对进度可以产生的影响，编制可行的计划，指导建设工作按进度计划进行。

③进度计划的跟踪检查与调整。任何事物的发展历程都是在曲折中前进的，只有在正误反复的交替变化中，我们才能找出一条正确的发展方向。这样不断计划、执行、检查、分析、调整进度计划的动态循环过程，就是进度控制。

在项目实施过程中，掌握动态控制原理，不断进行验查，将实际情况与实际安排进行对比，找出偏离计划的原因，尤其是主要原因，然后采取相应措施。措施的确定有两个前提：第一是采取措施，维持原进度计划，使之正常实施；第二是采取措施后，不再维持原进度计划，要对进度计划进行调整和修正，再按新的进度计划实施，要有动态管理的思想。

进度计划的跟踪检查与调整包括定期跟踪检查所编制的进度计划执行情况，以及若其执行有偏差，则采取纠偏措施，并视必要调整进度计划。

3. 影响进度的因素分析

（1）影响进度的因素

影响工程项目进度的因素很多，可以归纳为人为因素、技术因素、材料、设备与构配件的因素、机具因素、水文、地质与气象因素，其他环境和社会因素，以及其他难以预料的因素。其中人为因素影响有很多，从产生的根源看，有来源于建设单位和上层机构的，有来源于设计、施工供货单位的，有来源于政府建设主管部门的，有来源于有关协作单位和社会的。

（2）产生干扰的原因分三类

1）错误地估计了工程项目的特点及项目实现的条件，包括过高估计了有利因素和过低估计了不利因素，甚至对工程项目风险缺乏认真分析。

2）项目决策、筹备与实施中各有关方面工作上的失误。

3）不可预见事件的发生。

（3）影响因素按干扰的责任和处理分两类

1）工程延误。由于承包人自身的原因造成施工工期的延长，称为工期延误。其中所造成的一切损失由承包人自己承担，包括监理工程师同意下的加快施工进度的措施所增加的费用，还要向业主支付误期损失补偿费。

2）工期延误。由于承包商以外的原因造成施工工期的延长，称为工程延期。工程中出现的施工工期延长，是否为工期延期，对承包商和业主都很重要，因此应按有关的和同条件，正确的区别工程延误和工程延期，合理的确定工程延期的时间。

6.1.2 建设工程项目进度的控制方法、措施和任务

工程项目的进度，受许多因素的影响，项目管理者需事先对影响进度的各种因素进行调查，观测它们对进度可能产生的影响，编制可行的进度计划，指导建设工作按计划进行。然而在编制过程中，必然会出现新的情况，难以按照原定的进度计划执行。这就要求人们在执行计划的过程中，掌握动态控制原理，不断进行检查，将实际情况与计划安排进行对比，找出偏离计划的原因，特别是找出主要原因，然后采取相应的措施对进度及时调整控制，使实际结果始终达到或逼近进度计划。

1. 工程项目进度控制的方法

工程项目进度控制的主要方法一般可分为行政方法、经济方法和管理技术方法。

工程项目进度控制方法从实施步骤上划分，主要包括规划、控制和协调。规划就是确定总进度目标和各进度控制子目标，并编制进度计划。控制是指在工程项目实施的全过程中，分阶段进行实际进度与计划进度的比较，出现偏差则及时采取措施予以调整。协调是指协调工程项目各参加单位、部门和工作队组之间的工作节奏与进度关系。

2. 进度控制的措施

工程项目进度控制采取的主要措施有组织措施、技术措施、合同措施、经济措施和信息管理措施等。

组织措施主要是落实工程项目中各层次进度目标的责任人、具体任务和工作责任；建立进度控制的组织系统；按工程项目对象系统的特征、主要阶段（里程碑事件）和合同网络作进度目标分解，建立控制目标体系；确定各参加者进度控制工作制度，如检查期、方法、协调会议时间、参加人等；对影响进度的因素进行分析和预测。

技术措施主要是指切实可行的施工部署和技术方案。

合同措施是指整个合同网络中每份合同之间的进度目标应相互协调、吻合。所以合同网络应落实工程项目总控制进度计划结果。

经济措施是指各参加者实现进度计划的资金保证措施以及可能的奖罚措施。

信息管理措施是指不断收集工程实施实际进度的有关信息并进行整理统计后与计划进度比较，定期向决策者提供进度报告。

3. 建筑工程项目进度控制的任务

工程项目进度控制的主要任务就是按计划进行实施，控制计划的执行，按期完成工程项目实施的任务，最终实现进度目标。

进度控制的任务按阶段划分，有设计前准备阶段进度控制、设计阶段进度控制以及施工阶段进度控制。另一方面，进度控制的任务按主体划分为业主方、设计方、供货方进度控制的任务。

1）业主方进度控制的任务是控制整个项目的实现阶段的进度，包括控制涉及准备阶段的工作进度、设计工作进度、施工进度、物资采购工作进度以及项目动用前准备阶段的工作进度。

2）设计方进度控制的任务是依据设计任务委托合同对设计工作进度的要求控制设计工作进度，设计方应尽可能使设计工作的进度与招标、施工和物资采购等工作进度相协调。

在国际上，设计进度计划主要任务是各设计阶段的设计图纸（包括有关的说明）的出

图计划,在出图计划中标明每张图纸的出图日期。

3)施工方进度控制的任务是依据施工进度的委托合同对施工进度的要求控制施工进度,这是施工方履行合同的义务。在施工进度计划的编制方面,施工方应根据项目的特点和施工进度控制的需要,编制深度不同的控制性、指导性和实施性的施工进度计划,以及按不同的计划周期(年度、季度、月度和旬)的施工计划等。

4)供货方进度控制的任务是依据供货合同对供货的要求控制供货进度,这是供货方履行合同的义务。供货进度计划应包括供货的所有环节,如采购、加工制造和运输等。

6.1.3 建筑工程项目进度控制的原理与基础工作

工程项目的进度,受许多因素的影响,建设者需事先对影响进度的各种因素进行调查,观测它们对进度可能产生的影响,编制可行的进度计划,指导建设工作按计划进行。然而在执行过程中,必然会出现新的情况,难以按照原定的进度计划执行。这就要求人们在执行计划的过程中,掌握动态控制原理,不断进行检查,将实际情况与计划安排进行对比,找出偏离计划的原因,特别是找出主要原因,然后采取相应的措施对进度及时调整控制,使实际结果始终达到或逼近进度计划。

1. 进度控制的基本原理

通常建筑工程项目的进度控制包括计划、实施、监测和调整等基本原理。

(1)项目进度计划原理

项目进度计划,是项目进度控制的第一控制要素。项目进度计划有项目的前期准备、设计、施工和动用前准备等几个阶段的进度计划。项目进度控制在项目进度计划原理在项目进度计划阶段包括以下内容:

1)制定分级控制计划,即将上述计划细化为项目总进度计划(总控制)、项目分阶段进度计划(中间控制)和项目分阶段的各子项进度计划(详细控制)。

2)进行计划优化,这样才能提高项目进度计划的有效控制程度。

(2)项目进度实施原理

项目进度实施是项目进度控制的第二控制要素。项目进度实施过程中,由于存在干扰因素,会使实施结果偏离进度计划。项目进度控制在项目进度实施阶段的实质性体现:一是预测干扰因素;二是分析风险程度;三是采取预控措施。在控制过程中主要采取动态控制、系统控制、信息反馈控制、弹性控制、循环控制和网络计划技术开展等原理。

1)动态控制原理。施工项目进度控制是一个不断进行的动态控制过程。它是从工程项目施工开始,实际进度就出现了运动的轨迹,也就是规划进行执行的动态。如果实际进度按照规划进度进行时,两者相吻合,当实际进度与规划进度不一致时,两者便产生超前或落后的偏差。分析偏差的原因,采取相应的措施,调整原来的规划,使两者在新的起点上重合,继续按其进行施工活动,并且尽量发挥组织管理的作用,使实际工作按规划进行。但是在新的干扰因素作用下,又会产生新的偏差,然后再分析、调整。所以施工进度控制就是一种动态控制的过程。

2)系统控制原理。项目施工进度控制本身是一个系统工程,它包括:工程项目施工进度规划系统和工程项目施工进度实施系统两部分内容。项目必须按照系统控制的原理,来强化其控制的全过程。

3）信息反馈控制原理。信息反馈控制是施工进度控制的依据，施工的实际进度通过信息反馈给有关人员，在分工的职责范围内，经过其加工，再将信息逐级向上反馈，直至主控中心，主控中心整理统计各方面的信息，经比较分析做出决策，调整进度规划，使其符合预定总工期目标。如果不利用信息反馈控制原理，则无法进行规划控制。实际上施工项目进度控制的过程也就是信息反馈的过程。

4）弹性原理。施工项目进度规划工期长、影响进度的因素多，其中有的已被人们掌握，根据统计经验估计出影响的程度和出现的可能性，并在确定进度目标时，进行实现目标的风险分析。在规划编制者具备了这些知识和实践经验之后，编制施工项目进度规划时就会留有余地，即施工进度规划具有弹性。在进行施工进度控制时，便可以利用这些弹性，缩短有关工作的时间，或者改变它们之间的反搭接关系，使检查之前拖延工期，通过缩短剩余规划工期的方法，仍然达到预期的控制目标。这就是施工项目进度控制中对弹性原理的应用。

5）循环控制原理。工程项目进度规划控制的全过程是规划、实施、检查、比较分析、确定调整措施、再规划的一个循环过程。从编制项目施工进度规划开始，经过实施过程中的跟踪检查，根据有关实际进度的信息，比较和分析实际进度与施工规划进度之间的偏差，找出产生原因和解决办法，确定调整措施，再修改原进度规划，形成一个循环系统。

6）网络计划技术原理。在施工项目进度的控制中利用网络计划技术原理编制进度规划，根据收集的实际进度信息，比较和分析进度规划，又利用网络计划的工期优化，工期与成本优化和资源优化的理论调整进度规划。网络计划技术原理是施工项目进度控制的完整的计划管理和分析计算理论基础。

（3）项目进度监测原理

项目进度监测是项目进度控制的第三控制要素。要了解和掌握项目进度计划在实施过程中的变化趋势和偏差程度，必须进行项目进度监测。项目进度控制，在项目进度监测阶段的实质性体现：一是跟踪检查；二是数据采集；三是偏差分析（实际结果与进度计划的比较）。这些偏差识别工作的快速、准确进行，可提高项目进度控制的敏度和精度。

（4）项目进度调整原理

项目进度调整是项目进度控制的第四控制要素。项目进度计划在实施过程中，由于发生偏差而需要调整时，是个非常复杂的过程。项目进度控制在项目进度调整阶段的实质性体现：一是偏差分析，分析产生进度偏差的前因后果；二是动态调整，寻求进度调整的约束条件和可行方案；三是优化控制，使进度、费用变化最小，能达到或逼近进度计划的优化控制目标。

偏差分析、动态调整和优化控制是项目进度控制中最困难、最关键的控制要素。工程项目进度控制是周期性进行的，项目经理是进度控制的核心，业主、承包商和监理工程师的共同控制是进度控制的有力保证。

2. 进度控制的基础工作

（1）定额工作

定额是确定工程项目进度控制目标的主要依据。定额的种类很多，用于进度控制的定额主要有设计周期定额和建筑安装工期定额等。

1）建设设计周期定额。原国家城乡建设环境保护部颁发了《建筑设计周期定额》，规定了各类不同规模的建筑物和构筑物的方案设计、初步设计和施工图设计的周期定额，可以提供参考。

2）《全国统一建筑安装工程工期定额》是在原城乡建设环境保护部 1985 年制定的《建筑安装工程工期定额》基础上修编而成。其中规定了各类不同建筑工程在不同的施工地区（Ⅰ类地区为上海、江苏、浙江、安徽、福建、江西、湖北、湖南、广东、广西、四川、贵州、云南、重庆、海南；Ⅱ类地区为北京、天津、河北、山西、山东、河南、陕西、甘肃、宁夏；Ⅲ类地区为内蒙古、辽宁、吉林、黑龙江、西藏、青海、新疆）的施工工期天数。本定额是编制招标文件的依据，是签定建筑安装工程施工合同、确定合理工期及施工索赔的基础，也是施工企业编制施工组织设计、确定投标工期、安排施工进度的参考。

（2）信息工作

编制用以进行进度控制的计划和实施计划，必须掌握有关的信息，尽量使信息数据化，以便"用数据说话"。这些信息主要是：

1）设计单位的设计能力信息。如各专业的设计人员数量、设计工作效率、设计管理能力及设计资质等信息。

2）施工企业的能力信息。包括各类人员的数量、技术等级、劳动效率、技术装备状况、各种加工能力、物资供应能力、科研能力及资金状况等信息。

3）施工企业的管理效果信息。包括历年的产值、产量、质量、工期、成本、利润、材料消耗、能源消耗、劳动生产率、资金周转及机械设备利用状况等信息。

4）其他信息。如企业对类似工程的设计施工状况、应变能力信息、分包企业能力信息、市场信息、政策方面的信息及利用电子计算机管理的信息等。

（3）预测工作

由于用于进行工程建设的进度控制的主要依据是计划，而计划又是对未来时间的行动所做的安排，故预测工作便成为进度控制的基本工作。

用于进度控制的预测内容主要有：对进度控制目标的预测；对市场供应（物资、机械、劳动力）状况的预测；对风险因素的预测；对进度控制的效果预测等。进度控制的预测方法主要有：定性预测法、定量预测法和综合预测法三大类。

（4）决策工作

决策的目的是确定进度目标。计划的编制与执行均有赖于科学的决策。

进度控制目标决策依据对影响进度的各种因素的了解和预测得到的结果。由项目管理负责人进行进度目标总决策。阶段性目标的决策由进度控制具体工作人员进行。监理单位不能直接进行决策，只能参与决策，即对决策工作进行咨询与监督。

进度控制目标决策主要是风险型决策，因此所用的方法主要是风险型决策方法，如决策树。

（5）统计工作

加强统计资料的收集、整理、分析与报告（报表）工作，可以为进度控制提供基础资料，即提供必要的信息资料，只有占有充分的统计资料，才能进行有效的进度控制。无论是日常统计或周期性统计，都是进度控制所必需的。

6.1.4 项目进度控制体系

项目进度控制体系是建立以项目经理为责任主体，由子项目负责人、计划人员、调度人员、作业队长及班组长参加的项目进度控制体系，也就是说，进度控制体系由进度控制的负责人组成，总负责人是项目经理。计划调度人员是进度控制的专业人员、子项目经理、施工队长和班组长均为分项目的负责人。这样组成的控制体系有两个特点：一是目标容易落实；二是便于进行考核。

1. 进度控制程序

具体进度控制程序为：确定时间目标→编制施工进度计划→开工→实施施工进度计划→进度控制总结。这个程序体现了 PDCA 循环，它是一个持续改进的过程，正确的将 PDCA 循环的方法应用在施工项目全过程的进度控制中，可以不断提高进度控制水平，确保合同工期最终目标的实现。

2. 建筑工程项目进度计划系统

建筑工程项目进度计划系统是由多个相互关联的进度计划组成的系统，它是项目控制的依据。由于各种进度计划编制所需要的必要的资料是在项目进展过程中逐步形成的，因此项目进度计划系统的建立和完善，也有一个过程，它是逐步形成的。

根据项目进度控制的不同需要和不同的用途，业主方和项目各参加方可以构建多个不同的建设工程项目进度计划系统，如分别由多个相互关联的不同计划深度、不同计划功能、不同项目参与方及不同计划周期的进度计划组成的计划系统。

（1）由不同深度的计划构成

1）总进度计划；

2）项目子系统进度计划；

3）子系统中单项工程进度计划。

（2）由不同功能的计划构成

1）控制性进度计划；

2）指导性进度计划；

3）实施性进度计划。

（3）由不同项目参与方的计划构成

1）业主方编制的实施进度；

2）设计进度计划；

3）施工和设备安装进度计划；

4）采购和供货进度计划。

（4）由不同周期的计划构成

1）5 年建设进度计划；

2）年度、季度、月度和旬计划等。

在建筑工程项目进度计划系统中，各进度计划或各子系统进度计划编制和调整时，必须注意其相互间的联系和协调。

6.2　进度计划的表达和实施

6.2.1　进度计划的描述对象

工程项目进度控制的对象是各阶段、各参加者的各项工程活动，是工程项目、单项工程、单位工程、分部分项工程等。在以工程项目结构分解为对象编制的进度计划的基础上，进度控制的对象是各层次的项目单元，也就是进度计划中各个工作任务。由于工程项目结构分解能实现从工作包到逐层统计汇总计算得到项目进度状况、工程项目完成程度（百分比），因此应主要对工作包以及进度计划中相应的工作任务等进行计划与实际进度状况的描述，从而实现工程项目实际进度与计划进度的比较。

6.2.2　表达进度的要素

进度通常是指工程项目实施结果的进展情况。由于工程项目的实施需要消耗时间（工期）、劳动力、材料、费用等才能完成项目的任务，所以工程项目实施结果应该以项目任务完成情况，如工程量来表达。但由于工程项目对象系统的复杂性，所以 WBS 中同一级别以及不同级别的各项目单元往往很难选定一个恰当的、统一的指标来全面反映当前检查期的工程进度。例如，有时工期和成本都与计划相吻合，但工程实际完成的工程量小于计划应完成的工程量。

进度的要素包括：持续时间、实物工程量、已完工程价值量、资源消耗指标，其每一个要素都有其特殊性。

1）持续时间。用持续时间来表达某工作包或工作任务的完成程度是比较方便的，如某工程活动计划持续时间 4 周，现已进行 2 周，则对比结果为完成 50% 的工期。但这通常并不一定等于工程进度已达 50%。因为这些活动的开始时间有可能提前或滞后；有可能中间因干扰出现停工、窝工现象；有时因环境的影响，实际工作效率低于计划工作效率。通常情况下，某项工作任务刚开始时可能由于准备工作较多、不熟悉情况而工作效率低、速度慢；到其任务中期，工作实施正常化，加之投入大，所以效率高，进度快；后期投入减少，扫尾以及其他工作任务相配合工作繁杂，速度又慢下来。

2）实物工程量。对于工作性质、内容单一的工作包或工作任务，可以用其特征工程量来表达它们的进度以反映实际情况，如对设计工作按资料数量表达，施工中工作任务如墙体、土方、钢筋混凝土工程以体积（m³）表达，钢结构以及吊装工作以重量（t）表达，等等。

3）已完工程价值量，即用工作任务已经完成的工程量与相应的单价相乘。这一要素能将不同种类的分项工程统一起来，能较好地反映工程的进度状况。

4）资源消耗指标，如人工、机械台班、材料、成本的消耗等，它们有统一性和较好的可比性。各层次的各项工作任务都可用它们作为指标。在实际工程中应注意：投入资源数量的程度不一定代表真实的进度；实际工作量与计划有差别；干扰因素产生后，成本的实际消耗比计划要大，所以这时的成本因素所表达的进度不符合实际。各项要素在表达工作任务的进度时，一般采用完成程度即百分比。

6.2.3 进度计划的表示方法

概括来讲，编制工程建设项目进度计划通常需借助两种方式，即文字说明与各种进度计划图表。其中前者系采用文字形式说明各时间阶段内应完成的工程建设任务及所需达到的工程形象进度要求；后者则是指用图表形式来表达工程建设各项工作任务的具体时间顺序安排。因表达效果直观并易于直接在图表上记载计划执行过程中的各种动态变化情况，及时对照反映对计划执行情况的检查、分析和调整的结果。进度计划图表是表达工程建设项目进度计划的最主要并且是不可缺少的方式。而依照其种种不同形式工程进度计划的表达则可以分别采用横道图、斜线图、线型图、网络图等各种不同的方法。

1. 用横道图表示进度计划

横道图又称甘特（Gatt）图，它是应用十分广泛的进度计划表达方式，横道图通常在左侧垂直向下依次排列工程任务的各项工作名称，而在右边与之紧邻的时间进度表中则对应各项工作逐一绘制横道线从而使每项工作的起止时间均可由横道线的两个端点来得以表示。横道图直观易懂，用其编制进度计划较为容易，它不仅能单一表达进度安排情况，而且还可以形成进度计划与资源或资金供应与使用计划的各种组合，故使用非常方便并因此而受到普遍欢迎。但横道图也存在不能明确地表达工作之间的逻辑关系，无法直接进行计划的各种时间参数计算，不能表明什么是影响计划工期的关键工作及不便于进行计划的优化与调整等明显缺点，因此横道图更为适用的场合是一些简单、粗略的进度计划的编制或作为网络计划分析结果的输出形式。

2. 用斜线图表示工程进度计划

斜线图是将横道图中的水平工作进度线改绘为斜线的一种与横道图含义相类似的进度计划表达方式。它的显著优点在于可明确表达不同的施工过程之间分段流水、搭接施工的情况且直观反映相邻两施工过程之间的流水步距，其不足之处则与横道图类同。

3. 用线型图表示工程进度计划

线型图是利用二维直角坐标系中的直线、折线或曲线来表示完成一定的工作量所需时间或在一定的时间之内所能完成的工作量的一种进度计划表达方式。线型图可以存在时间—距离图和速度图等不同表现形式，其中时间—距离图一般用于长距离管道安装、线路敷设、隧道施工及道路建设工程的进度计划表达，其具体表达方法是在确定总体工程任务的各道工序每进展一定距离所需时间之后经描点作图形成与每一工序相对应的点与点之间的连接线，这些连接线在任一时点的斜率实际上代表着按计划安排该时点所应达到的工作效率；而速度图则一般用于表达计划完成任务量（或金额）与时间之间的相互关系，如在进度计划执行情况检查及项目成本分析过程中经常采用的 S 形曲线图即为一种典型的速度图。线型图的优点在于对进度计划进行表达的概括性强且利用其对比实际进度与计划效果直观，不足之处是针对总体工程任务所含多项工作一一画线，其实际绘图操作较为困难，特别是其绘图结果也往往不易阅读清楚。

4. 用网络图表示工程进度计划

网络图是利用由箭线和节点所组成的网状图形来表示总体工程任务各项工作的系统安排的一种进度计划表达方式。按照以箭线或节点表示工作的绘图表达方法的不同，网络图可区分为双代号网络图和单代号网络网；按工作持续时间是否按计划天数长短比例绘制，网络图可区分为时标网络图和非时标网络图（或称标时网络图）；而按照是否在图中表示不同工作之间的各种搭接关系，网络图还可以区分为搭接网络图和非搭接网络图。

用网络图形式表达出来的进度计划称为网络计划，而依托网络计划这一形式所产生的一套进度计划管理方法则称为网络计划方法。网络计划与前述横道计划相比所具有的各种优点是：①能正确表达各工作之间相互作用、相互依存的关系；②通过网络分析计算能够确定哪些是影响工期的关键工作因而不容延误必须按时完成，哪些工作则被允许有机动时间以及有多少机动时间，从而使计划管理者充分掌握工程进度控制的主动权；③能够进行计划方案的优化和比较、选择最优计划方案；④能够运用计算机手段实施辅助计划管理。其不足之处，是计划形式及其编制过程较为复杂且网络分析计算工作量大，但这些问题在很大程度上通过各种项目管理软件功能的不断完善已经得到逐步解决。目前，网络计划方法正以其良好的应用效果日益成为工程进度管理的主流方法，其应用推广十分迅速，网络计划已成为工程进度计划所普遍采用的计划表达方式。

通常，网络计划原理与方法的集合可称为网络计划技术，它大体由以下三项内容依次组成：①进行各种形式的网络计划的编制；②进行包括工作的最早可以开始时间、完成时间，工作的最迟必须开始时间、完成时间，工作总时差、自由时差及网络计划计算工期在内的各种网络计划时间参数的计算；③在网络计划各种时间参数计算的基础上进行网络计划的优化、调整。由此可见，网络计划技术不仅要解决网络计划的编制问题，而且更重要的是解决网络计划执行过程中的各种动态管理问题，网络计划技术力图用统筹的方法对总体建设任务进行统一规划以求得工程建设的合理工期，因而是对工程建设进度实施系统管理的一个极为重要的方法论。

根据国家标准《网络计划技术在项目计划管理中应用的一般程序》（GB/T 13400.3—92），利用网络计划技术进行施工进度控制的阶段及步骤可以由表6-1所示。

表6-1　网络计划技术的应用步骤

阶段	步骤	阶段	步骤
1. 准备阶段	（1）确定网络计划目标 （2）调查研究 （3）施工方案设计	5. 优化并确定正式网络计划	（12）网络计划优化 （13）编制正式网络计划
2. 绘制网络图	（4）项目分解 （5）工作逻辑关系分析 （6）绘制网络图	6. 实施调整与控制	（14）网络计划贯彻 （15）检查、数据采集 （16）调整与控制
3. 时间参数计算，确定关键线路	（7）计算工作持续时间 （8）计算其他时间参数 （9）确定关键线路	7. 结束阶段	（17）总结与分析
4. 编制可行网络计划	（10）检查与调整 （11）编制可行网络计划		

6.2.4　进度计划的实施

编制施工进度计划，是施工项目事前的进度控制。施工进度计划的实施是事中的进度控制。实施施工进度计划要做好三项工作，即编制月（旬）作业计划和施工任务书，做好记录掌握现场施工实际情况，做好调度工作。

1. 编制月（旬）作业计划和施工任务书

施工组织设计中编制的施工进度计划，是按整个项目（或单位工程）编制的，也带有一定的控制性，还不能满足施工作业的要求。实际作业时是按月（旬）作业计划和施工任务书执行的，故应进行认真编制。

月（旬）作业计划除依据施工进度计划编制外，还应依据现场情况及月（旬）的具体要求编制。月（旬）计划以贯执施工进度计划，明确当期任务及满足作业要求为前提。

施工任务书是一份计划文件，也是一份核算文件和原始记录。它把作业计划下达到班组进行责任承包，并将计划执行与技术管理、质量管理、成本核算、原始记录、资源管理等融合为一体，是计划与作业的连接纽带。

2. 做好记录、掌握现场施工实际情况

在施工中，如实记载每项工作的开始日期、工作进程和结束日期，可为计划实施的检查、分析、调整、总结提供原始资料。要求跟踪记录、如实记录，并借助图表形成记录文件。

3. 做好调度工作

调度工作主要对进度控制起协调作用。协调配合关系，排除施工中出现的各种矛盾，克服薄弱环节，实现动态平衡。调度工作的内容包括：检查作业计划执行中的问题，找出原因，并采取措施解决；督促供应单位按进度要求供应资源；控制施工现场临时设施的使用；按计划进行作业条件准备；传达决策人员的决策意图；发布调度令等。要求调度工作做得及时、灵活、准确和果断。

6.3 建筑工程项目流水施工进度计划

6.3.1 流水施工概述

1. 流水施工的实质

流水施工是一种诞生较早，在建筑施工中广泛应用、行之有效的科学组织施工的计划方法。它是建立在分工协作和大批量生产的基础上，其实质就是连续作业，组织均衡施工，它是工程施工进度控制的有效方法。

2. 流水施工参数

在组织流水施工时，用以表达流水施工在工艺流程、空间布置和时间排列等方面开展状态的数据，称为流水参数。它主要包括：工艺参数、空间参数和时间参数三类。

（1）工艺参数

是指在组织流水施工时，建筑工程项目的整个建造过程分解为施工过程中的种类、性质和数目。计算时用 N 表示施工过程数。用 N' 表示专业队（组）数。

（2）空间参数

它是指在组织流水施工时，用以表达流水施工在空间布置上所处状态的参数。它主要有工作面、施工段和施工层三种。

1）工作面是指某专业工种的工人在从事建筑产品施工生产过程中所必须具备的活动空间。

2）为了有效地组织流水施工，通常把拟建工程项目在平面上划分成若干个劳动量大致相等的部分，称为施工段。单体工程划分的施工段或群体工程划分的施工区的个数，用 m 表示。施工段划分基本要求有：

①只有一层时，施工段就是一层的段数。对多层建筑物，既要划分施工段，又要划分施工层，以保证相应的专业工作队在施工段与施工层之间，组织有节奏、连续、均衡的流水施工。多层建筑物的施工段数是各层段数之和。

②尽量使各段的工作量大致相等，以便组织有节奏流水，使施工连续均衡，有节奏。

③有利于保持结构整体完整性，尽可能利用结构的自然分界线（沉降缝、伸缩缝等）及在平面上有变化处。

④段数的多少应与主导施工过程相协调，以主导施工过程为主形成工艺组合。工艺组合数应等于或小于施工段数。过多则可能延长工期，工作面狭窄，过少，则无法组织施工，使劳动力窝工。

⑤分段大小应与劳动组织相适应，有足够的工作面。

3）施工层是指为了满足专业工种在组织流水施工时，对操作高度和施工工艺的要求，将拟建工程项目在竖向上划分的若干个操作层。施工层的划分可根据建筑物的高度、楼层来确定。

（3）时间参数

时间参数是指在组织流水施工时，用以表达流水施工在时间排列上所处状态的参数。包括：流水节拍、流水步距、平行搭接时间、技术间歇时间和组织间歇时间五种。

1）流水节拍是指在组织流水施工时，每个专业工作队在各施工段上完成相应的施工任务所需要的工作持续时间。通常以 t_i 表示，它是流水施工的基本参数之一。

流水节拍数值的确定方法主要有：

①定额计算法。计算公式为：

$$t_i = \frac{Q_i}{S_i R_i N_i} = \frac{P_i}{R_i N_i} \tag{6-1}$$

式中　t_i——某专业工作队在第 i 施工段的流水节拍；

　　Q_i——某专业工作队在第 i 施工段要完成的工作量；

　　R_i——某专业工作队投入的工作人数或机械台数；

　　S_i——某专业工作队的计划产量定额；

　　P_i——某专业工作队在第 i 施工段需要的劳动量或机械台班数量。

$$P_i = \frac{Q_i}{S_i}$$

②三时估算法。它是根据以往的施工经验进行估算。一般为提高其准确程度，往往先估算出该流水节拍的最长、最短和正常（即最可能）三种时间值，然后据此求出期望时间值作为某专业工作队在某施工段上的流水节拍。计算公式如下：

$$t = \frac{a + 4c + b}{6} \tag{6-2}$$

式中 t——某施工过程在某施工段上的流水节拍；
　　a——某施工过程在某施工段上的最短估算时间；
　　b——某施工过程在某施工段上的最长估算时间；
　　c——某施工过程在某施工段上的正常估算时间。

③工期计算法。对某些施工任务在规定日期内必须完成的工程项目，往往采用倒排进度法。具体步骤如下：

a 根据工期倒排进度，确定某施工过程的持续时间；

b 确定某施工过程在某施工段上的流水节拍。若同一施工过程的流水节拍不等，则用估算法；若流水节拍相等，则按式（6-3）进行计算：

$$t = \frac{T}{m} \tag{6-3}$$

式中 t——某施工过程在某施工段上的流水节拍；
　　T——某施工过程的工作持续时间；
　　m——某施工过程划分的施工段数。

2）流水步距是指在组织施工时，相邻两个专业工作队在保证施工顺序、满足连续施工、最大限度搭接和保证工程质量要求的条件下，相继投入施工的最小时间间隔。以符号 $K_{j,j+1}$ 表示，它是流水施工的基本参数之一。流水步距的长度，计算时应考虑以下几点因素：

①流水步距要反映相邻两个专业工作队在施工顺序上的相互制约关系。

②每个专业队连续施工的需要。其最小长度必须是专业队进场后不能发生停工窝工现象。

③技术间歇的需要。有些施工过程完成后，后续施工过程不能立即投入作业，必须有足够的时间间歇，如打桩后的静力重分布过程和现浇混凝土早期强度的增长需要，这个间歇应尽量安排在专业队进场之前。

④流水步距的长度应保证每个施工段的施工作业程序不乱，不发生前一施工过程尚未全部完成，而后一施工过程便开始施工的现象。

3）在组织流水施工时，有时为了缩短工期，在工作面允许的条件下，如果前一个专业工作队完成部分施工任务后，能够提前为后一个专业工作队提供工作面，使后者提前进入前一个施工段，两者在同一施工段上平行搭接施工，这个搭接时间称为平行搭接时间或插入时间，通常以 $C_{j,j+1}$ 表示。

4）在组织流水施工时，除要考虑相邻专业工作队之间的流水步距外，有时根据建筑材料或现浇构件等的工艺性质，还要考虑合理的工艺等待间歇时间，这个等待时间称为技术间歇时间。如混凝土浇筑后的养护时间、砂浆抹面等。技术间歇时间以 $Z_{cj,j+1}$ 表示。

5）组织间歇时间是指在流水施工中，由于施工技术或施工组织的原因，造成在流水步距以外增加的间歇时间。如墙体砌筑前的墙身位置弹线，施工人员、机械转移，回填土前的地下管道检查验收等等。组织间歇时间以 $Z_{j,j+1}$ 表示。

6）工期是指从第一个专业队投入流水作业开始，到最后一个专业队完成最后一个施工过程的最后阶段工作，推出流水作业位置的整个持续时间。

3. 流水作业的分类

（1）按流水施工对象的范围分类（分4类）

174

1）细部流水：指一个专业队利用同一生产工具依次的、连续不断的在各区段中完成同一施工过程的工作流水，即工序流水。

2）专业流水：把若干个工艺上密切联系的细部流水组合起来，就形成了专业流水。

3）工程项目流水：即为完成单位工程而组织起来的全部专业流水的总和。

4）综合流水：是为完成工业建筑或民用建筑群而组织起来的全部工程项目的流水总和。

（2）按施工过程分解的深度分类

根据流水组织施工的需要，有时要求将施工过程分解得细些，有时则要求分解的粗些，这就形成了施工过程分解深度的差异。

1）彻底分解流水：即经过分解后的所有施工过程都是属于单一工种完成的施工过程。

2）局部分解流水：在进行施工过程的分解时，将一部分施工工作适当合并在一起，形成多工种协作的综合性施工过程，这就是不彻底分解的施工过程。这种包含多工种协作的施工过程的流水，就是局部分解流水。

（3）按流水的节奏特征分类（分2类）

1）有节奏流水，又可分为等节奏流水和异节奏流水。

①等节奏流水：指流水组中，每个施工过程本身在流水段上（施工段）的作业时间（流水节拍）都相同，即流水节拍是一个常数，并且各施工过程相互之间的流水节拍也相等。

②异节奏流水：指流水中，每一个施工过程本身在各流水段上的流水节拍都相同，但不同施工过程之间的流水节拍不一定相等。

2）无节奏流水是指流水组中各施工过程本身在各流水段上的作业时间（流水节拍不完全相等，相互之间已无规律可循）。

6.3.2 流水施工的组织方法

1. 等节奏流水施工的组织方法

等节奏流水，指流水速度相等，是最理想的组织流水方式，因这种组织方式能保证专业队的连续工作，有节奏，可以实现均衡施工，从而最理想地达到组织流水作业的目的。

组织这种流水，首要前提是各施工段的工程量基本相等；其次要先确定主导施工过程的流水节拍；第三，使其他施工过程的流水节拍与主导施工过程的流水节拍相等，做到这一点的办法是调节各专业队的人数。

设流水参数为：M——施工段数，N——施工过程数，N'——施工专业队数，t——流水节拍，k——流水步距

1）首先讨论 M（施工段数）与 N'（施工专业队数）的关系。

当 $M = N'$ 时，最理想；当 $M > N'$，专业队工作连续，有闲歇工作面；当 $M < N'$ 时，造成窝工。

①在没有技术间歇和插入时间的情况下，等节奏流水的流水步距与流水节拍在时间上相等。

工期的计算公式：

$$T = (M + N' - 1)t \text{ 或 } T = (M + N' - 1)k \tag{6-4}$$

175

式中　T——工期（天）。

②在有技术间歇和插入时间的情况下，工期的计算公式：

$$T = (M + N' - 1)k - \Sigma C + \Sigma Z \tag{6-5}$$

式中　ΣC——插入时间之和；

　　　ΣZ——间歇时间之和。

【例】　有一个等节奏流水作业项目，$M = 4$ 天，$N = N' = 5$ 天，$t = 4$ 天，$\Sigma Z = 4$ 天，$\Sigma C = 4$ 天，故其工程工期计算如下：$T =$（$4 + 5 - 1$）$\times 4 - 4 + 4 = 32$ 天。

2）如果是线性工程，也可组织等节奏流水，称流水线性施工。其组织方法类似于建筑施工的组织方法，具体步骤如下：

①将线性工程对象划分成若干个施工过程；

②通过分析，找出对施工起主导作用的施工过程；

③根据完成主导施工过程工作的队（组）或机械的每班生产率确定专业队的移动速度；

④再根据这一速度设计其他施工过程的流水作业，使之与主导过程相配合，即工艺密切相联系的施工专业队，按一定的工艺顺序相继投入施工，各专业队以一定不变的速度，沿着线性工程的长度方向不断向前移动，每天完成同样长度的工作内容，如修路工程等。

【例 6-1】　某铺设管道工程，由开挖沟槽、铺设管道、焊接钢管、回填土四个过程组成。经分析，开挖沟槽是主导施工过程，每班可挖 50m，故其他施工过程都以每班 50m 的速度与开挖沟槽的施工速度相适应。每隔一班（50m 的间隔）投入一个专业队，这样我们就可以对 500m 长的管道工程按下图所示的施工进度计划组织流水线法施工。

流水线法组织施工的计算公式：

$$T = (N' - 1)k + k \cdot L/v - \Sigma C + \Sigma Z \tag{6-6}$$

式中　T——线性工程施工总工期（天）；

　　　L——线性工程总长度（m）；

　　　v——每班移动速度。

本例中，$k = 1$ 天，$N' = 4$，$M = L/v = 500/50 = 10$，

所以，$T =$（$4 - 1$）$\times 1 + 10 = 13 =$（$M + N' - 1$）$\times 1 = 13$ 天

确定施工顺序，划分施工段，划分施工段时，其数目 m 的确定如下：

1）无层间关系或无施工层时，取 $m = n$；

2）有层间间隙或施工层时，施工段数 m 应根据以下两种情况确定：

①无工艺和组织间隙时，取 $m = n$；

②有工艺和组织间隙时，为了保证各专业工作队能连续施工，应取 $m > n$。

若层间技术间隙为 ΣZ_c，组织和工艺间隙之和为 ΣZ，每层的施工段数 m 的计算公式如下：

$$m \geqslant n + \frac{\Sigma Z}{k} + \frac{\Sigma Z_c}{k} \tag{6-7}$$

2. 异节奏流水的组织方法

此法优点是各施工队的工作有相同的节奏，无疑会给组织连续均衡施工带来方便。

（1）成倍节拍流水施工

各专业队的流水节拍都是某个常数的倍数，这种组织形式称为成倍节拍流水施工。

成倍节拍流水施工的特点：

1）同一施工过程在各施工段上的流水节拍彼此相等，不同施工过程在同一施工段上的流水节拍彼此不等，但互为倍数关系；

2）流水步距彼此相等，且等于流水节拍的最大公约数；

3）各专业工作队都能够保证连续施工，施工段没有空闲。

（2）异节拍流水施工

异节拍流水施工是指同一施工过程在各施工段上的流水节拍相等，不同施工过程之间的流水节拍不一定相等的流水施工方式。

异节拍流水施工的特征：

1）同一施工过程流水节拍相等，不同施工过程流水节拍不一定相等。

2）各个施工过程之间的流水步距不一定相等。

为了满足流水施工基本要求和流水步距基本原则，保证施工过程的先后关系和流水施工连续性，前一个施工过程必须完成了该施工段的任务后，后一个施工过程才能进入。

设相邻两施工过程及流水节拍为：

$$\alpha \rightarrow t_{\alpha}; \quad \beta \rightarrow t_{\beta}$$

其流水步距为 $k_{\alpha,\beta}$。

① $t_{\alpha} > t_{\beta}$，如图 6-1 所示。

为了满足流水施工基本要求和流水步距基本原则，保证施工过程的先后关系和流水施工连续性，前一个施工过程必须完成了该施工段的任务后，后一个施工过程才能进入。因此，其流水步距为：

$$k_{\alpha,\beta} = t_{\alpha} + (m-1)(t_{\alpha} - t_{\beta}) = mt_{\alpha} - (m-1)t_{\beta} \tag{6-8}$$

② $t_{\alpha} < t_{\beta}$，如图 6-2 所示。

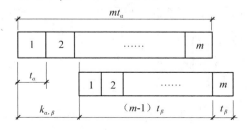

图6-1 异节拍流水施工 $t_{\alpha} > t_{\beta}$ 时的流水步距

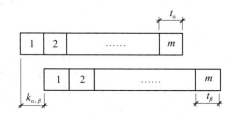

图6-2 异节拍流水施工 $t_{\alpha} < t_{\beta}$ 时的流水步距

异节拍流水步距的确定：

$$k_{i,i+1} = t_i + (t_j - t_d) \quad （当 t_i \leqslant t_{i+1} 时）$$

$$k_{i,i+1} = mt_i - (m-1)t_{i+1} + (t_j - t_d) \quad （当 t_i > t_{i+1} 时）$$

式中　t_j——间歇时间；

　　　t_d——搭接时间。

异节拍流水施工工期的计算

$$T_L = \sum k_{i,i+1} + T_n = \sum k_{i,i+1} + mt_n \tag{6-9}$$

3. 无节奏流水的组织方法

可组织分别流水法施工，其实质是各作业队连续作业，流水步距经计算确定，使专业队之间在一个施工段内互不干扰（不超前，但可能滞后）或做到前后工作队之间工作紧紧衔接。组织无节奏流水的关键是正确计算流水步距。计算流水步距可用取大差法，计算流水步距的步骤是：

1）累加各施工过程的流水节拍，形成累加数据系列；

2）相邻两施工过程的累加数列错位相减；

3）取差数之大者作为该两项过程的流水步距。

无节奏流水施工的工期计算公式：

$$T = \sum K_{i,i+1} + \sum t_n^j \tag{6-10}$$

式中　　$\sum K_{i,i+1}$——流水步距之和；

　　　　$\sum t_n^j$——最后一个施工过程的各段累计施工时间。

6.3.3 施工项目流水进度计划

1. 等节奏流水施工进度计划

该计划是用等节奏流水施工原理编制的，组织等节奏流水施工在一个群体工程总体上及在一个单项工程总体上是不可能的。但我们完全可以在分部工程或分区工程中实现等节奏流水。对每个施工过程各施工段上的流水节拍可以相等，对分部工程作理想安排后，再组成单位工程施工进度计划。

2. 成倍节拍流水施工进度计划

成倍节拍流水施工是把异节奏流水施工中流水节拍为某一常数的倍数的工程转换为等节奏流水施工。

【例6-2】　某建筑群体平面布置图见图6-3，该群体工程的基础为浮筏式钢筋混凝土基础，包括挖土、垫层、钢筋混凝土、砖墙基、回填土5个施工过程，1个单元的施工时间见表6-2，要求组织成倍节拍流水施工，并绘制出基础工程施工的流水施工图。

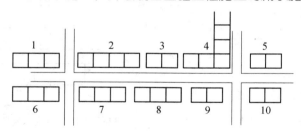

图6-3　建筑群平面布置图

表6-2　1个单元各施工过程的施工时间

施工过程	挖土	垫层	钢筋混凝土基础	砌墙基	回填土
施工时间（d）	2	2	3	2	1

该建筑群共30个单元，如果化为流水区，只能以4号楼为最大单元组合，以保持其基础的一致性。全部建筑划分为5个流水区，每区6个单元，为合理利用已有道路，确定自西向东，施工顺序依次为：1区的1号、6号→2区的7号、8号→3区的2号、3号→4区的4号→5区的5号、9号、10号。每区的各施工过程的流水节拍为1单元施工时间的6倍。另

外，该工程基础为浮伐式钢筋混凝土基础，要求组织栋号分区流水。

【解】 组织异节奏流水时，由于各流水节拍均为 6 的倍数，故可将该工程组织成为成倍节拍流水施工，流水步距为 6 天。因此，最大公约数为 6，以其分别去除各流水节拍得到施工队数。各施工过程的专业队数是：挖土 2 个队，垫层 2 个队，钢筋混凝土基础 3 个队，砌砖基础 2 个队，回填土 1 个队。基础流水施工的进度图如图 6-4 所示。其工期计算如下：

$$T = (M + N' - 1)k = (5 + 2 + 2 + 3 + 2 + 1 - 1) \times 6 = 84 \text{ 天}$$

施工过程	专业队	进度（天）													
		6	12	18	24	30	36	42	48	54	60	66	72	78	84
挖土	1		1		3	5									
	2			2		4									
垫层	3			1			3	5							
	4				2		4								
混凝土	5						1			4					
	6							2			5				
	7							3							
砌砖	8								1			3	5		
	9										2	4			
回填土	10										1	2	3	4	5

图 6-4　成倍节拍流水施工施工进度计划

总工期为 84 天，与进度图 6-4 相一致。

3. 举例说明用分别流水施工法编制无节奏流水施工的进度计划

【例6-3】 某工程由主楼和塔楼组成（见图 6-5），现浇筑、预制梁、板、框架剪力墙结构，主楼 14 层，塔楼 17 层，拟分三段流水施工。施工顺序有待优化，每层流水节拍见表 6-3。

图 6-5　建筑平面布置图

表6-3　各施工过程的流水节拍

序号	施工过程	流水节拍（天）		
		一段	二段	三段
1	柱	2	1	3
2	梁	3	3	4
3	板	1	1	2
4	节点	3	2	4

【解】 可能的顺序有：1. 一段→二段→三段，2. 二段→一段→三段，3. 三段→一段→二段，4. 三段→二段→一段。

按方案 1 安排施工顺序：

1 至 2，流水步距 2 天，

$$
\begin{array}{r}
2\ 3\ 6\ 0 \\
-)\ 0\ 3\ 6\ 10 \\
\hline
2\ 0\ 0\ -10
\end{array}
$$

2 至 3，流水步距 8 天，

$$
\begin{array}{r}
3\ 6\ 10\ 0 \\
-)\ 0\ 1\ 2\ 4 \\
\hline
3\ 5\ 8\ -4
\end{array}
$$

3 至 4，流水步距 1 天，

$$
\begin{array}{r}
1\ 2\ 4\ 0 \\
-)\ 0\ 3\ 5\ 9 \\
\hline
1\ -1\ -1\ -9
\end{array}
$$

$$T_1 = (2 + 8 + 1) + \Sigma t④ = 20 \text{ 天}$$

同样道理，方案 2，$T_2 = (1 + 8 + 1) + 9 = 19$ 天；方案 3，$T_3 = (3 + 7 + 2) + 9 = 21$ 天；方案 4，$T_4 = (3 + 7 + 2) + 9 = 21$ 天，因此以第二方案工期最短。以此顺序安排的流水施工，进度如图 6-6 所示。

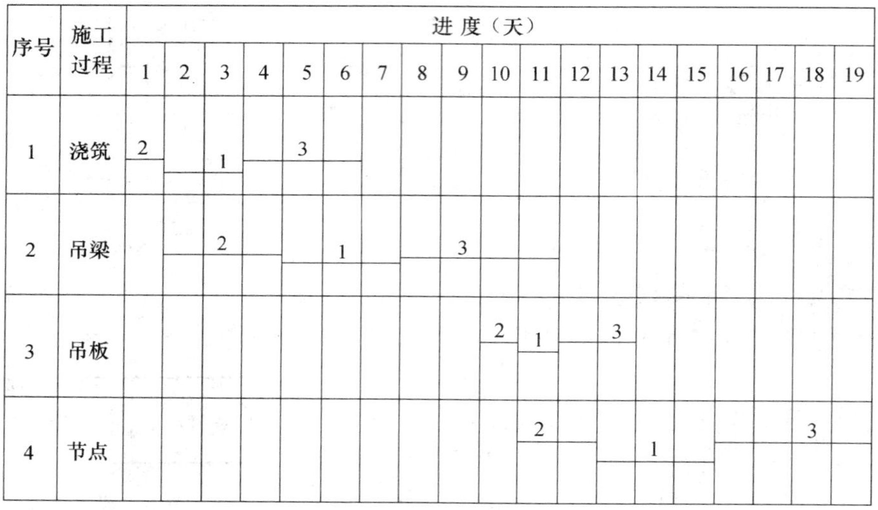

序号	施工过程	进度（天）																		
		1	2	3	4	5	6	7	8	9	10	11	12	13	14	15	16	17	18	19
1	浇筑	2		1		3														
2	吊梁			2			1			3										
3	吊板										2	1		3						
4	节点										2				1				3	

图 6-6　每层的流水施工进度计划

6.4　网络进度计划

6.4.1　网络计划技术概述

1. 网络计划技术的基本概念

网络计划技术的基本原理是：首先应用网络图来表达一项计划（或工程）中各项工作的开展顺序及其相互之间的关系；通过计算网络图的时间参数，找出关键工作和关键线路；然后通过不断改进网络计划，寻求最优方案，以求在计划执行过程中对计划进行有效的控制和监督，保证合理地使用人力、物力和财力，以最小的消耗取得最大的经济效果。因为这种方法是建立在网络模型基础上，且主要用来进行计划和控制，因此称为网络计划技术。

网络计划与横道计划相比，具有以下优点：

1）网络图把施工过程中的各有关工作组成了一个有机的整体，能全面而明确地表达出各项工作开展的先后顺序和反映出各项工作之间的逻辑关系；

2）能进行各种时间参数的计算；

3）能确定关键线路，抓住主要矛盾，确保工期，避免盲目施工；

4）能从许多可行方案中选出最优方案；

5）在计划的执行过程中，某一工作由于某种原因推迟或者提前完成时，可以预见到它对整个计划的影响程度，而且能根据变化的情况，迅速进行调整，保证自始至终对计划进行有效的控制和监督；

6）利用网络计划中反映出的各项工作的时间储备，可以更好地调配人力、物力，以达到降低成本的目的；

7）网络计划技术的出现与发展使现代化的计算工具——计算机在建筑施工计划管理中得以应用。

网络计划技术可以为施工管理提供许多信息，有利于加强施工管理，既是一种编制计划的方法，又是一种科学的管理方法。它有助于管理人员全面了解、重点掌握、灵活安排、合理组织、多快好省地完成计划任务，不断提高管理水平。

2. 网络计划的分类

（1）按代号的不同区分

1）双代号网络计划。即用双代号网络图表示的网络计划。双代号网络图是以箭线及其两端节点的编号表示工作的网络图。

2）单代号网络计划。单代号网络计划是以单代号网络图表示的网络计划。单代号网络图是以节点及其编号表示工作、以箭线表示工作间逻辑关系的网络图。

（2）按目标的多少区分

1）单目标网络计划；

2）多目标网络计划。

（3）时标网络计划

时标网络计划是以时间坐标为尺度编制的网络计划。

（4）搭接网络计划

搭接网络计划是前后工作之间有多种逻辑关系的网络计划。

（5）按肯定与否进行区分

1）肯定型网络计划；

2）非肯定型网络计划。

（6）按网络计划包含的范围分

1）局部网络计划；

2）单位工程网络计划；

3）综合网络计划。

3. 网络计划应用的一般程序

网络计划技术的应用步骤见表6-1。

6.4.2　双代号网络计划

1. 双代号网络图

双代号网络图由若干表示工作的箭头和节点所组成，其中每一项工作都用一根箭线和两个节点来表示。每个节点都编以号码，箭线前后两个节点的号码，即代表该箭线的表示的工作。"双代号"的名称由此而来。在非时标网络图中，箭线的长度不直接反映该工作所占的时间长短。箭线应画成水平直线、折线或斜线，而以水平直线为主，其水平投影的方向应自左向右，表示工作的进行方向。

（1）双代号网络图的基本符号

双代号网络图的基本符号是圆圈、箭线及编号。如图6-7所示。

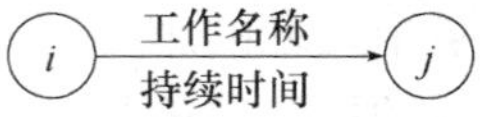

图6-7　双代号网络图工作的表示方法

1）箭线：

①一条箭线与其两端的节点表示一项工作，又称工序、作业，如支模板、绑钢筋、浇筑混凝土，但包括的工作范围可大可小，视情况而定。

②一项工作要占用一定的时间，一般都消耗一定的资源（劳动力、机具、设备、材料），因此凡占用一定时间的过程，都应作为一项工作看待。

③在无时标的网络图中，箭线的长短并不反映该工作占用时间的长短。同一张网络图中，箭线的画法要求统一，图面整齐醒目，以水平线和拆线为好。

④箭线所指的方向表示工作进行的方向，箭尾表示该工作的开始，箭头表示该工作的结束。一条箭线表示工作的全部内容，工作名称应写在箭线上方，工作持续时间则注在下方。

⑤两项工作前后进行时，代表两项工作的箭线也前后画下去，平行的工作，箭线平行绘制，紧靠其前面的工作，叫紧前工作，紧靠其后面的工作，叫紧后工作，与之平行的叫平行工作，该工作本身则叫本工作。

⑥在双代号网络图中，除有表示工作的实箭线外，还有一种一端带箭头的虚线，表示一项虚工作。不占时间，不耗资源，作用是解决工作之间联系、区分和断路的问题。

2）节点：

①节点表示一项工作的开始或结束，用圆圈表示。

②箭线尾部的节点称为箭尾节点，箭线头部的节点称箭头节点，前者又称开始节点，后者又称结束节点。

③节点只是一个瞬间，它既不消耗时间，也不消耗资源。

④在网络图中对一个节点来讲，可能有许多箭线通向该节点，这些箭线即称为"内向箭线"（或内向工作），同样也有可能有许多箭线由同一节点出发，这些箭线就称为外向箭线（或外向工作）。

⑤网络图中的第一个节点叫起点节点，即意味着一项工作一项工程的开始；最后一个节点叫终点节点，它意味着一项工程或一项任务的完成，网络图中的其他节点称为中间节点。

3）节点编号：

①一项工作是由一条箭线和两条节点表示的，为使网络图便于检查和计算，所有节点均应统一编号，一条箭线前后两个节点的号码就是该箭线所标示的工作代号。

②在对网络图进行编号时，箭尾节点的号码一般应小于箭头节点的号码。

（2）双代号网络图各种逻辑关系的正确表示方法

所谓逻辑关系，是指工作进行时客观上存在的一种相互制约或依赖的关系，也就是先后顺序关系。

（3）双代号网络图的绘制规则

1）网络图应正确反映各工作之间的逻辑关系。

2）网络图严禁出现循环回路（图6-8）。

3）网络图严禁出现双向箭头或无向箭头的连线（图6-9）。

4）网络图严禁出现没有箭头或箭尾节点的箭线（图6-10）。

图6-8　循环回路示意图

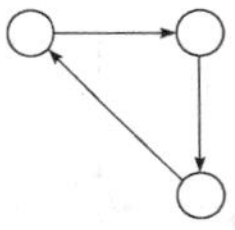

图6-9　箭线的错误画法

图6-10　没有箭头和箭尾节点的箭线

5）双代号网络图中，一项工作只能有唯一的一条箭线和相应的一对节点编号，箭尾的节点编号宜小于箭头节点编号；不允许出现代号相同的箭线（图6-11）。

6）在绘制网络图时，应尽可能地避免箭线交叉，如不可能避免时，应采用过桥法或指向法（见图6-12）。

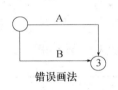
错误画法

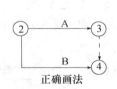
正确画法

图6-11　不允许出现代号相同的箭线

过桥法　　　指向法

图6-12　箭线交叉的表示方法

7）双代号网络图中的某些节点有多条外向箭线或多条内向箭线时，为使图面清楚，可采用母线法（见图6-13）。

8）网络图中，只允许有一个起始节点和一个终点节点。

（4）双代号网络图的绘制方法

双代号网络图的绘制方法——节点位置法。其原则是：

1）开始节点位置号等于紧前工作的节点位置号最大值+1。

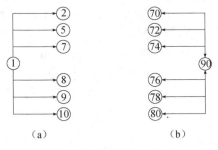
（a）　　　　　（b）

图6-13　母线表示方法

2）紧前工作的完成节点位置号等于紧后工作的开始节点位置号。

3）若无紧后工作的，则完成节点位置号等于开始节点位置号最大值+1。

约定：如没有紧前工作的，其开始节点位置号为0。

（5）网络图的结构

网络计划是用来指导实际工作的，除了要符合逻辑外，图面还必须清晰，要进行周密合理的布置。在正式绘制网络图前，最好绘成草图，然后再加整理。

（6）网络图绘制实例

【例6-4】 试根据表6-4给出的关系绘制双代号网络图。

表6-4　各工作间逻辑关系表

工作	A	B	C	D	E	G	H
紧前工作	—	—	—	—	A、B	B、C、D	C、D

【解】 求各工作的节点位置号，见表6-5。

表6-5　各工作的节点位置号表

工作	A	B	C	D	E	G	H
紧前工作	—	—	—	—	A、B	B、C、D	C、D
开始节点位置号	0	0	0	0	1	1	1
紧后工序	E	E、G	G、H	G、H	—	—	—
完成节点位置号	1	1	1	1	2	2	2

则：01：A；01：B；01：C；01：D；12：E；12：G；12：H

根据位置号，绘制双代号网络图见图6-14。

为了说明网络图的绘制方法，下面举出表6-6的逻辑关系，根据这个逻辑关系绘制的双代号网络图如图6-16所示的图形。

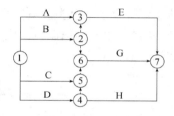

图6-14　双代号网络图

表6-6　某网络计划工作逻辑关系及持续时间表

工作	紧前工作	紧后工作	持续时间（天）
A_1	—	A_2、B_1	2
A_2	A_1	A_3、B_2	2
A_3	A_2	B_3	2
B_1	A_1	B_2、C_1	3
B_2	A_2、B_1	B_3、C_2	3
B_3	A_3、B_2	D、C_3	3
C_1	B_1	C_2	2
C_2	B_2、C_1	C_3	4
C_3	B_3、C_2	E、F	2
D	B_3	G	2
E	C_3	G	1
F	C_3	I	2
G	D、E	H、I	4
H	G	—	3
I	F、G	—	3

184

2. 双代号网络计划时间参数的计算

（1）按工作计算法计算时间参数

1）几点说明：

①按工作计算法确定时间参数，应在确定各项工作的持续时间之后进行。各项工作的持续时间的确定方法有二：一是"定额计算法"，定额计算法的公式是：

$$D_{i-j} = \frac{Q_{i-j}}{RS} \tag{6-11}$$

式中　D_{i-j}——i—j 工作持续时间；

　　　Q_{i-j}——i—j 工作的工程量；

　　　R——人数；

　　　S——劳动定额（产量定额）。

当工作持续时间不能用定额计算法计算时，便可采用三时估算法，其计算公式是：

$$D_{i-j} = \frac{a + 4c + b}{6} \tag{6-12}$$

式中　D_{i-j}——i—j 工作持续时间；

　　　a——工作的乐观（最短）持续时间估计值；

　　　b——工作的悲观（最长）持续时间估计值；

　　　c——工作的最可能持续时间估计值。

②虚工作必须是同工作进行计算，其持续时间为零。

③按工作计算法计算时间参数，其计算结果应标注在箭线之上，如图 6-15 所示。

2）工作最早时间的计算。现以图 6-16 为模型进行网络计划时间参数的计算。

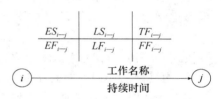

图 6-15　按工作计算法标注的内容

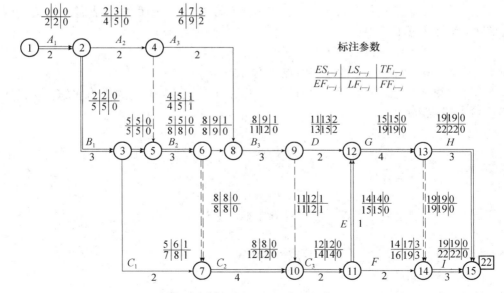

图 6-16　按工作计算法示例

185

①工作最早开始时间的计算。工作的最早开始时间指各紧前工作（紧排在本工作之前的工作）全部完成后，本工作有可能开始的最早时刻。工作 i—j 的最早开始时间 ES_{i-j} 的计算应符合下列规定：

a. 工作 i—j 的最早开始时间 ES_{i-j} 应从网络计划的起点节点开始，顺着箭线方向依次进行逐项计算；

b. 以起点节点 i 为箭尾节点的工作 i—j，当未规定其最早开始时间 ES_{i-j} 时，其值应等于零，即：

$$ES_{i-j} = 0(i = 1) \tag{6-13}$$

因此，图 6-16 中，$ES_{1-2} = 0$

c. 当工作 i—j 有多个紧前工作时，其最早开始时间 ES_{i-j} 应为：

$$ES_{i-j} = ES_{h-i} + D_{h-i} \tag{6-14}$$

式中　ES_{h-i}——工作 i—j 的紧前工作的最早开始时间；

D_{h-i}——工作 i—j 的紧前工作 h—i 的持续时间。

d. 当工作 i—j 有多个紧前工作时，其最早开始时间 ES_{i-j} 应为：

$$ES_{i-j} = \max\{ES_{h-i} + D_{h-i}\} \tag{6-15}$$

按式（6-14）和式（6-15）计算图中其他各项工作的最早开始时间，其计算结果见图 6-16 标注。

②工程最早完成时间的计算。工作最早完成时间指各紧前工作完成后，本工作有可能完成的最早时刻。工作 i—j 的最早完成时间 EF_{i-j} 应按下式进行计算：

$$EF_{i-j} = ES_{i-j} + D_{i-j} \tag{6-16}$$

按式（6-16）计算图 6-16 的各项工作，结果见图 6-16 之标注。

3）网络计划计划工期的计算：

①网络计划的计算工期 T_c 指根据时间参数计算得到的工期，它应按下式计算：

$$T_c = \max\{EF_{i-n}\} \tag{6-17}$$

式中　EF_{i-n}——以终点节点（$j = n$）为箭头节点的工作 i—n 的最早完成时间按式（6-17）计算，图 6-16 的计算工期为：

$$T_c = \max\{EF_{13-15}, EF_{14-15}\} = \max\{22, 22\} = 22$$

此数用方框标注于图 6-16 的终点节点之右。

②网络计划的计划工期的计算。指按要求工期和计算工期确定的作为实施目标的工期。其计算应按下述规定：

a. 当已规定了要求工期 T_c

$$T_p \leqslant T_c \tag{6-18}$$

b. 当未规定要求工期时

$$T_p = T_c \tag{6-19}$$

由于图 6-16 未规定要求工期，故其计划工期即其计算工期，即：

$$T_p = T_c = 22 \text{ 天}$$

此工期标注在终点节点之右侧，并用方框框起来。

4）工作最迟时间的计算：

①工作最迟完成时间的计算。工作最迟完成时间指在不影响整个任务按期完成的前提

186

下，工作必须完成的最迟时刻。

a. 工作 i—j 的最迟完成时间 LF_{i-j} 应从网络计划的终点节点开始，逆着箭头方向依次逐项计算。

b. 以终点节点（$j = n$）为箭头节点的工作 i—n 的最迟完成时间 LF_{i-n}，应按网络计划的计划工期 T_p 确定，即：

$$LF_{i-n} = T_p \tag{6-20}$$

c. 其他工作 i—j 的最迟完成时间 LF_{i-j} 应按下式计算：

$$LF_{i-j} = \min\{LF_{j-k} - D_{j-k}\} \tag{6-21}$$

式中　LF_{j-k}——工作 i—j 的各项紧后工作 j—k 的最迟完成时间；

　　　D_{j-k}——工作 i—j 的各项紧后工作（紧排在本工作之后的工作）的持续时间。

按式（6-20）网络计划以终点节点为结束节点的工作的最迟完成时间计算如下：

$$LF_{13-15} = T_p = 22 \text{ 天}$$
$$LF_{14-15} = T_p = 22 \text{ 天}$$

按式（6-21）计算，网络计划的其他工作的最迟完成时间计算结果见图 6-16 的相应标注。

②工作最迟开始时间的计算。工作最迟开始时间指在不影响整个任务按期完成的前提下，工作必须开始的最迟时刻。

工作 i—j 的最迟开始时间 LS_{i-j} 应按下式计算：

$$LS_{i-j} = LF_{i-j} - D_{i-j} \tag{6-22}$$

按式（6-22）计算，网络计划图 6-16 的各项工作的最迟开始时间计算结果见图 6-16 相应的标注。

5）工作总时差的计算。工作总时差是指在不影响总工期的前提下，本工作可以利用的机动时间。该时间应按下式计算：

$$TF_{i-j} = LS_{i-j} - ES_{i-j} \tag{6-23}$$
$$TF_{i-j} = LF_{i-j} - EF_{i-j} \tag{6-24}$$

按以上两式计算，图 6-16 各项工作的总时差 TF_{i-j} 计算结果见图 6-16 上相应的标注。

6）工作自由时差的计算。工作自由时差是指在不影响其今后工作最早开始时间的前提下，本工作可以利用的机动时间，工作 i—j 的自由时差 FF_{i-j} 的计算应符合下列规定：

①当工作 i—j 有紧后工作 j—k 时，其自由时差应为：

$$FF_{i-j} = ES_{j-k} - ES_{i-j} - D_{i-j} \tag{6-25}$$

或
$$FF_{i-j} = ES_{j-k} - EF_{i-j} \tag{6-26}$$

式中　ES_{j-k}——工作 i—j 的紧后工作 j—k 的最早开始时间。

②终点节点（$j = n$）为箭头节点的工作，其自由时差 FF_{i-j} 应按网络计划的计划工期 T_p 确定，即：

$$FF_{i-n} = T_p - ES_{i-n} - D_{i-n} \tag{6-27}$$

或
$$FF_{i-n} = T_p - EF_{i-n} \tag{6-28}$$

网络计划图 6-16 的各项工作的自由时差 FF_{i-j} 按式（6-26）计算，结果见图 6-16 相应的标注。

图中虚箭线中的自由时差归其紧前工作所有。

图 6-16 的结束工作 $i—j$ 的自由时差按式（6-28）计算结果见图 6-16 相应的标注。

（2）按节点法计算时间参数

1）几点说明：

①按节点法计算时间参数也应在确定各项工作的持续时间之后进行。

②按节点法计算时间参数，其计算结果应标注在节点之上，如图 6-17 所示。

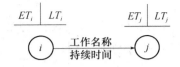

图 6-17　按节点计算法标注的内容

③以下按图 6-18 为例进行节点计算法时间参数计算。

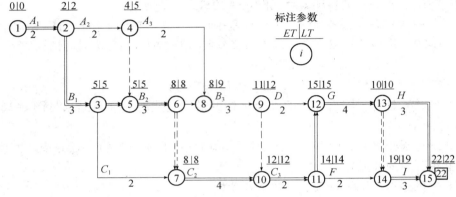

图 6-18　节点计算法示例

2）节点最早时间计算。节点最早时间是指双代号网络计划中，以该节点为开始节点的各项工作的最早开始时间。

节点 i 的最早时间 ET_i 应从网络计划的起点节点开始，顺着箭头方向，依次逐项计算，并应符合下列规定：

①起点节点如果未规定最早时间 ET_i 时，其值应等于零，即：

$$ET_i = 0 \qquad (i = 1) \tag{6-29}$$

因此，图 6-18 中，$ET_i = 0$

②当节点 j 只有一条内向箭线时，其最早时间

$$ET_j = ET_i + D_{i—j} \tag{6-30}$$

③当节点 j 有多条内向箭线时，其最早时间 ET_j 应为：

$$ET_j = \max\{ET_i + D_{i—j}\} \tag{6-31}$$

按式（6-30）和式（6-31）计算图 6-18 的各项工作，结果如下：

$$ET_2 = ET_1 + D_{1-2} = 0 + 2 = 2$$
$$ET_3 = ET_2 + D_{2-3} = 2 + 3 = 5$$
$$ET_4 = ET_2 + D_{2-4} = 2 + 2 = 4$$

节点 5 有两条内向箭线，其最早时间 ET_j 应按式（6-31）计算：

$$ET_5 = \max\{ET_2 + D_{2-3}, ET_2 + D_{2-4}\} = \max\{5, 4\} = 5$$
$$\vdots$$

依此类推，算出全部节点的最早时间，见图 6-18 相应的标注。

（3）网络计划计算工期的计算

网络计划计算工期 T_c 应按下式计算：

$$T_c = ET_n \tag{6-32}$$

式中　ET_n——终点节点 n 的最早时间。

因此，图 6-18 的计算工期为：

$$T_c = ET_{15} = 22 \text{ 天}$$

（4）网络计划的计划工期的确定

网络计划的计划工期 T_p 的确定与工作计算法相同。因此，图 6-18 的计划工期为：

$$T_p = T_c = 22 \text{ 天}$$

（5）节点最迟时间的计算

节点最迟时间指双代号网络计划中，以该节点为完成节点的各项工作的最迟完成时间。其计算应符合下述规定：

1）节点 i 的最迟时间 LT_i 应从网络计划的终点节点开始，逆着箭线方向依次逐项计算，当部分工作分期完成时，有关节点的最迟时间必须从分期完成节点开始逆向逐项计算。

2）终点节点 n 的最迟时间 LT_n 应按网络计划的计划工期 T_p 确定，即：

$$LT_n = T_p \tag{6-33}$$

分期完成节点的最迟时间应等于该节点规定的分期完成时间。因此，图 6-18 的终点节点的最迟时间是：

$$LT_{15} = T_p = 22 \text{ 天}$$

3）其他节点 i 的最迟时间 LT_i 应为：

$$LT_i = \min\{LT_j - D_{i-j}\} \tag{6-34}$$

式中　LT_j——工作 i—j 的箭头节点 j 的最迟时间。

按式 6-34 计算，算出图 6-18 中各项工作的自由时差，与图 6-18 的标注相同。

（6）工作 i—j 的最早开始时间 ES_{i-j} 的计算

工作 i—j 的最早开始时间 ES_{i-j} 按下式计算：

$$ES_{i-j} = ET_i \tag{6-35}$$

按式（6-35）计算，算出图 6-18 中各项工作的自由时差，与图 6-18 的标注相同。

（7）工作 i—j 的最早完成时间 EF_{i-j} 的计算

工作 i—j 的最早完成时间计算结果与图 6-18 的标注相同。

（8）工作 i—j 的最迟完成时间

工作 i—j 的最迟完成时间 LF_{i-j} 的计算

$$LF_{i-j} = LT_j \tag{6-36}$$

按式（6-36）计算，算出图 6-18 中各项工作的自由时差，与图 6-18 的标注相同。

（9）工作最迟开始时间的计算

工作 i—j 的最迟开始时间 LS_{i-j} 的计算按下式：

$$LS_{i-j} = LT_j - D_{i-j} \tag{6-37}$$

按式（6-37）计算，算出图 6-18 中各项工作的自由时差，与图 6-18 的标注相同。

（10）工作总时差的计算

工作 i—j 的总时差 TF_{i-j} 应按下式计算：

$$TF_{i-j} = LT_j - ET_i - D_{i-j} \tag{6-38}$$

按式（6-38）计算，算出图 6-18 中各项工作的自由时差，与图 6-18 的标注相同。

（11）工作自由时差计算

工作 $i—j$ 的自由时差 FF_{i-j} 应按下式计算：

$$FF_{i-j} = ET_j - ET_i - D_{i-j} \tag{6-39}$$

按式（6-39）计算，算出图 6-18 中各项工作的自由时差，与图 6-18 的标注相同。

3. 双代号网络计划关键工作和关键线路的确定

（1）关键工作的确定

1）关键工作的概念。关键工作是指网络计划中总时差最小的工作。

2）关键工作的确定。根据上述关键工作的定义，图 6-18 的最小总时差为零，故关键工作为 1—2，2—3、3—5、5—6、6—7、7—10、10—11、11—12、12—13、13—14、13—15、14—15，共 12 项。

（2）关键线路的确定

1）关键线路的概念。关键线路是线路上总的持续时间为最长的线路。

2）关键线路的确定。双代号网络计划的关键线路是将关键工作自左而右依次首尾相连而形成的线路，因此，图 6-18 的关键线路是 1—2—3—4—5—6—7—10—11—12—13—14—15 及 1—2—3—4—5—6—7—10—11—12—13—15 两条。

（3）关键线路的标注

关键工作和关键线路在网络图上应当用粗线或双线或彩色线进行标注。

6.4.3　双代号时标网络计划

1. 双代号时标网络计划的特点与运用范围

双代号时标网络计划是以时间坐标为尺度编制的双代号网络计划。

（1）双代号时标网络计划的特点

1）它兼有网络计划与横道计划两者的优点，能够清楚地表明计划的时间进程；

2）时标网络计划能在图上直接显示各项工作的开始与完成时间、工作自由时差及关键线路；

3）时标网络计划在绘制中受到时间坐标的限制，因此不易产生循环回路之类的逻辑错误；

4）可以利用时间坐标计划图直接统计资源的需要量，以便进行资源的优化和调整；

5）因为箭线受时间坐标的约束，故绘图不易修改，修改也较困难，往往要重新绘图。不过在使用计算机以后，这一问题已较易解决。

（2）双代号时标网络计划的适用范围

双代号时标网络计划适用于以下几种情况：

1）工作项目较少、工艺过程比较简单的工程；

2）局部网络计划；

3）作业性网络计划；

4）使用实际进度前锋线进行进度控制的网络计划。

由于按最迟时间绘制时标网络计划会使时差利用产生困难，故也不主张使用。本文只涉及按最早时间绘制的双代号时标网络计划。

2. 双代号时标网络计划的编制方法

以图 6-18 为例，把它绘制成双代号时标网络计划，则如图 6-19 所示。其绘制方法表述如下。

（1）先计算网络计划参数，再绘制时标网络计划的方法

步骤如下：

1）按表 6-6 的逻辑关系绘制双代号网络计划草图，如图 6-16 所示。

2）计算工作最早时间。

3）绘制时标图。时标图如图 6-19 所示。该表的时标即可注明在顶部，亦可注明在底部或上下均标注，时标的长度单位必须注明。必要时可在顶部的时标之上或在底部的时标之下加注日历的对应时间。中部的竖向刻度线宜为细线，为使图面清楚，竖线可少画或不画。

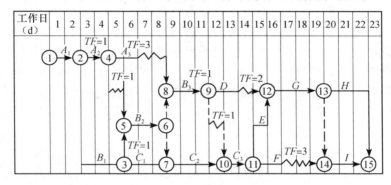

图 6-19　双代号时标网络计划示例

4）在时标图上，按最早开始时间确定每项工作的开始节点位置（图形尽量与草图一致）。

5）按各工作的时间长度绘制相应工作的实线部分，使其在时间坐标上的水平投影长度等于工作时间；虚工作因为不占时间，故只能以垂直虚线表示。

6）用波形线把实线部分与其紧后工作的开始节点连接起来，以表示自由时差。

完成后的时标网络图见图 6-19。

（2）直接按草图绘制双代号时标网络图的步骤

1）按表 6-6 的逻辑关系绘制双代号网络计划草图，见图 6-16。

2）绘制空白时标表。

3）将起点节点①定位在时标表的起始刻度线上。

4）按工作的持续时间绘制①节点的外向箭线①—②。

5）自左至右依次确定其余各节点的位置，如②、③、④、⑥、⑨、⑪之前只有一条内向箭线，则在其内向箭线绘制完成后即可在其末端将上述节点绘出；⑤、⑦、⑧、⑩、⑫、⑬、⑭、⑮节点则必须待其前面两条箭线都绘制完成后才能定位在这些内向箭线中最晚完成的时刻处；其中，⑤、⑦、⑧、⑩、⑫、⑭各节点均有长度不足以达到该节点的内向箭线，故用波形线补足。

6）节点定位后，该时标网络计划即绘制完成。

3. 双代号时标网络计划关键线路和时间参数的确定

（1）关键线路的判定

双代号时标网络计划中，自终点节点向始点节点观察，凡自始至终不出现自由时差（波形线）的通路，就是关键线路。这是因为如果某条线路自始至终都没有波形线，这条线路就不存在自由时差，也不存在总时差，它没有机动余地，当然就是关键线路。或者说，这条线路的各工作的最迟开始时间与最早开始时间是相等的，这样的线路特征只有关键线路才能具备。

按照上述标准，图6-19的关键线路是 1—2—3—4—5—6—7—10—11—12—13—14—15 及 1—2—3—4—5—6—7—10—11—12—13—15 两条。

（2）最早时间和计算工期的判定

每条箭线箭尾和箭头所对应的时标值，就是该工作的最早开始时间和最早完成时间。

时标网络计划的计算工期，应是其终点节点与起点节点所在位置之差。

上述两点的理由是：我们是按最早时间绘制的网络计划，每一项工作都是按最早开始时间确定其箭尾位置，起点节点定位在时标表的起始刻度线上，表示每一项工作的箭线在时间坐标上的水平投影长度都与其持续时间相对应，因此代表该工作的箭线末端（箭头）对应的时标值必然是该工作的最早完成时间，终点节点表示所有工作都完成，它所对应的时标值也就是该网络计划的总工期。

（3）时差的判定与计算

1）时标网络计划中，工作的自由时差表示在该工作的箭线中，波形线部分在坐标轴上的水平投影长度。这是因为双代号时标网络计划其波形线的后面节点所对应的时标值，是波形线所在工作的紧后工作的最早开始时间，波形线起点对应的时标值是本工作的最早完成时间。因此，按照自由时差的定义，紧后工作的最早开始时间与本工作的最早完成时间的差（即"波形线在坐标轴上的水平投影长度"）就是本工作的自由时差。

2）总时差不能从图上直接识别，需要进行计算。计算应从右向左进行，且符合下列规定：

①以终点节点（$j=n$）为箭头节点的工作的总时差 TF_{i-j} 应按网络计划的计划工期 T_p 计算确定，公式为：

$$TF_{i-n} = T_p - EF_{i-n} \qquad (6\text{-}40)$$

②其他工作的总时差的计算公式是：

$$TF_{i-j} = \min\{TF_{j-k} + FF_{i-j}\} \qquad (6\text{-}41)$$

式中　TF_{j-k}——i—j 工作的紧后工作 j—k 的总时差。

之所以自右向左计算，是因为总时差受总工期制约，故只有在其紧后工作的总时差确定后才能计算。

总时差值"等于其诸紧后工作总时差的最小值与本工作的自由时差之和"，是因为总时差是某线路段上各项工作共有的时差，其值大于或等于其中任一工作的自由时差。因此，某工作的总时差除本工作独用的自由时差必然是其中一部分之外，还必然包含其紧后工作的总时差。如果本工作有多项紧后工作，只有取诸紧后工作总时差的最小值才不会影响总工期。如果一项工作没有紧后工作，其总时差除包含其自由时差外，就不会有其他的机动时间可用，这样的工作其实只能是计划中的最后工作。

如图6-19中，按式（6-40）及式（6-41）计算，算出各工作的总时差，可标注于相应箭线之上。

（4）双代号网络计划最迟时间的计算

由于最早时间与总时差已知，故最迟时间可用下列公式计算：

$$LS_{i-j} = ES_{i-j} + TF_{i-j} \qquad (6\text{-}42)$$

$$LF_{i-j} = EF_{i-j} + TF_{i-j} \qquad (6\text{-}43)$$

仍以图 6-19 为例进行计算：按式（6-42）及式（6-43）计算，算出各工作的最迟时间，可标注于相应箭线之上。

6.5 进度计划的检查与调整

6.5.1 进度计划的检查

1. 横道图比较法

用横道图编制实施进度计划，指导工程项目实施，是工程中常用的大家熟悉的方法。

横道图比较法就是将在项目实施中针对工作任务检查实际进度收集的信息，经整理后直接用横道线并列标于原计划的横道处，进行直观比较的方法。例如某工程的施工实际进度与计划进度比较，如图 6-20 所示。

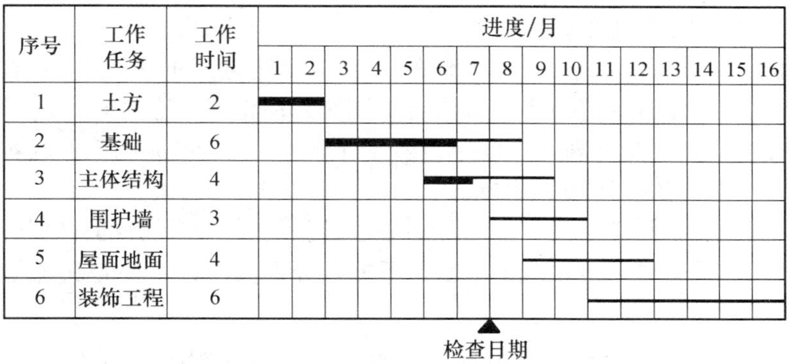

序号	工作任务	工作时间	进度/月
			1 2 3 4 5 6 7 8 9 10 11 12 13 14 15 16
1	土方	2	
2	基础	6	
3	主体结构	4	
4	围护墙	3	
5	屋面地面	4	
6	装饰工程	6	

检查日期

图 6-20 横道图比较法示意

横道图比较法是人们进行进度控制经常使用的一种简便的方法。通过这种比较，管理人员能很清晰和方便地分析实际进度与计划进度的偏差，从而完成进度控制工作。

横道图比较法中的实际进度可用持续时间或任务完成量（实物工程量、劳动消耗量、已完工程价值量）的累计百分比表示。但由于图中进度横道线一般只表示工作的开始时间、持续天数和完成时间，并不表示计划完成量和实际完成量，所以在实际工作中要根据工作任务的性质分别考虑。

工作进展有两种情况：一是工作任务是匀速进行的，即每项工作任务在单位时间内完成的任务量都是相等的；二是工作任务的进展速度是变化的。因此，进度比较就采取不同的方法。横道图比较方法包括匀速进展横道图比较、双比例单侧横道图比较、双比例双侧横道图比较。这三种方法都是针对某一项工作任务进行实际与计划的对比，在每一检查期，管理人员将每一项工作任务的进度评价结果标在整个项目的进度横道图上，最后综合判断工程项目

193

的进度进展状况。

（1）匀速进展横道图比较法

步骤为：

1）根据横道图进度计划，分别描述当前各项工作任务的计划状况。

2）在每一工作任务的计划进度线上标出检查日期。

3）将检查收集的实际进度数据，按比例用涂黑粗线（或其他填实图案线）标于计划进度线的下方。如图6-21所示。

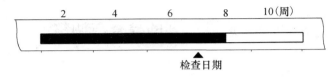

图6-21　匀速进展横道图比较图

4）比较分析实际进度与进度计划。

①涂黑的粗线右侧与检查日期相重合，表明实际进度与计划进度相一致；

②涂黑的粗线右端在检查日期左侧，表明实际进度拖后；

③涂黑的粗线右端在检查日期右侧，表明实际进度超前。

图6-21所示结果为实际进度比原计划超前一周。

（2）双比例单侧横道图比较法

双比例单侧横道图比较法适用于工作的进度按变速进展的情况。该方法用涂黑粗线（或其他填实图案线）表示工作任务实际进度的同时，标出其对应时刻完成任务的累计百分比，将该百分比与其同时刻计划完成任务的累计百分比相比较，判断工作的实际进度与计划进度之间的关系。其比较方法的步骤为：

1）根据工程项目横道图进度计划，分别描述当前各项工作任务的计划状况。

2）在每一工作任务计划进度线的上方、下方，分别标出各主要时间工作的计划、实际完成任务累计百分比。

3）用粗线标出实际进度线，由实际开工标起，同时反映实施过程中的连续与间断情况，如图6-22所示，间断时，将实际进度线作相应的空白。

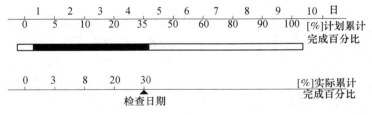

图6-22　双比例单侧横道图比较图

4）对照横道线上方计划完成任务累计量与同时间的下方实际完成任务累计量，比较它们的偏差，分析对比结果。

①同一时刻上下两个累计百分比相等，表明实际进度与计划一致；

②同一时刻上方的累计百分比大于下方的累计百分比，表明该时刻实际进度拖后，拖后的量为二者之差；

③同一时刻上方的累计百分比小于下方的累计百分比，表明该时刻实际进度超前，超前的量为二者之差。

（3）双比例双侧横道图比较法

双比例双侧横道图比较法同样适用于工作进度按变速进展的情况，它是将表示工作实际进度的涂黑粗线（或其他填空图案线），按检查的期间和任务完成量的百分比交替绘制在计划横道线的上下两侧，其长度表示该时间内完成的任务量，在进度线的上方、下方分别标出计划任务完成累计百分比、实际任务完成累计百分比。通过上下相对的百分比相比较，判断该工作任务的实际进度与计划进度之间的关系，如图6-23所示。

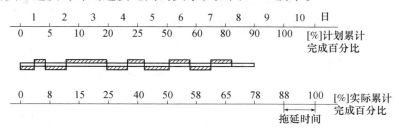

图6-23　双比例双侧横道图比较图

其比较分析方法的步骤为：

1）、2）同双比例单侧横道图比较法。

3）用粗线依次在横道线上方和下方交替地绘制每次检查实际完成的百分比。

4）比较实际进度与计划进度。实际结果同样有双比例单侧横道图比较法结果的三种情况。

匀速进展横道图比较法可用持续时间或任务完成量来实现实际进度与计划进度的比较，而双比例单侧与双比例双侧横道图比较法则主要用任务完成量来实现实际进度与计划进度的比较。但图中计划累计完成百分比则需要大量的工程实践案例分析计算得到，这是这两种方法的关键之处。

2. 前锋线比较法

前锋线比较法主要适用于时标网络计划以及横道图进度计划。该方法是从检查时刻的时间标点出发，用点划线依次连接各工作任务的实际进度点，最后到计划检查时的坐标点为止，形成前锋线，按前锋线与工作箭线交点的位置判定工程项目实际进度与计划进度偏差，如图6-24所示。

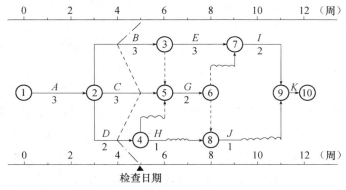

图6-24　某网络计划前锋线比较图

195

当该交点落在检查日期的左侧，表明实际进度拖延；当该交点与检查日期相一致，表明实际进度与计划进度相一致；当该交点落在检查日期右侧，表明实际进度超前。但最后应针对项目计划做全面评价。

3. S形曲线比较法

S形曲线是以横坐标表示进度时间，纵坐标表示累计工作任务完成量或累计完成成本量，而绘制出一条按计划时间累计完成任务量或累计完成成本量的曲线。因为在工程项目的实施过程中，开始和结尾阶段，单位时间投入的资源量较少，中间阶段单位时间投入的资源量较多，则单位时间完成的任务量或成本量也是同样的变化，所以随时间进展累计完成的任务量，应该呈S形变化，如图6-25所示。

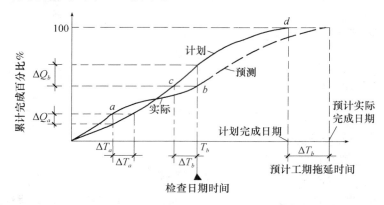

图6-25 S形曲线比较图

一般情况下，S形曲线的工程量、成本都是假设在工作任务的持续时间内平均分配。

S形曲线比较法是在项目实施过程中，按规定时间将检查的实际情况，绘制在与计划S形曲线同一张图上，可得出进度S形曲线，如图6-33所示。比较两条S形曲线可得到如下信息：

1）项目实际进度与计划进度比较。当实际工程进展点落在S形曲线左侧，则表示实际进度比计划进度朝前；若落在其右侧，则表示拖后；若刚好落在其上，则表示二者一致。

2）项目实际进度比计划进度超前或拖后的时间（见图6-25）。ΔT_a表示T_a时刻实际进度超前的时间，ΔT_b表示T_b时刻实际进度拖后的时间。

3）项目实际进度比计划进度超前或拖欠的任务量或成本量（见图6-33），ΔQ_a表示T_a时间超额完成的任务量；ΔQ_b表示在T_b时刻拖欠的任务量。

4. 香蕉形曲线比较法

香蕉形曲线是两种S形曲线组合成的闭合曲线，其一是以网络计划中各工作任务的最早开始时间安排进度而绘制的S形曲线，称为ES曲线；其二是以各项工作的计划最迟开始时间安排进度而绘制的S形曲线，称为LS曲线。由于两条S形曲线都是同一项目的，其计划开始时刻和完成时间相同，因此，ES曲线与LS曲线是闭合的，如图6-26所示。

若工程项目实施情况正常，如没有变更，没有停止等，实际进度曲线应落在该香蕉形曲线的区域内，如图 6-26 所示。

5. 列表比较法

列表比较法是通过将截止某一检查日期工作的尚有总时差与其原有总时差的计算结果列于表格之中进行比较，以判断工程实际进度与计划进度相比超前或滞后情况的方法。由网络计划原理可知，工作总时差是在不影响整个工程任务按原计划工期完成的前提下该项工作在开工时间上所具有的最大选择余地，因而到某一检查日期各项工作尚有总时差的取值实际上标志着工作进度偏差及能否如期完成整个工程进度计划的不同情况。

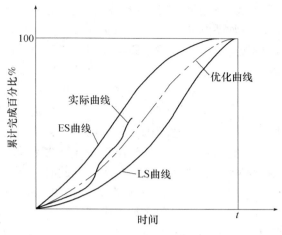

图 6-26　香蕉形曲线比较图

工作尚有总时差可定义为检查日到此项工作的最迟必须完成时间的尚余天数与自检查日算起该工作尚需的作业天数两者之差。将工作尚有总时差与原有总时差进行比较而形成的进度计划执行情况检查的具体结论可归纳如下：

1）若工作尚有总时差大于原有总时差，则说明该工作的实际进度比计划进度超前，且为两者之差；

2）若工作尚有总时差等于原有总时差，则说明该工作的实际进度与计划进度一致；

3）若工作尚有总时差小于原有总时差但仍为正值，则说明该工作的实际进度比计划进度滞后但计划工期不受影响，此时工作实际进度的滞后天数为两者之差；

4）若工作尚有总时差小于原有总时差且已为负值，则说明该工作的实际进度比计划进度滞后且计划工期已受影响，此时工作实际进度的滞后天数为两者之差，而计划工期的延迟天数则与工序尚有总时差天数相等。

列表比较法可同时适用于时标和标时网络计划执行情况的检查，可对检查工程进度时网络计划的实际执行情况列表进行比较、判断。

6.5.2　进度计划的调整

1. 进度计划的调整原则

进度计划执行过程中如发生实际进度与计划进度不符，则必须修改与调整原定计划，从而使之与变化以后的实际情况相适应。由于一项工程任务系由多个工作过程组成，且每一工作过程的完成往往均可以采用不同的施工方法与组织方法，而不同方法对工作持续时间、费用和资源投入种类、数量均可具有不同要求，这样从客观上讲，工程进度的计划安排往往可以存在多种方案，对处于执行过程中的进度计划进行的调整而言，则同样也会因此而具有充分的时空余裕，进度计划执行过程中对原定计划进行调整不但是必要的，而且也是可行的。

但更为准确地讲，进度计划执行过程中的调整究竟有无必要还应视进度偏差的具体情况而定，对此分析说明如下。

（1）当进度偏差体现为某项工作的实际进度超前

由网络计划技术原理可知，作为网络计划中的一项非关键工作，其实际进度的超前事实上不会对计划工期形成任何影响，换言之，计划工期不会因非关键工作的进度提前而同步缩短。由于加快某些个别工作的实施进度，往往可导致资源使用情况发生变化，管理过程中稍有疏忽甚至可能打乱整个原定计划对资源使用所作的合理安排，特别是在有多个平行分包单位施工的情况下，由此而引起的后续工作时间安排的变化往往会给项目管理者的协调工作带来许多麻烦，这就使得加快非关键工作进度而付出的代价并不能够收到缩短计划工期的相应效果。另一方面，对网络计划中的一项关键工作而言，尽管其实施进度提前可引起计划工期的缩短，但基于上述原因，往往同样也会使缩短部分工期的实际效果得不偿失。因此，当进度计划执行过程中产生的进度偏差体现为某项工作的实际进度超前，若超前幅度不大，此时计划不必调整；当超前幅度过大，则此时计划必须调整。

（2）当进度偏差体现为某项工作的实际进度滞后

进度计划执行过程中如果出现实际工作进度滞后，此种情况下是否调整原定计划通常应视进度偏差和相应工作总时差及自由时差的比较结果而定。由网络计划原理定义的工作时差概念可知，当进度偏差体现为某项工作的实际进度滞后，决定对进度计划是否作出相应调整的具体情形可分述如下：

1）若出现进度偏差的工作为关键工作，则由于工作进度滞后，必然会引起后续工作最早开工时间的延误和整个计划工期的相应延长，因而必须对原定进度计划采取相应调整措施；

2）当出现进度偏差的工作为非关键工作，且工作进度滞后天数已超出其总时差，则由于工作进度延误同样会引起后续工作最早开工时间的延误和整个计划工期的相应延长，因而必须对原定进度计划采取相应调整措施；

3）若出现进度偏差的工作为非关键工作，且工作进度滞后天数已超出其自由时差而未超出其总时差，则由于工作进度延误只引起后续工作最早开工时间的拖延而对整个计划工期并无影响，因而此时只有在后续工作最早开工时间不宜推后的情况下才考虑对原定进度计划采取相应调整措施；

4）若出现进度偏差的工作为非关键工作，且工作进度滞后天数未超出其自由时差，则由于工作进度延误对后续工作的最早开工时间和整个计划工期均无影响，因而不必对原总进度采取任何调整措施。

2. 进度计划的调整方法

按上述进度计划的调整原则，计划工作进展超前或滞后均可引起对进度计划进行调整，其中针对工作进度超前的情况显然其调整目的是适当放慢工作进度，为此该情况下进度计划的调整方法是适当延长某些后续工作的持续时间。在工程进度计划的如期完成不受影响的情况之下，适当延长某些计划工作的持续时间往往不但可使工程质量得到更为可靠的保证，而且还会相应降低工程成本。

在由于工作进度滞后引起后续工作开工时间或计划工期延误的情况下，进度计划的调整方法则相对复杂，这里主要概括说明计划工期延误情况下进行计划调整的两种主要方法。

（1）改变某些后续工作之间的逻辑关系

若进度偏差已影响计划工期，并且有关后续工作之间的逻辑关系允许改变，此时可变更位于关键线路或位于非关键线路但延误时间已超出其总时差的有关工作之间的逻辑关系，从而达到缩短工期的目的。例如可将按原计划安排依次进行的工作关系改变为平行进行、搭接进行或分段流水进行的工作关系。通过变更工作逻辑关系缩短工期往往相对简便易行且效果显著。

（2）缩短某些后续工作的持续时间

当进度偏差已影响计划工期，进度计划调整的另一方法是不改变工作之间的逻辑关系而只是压缩某些后续工作的持续时间，以借此加快后期工程进度从而使原计划工期仍然能够得以实现。应用本方法需注意被压缩持续时间的工作应是位于因工作实际进度拖延而引起计划工期延长的关键线路或某些非关键线路上的工作，且这些工作应切实具有压缩持续时间的余地。该方法通常是在网络图中借助图上分析计算直接进行，其基本思路是通过计算到计划执行过程中某一检查时刻剩余网络时间参数的计算结果确定工作进度偏差对计划工期的实际影响程度，再以此为据反过来推算有关工作持续时间的压缩幅度，其具体计算分析步骤一般为：①删去截止计划执行情况检查时刻业已完成的工作，将检查计划时的当前日期作为剩余网络的开始日期形成剩余网络；②将正处于进行过程中的工作的剩余持续时间标注于剩余网络图中；③计算剩余网络的各项时间参数；④据剩余网络时间参数的计算结果推算有关工作持续时间的压缩幅度。顺便指出，上述计划调整过程如果仅采用手算往往可带来较大的计算工作量，而且还会使计算过程十分复杂，而利用电算方法却可以非常容易地解决进度计划调整过程中有关分析计算工作的操作繁复性问题。目前国内陆续推出了不少优秀的同类项目管理软件，所有这些都大大方便了工程网络进度计划的调整工作。

需要说明的是，采用压缩计划工作持续时间的方法缩短工期不仅可能会使工程建设项目在质量、费用和资源供应均衡性保持方面蒙受损失，而且还要受到必要的技术间歇时间、气候、施工场地、施工作业空间及施工单位的技术能力和管理素质等诸多条件的限制，因此应用这一方法必须注重从工程具体实际情况出发，以确保方法应用的可行性和实际效果。

【例 6-5】 某基础工程由挖土方、砌基础和回填土三个施工过程组成，分为三个施工段进行流水施工，其中第二施工段有废坑一处需要在该施工段挖土的同时进行单独处理。分别用 A、B、E 表示第 1、2、3 施工段的挖土工程，每个施工段均需要时间 3 天；用 C 表示废坑处理工程，需要时间 3 天；用 D、G、I 表示第 1、2、3 施工段的砌基础工程，每个施工段均需要时间 4 天；用 H、J、K 表示第 1、2、3 施工段的回填土工程，每个施工段均需要时间 1 天。其网络计划如图 6-27 所示。在第 5 天末检查时，发现 A 工作已完成，B 工作已进行了 1 天，C 工作已进行了 2 天，D 工作尚未进行。用前锋线和列表比较法，记录和比较进度情况，并要求保持计划工期不变，确定调整后的网络计划。（注：已知 G、I 工作均可压缩 1 天，优先顺序为 G、I 工作）。

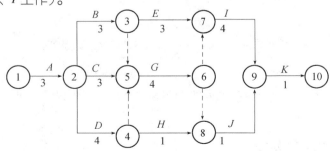

图 6-27　某基础工程网络计划图

【解】 ①根据第5天末检查的实际进度情况，绘制前锋线如图6-28所示。

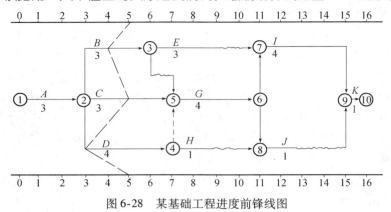

图6-28 某基础工程进度前锋线图

②根据列表比较法的公式计算有关参数见表6-7。

表6-7

工作代号	工作名称	检查计划时尚需作业天数 T_{i-j}	到计划最迟完成时尚有天数 T_{i-j}	原有总时差 TF_{i-j}	尚有总时差 TF_{i-j}	情况判断
2-3	B	2	2	1	0	正常
2-5	C	1	2	1	1	正常
2-4	D	4	2	0	-2	影响工期2天

③根据尚有总时差的计算结果，判断工作实际进度与计划进度的偏差，见表6-7。影响工期2天，需要调整原计划。

④将 G、I 工作持续时间各压缩1天，保持原计划工期不变。调整后的计划如图6-29所示。

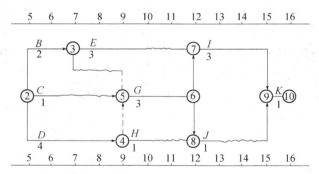

图6-29 某基础工程计划调整后网络计划图

6.6 进度拖延原因的分析与解决措施

6.6.1 进度拖延原因分析

项目管理者应按预定的项目计划定期评审实施进度情况，一旦发现进度出现拖延，则应根据进度计划与实际对比的结果，以及相关的实际工程信息，分析并确定拖延的根本原因。进度拖延是工程项目实施过程中经常发生的现象，各层次的项目单元、各个项目阶段都可能出现延误。应从以下几个方面分析进度拖延的原因。

1. 工期及相关计划的失误

计划失误是常见的现象。包括：计划时遗漏部分必须的功能或工作；计划值（例如计划工作量、持续时间）估算不足；资源供应能力不足或资源有限制；出现了计划中未能考虑到的风险和状况，未能使工程实施达到预定的效率。

此外，在现代工程中，上级（业主、投资者、企业主管）常常在一开始就提出很紧迫的、不切实际的工期要求，使承包商或设计单位、供应商的工期太紧。而许多业主为了缩短工期，常常压缩承包商的投标期、前期准备的时间。

2. 边界条件的变化

边界条件的变化往往是项目管理者始料不及的，而且也是实际工程中经常出现的。项目各参加单位对此比较敏感，因为下列边界条件的变化对他们各自产生的影响不同。

1）工作量的变化。可能是由于设计的修改、设计的错误、业主新的要求、修改项目的目标及系统范围的扩展造成的。

2）外界（如政府、上层系统）对项目的新的要求或限制，设计标准的提高可能造成项目资源的缺乏，使得工程无法及时完成。

3）环境条件的变化，如不利的施工条件不仅对工程实施过程造成干扰，有时还直接要求调整原来已确定的计划。

4）发生不可抗力事件，如地震、台风、动乱、战争等。

3. 管理过程中的失误

1）计划部门与实施者之间，总分包商之间，业主与承包商之间缺少沟通。

2）项目管理者缺乏工期意识。例如，项目组织者拖延了图纸的供应和批准手续，任务下达时缺少必要的工期说明和责任落实，拖延了工程活动。

3）项目参加者对各个活动（各专业工程和物资供应）之间的逻辑关系（活动链）没有清楚地了解，下达任务时也没有作详细的解释，同时对活动必要的前提条件准备不足，各单位之间缺少协调和信息沟通，许多工作脱节，资源供应出现问题。

4）由于其他方面未完成项目计划规定的任务造成拖延。例如设计单位拖延设计、运输不及时、上级机关拖延批准手续、质量检查拖延、业主不果断处理问题等。

5）承包商没有集中力量施工，材料供应拖延，资金缺乏，工期控制不紧。这可能是由于承包商同期工程太多、力量不足造成的。

6）业主没有集中资金的供应，拖欠工程款，或业主的材料、设备供应不及时。

所以，在项目管理中，项目管理者应明确各自的责任，做好充分的准备工作，加强沟通。项目组织者在项目实施前做好组织安排责任重大。

4. 其他原因

由于采取其他调整措施造成工期的拖延，如设计的变更、质量问题的返工、实施方案的修改。

6.6.2 解决进度拖延的措施

1. 解决进度拖延的措施

1）采取积极的措施赶工，以弥补或部分地弥补已经产生的拖延。主要通过调整后期计划，采取措施赶工，修改网络等方法解决进度拖延问题。

2）不采取特别的措施，在目前进度状态的基础上，仍按照原计划安排后期工作。但通常情况下，拖延的影响会越来越大。有时刚开始仅一两周的拖延，到最后会导致一年拖延的结果。这是一种消极的办法，最终必然会损害工期目标和经济效益。

2. 可以采取的赶工措施

与在计划阶段压缩工期一样，解决进度拖延有许多方法，但每种方法都有它的适用条件和限制条件，并且会带来一些负面影响。实际工作中将解决拖延的重点集中在时间问题上，但往往效果不佳，甚至引起严重的问题，最典型的是增加成本开支、现场的混乱和产生质量问题。所以应该将解决进度拖延作为一个新的计划过程来处理。

在实际工程中经常采用如下赶工措施：

1）增加资源投入，例如增加劳动力和材料、周转材料及设备的投入量。这是最常用的办法。它会带来如下问题：

①造成费用的增加，如增加人员的调遣费用、周转材料一次性费用、设备的进出场费。

②造成资源使用效率的降低。

③加剧资源供应的困难。如有些资源没有增加的可能性，从而加剧了项目之间或工序之间对资源激烈的竞争。

2）重新分配资源。例如将服务部门的人员投入到生产中去，投入风险准备资源，采用加班或多班制工作。

3）减少工作范围，包括减少工程量或删去一些工作包（或分项工程）。但这可能会产生如下影响：

①损害工程的完整性、经济性、安全性、运行效率，或提高项目运行费用。

②由于必须经过上层管理者，如投资者、业主的批准，这可能会造成工程的待工，增加拖延。

4）改善工具器具以提高劳动效率。

5）通过辅助措施和合理的工作过程，提高劳动生产率。这里要注意如下：

①加强培训，通常培训应尽可能地提前；

②注意工人级别与工人技能的协调；

③工作中的激励机制，例如奖金、小组精神发扬、个人负责制、目标明确；

④改善工作环境及项目的公用设施（需要花费）；

⑤项目小组时间上和空间上合理的组合和搭接；

⑥避免项目组织中的矛盾，多沟通。

6）将部分任务分包、委托给另外的单位，将原计划由自己生产的结构构件改为外购等。当然这不仅有风险，产生新的费用，而且需要增加控制和协调工作。

7）改变网络计划中工程活动的逻辑关系，如将前后顺序工作改为平行工作，或采用流水施工的办法。这又可能产生如下问题：

①工程活动逻辑上的矛盾性；

②资源的限制，平行施工要增加资源的投入强度，尽管投入总量不变；

③工作面限制及由此产生的现场混乱和低效率问题。

8）修改实施方案，例如将现浇混凝土改为场外预制、现场安装，这样可以提高施工速度。当然这一方面必须有可用的资源，另一方面又要考虑会造成成本的超支。

3. 应注意的问题

1）在选择措施时，要考虑到：赶工应符合项目的总目标与总战略；措施应是有效的、可以实现的；注意成本的节约；对项目的实施和承包商、供应商的影响面较少。

2）在制订后续工作计划时，这些措施应与项目的其他过程协调。

3）在实际工作中，人们常常采用了许多事先认为有效的措施，但实际效力却很小，常常达不到预期的缩短工期的效果。因此，要注意计划的科学性，在计划和执行过程中加强各方之间的配合协调。

复习思考题

1. 建筑工程项目进度控制概念和特点是什么？

2. 建筑工程项目进度控制有哪些控制方法和措施？

3. 试说明建筑工程项目进度控制的基本原理。

4. 建筑工程项目进度控制包括哪些基本内容？

5. 简述建筑工程项目进度控制的方法。

6. 简述解决施工进度拖延的措施。

7. 已知网络计划如下图所示，在第五天检查时，实际进度情况为：A，B，C，D，G工作已完成，E工作还未开始，H工作进行了一天。

（1）写出所有的关键线路。

（2）D、H、J工作的总时差、自由时差分别是多少？

（3）判断E、G、H工作对总工期的影响。

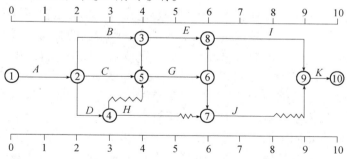

7　建筑工程项目成本控制

本章基于目前施工项目成本管理的基本原则和方法，在分析施工项目成本费用的组成和核算方法的基础上，着重介绍了施工项目成本预测、成本计划、成本控制、成本分析和成本考核的原理和方法。

7.1　建筑工程项目成本控制概述

7.1.1　工程项目成本

工程项目成本是指在以建筑工程项目作为成本核算对象的工程进程中所耗费的生产资料转移价值和劳动者的必要劳动所创造的价值的货币形式，也就是所发生的全部生产费用的和。

工程项目成本按着不同的分类方式可以分为不同的类别。

（1）按成本管理的阶段不同可以分为预算成本、计划成本和实际成本

预算成本是反映各地区建筑业平均水平的。它编制的依据有施工图纸，全国统一的工程量计算规划、建筑安装基础定额等。预算成本是确定工程造价的基础，是编制计划成本的依据，也是评价实际成本的依据。

计划成本是项目经理部根据计划期内的工程具体条件和为实施项目的各项技术组织措施等有关资料，计划达到的成本水平。它的编制依据包括企业目标利润和成本降低率、项目的预算成本、同行业、同类型项目的成本水平等。其作用是建立和健全工程项目成本管理责任制，控制生产费用，加强施工企业和项目经理部经济核算，降低工程项目成本。

实际成本是工程项目在施工阶段实际发生的各项生产费用的总和。它可以用来考核施工技术水平，技术组织措施的贯彻执行情况和企业经营效果，反映工程的盈利情况。

（2）按生产费用和工程量关系可以分为固定成本和变动成本

固定成本就是在一定时期内和一定的工程量范围内，发生的成本额不受工程量增减变化的影响，而相对固定的成本。这一成本是为了保持企业一定的生产经营条件而发生的。固定成本就它整体本身而言是固定的，但分配到每个项目单位工程量上的固定费用则是变动的。

变动成本就是其发生总额随着工程量的增减变动而成正比例变动的费用。所谓变动，也只就其总体而言的，对于单位分项工程上的变动费用往往是不变的。

（3）按生产费用计入成本的方法可以分为直接成本和间接成本

直接成本就是指直接耗用并能直接计入工程对象的费用。包括人工费、材料费、机械使用费和其他费用。

间接成本就是项目经理部为施工准备、组织和管理施工生产所发生的全部支出。包括工作人员薪金、劳动保护费、职工福利费、办公费等。

7.1.2 建筑工程成本控制

工程项目成本控制是指通过控制手段，在达到预定工程功能和工期要求的同时优化成本开支，将总成本控制在成本目标的范围内。

工程项目成本控制，一般是指项目经理部在保证工程质量、工期等方面满足合同要求的前提下，在项目成本形成的过程中，按一定的控制标准对项目实际发生的各种费用支出进行事前成本预测计划，实施过程管理和监督，并及时采取有效措施消除不正常损耗，纠正各种脱离标准的偏差，使各种费用的实际支出控制在预定的标准范围内，达到预期的成本目标。

1. 工程项目成本目标责任制

工程项目成本目标责任制就是项目经理部将工程项目的成本目标，按管理层次分解为各项活动的子目标，落实到每个职能部门和作业班组，把与施工项目成本有关的各项工作组织起来，和经济责任制挂钩，形成一个严密的成本控制体系。

建立施工项目成本目标责任制，就可以将计划、实施、检查和处理等科学管理环节在工程项目成本控制中应用和具体化。建立工程项目成本目标责任制，需要解决以下两个关键问题。

（1）责任者责任范围的划分

工程项目经理部中的管理人员都是成本目标的责任者，但是并不对工程项目的所有成本目标和总目标成本负责，这样就必须明确其相应的责任范围。例如，一个工长的责任范围就包括人工用量、材料用量、机械使用台班和其他资源的消耗。可以看出，工长只对他负责的工段所消耗的各种资源用量负有责任，但这些资源进货价格的高低则不属于工长的职责范围。

（2）责任者对费用的可控程度

在施工过程中，某一种资源费用的控制，往往是由若干个责任体系共同负责的。因此，对于该资源费用，不但要按其性能和控制主体进行划分，而且要制定每个责任者对费用的控制程度，方便对他们的业绩进行考核。

工程项目成本目标责任制编制好后，参与项目的所有人员，特别是项目经理，就都要按自己的业务分工各负其责。例如项目经理，作为成本控制的责任中心，就要全面负责项目目标成本控制工作，负责成本预测、决策工作，建立成本控制责任体系，并监督执行情况。

2. 工程项目成本控制的意义

（1）反映项目管理工作的综合指标

工程项目成本的降低表明企业在建筑安装工程施工过程中活劳动和物化劳动的节约。活劳动的节约说明企业劳动生产率的提高，物化劳动的节约说明企业机械设备利用率的提高和建筑材料消耗率的降低。所以加强工程项目成本控制，可以及时发现工程项目生产和管理中存在的缺点和薄弱环节，以便总结经验，采取措施，降低工程成本。

（2）企业增加利润和资本积累的主要途径

建筑企业经营管理的目的在于追求低于同行业平均值的成本水平，取得最大的成本差异。工程项目的价格一旦确定，成本就是决定因素，成本越低，盈利越高。

（3）推行项目经理承包责任制

在项目经理承包责任制中，规定项目经理必须承包项目质量、工期、成本三大约束性目标。其中成本目标是经济承包目标的综合体现，项目经理要实现他的经济承包责任，就必须充分利用生产要素市场机制，管好项目，控制投入，降低消耗，提高效率，将质量、工期、成本三大相关目标结合起来进行综合控制。

（4）为企业积累资料，指导今后工作

对项目实施过程中的成本统计资料进行积累并分析单位工程的实际成本，以验证原来投标计算的正确性。所有这些资料都是十分宝贵的，特别是对在该地区继续投标承包新的工程有十分重要的参考价值。

3. 工程项目成本控制的原则

企业对成本的控制，必须遵循一定的原则，才能充分发挥成本控制的作用。否则，成本控制没有原则，乱控乱卡，不仅不能控制成本，而且会造成混乱。成本控制的原则，主要有以下几个方面。

（1）效益性原则

效益有两方面含义：一是企业的经济效益；二是社会效益。成本控制的目的，是为了降低成本，提高企业经济效益和社会效益。因此，每个企业在成本控制中，必须同时重视企业经济效益和社会效益，正确处理产值、工程质量、竣工面积和成本的关系。

（2）开源与节流相结合的原则

要想降低项目成本，需要一面增加收入，一面节约支出。因此，在成本控制中，就应坚持开源与节流相结合的原则。这样就要求做到：每发生一笔金额较大的成本费用，都要查一查有没有相对应的预算收入，是否支大于收，在分部分项工程成本核算和月度成本核算中，也要进行实际成本和预算收入的对比分析，以便从中探索节约或超支的原因，纠正项目成本不利的偏差，提高成本的降低水平。

（3）全面性原则

全面控制有两方面含义：

1）项目成本的全员控制。项目成本的综合性很强，它涉及项目组织中各个部门、单位和班组的工作业绩，也与每个职工的切身利益攸关。因此，项目成本的高低需要大家关心，项目成本控制也需要项目管理者群策群力，仅靠项目经理和专业成本管理及少数人的努力是无法收到预期效果的。

2）项目成本的全过程控制。项目成本的全过程控制是指在项目确定以后，自施工准备开始，经过工程施工，到竣工交付使用后的保修期结束，其中每一项经济业务，都要纳入成本控制的轨道。

（4）中间控制原则

又称动态控制原则。对于具有一次性特点的工程项目成本来说，就应该特别强调它的中间控制。因为工程准备阶段的成本控制，只是根据上级要求和施工组织设计的具体内容来确定成本目标、编织成本计划、制定成本控制方案，为今后的成本控制做好准备。而竣工阶段的成本控制，不管成本是赢是亏，都已经是定局，无法改变了。因此，就应该把成本控制的重心放在基础、结构、装饰等主要施工阶段上。

（5）目标管理原则

成本控制总目标和目标分解应落实到工序成本的目标控制中。成本控制的目标管理是指先确定合理的目标成本，然后再通过各种成本控制手段将项目的实际成本控制在目标成本范围内。

（6）节约原则

节约人力、物力、财力的消耗，是提高经济效益的核心，也是成本控制的一项最主要的基本原则。具体包括以下内容：①严格执行成本开支范围，费用开支标准和有关财务制度，对各项成本费用的支出进行限制和监督；②提高施工项目的科学管理水平，优化施工方案，提高生产效率，节约人、财、物的消耗；③采取预防成本失控的技术组织措施，制止可能发生的浪费。

（7）责、权、利相结合原则

要使成本控制真正发挥及时有效的作用，必须严格按照经济责任制的要求，贯彻责权利相结合的原则。一方面，在项目施工过程中，项目经理、工程技术人员、业务管理人员以及各单位和生产班组都负有一定的成本控制责任，从而形成整个项目的成本控制责任网络。另一方面，各部门、各单位、各班组在肩负成本控制责任的同时，还应该享有成本控制的权力，在规定权力范围内可以决定某项费用能否开支、如何开支和开支多少，以行使对项目成本的实质性控制。最后，项目经理还要对各部门、各单位、各班组在成本控制中的业绩进行定期的检查和考评，并与工资分配紧密挂钩，实行有奖有罚。

（8）例外管理原则

在工程建设过程的诸多活动中，有许多活动是例外的，我们称之为例外问题，这些例外问题往往是关键性的问题，对成本目标的顺利完成影响很大，必须给予高度重视。例如，在成本控制中常见的成本盈亏异常现象，也就是盈余或亏损超过了正常的比例；还有本来可以控制的成本，突然发生了失控现象；某些暂时的节约，但有时对今后的成本带来隐患等，都应视为是"例外"问题，应对其重点检查、深入分析，并采取积极的措施加以纠正。

归纳起来，"例外"事项一般有以下四种情况：①是指成本差异金额较大的事项；②是指某些项目经常在成本控制线上下波动的事项；③是指影响企业决策的事项；④是指性质严重的事项。

4. 工程项目成本控制的对象

（1）以施工项目成本形成的过程作为控制对象

施工项目的生产费用发生在工程实施的各个阶段，因此，可以把项目实施的各个阶段作为项目成本的控制对象。各阶段成本控制的内容包括：

1）工程投标承包阶段。根据工程招标文件，对项目成本进行预测，提出投标决策意见；中标后组建与项目归口相适应的项目经理部，努力减少管理费用；企业以承包合同价格为依据，向项目经理部下达成本目标。

2）施工准备阶段。进行设计图纸自审、会审，选择经济合理、切实可行的施工方案；制订降低成本的技术组织措施；项目经理部确定自己的项目成本目标，并将目标分解到有关部门、岗位；编制正式施工项目成本计划。

3）施工阶段。在这一阶段要制定落实检查各部门、各级的成本责任制，执行检查成本计划，控制成本费用；还要加强材料和机械的管理，保证其质量，杜绝浪费，减少损失；搞好合同索赔工作，及时办理增加账，避免经济损失；加强经常性的分部分项工程成本核算分析以及月度（季度、年度）的成本核算分析，及时反馈，纠正成本不利偏差。

4）竣工验收及保修阶段。在这一阶段，要尽量缩短收尾工作时间，合理精简人员；及时办理工程结算，不得遗漏；对竣工验收过程中发生的费用和保修费用进行控制，同时总结控制经验。

（2）以职能部门、施工队和生产班组作为控制对象

成本控制具体的内容是日常发生的各种费用和损失，这些费用和损失，都发生在各个部门、施工队和生产班组。因此，也应以部门、施工队和班组作为成本控制对象，接受项目经理和企业有关部门的指导、监督和考评。与此同时，项目的职能部门、施工队和班组还应对自己承担的责任成本进行自我控制。可以说，这是最直接、最有效的项目成本控制。

（3）以分部分项工程作为项目成本的控制对象

为了把成本控制工作做得扎实、细致，落到实处，还应该以分部分项工程作为项目成本的控制对象，在正常的情况下，项目应该根据分部分项工程的实物量，参照施工预算定额，联系项目管理的技术素质、业务素质和技术组织的节约计划，编制包括工、料、机消耗数量、单价、金额在内的施工预算，作为对分部分项工程成本进行控制的依据。

（4）以对外经济合同作为成本控制对象

在市场经济体制下，施工项目的对外经济业务，都要以经济合同为纽带，建立契约关系，以明确双方的权利和义务。在签订上述经济合同时，除了要根据业务要求规定时间、质量、结算方式和履约奖罚等条款外，还必须强调要将合同的数量、单价、金额控制在预算收入以内。因为，合同金额超过预算收入，就意味着成本亏损，反之就能降低成本。

5. 工程项目成本控制系统的构成

成本控制系统是工程项目管理系统中的一个子系统，这一系统的构成要素包括：成本预测、成本决策、成本计划、成本控制、成本核算、成本分析和成本考核7个环节（见图7-1）。

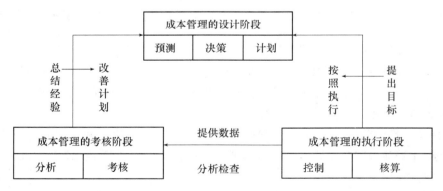

图7-1　成本控制系统

（1）成本预测

工程项目成本预测是根据成本信息和工程项目的具体情况，运用科学的方法，对未来的成本水平及其可能的发展趋势作出科学的估计，是成本管理中事前科学管理的重要手段。通过成本预测，可以针对薄弱环节加强成本控制，克服盲目性，提高预见性。

（2）成本决策

成本决策就是根据成本预测情况，经过认真分析做出决定，确定成本的控制目标。这是对企业未来成本进行计划和控制的重要步骤，一般应该先提出几个目标成本方案，然后再从

中选择理想的目标做出决定。

（3）成本计划

成本计划是对成本实现计划管理的重要环节。工程项目的成本计划是以货币形式编制的工程项目在计划期内的生产费用、成本水平、成本降低率以及为降低成本所采取的主要措施和规划的书面方案，它是建立工程项目成本责任制，开展成本控制和核算的基础。

（4）成本控制

成本控制是加强成本管理，实现成本计划的重要手段，也就是在施工中落实工程项目的成本计划，对影响工程项目成本的各种因素加强管理，并且不断收集信息，计算实际成本和计划成本之间的差异，一旦发生偏差，则进行分析，并采取有效措施进行调整，从而将各种消耗和支出严格控制在成本计划的范围内，实现成本目标。它是一个很重要的环节。

（5）成本核算

成本核算是对施工项目所发生的施工费用支出和形成工程项目成本的核算，是项目管理的最根本标志和主要内容。项目经理部作为企业的成本中心，必须大力加强施工项目成本核算，为成本控制各环节提供必要的资料。成本核算也是一个比较重要的环节，应该贯穿于整个成本控制的过程。

（6）成本分析

成本分析就是在成本形成的过程中，对工程项目成本进行的对比评价和剖析总结工作，它贯穿于成本控制的全过程。项目成本分析主要利用工程项目的成本核算资料，与目标成本、实际成本以及类似的工程项目的实际成本等进行比较，了解成本的变动情况，同时也要分析主要技术经济指标对成本的影响，系统地研究成本变动的因素，检查成本计划的合理性，并通过成本分析，寻找降低项目成本的途径，以便有效地进行成本控制。成本分析为今后的成本管理工作和降低成本指明努力方向，也是加强成本管理的重要环节。

（7）成本考核

成本考核就是工程项目完工后，对工程项目成本行程中的各责任者，按工程项目成本目标责任制的有关规定，将成本的实际指标与计划、定额、预算进行对比和考核，来评定施工项目成本计划完成情况和责任者的业绩，并以此给予相应的奖励和处罚。成本考核是对成本计划执行情况的总结和评价。

7.2 工程项目成本预测

成本预测是指通过取得的历史数字资料，采用经验总结、统计分析及数学模型的方法对成本进行判断和推测。通过项目施工成本预测，可以为建筑施工企业经营决策和项目管理部门编制成本计划等提供数据。它是实行施工项目科学管理的一项重要工具，越来越被人们所重视，并日益发挥其作用。

成本预测在实际工作中虽然不常提到，但实际上人们往往不知不觉中会用到，如何能够更加准确而有效地预测施工项目成本，仅依靠经验的估计很难做到，这需要掌握科学的系统的预测方法，以使其在工程经营和管理中发挥更大的作用。

7.2.1 工程项目成本预测的作用和过程

1. 工程项目成本预测的作用

（1）工程项目成本预测是投标决策的依据

建筑施工企业在选择投标项目过程中，往往需要根据项目是否赢利、利润大小等诸因素确定是否对工程投标。这样在投标决策时就要估计项目施工成本的情况，通过与施工图预算的比较，才能分析出项目是否赢利、利润大小等。

（2）工程项目成本预测是编制成本计划的基础

计划是管理关键的第一步。因此，编制可靠的计划具有十分重要的意义。但要编制出正确可靠的施工项目计划，必须遵循客观经济规律，从实际出发，对施工项目未来实施作出科学的预测。在编制成本计划之前，要在搜集、整理和分析有关施工项目成本、市场行情和施工消耗等资料基础上，对施工项目进展过程中的物价变动等情况和施工项目成本作出符合实际的预测。这样才能保证施工项目成本计划不脱离实际，切实起到控制施工项目成本的作用。

（3）工程项目成本预测是成本管理的重要环节

成本预测是在分析项目施工进程中各种经济与技术要素对成本升降影响的基础上，推算其成本水平变化的趋势及其规律性，预测施工项目的实际成本。它是预测和分析的有机结合，是事后反馈与事前控制的结合。通过成本预测，有利于及时发现问题，找出施工项目成本管理中的薄弱环节，采取措施，控制成本。

2. 成本预测的过程

科学、准确的预测必须遵循合理的预测程序。

（1）制定预测计划

制定预测计划是预测工作顺利进行的保证。预测计划的内容主要包括：组织领导及工作布置，配合的部门，时间进度，搜集材料范围等。如果在拟测过程中发现新情况和发现计划有缺陷，则可修订预测计划，以保证预测工作顺利进行，并获得较好的预测质量。

（2）搜集和整理预测资料

根据预测计划，搜集预测资料是进行预测的重要条件。预测资料一般有纵向和横向的两个方面数据。纵向资料是施工单位各类材料的消耗及价格的历史数据，据以分析其发展趋势；横向资料是指同类施工项目的成本资料，据以分析所预测项目与同类项目的差异，并做出估计。

预测资料的真实与正确，决定了预测工作的质量，因此对搜集的资料进行细致的检查和整理很有必要。

（3）选择预测方法

预测方法一般分为定性与定量两类。定性方法有专家会议法、主观概率法和德尔菲法等，主要是根据各方面的信息、情报或意见，进行推断预测。定量方法主要有移动平均法、指数平滑法和回归分析法等。

（4）成本初步预测

主要是根据定性预测的方法及一些横向成本资料的定量预测，对施工项目成本进行初步估计。这一步的结果往往比较粗糙，需要结合现在的成本水平进行修正，才能保证预测成本结果的质量。

（5）影响成本水平的因素预测

影响工程成本水平因素主要有：物价变化，劳动生产率，物料消耗指标，项目管理办公费用开支等。可根据近期内其他工程实施情况、本企业职工及当地分包企业情况、市场行情等，推测未来哪些因素会对本施工项目的成本水平产生影响，其结果如何。

（6）成本预测

根据初步的成本预测以及对成本水平变化因素预测结果，确定该施工项目的成本情况，包括人工费、材料费、机械使用费和其他直接费等。

（7）分析预测误差

成本预测是对施工项目实施之前的成本预计和推断，这往往与实施过程中及其后的实际成本有出入，而产生预测误差。预测误差大小，反映预测的准确程度。如果误差较大，就应分析产生误差的原因，并积累经验。

7.2.2 定性预测方法

定性预测是根据已掌握的信息资料和直观材料，依靠具有丰富经验和分析能力的内行和专家，运用主观经验，对施工项目的材料消耗、市场行情及成本等，做出性质上和程度上的推断和估计，然后把各方面的意见进行综合，作为预测成本变化的主要依据。

定性预测在工程实践中被广泛使用，特别适合于对预测对象的数据资料（包括历史的和现实的）掌握不充分，或影响因素复杂，难以用数字描述，或对主要影响因素难以进行数量分析等情况。定性预测偏重于对市场行情的发展方向和施工中各种影响施工项目成本因素的分析，能发挥专家经验和主观能动性，比较灵活，而且简便易行，可以较快地提出预测结果。但是在进行定性预测时，也要尽可能地搜集数据，运用数学方法，其结果通常也是从数量上作出测算。

定性预测方法主要有：经验判断法，包括经验评判法、会议专家法和专家调查法（德尔菲法）、主观概率法、调查访问法等。实用的定性预测方法主要有以下几种。

1. 专家会议法

专家会议法又称之为集合意见法，是将有关人员集中起来，针对预测的对象交换意见，预测工程成本。参加会议的人员，一般选择具有丰富经验，对经营和管理熟悉，并有一定专长的各方面专家。这个方法可以避免依靠个人的经验进行预测而产生的片面性。例如：对估计工程成本，可请预算人员、经营人员、施工管理人员等。

使用该方法，预测值经常出现较大的差异。在这种情况下，一般可采用预测值的平均值或加权平均值作为预测结果。

【例7-1】 B建筑公司承建位于某市的商住楼的主体结构工程（框剪结构）的施工（以下简称H工程），建筑面积10000m²，20层，工期2005年1月至2006年2月。公司在施工之前将进行H工程的成本预测工作。试采用专家会议法预测成本。

【解】 该公司召开由本公司的9位专业人员参加的预测会议，预测H工程的成本。各位专家的意见分别为：485、500、512、475、480、495、493、510、506（单位：元/m²）。由于结果相差较大，经反复讨论，意见集中在480（3人）、495（3人）、510（3人），采用上述的方法确定预测成本 y 为

$$y = (480 \times 3 + 495 \times 3 + 510 \times 3)/9 = 495 \text{ 元}/m^2$$

2. 专家调查法（德尔菲法）

这是根据有专业知识的人的直接经验，采用系统的程序，互不见面和反复进行的方式，对某一未来问题进行判断的一种方法。这种方法，具有匿名性，费用不高，节省时间。采用德尔菲法要比一个专家的判断预测或一组专家开会讨论得出的预测方案准确一些，一般用于较长期的预测。专家调查法的程序和方法如下：

（1）组织领导

开展德尔菲法预测，需要成立一个预测领导小组。领导小组负责草拟预测主题，编制预测事件一览表，选择专家，以及对预测结果进行分析、整理、归纳和处理。

（2）专家的选择

选择专家是关键。专家一般指掌握某一特定领域知识和技能的人。人数不宜过多，一般10~20人为宜。可避免当面讨论时容易产生相互干扰等弊病，或者当面表达意见，可能受到约束。该方法以信函方式与专家直接联系，专家之间没有任何联系。

（3）预测内容

根据预测任务，制定专家应答的问题提纲，说明作出定量估计、进行预测的依据及其对判断的影响程度。

（4）预测程序

第一次，提出要求，明确预测目标，用书面通知被选定的专家或专门人员。要求每位专家说明有什么特别资料可用来分析这些问题以及这些资料的使用方法。同时，请专家提供有关资料，并请专家提出进一步需要哪些资料。

第二次，专家接到通知后，根据自己的知识和经验，对所预测事件的未来发展趋势提出自己的观点，并说明其依据和理由，以书面答复主持预测的单位。

第三次，预测领导小组，根据专家预测的意见，加以归纳整理，对不同的预测值分别说明预测值的依据和理由（根据专家意见，但不注明哪个专家意见），然后再寄给各位专家，要求专家修改自己原先的预测，以及提出还有什么要求。

第四次，专家等人接到第二次信后，就各种预测的意见及其依据和理由进行分析，再次进行预测，提出自己修改的意见及其依据和理由。如此反复往返征询、归纳、修改，直到意见基本一致为止。修改的次数，根据需要决定。

【例7-2】【例7-1】中，用专家调查法对未来建材价格的变化作出预测。

【解】 建筑材料价格受到通货膨胀的影响，尤其对基建规模的变化很敏感，实际上很难有一个简单方便的数学模型描述它。对于施工企业来说，预测材料价格变化的最好方法是采用德尔菲法。具体的做法是以每年初或年末，采用专家调查法预测对以后1~2年内的价格变动情况（通常是以上涨或下降的百分率表示）。由于单位工程的工期往往在1~2年内，选择预测期为1年和2年可以满足实际需要。

在本例中，B公司指定由经营科组织和领导进行专家调查，对未来一年内建材价格变化进行预测。选择的专家分布在该市的建筑行业主管部门、建材业主管部门，涉及建材企业、建行等，共10人。给专家发送的"征询函"的内容有：①征询的目的和要求，即要求专家预测2005年建材价格平均变化率；②向专家提供一些必要的资料供预测时参考，主要有1999年至2004年的建材价格行情、基建规模；物价指数和建材供求情况。经过四轮征询，最后的结果专家的意见集中在8%（1人）、9%（2人）、9.5%（2人）、10.5%（2人）、11%（2人）和12%（1人）。采用平均法求得预测值：

$$y = (8\% + 9\% \times 2 + 9.5\% \times 2 + 10.5\% \times 2 + 11\% \times 2 + 12\%)/10 = 10\%$$

3. 主观概率预测法

主观概率是与专家会议法和专家调查法相结合的方法。即，允许专家在预测时可以提出几个估计值，并评定备值出现的可能性（概率）；然后计算各个专家预测值的期望值；最后对所有专家预测期望值水平均值，即为预测结果。

7.2.3 定量预测方法

定量预测也称为统计预测，它是根据已经掌握的比较完备的历史数据，运用一定的数学方法进行科学的加工整理，借以揭示有关变量之间的规律性联系，以此用于预测和推测未来发展变化情况的一类预测方法。

定量预测的优点是由于偏重于数量方面的分析，重视预测对象的变化程度，能作出变化程度在数量上的准确描述；它主要是把历史统计数据和客观实际资料作为预测的数据，再运用数学方法进行处理分析，这样它受主观因素的影响就较少。缺点是比较机械，不宜灵活掌握，对信息资料的质量要求比较高。

在成本费用预测中常采用以下几种方法。

1. 高低点法

高低点法是以统计资料中完成业务量最高和最低两个时期的成本数据，通过计算总成本中的固定成本、变动成本和变动成本率来预测成本。

2. 时间序列分析法

时间序列分析法是将历史资料按时间顺序排列，从成本数据序列中推测出成本未来的发展趋势。这种方法简便易行，但是准确性相对来说差一些。由于影响成本水平的因素太多，因而这种方法仅适用于短期预测。时间序列分析法中包括简单平均法、加权平均法和指数平均法。

3. 回归分析法

当所遇到的问题涉及几个变量或几种经济现象时，可以利用回归分析法。回归分析就是对客观存在的现象之间相互依存关系进行分析研究，测定两个或两个以上变量之间的关系，寻求其发展变化的规律性，从而进行推算和预测。在进行回归分析时，不论变量个数多少，都必须选择其中的一个变量为因变量，而把其他变量作为自变量，然后根据已知的历史统计数据资料，研究测定因变量和自变量之间的关系。

4. 量本利分析

量本利分析全称为产量成本利润分析，用于研究价格、单位变动成本和固定成本总额等因素之间的关系。这是一个简单而实用的管理技术，用于施工项目成本管理中，可以分析项目的合同价格、工程量、单位成本及总成本相互关系，为工程决策阶段提供依据。

（1）量本利分析的基本原理

量本利分析法是研究企业在经营中一定时期的成本、业务量（生产量或销售量）和利润之间的变化规律，从而对利润进行规划的一种技术方法。它是在成本划分为固定成本和变动成本的基础上发展起来的。以下举例来说明这个方法的原理。

量本利分析的基本数学模型。设某企业生产甲产品，本期固定成本总额为 C_1，单位售价为 P，单位变动成本为 C_2，并设销售量为 Q 单位，销售收入为 Y，总成本为 C，利润为 TP。

则成本、收入、利润之间存在以下的关系：

$$C = C_1 + C_2 \times Q$$
$$Y = P \times Q$$
$$TP = Y - C = (P - C_2) \times Q - C_1$$

①盈亏分析图和盈亏平衡点。以纵轴表示收入与成本，以横轴表示销售量，建立坐标图，并分别在图上画出成本线和收入线，称之为盈亏分析图，如图7-2所示。

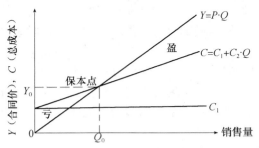

图 7-2 基本的盈亏平衡分析图

从图上看出，收入线与成本线的交点称之为盈亏平衡点或损益平衡点。在该点上，企业该产品收入与成本正好相等，即处于不亏不盈或损益平衡状态，也称为保本状态。

②保本销售量和保本销售收入。保本销售量和保本销售收入，就是对应盈亏平衡点，销售量 Q 和销售收入 Y 的值，分别以 Q_0 和 Y_0 表示。由于在保本状态下，销售收入与生产成本相等，即

$$Y_0 = C_1 + C_2 \times Q_0$$
$$P \times Q_0 = C_1 + C_2 \times Q_0$$
$$Q_0 = \frac{C_1}{P - C_2}$$
$$Y_0 = P \times \frac{C_1}{P - C_2} = \frac{C_1}{\dfrac{P - C_2}{P}}$$

式中 $(P - C_2)$ 亦称边际利润，$\dfrac{P - C_2}{P}$ 亦称边际利润率。

【例7-3】 设 $C_1 = 50000$ 元，$C_2 = 10$ 元/件，$P = 15$ 元/件，求保本销售量和保本销售收入。

【解】 保本销售量 $Q_0 = 50000 / (15 - 10) = 10000$ 件。

保本销售收入 $Y_0 = 10000 \times 15 = 150000$ 元。

（2）量本利分析在施工项目管理中应用的模型和方法

1）量本利分析的因素特征：

①量。施工项目成本管理中量本利分析的量不是一般意义上单件工业产品的生产数量或

销售数量，而是指一个施工项目的建筑面积或建筑体积（以 S 表示）。对于特定的施工项目，由于建筑产品具有"期货交易"特征，所以其生产量即是销售量，且固定不变。

②成本。量本利分析是在成本划分为固定成本和变动成本的基础上发展起来的，所以进行量本利分析首先应从成本性态入手，即把成本按其与产销量的关系分解为固定成本和变动成本。在施工项目管理中，就是把成本按是否随工程规模大小而变化划分为固定成本（以 C_1 表示）和变动成本（以 C_2 表示，这里指单位平方建筑面积变动成本）。

问题是确定 C_1 和 C_2 往往很困难，这是由于变动成本变化幅度较大，而且历史资料的计算口径不同。一个简便而适用的方法，是建立以 S 为自变量，C（总成本）为因变量的回归方程（$C = C_1 + C_2 \cdot S$），通过历史工程成本数据资料（以计算期价格指数为基础）用最小二乘法计算回归系数 C_1 和 C_2。

③价格。不同的工程项目其单位平方米价格是不相同的，但在相同的施工期间内，同结构类型的项目的单位平方米价格则是基本接近的。因此，施工项目成本管理量本利分析中可以按工程结构类型建立相应的盈亏分析图和量本利分析模型。某种结构类型项目的单位平方米价格可按实际历史数据资料计算并按物价上涨指数修正，或者和计算成本一样建立回归方程求解。

2）方法特征。施工企业在建立了自己的各种结构类型工程的盈亏分析图之后，对于特定的工程项目来说，其量（建筑面积）是固定不变的，从成本预测和定价方面考虑，变化的是成本（包括固定成本和变动成本）以及投标价。其作用在于为项目投标报价决策和制定项目施工成本计划提供依据。

3）盈亏分析图。假设项目的建筑面积（或体积）为 S，合同单位平方米造价为 P，施工项目的固定成本为 C_1，单位平方米变动成本为 C_2，项目合同总价为 Y 元，项目总成本为 C 元，则盈亏分析如图 7-3 所示。

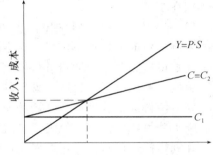

图 7-3　施工项目盈亏平衡分析图

进一步分析得出，项目保本规模 $S_0 = \dfrac{C_1}{P - C_2}$，项目保本合同价格 $Y_0 = P \times \dfrac{C_1}{P - C_2}$。

7.3　工程项目成本计划

7.3.1　工程项目成本计划概述

1. 编制工程项目成本计划的意义和作用

（1）工程项目成本计划的意义和必要性

成本计划是成本管理和成本会计的一项重要内容，是企业生产经营计划的重要组成部分。工程项目成本计划是在项目经理负责下，在成本预测的基础上进行的，它是以货币形式预先规定施工项目进行中的施工生产耗费的计划总水平，通过施工项目的成本计划可以确定对比项目总投资（或中标额）应实现的计划成本降低额与降低率，并且按成本管理层次、有关成本项目以及项目进展的诸阶段对成本计划加以分解，并制定各级成本实施方案。

工程项目成本计划是施工项目成本管理的一个重要环节，是实现降低工程项目成本任务的指导性文件。从某种意义上来说，编制工程项目成本计划也是施工项目成本预测的继续。如果对承包项目所编制的成本计划达不到目标成本要求时，就必须组织工程项目管理班子的有关人员重新研究寻找降低成本的途径，再进行重新编制，从第一次所编的成本计划到改编成第二次或第三次等的成本计划直至最终定案，实际上意味着进行了一次次的成本预测，同时编制成本计划的过程也是一次动员施工项目经理部全体职工，挖掘降低成本潜力的过程；也是检验施工技术质量管理、工期管理、物资消耗和劳动力消耗管理等效果的全过程。

各个工程项目成本计划汇总到企业，又是事先规划企业生产技术经营活动预期经济效果的综合性计划，是建立企业成本管理责任制、开展经济核算和控制生产费用的基础。

从更大的方面来看，成本计划还是整个国民经济计划的有机组成部分，对综合平衡有着重要作用。利用成本计划，国家可以确定国民收入、正确安排积累和消费的关系，促进国家经济有计划按比例的发展。

（2）工程项目成本计划的作用

工程项目成本计划是施工项目管理六大环节中的重要一环，正确编制工程项目成本计划的作用在于：

1）是对生产耗费进行控制、分析和考核的重要依据。成本计划既体现了社会主义市场经济体制下对成本核算单位降低成本的客观要求，也反映了核算单位降低产品成本的目标。成本计划可作为对生产耗费进行事前预计、事中检查控制和事后考核评价的重要依据。许多施工单位仅单纯重视项目成本管理的事中控制及事后考核，却忽视甚至省略了至关重要的事前计划，使得成本管理从一开始就缺乏目标，对于控制考核，也无从对比，产生很大的盲目性。施工项目成本计划一经确定，就应层层落实到部门、班组，并应经常将实际生产耗费与成本计划指标进行对比分析，揭露执行过程中存在的问题，及时采取措施，改进和完善成本管理工作，以保证施工项目成本计划各项指标得以实现。

2）是编制核算单位其他有关生产经营计划的基础。每一个工程项目都有着自己的项目计划，这是一个完整的体系。在这个体系中，成本计划与其他各方面的计划有着密切的联系。它们既相互独立，又起着相互依存和相互制约的作用。如编制项目流动资金计划、企业利润计划等都需要成本计划的资料，同时，成本计划也需要以施工方案、物资与价格计划等为基础。因此，正确编制施工项目成本计划，是综合平衡项目生产经营的重要保证。

3）是国家编制国民经济计划的一项重要依据。成本计划是国民经济计划的重要组成部分。建筑施工企业根据国家或上级主管部门下达的降低成本指标编制的成本计划，经过逐级汇总，为编制各部门和地区的生产成本计划提供依据。

4）可以动员全体职工深入开展增产节约、降低产品成本的活动。成本计划是全体职工共同奋斗的目标。为了保证成本计划的实现，企业必须加强成本管理责任制，把成本计划的各项指标进行分解，落实到各部门、班组乃至个人，实行归口管理并做到责、权、利相结合，检查评比和奖励惩罚有根有据，使开展增产节约、降低产品成本、执行和完成各项成本计划指标成为上下一致、左右协调、人人自觉努力完成的共同行动。

2. 工程项目成本计划编制的原则

为了使成本计划能够发挥它的积极作用，在编制成本计划时应掌握以下一些原则。

（1）从实际情况出发的原则

编制成本计划必须根据国家的方针政策，从企业的实际情况出发，充分挖掘企业内部潜力，使降低成本指标既积极可靠，又切实可行。施工项目管理部门降低成本的潜力在于正确选择施工方案，合理组织施工；提高劳动生产率；改善材料供应，降低材料消耗，提高机械利用率，节约施工管理费用等。但要注意，不能为降低成本而偷工减料，忽视质量，不顾机械的维护修理而拼机械，片面增加劳动强度，加班加点，或减掉合理的劳保费用，忽视安全工作。

（2）与其他计划结合的原则

编制成本计划，必须与施工项目的其他各项计划如施工方案、生产进度、财务计划、材料供应及耗费计划等密切结合，保持平衡。即成本计划一方面要根据施工项目的生产、技术组织措施、劳动工资、材料供应等计划来编制，另一方面又影响着其他各种计划指标时，都应考虑适应降低成本的要求，与成本计划密切配合，而不能单纯考虑每一种计划本身的需要。

（3）采用先进的技术经济定额的原则

编制成本计划，必须以各种先进的技术经济定额为依据，并针对工程的具体特点，采取切实可行的技术组织措施作保证。只有这样，才能使编出的成本计划既具有科学根据，又有实现的可能，也只有这样，才能使编出的成本计划起到促进和激励的作用。

（4）统一领导、分级管理的原则

编制成本计划，应实行统一领导、分级管理的原则，采取走群众路线的工作方法，应在项目经理的领导下，以财务和计划部门为中心；发动全体职工共同进行，总结降低成本的经验，找出降低成本的正确途径，使成本计划的制定和执行具有广泛的群众基础。

（5）弹性原则

编制成本计划，应留有充分余地，保持计划的一定弹性。在计划期内，项目经理部的内部或外部的技术经济状况和供产销条件，很可能发生在编制计划时所未预料的变化，尤其是材料供应、市场价格千变万化，给计划拟定带来很大困难。因而在编制计划时应充分考虑到这些情况，使计划保持一定的应变适应能力。

3. 成本计划与目标成本

所谓目标成本即是项目（或企业）对未来其产品成本所规定的奋斗目标，它较已经达到的实际成本要低，但又是经过努力可以达到的。目标成本管理是现代化企业经营管理的重要组成部分，它是市场竞争的需要，是企业挖掘内部潜力，不断降低产品成本，提高企业整体工作质量的需要，是衡量企业实际成本节约或开支，考核企业在一定时期内成本管理水平高低的依据。

施工项目的成本管理实质就是一种目标管理。项目管理的最终目标是低成本、高质量、短工期，而低成本是这三大目标的核心和基础。目标成本有很多形式，在制定目标成本作为编制施工项目成本计划和预算的依据时，可能以计划成本、定额成本或标准成本作为目标成本，这将随成本计划编制方法的变化而变化。

一般而言，目标成本的计算公式如下：

项目目标成本＝预计结算收入－税金－项目目标利润

目标成本降低额＝项目的预算成本－项目的目标成本

目标成本降低率 = 目标成本降低额/项目的预算成本

7.3.2　工程项目成本计划的内容

1. 施工项目成本计划的组成

施工项目的成本计划一般由施工项目降低直接成本计划和间接成本计划组成。如果项目设有附属生产单位（如加工厂、预制厂、机械动力站和汽车队等），成本计划还包括产品成本计划和作业成本计划。

（1）施工项目降低直接成本计划

施工项目降低直接成本计划主要反映工程成本的预算价值、计划降低额和计划降低率。一般包括以下几方面的内容：

1）总则：包括对施工项目的概述，项目管理机构及层次介绍，有关工程的进度计划、外部环境特点，对合同中有关经济问题的责任，成本计划编制中依据其他文件及其他规格也均应作适当的介绍。

2）目标及核算原则：包括施工项目降低成本计划及计划利润总额、投资和外汇总节约额（如有的话）、主要材料和能源节约额、货款和流动资金节约额等。核算原则系指参与项目的各单位在成本、利润结算中采用何种核算方式，如承包方式、费用分配方式、会计核算原则（权责发生制与收付实现制、结算款所用币制等），如有不同，应予以说明。

3）降低成本计划总表或总控制方案：项目主要部分的分部成本计划，如施工部分，编写项目施工成本计划，按直接费、间接费、计划利润的合同中标数、计划支出数、计划降低额分别填入。如有多家单位参与施工时，要分单位编制后再汇总。

4）对施工项目成本计划中计划支出数估算过程的说明：要对材料、人工、机械费、运费等主要支出项目加以分解。以材料费为例，应说明：钢材、木材、水泥、砂石、加工订货制品等主要材料和加工预制品的计划用量、价格，模板摊销列入成本的幅度，脚手架等租赁用品计划付多少款，材料采购发生的成本差异是否列入成本等，以便在实际施工中加以控制与考核。

5）计划降低成本的来源分析：应反映项目管理过程计划采取的增产节约、增收节支和各项措施及预期效果。以施工部分为例，应反映技术组织措施的主要项目及预期经济效果。可依据技术、劳资、机械、材料、能源、运输等各部门提出的节约措施，加以整理、计算。

（2）间接成本计划

间接成本计划主要反映施工现场管理费用的计划数、预算收入数及降低额。间接成本计划应根据工程项目的核算期，以项目总收入费的管理费为基础，制定各部门费用的收支计划，汇总后作为工程项目的管理费用的计划。在间接成本计划中，收入应与取费口径一致，支出应与会计核算中管理费用的二级科目一致。间接成本的计划收支总额，应与项目成本计划中管理费一栏的数额相符。各部门应按照节约开支、压缩费用的原则，制订《管理费用归口包干指标落实办法》，以保证该计划的实施。

2. 工程项目成本计划表

在编制了成本计划以后还需要通过各种成本计划表的形式将成本降低任务落实到整个项目的施工全过程，并且在项目实施过程中实现对成本的控制。成本计划表通常由成本计划任务表、技术组织措施表和降低成本计划表三个表组成，间接成本计划可用施工现场管理费计划表来控制。

（1）项目成本计划任务表

项目成本计划任务表主要是反映工程项目预算成本、计划成本、成本降低额、成本降低率的文件。成本降低额能否实现主要取决于企业采取的技术组织措施。因此，计划成本降低额这一栏要根据技术组织措施表和降低成本计划表来填写。

（2）技术组织措施表

技术组织措施表是预测项目计划期内施工工程成本各项直接费用计划降低额的依据。是提出各项节约措施和确定各项措施的经济效益的文件。由项目经理部有关人员分别就应采取的技术组织措施预测它的经济效益，最后汇总编制而成。编制技术组织措施表的目的，是为了在不断采用新工艺、新技术的基础上提高施工技术水平，改善施工工艺过程，推广工业化和机械化施工方法，以及通过采纳合理化建议达到降低成本的目的。

（3）降低成本计划表

降低成本计划表是根据企业下达给该项目的降低成本任务和该项目经理部自己确定的降低成本指标而制定出项目成本降低计划。它是编制成本计划任务表的重要依据。它是由项目经理部有关业务和技术人员编制的。其根据是项目的总包和分包的分工，项目中的各有关部门提供降低成本资料及技术组织措施计划。在编制降低成本计划表时还应参照企业内外以往同类项目成本计划的实际执行情况。

（4）施工现场管理费计划表

施工现场管理费计划表是指发生在施工现场这一级，针对工程的施工建设进行组织经营管理等支出的费用计划表。现场管理费是按相应的计取基础乘以现场管理费费率确定，例如土建工程的施工现场管理费＝直接费×现场管理费费率，安装工程的施工现场管理费＝人工费×现场管理费费率。

3. 工程项目成本计划的风险分析

（1）工程项目成本计划的风险因素

在编制工程项目成本计划时，我们不可避免地会考虑一定的风险因素。因为，目前我国是以社会主义市场经济为经济体制改革的目标，市场调节成为配置社会资源的主要方式，通过价格杠杆和竞争机制，使有限的资源配置到效益好的方面和企业去，这就必将促进企业间的竞争、加大风险。

在成本计划编制中可能存在着以下几方面的因素导致成本支出加大，甚至形成亏损：①由于技术上、工艺上的变更，造成施工方案的变化；②交通、能源、环保方面的要求带来的变化；③原材料价格变化、通货膨胀带来的连锁反应；④工资及福利方面的变化；⑤气候带来的自然灾害；⑥可能发生的工程索赔、反索赔事件；⑦国际国内可能发生的战争、骚乱事件；⑧国际结算中的汇率风险等。

对上述各可能风险因素在成本计划中都应做不同程度的考虑，一旦发生变化能及时修正计划。

（2）成本计划中降低工程项目成本的可能途径

降低工程项目成本可从以下几方面考虑：

1）加强施工管理，提高施工组织水平。主要是正确选择施工方案，合理布置施工现场；采用先进的施工方法和施工工艺，不断提高工业化、现代化水平；组织均衡生产，搞好现场调度和协作配合；注意竣工收尾，加快工程进度，缩短工期。

2）加强技术管理，提高工程质量。主要是研究推广新产品、新技术、新结构、新材料、新机器及其他技术革新措施，制定并贯彻降低成本的技术组织措施，提高经济效果，加强施工过程的技术质量检验制度，提高工程质量，避免返工损失。

3）加强劳动工资管理，提高劳动生产率。主要是改善劳动组织，合理使用劳动力，减少窝工浪费；执行劳动定额，实行合理的工资和奖励制度；加强技术教育和培训工作，提高工人的文化技术水平和操作熟练程度；加强劳动纪律，提高工作效率，压缩非生产用工和辅助用工，严格控制非生产人员比例。

4）加强机械设备管理，提高机械使用率。主要是正确选配和合理使用机械设备，搞好机械设备的保养修理，提高机械的完好率、利用率和使用效率，从而加快施工进度、增加产量、降低机械使用费。

5）加强材料管理，节约材料费用。主要是改进材料的采购、运输、收发、保管等方面的工作，减少各个环节的损耗，节约采购费用；合理堆置现场材料，组织分批进场，避免和减少二次搬运；严格材料进场验收和限额领料制度；制定并贯彻节约材料的技术措施，合理使用材料，尤其是三大材，大搞节约代用，修旧利废和废料回收，综合利用一切资源。

6）加强费用管理，节约施工管理费。主要是精减管理机构，减少管理层次，压缩非生产人员，实行定额管理，制定费用分项分部门的定额指标，有计划地控制各项费用开支。

积极采用降低成本的新管理技术，如系统工程、工业工程、全面质量管理、价值工程等，其中价值工程是寻求降低成本途径行之有效的方法。

4. 降低成本措施效果的计算

降低成本的技术组织措施项目确定后，要计算其采用后预期的经济效果。这实际上也是降低成本目标保证程度的预测。

1）由于劳动生产率提高超过平均工资增长而使成本降低。

2）由于材料、燃料消耗降低而使成本降低：

成本降低率 = 材料、燃料等消耗降低率 × 材料成本占工程成本的比重

3）由于多完成工程任务，使固定费用相对节约而使成本降低：

成本降低率 =（1 − 1/生产增长率）× 固定费用占工程成本的比重

4）由于节约管理费而使成本降低：

成本降低率 = 管理费节约率 × 管理费占工程成本的比重

5）由于减少废品、返工损失而使成本降低：

成本降低率 = 废品返工损失降低率 × 废品返工损失占工程成本的比重

机械使用费和其他直接费的节约额，也可以根据要采用的措施计算出来。将以上各项成本降低率相加，就可以测算出总的成本降低率。

7.3.3 工程项目成本计划的编制步骤和方法

1. 工程项目成本计划的编制程序

工程项目的成本计划工作，是一项非常重要的工作，不应仅仅把它看作是几张计划表的编制，更重要的是项目成本管理的决策过程，即选定技术上可行、经济上合理的最优降低成本方案。同时，通过成本计划把目标成本层层分解，落实到施工过程的每个环节，以调动全

体职工的积极性，有效地进行成本控制。编制成本计划的程序，因项目的规模大小、管理要求不同而不同，大中型项目一般采用分级编制的方式，即先由各部门提出部门成本计划，再由项目经理部汇总编制全项目工程的成本计划；小型项目一般采用集中编制方式，即由项目经理部先编制各部门成本计划，再汇总编制全项目的成本计划。无论采用哪种方式，其编制的基本程序如下所示。

（1）搜集和整理资料

广泛搜集资料并进行归纳整理是编制成本计划的必要步骤。所需搜集的资料即是编制成本计划的依据。

这些资料主要包括：①国家和上级部门有关编制成本计划的规定；②项目经理部与企业签订的承包合同及企业下达的成本降低额、降低率和其他有关技术经济指标；③有关成本预测、决策的资料；④施工项目的施工图预算、施工预算；⑤施工组织设计；⑥施工项目使用的机械设备生产能力及其利用情况；⑦施工项目的材料消耗、物资供应、劳动工资及劳动效率等计划资料；⑧计划期内的物资消耗定额、劳动工时定额、费用定额等资料；⑨以往同类项目成本计划的实际执行情况及有关技术经济指标完成情况的分析资料；⑩同行业同类项目的成本、定额、技术经济指标资料及增产节约的经验和有效措施；⑪本企业的历史先进水平和当时的先进经验及采取的措施；⑫国外同类项目的先进成本水平情况等资料。

此外，还应深入分析当前情况和未来的发展趋势，了解影响成本升降的各种有利和不利因素，研究如何克服不利因素和降低成本的具体措施，为编制成本计划提供丰富具体和可靠的成本资料。

（2）估算计划成本（确定目标成本）

财务部门在掌握了丰富的资料，并加以整理分析，特别是在对基期成本计划完成情况进行分析的基础上，根据有关的设计、施工等计划，按照工程项目应投入的物资、材料、劳动力、机械、能源及各种设施等，结合计划期内各种因素的变化和准备采取的各种增产节约措施，进行反复测算、修订、平衡后，估算生产费用支出的总水平，进而提出全项目的成本计划控制指标，最终确定目标成本。确定目标成本以及把总的目标分解落实到各相关部门、班组大多采用工作分解法。

工作分解法又称工程分解结构，在国外被简称为 WBS（Work Break down Structure），它的特点是以施工图设计为基础，以本企业做出的项目施工组织设计及技术方案为依据，以实际价格和计划的物资、材料、人工、机械等消耗量为基准，估算工程项目的实际成本费用，据以确定成本目标。具体步骤是：首先把整个工程项目逐级分解为内容单一，便于进行单位工料成本估算的小项或工序，然后按小项自下而上估算、汇总，从而得到整个工程项目的估算。估算汇总后还要考虑风险系数与物价指数，对估算结果加以修正。

利用上述 WBS 系统在进行成本估算时，工作划分的越细、越具体，价格的确定和工程量估计越容易，工作分解自上而下逐级展开，成本估算自下而上，将各级成本估算逐级累加，便得到整个工程项目的成本估算。在此基础上分级分类计算的工程项目的成本，既是投标报价的基础，又是成本控制的依据，也是和甲方工程项目预算作比较和进行盈利水平估计的基础。成本估算的公式如下：

估算成本 = 可确认单位的数量×历史基础成本×现在市场因数系数×将来物价上涨系数

式中"可确认单位的数量"是指钢材吨数，木材的立方米数，人工的工时数等；"历史基础成本"是指基准年的单位成本;"现在市场因素系数"是指从基准年到现在的物价上涨指数。

（3）编制成本计划草案

对大中型项目，经项目经理部批准下达成本计划指标后，各职能部门应充分发动群众进行认真的讨论，在总结上期成本计划完成情况的基础上，结合本期计划指标，找出完成本期计划的有利和不利因素，提出挖掘潜力、克服不利因素的具体措施，以保证计划任务的完成。为了使指标真正落实，各部门应尽可能将指标分解落实下达到各班组及个人，使得目标成本的降低额和降低率得到充分讨论、反馈、再修订，使成本计划既能够切合实际，又成为群众共同奋斗的目标。

各职能部门亦应认真讨论项目经理部下达的费用控制指标，拟定具体实施的技术经济措施方案，编制各部门的费用预算。

（4）综合平衡，编制正式的成本计划

在各职能部门上报了部门成本计划和费用预算后，项目经理部首先应结合各项技术经济措施，检查各计划和费用预算是否合理可行，并进行综合平衡，使各部门计划和费用预算之间相互协调、衔接；其次，要从全局出发，在保证企业下达的成本降低任务或本项目目标成本实现的情况下，以生产计划为中心，分析研究成本计划与生产计划、劳动工时计划、材料成本与物资供应计划、工资成本与工资基金计划、资金计划等的相互协调平衡。经反复讨论多次综合平衡，最后确定的成本计划指标，即可作为编制成本计划的依据，项目经理部将正式编制的成本计划，上报企业有关部门后即可正式下达至各职能部门执行（见图7-4）。

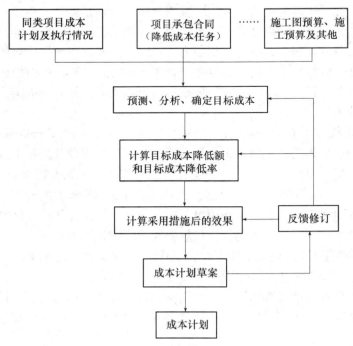

图7-4　成本计划编制程序框图

2. 工程项目成本计划的编制方法

工程项目成本计划工作主要是在项目经理负责下，在成本预、决算基础上进行的。编制中的关键前提——确定目标成本，这是成本计划的核心，是成本管理所要达到的目的。成本目标通常以项目成本总降低额和降低率来定量地表示。项目成本目标的方向性、综合性和预测性，决定了必须选择科学的确定目标的方法。

（1）常用的工程项目成本计划

在概、预算编制力量较强、定额比较完备的情况下，特别是施工图预算与施工预算编制经验比较丰富的施工企业，工程项目的成本目标可由定额估算法产生。所谓施工图预算，它是以施工图为依据，按照预算定额和规定的取费标准以及图纸工程量计算出项目成本，反映为完成施工项目建筑安装任务所需的直接成本和间接成本。它是招标投标中计算标底的依据，评标的尺度，是控制项目成本支出、衡量成本节约或超支的标准，也是施工项目考核经营成果的基础。施工预算是施工单位（各项目经理部）根据施工定额编制的，作为施工单位内部经济核算的依据。

过去，通常以两算对比差额与技术组织措施带来的节约来估算计划成本的降低额，公式为：

$$计划成本降低额 = 两算对比定额差 + 技术组织措施计划节约额$$

通过图 7-5 可以较为清楚地看出成本计划与其他各种计划之间的关系。

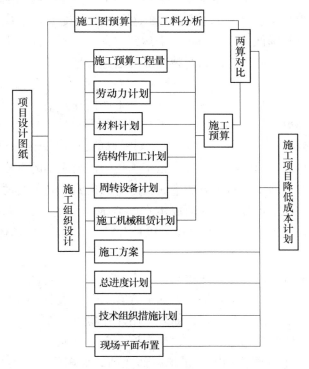

图 7-5　编制降低成本计划关系框图

随着社会主义市场经济体制的建立，一些施工单位对这种定额估算法又作了修改，其步骤及公式如下：

1）根据已有的投标、预算资料，确定中标合同价与施工图预算的总价格施工图预算与施工预算的总价格差。

2）根据技术组织措施计划确定技术组织措施带来的项目节约数。

3）对施工预算未能包容的项目，包括施工有关项目和管理费用项目，参照估算。

4）对实际成本可能明显超出或低于定额的主要子项，按实际支出水平估算出其实际与定额水平之差。

5）充分考虑项目实施中各种风险发生的可能性及造成的影响程度，综合考虑不可预见因素、工期制约因素以及市场价格波动因素，对成本加以试算调整，得出一综合影响系数。

6）综合计算整个项目的目标成本降低额及降低率。

目标成本降低额 = [1) + 2) - 3) ±4)] × [1 + 5)]

目标成本降低率 = 目标成本降低额/项目的预算成本

（2）计划成本法

工程项目成本计划中的计划成本的编制方法，通常有以下几种：

1）施工预算法。是指主要以施工图中的工程实物量，套以施工工料消耗定额，计算工料消耗量，并进行工料汇总，然后统一以货币形式反映其施工生产耗费水平。以施工工料消耗定额所计算施工生产耗费水平，基本是一个不变的常数。一个施工项目要实现较高的经济效益（即提高用于降低成本的水平），就必须在这个常数基础上采取技术节约措施，以降低消耗定额的单位消耗量和降低价格等措施，来达到成本计划的目标成本水平。因此，采用施工预算法编制成本计划时，必须考虑结合技术节约措施计划，以进一步降低施工生产耗费水平。用公式来表示：

$$\begin{matrix} \text{施工预算法的计划成本} \\ \text{（目标成本）} \end{matrix} = \begin{matrix} \text{施工预算施工生产消耗水平} \\ \text{（工料消耗费用）} \end{matrix} - \begin{matrix} \text{技术节约措施} \\ \text{计划节约额} \end{matrix}$$

2）技术节约措施法。是指以该施工项目计划采取的技术组织措施和节约措施所能取得的经济效果为施工项目成本降低额，然后求施工项目的计划成本的方法。用公式表示：

施工项目计划成本 = 施工项目预算成本 - 技术节约措施计划节约额（降低成本额）

3）成本习性法。是固定成本和变动成本在编制成本计划中的应用，主要按照成本习性，将成本分成固定成本和变动成本两类，以此作为计划成本。具体划分可采用费用分解法。

①材料费。与产量有直接联系，属于变动成本。

②人工费。在计时工资形式下，生产工人工资属于固定成本。因为不管生产任务完成与否，工资照发，与产量增减无直接联系。如果采用计件超额工资形式，其计件工资部分属变动成本，奖金、效益工资和浮动工资部分，亦应计入变动成本。

③机械使用费。其中有些费用随产量增减而变动，如燃料、动力费，属变动成本。有些费用不随产量变动，如机械折旧费、大修理费、机修工、操作工的工资等，属于固定成本。此外还有机械的场外运输费和机械组装拆卸、替换配件、润滑擦拭等经常修理费，由于不直接用于生产，也不随产量增减成正比例变动，而是在生产能力得到充分利用，

产量增长时，所分摊的费用就少些，在产量下降时，所分摊的费用就要大一些，所以这部分费用为介于固定成本和变动成本之间的半变动成本；可按一定比例划归固定成本与变动成本。

④其他直接费。水、电、风、汽等费用以及现场发生的材料二次搬运费，多数与产量发生联系，属于变动成本。

⑤施工管理费。其中大部分在一定产量范围内与产量的增减没有直接联系，如工作人员工资，生产工人辅助工资，工资附加费、办公费、差旅交通费、固定资产使用费、职工教育经费、上级管理费等，基本上属于固定成本。检验试验费、外单位管理费等与产量增减有直接联系，则属于变动成本范围，此外，劳动保护费中的劳保服装费、防暑降温费、防寒用品费，劳动部门都有规定的领用标准和使用年限基本上属于固定成本范围，技术安全措施，保健费，大部分与产量有关，属无变动性质，工具用具使用费中，行政使用的家具费属固定成本，工人领用工具，随管理制度不同而不同，有些企业对机修工、电工、钢筋、车、钳、刨工的工具按定额配备，规定使用年限，定期以旧换新，属于固定成本，而对民工、木工、抹灰工、油漆工的工具采取定额人工数、定价包干，则又属于变动成本。

在成本按习性划分为固定成本和变动成本后，可用下列公式计算：

施工项目计划成本＝施工项目变动成本总额（C_2Q）＋施工项目固定成本总额（C_1）

4）按实计算法。就是施工项目经理部有关职能部门（人员）以该项目施工图预算的工料分析资料作为控制计划成本的依据。根据施工项目经理部执行施工定额的实际水平和要求，由各职能部门归口计算各项计划成本。

①人工费的计划成本，由项目管理班子的劳资部门（人员）计算。

人工费的计划成本＝计划用工量×实际水平的工资率

式中，计划用工量＝Σ（某项工程量×工日定额），工日定额可根据实际水平，考虑先进性，适当提高定额。

②材料费的计划成本，由项目管理班子的材料部门（人员）计算。

材料费的计划成本＝Σ（主要材料的计划用量×实际价格）＋Σ（装饰材料的计划用量×实际价格）＋Σ（周转材料的使用量×日期×租赁）＋Σ（构配）

7.4　工程项目成本控制

7.4.1　工程项目成本控制概述

1. 施工项目成本控制的对象和内容

（1）以施工项目成本形成的过程作为控制对象

根据对项目成本实行全面、全过程控制的要求，具体的控制内容包括：

1）在工程投标阶段，根据工程概况和招标文件，进行项目成本的预测，提出投标决策意见；

2）施工准备阶段，应结合设计图纸的自审、会审和其他资料（如地质勘探资料等），编制实施性施工组织设计，通过多方案的技术经济比较，从中选择经济合理、先进可行的施工方案，编制明细而具体的成本计划，对项目成本进行事前控制；

3）施工阶段，以施工图预算、施工预算、劳动定额、材料消耗定额和费用开支标准等，对实际发生的成本费用进行控制；

4）竣工交付使用及保修期阶段，应对竣工验收过程发生的费用和保修费用进行控制。

（2）以施工项目的职能部门、施工队和生产班组作为成本控制的对象

成本控制的具体内容是日常发生的各种费用和损失。这些费用和损失，都发生在各个部门、施工队和生产班组。因此，也应以部门、施工队和班组作为成本控制对象，接受项目经理和企业有关部门的指导、监督、检查和考评。

与此同时，项目的职能部门、施工队和班组还应对自己承担的责任成本进行自我控制。应该说，这是最直接、最有效的项目成本控制。

（3）以分部分项工程作为项目成本的控制对象

为了把成本控制工作做得扎实、细致，落到实处，还应以分部分项工程作为项目成本的控制对象。在正常情况下，项目应该根据分部分项工程的实物量，参照施工预算定额，联系项目管理的技术素质、业务素质和技术组织措施的节约计划，编制包括工、料、机消耗数量、单价、金额在内的施工预算，作为对分部分项工程成本进行控制的依据。

目前，边设计、边施工的项目比较多，不可能在开工以前一次编出整个项目的施工预算，但可根据出图情况，编制分阶段的施工预算。总的来说，不论是完整的施工预算，还是分阶段的施工预算，都是进行项目成本控制的必不可少的依据。

（4）以对外经济合同作为成本控制对象

在社会主义市场经济体制下，施工项目的对外经济业务，都要以经济合同为纽带建立契约关系，以明确双方的权利和义务。在签订上述经济合同时，除了要根据业务要求规定时间、质量、结算方式和履（违）约奖罚等条款外，还必须强调要将合同的数量、单价、金额控制在预算收入以内。因为，合同金额超过预算收入，就意味着成本亏损；反之，就能降低成本。

2. 施工项目成本控制的实施

施工项目的成本控制，应伴随项目建设的进程渐次展开，要注意各个时期的特点和要求。

（1）施工前期的成本控制

1）工程投标阶段：

①根据工程概况和招标文件，联系建筑市场和竞争对手的情况，进行成本预测，提出投标决策意见；

②中标以后，应根据项目的建设规模，组建与之相适应的项目经理部，同时以"标书"为依据确定项目的成本目标，并下达给项目经理部。

2）施工准备阶段：

①根据设计图纸和有关技术资料，对施工方法、施工顺序、作业组织形式、机械设备选

型、技术组织措施等进行认真的研究分析，并运用价值工程原理，制定出科学先进、经济合理的施工方案。

②根据企业下达的成本目标，以分部分项工程实物工程量为基础，联系劳动定额、材料消耗定额和技术组织措施的节约计划，在优化的施工方案的指导下，编制明细而具体的成本计划，并按照部门、施工队和班组的分工进行分解，作为部门、施工队和班组的责任成本落实下去，为今后的成本控制作好准备。

根据项目建设时间的长短和参加建设人数的多少，编制间接费用预算，并对上述预算进行明细分解，以项目经理部有关部门（或业务人员）责任成本的形式落实下去，为今后的成本控制和绩效考评提供依据。

（2）施工阶段的成本控制

1）加强施工任务单和限额领料单的管理。施工任务单、限额领料单是项目管理中最基本、最扎实的基础管理，它能综合控制工程项目的进度、质量、成本以及安全与文明施工。这就需要对施工任务单和限额领料及项目管理的任务分解、进度计划、成本计划、资源计划以及进度、成本、质量三大控制相协调。实践证明，以施工项目结构分解 WBS 中的项目单元、工作包的说明表作为施工任务单，并将其中的计划资源量作为限额领料量的依据，将是最合适不过的了。

另外特别要做好每一个分部分项工程完成后的验收（包括实际工程量的验收和工作内容、工程质量、文明施工的验收），以及实耗人工、实耗材料的数量核对，以保证施工任务单和限额领料单的结算资料绝对正确，为成本控制提供真实可靠的数据。

2）将施工任务单和限额领料单的结算资料与施工预算进行核对，计算分部分项工程的成本差异，分析差异产生的原因，并采取有效的纠偏措施。

3）做好月度成本原始资料的收集和整理，正确计算月度成本，分析月度预算成本与实际成本的差异。对于一般的成本差异要在充分注意不利差异的基础上，认真分析有利差异产生的原因，以防对后续作业成本产生不利影响或因质量低劣而造成返工损失；对于盈亏比例异常的现象，则要特别重视，并在查明原因的基础上，采取果断措施，尽快加以纠正。

4）在月度成本核算的基础上，实行责任成本核算。也就是利用原有会计核算的资料，重新按责任部门或责任者归集成本费用，每月结算一次，并与责任成本对比，由责任部门综合考评。

5）经常检查对外经济合同的履约情况，为顺利施工提供物质保证。如遇拖期或质量不符合要求时，应根据合同规定向对方索赔；对缺乏履约能力的单位，要采取断然措施，即终止合同，并另找可靠的合作单位，以免影响施工，造成经济损失。

6）定期检查各责任部门和责任者的成本控制情况，检查成本控制责、权、利的落实情况（一般为每月一次）。发现成本差异偏高或偏低的情况，应会同责任部门或责任者分析产生差异的原因，并督促他们采取相应的对策来纠正差异；如有因责、权、利不到位而影响成本控制工作的情况，应针对责、权、利不到位的原因，调整有关各方的关系，落实权、利相结合的原则，使成本控制工作得以顺利进行。

（3）竣工验收阶段的成本控制

1）精心安排，干净利落地完成工程竣工扫尾工作。从现实情况看，很多工程一到工程扫尾阶段，就把主要施工力量抽调到其他在建工程，以致扫尾工作拖拖拉拉，战线拉很长；机械、设备无法转移，成本费用照常发生，使在建阶段取得的经济效益逐步流失。因此，一定要精心安排（因为扫尾阶段工作面较小，人多了反而会造成浪费），采取"快刀斩乱麻"的方法，把竣工扫尾时间缩短到最低限度。

2）重视竣工验收工作，顺利交付使用。在验收以前，要准备好验收所需的各方面资料（包括竣工图）送甲方备查；对验收中甲方提出的意见，应根据设计要求和合同内容认真处理，如果涉及费用，应请甲方签证，列入工程结算。

3）及时办理工程结算。一般来说，工程结算造价＝原施工图预算±增减账。但在施工过程中，有些按实结算的经济业务，是由财务部门直接支付的，项目预算员不掌握资料，往往在工程结算时遗漏。因此，在办理工程结算以前，要求项目预算员和成本员进行一次全面的核对。

4）在工程保修期间，应由项目经理指定保修工作的责任者，并责成保修责任者根据实际情况提出保修计划（包括费用计划），以此作为控制保修费用的依据。

3. 施工项目成本控制的组织和分工

施工项目的成本控制，不仅仅是专业成本员的责任，所有的项目管理人员，特别是项目经理，都要按照自己的业务分工各负其责。所以要如此强调成本控制，一方面，是因为成本指标的重要性，是诸多经济指标中的必要指标之一；另一方面，还在于成本指标的综合性和群众性，既要依靠各部门、各单位的共同努力，又要由各部门、各单位共享降低成本的成果。为了保证项目成本控制工作的顺利进行，需要把所有参加项目建设的人员组织起来，并按照各自的分工开展工作。

（1）建立以项目经理为核心的项目成本控制体系

项目经理负责制，是项目管理的特征之一。实行项目经理负责制，就是要求项目经理对项目建设的进度、质量、成本、安全和现场管理标准化等全面负责，特别要把成本控制放在首位，因为成本失控，必然影响项目的经济效益，难以完成预期的成本目标，更无法向职工交代。

（2）建立项目成本管理责任制

项目管理人员的成本责任，不同于工作责任。有时工作责任已经完成，甚至还完成得相当出色，但成本责任却没有完成。例如项目工程师贯彻工程技术规范认真负责，对保证工程质量起了积极的作用，但往往强调了质量，忽视了节约，影响了成本。又如材料员采购及时供应到位，配合施工得力，值得赞扬，但在材料采购时就远不就近，既增加了采购成本，又不利于工程质量。因此，应该在原有职责分工的基础上，还要进一步明确成本管理责任，使每一个项目管理人员都有这样的认识：在完成工作责任的同时还要为降低成本精打细算，为节约成本开支严格把关。

这里所说的成本管理责任制，是指各项目管理人员在处理日常业务中对成本管理应尽的责任。要求联系实际整理成文，并作为一种制度加以贯彻（见图7-6）。具体说明如下：

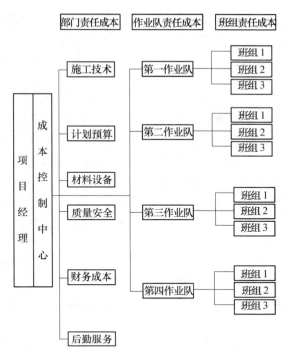

图 7-6 项目成本管理责任制

1）合同预算员的成本管理责任如下：

①根据合同内容、预算定额和有关规定，充分利用有利因素，编好施工图预算，为增收节支把好第一关。

②深入研究合同规定的"开口"项目，在有关项目管理人员（如项目工程师、材料员等）的配合下，努力增加工程收入。

③收集工程变更资料（包括工程变更通知单、技术核定单和按实结算的资料等），及时办理增加账，保证工程收入，及时收回垫付的资金。

④参与对外经济合同的谈判和决策，以施工图预算和增加账为依据，严格控制经济合同的数量、单价和金额，切实做到"以收定支"。

2）工程技术人员的成本管理责任如下：

①根据施工现场的实际情况，合理规划施工现场平面布置（包括机械布局，材料、构件的堆放场地、车辆进出现场的运输道路，临时设施的搭建数量和标准等），为文明施工、减少浪费创造条件。

②严格执行工程技术规范和以预防为主的方针，确保工程质量，减少零星修补，消灭质量事故，不断降低质量成本。

③根据工程特点和设计要求，运用自身的技术优势，采取实用、有效的技术组织措施和合理化建议，走技术与经济相结合的道路，为提高项目经济效益开拓新的途径。

④严格执行安全操作规程，减少一般安全事故，消灭重大人身伤亡事故和设备事故，确保安全生产，将事故损失减少到最低限度。

3）材料人员的成本管理责任如下：

①材料采购和构件加工，要选择质高、价低、运距短的供应（加工）单位。对到场的材料、构件要正确计量、认真验收，如遇质量差、量不足的情况，要进行索赔。切实做到：一要降低材料、构件的采购（加工）成本；二要减少采购（加工）过程中的管理损耗，为降低材料成本走好第一步。

②根据项目施工的计划进度，及时组织材料、构件的供应，保证项目施工的顺利进行，防止因停工待料造成损失。在构件加工的过程中，要按照施工顺序组织配套供应，以免因规格不齐造成施工间隙，浪费时间，浪费人力。

③在施工过程中，严格执行限额领料制度，控制材料消耗；同时，还要做好余料的回收和利用，为考核材料的实际消耗水平提供正确的数据。

④钢管脚手和钢模板等周转材料，进出现场都要认真清点，正确核实并减少赔损数量；使用以后，要及时回收、整理、堆放，并及时退场，既可节省租费，又有利于场地整洁，还可加速周转，提高利用效率。

⑤根据施工生产的需要，合理安排材料储备，减少资金占用，提高资金利用效率。

4）机械管理人员的成本管理责任如下：

①根据工程特点和施工方案，合理选择机械的型号规格，充分发挥机械的效能，节约机械费用。

②根据施工需要，合理安排机械施工，提高机械利用率，减少机械费成本。

③严格执行机械维修保养制度，加强平时的机械维修保养，保证机械完好，随时都能保持良好的状态在施工中正常运转，为提高机械作业、减轻劳动强度、加快施工进度发挥作用。

5）行政管理人员的成本管理责任如下：

①根据施工生产的需要和项目经理的意图，合理安排项目管理人员和后勤服务人员，节约工资性支出。

②具体执行费用开支标准和有关财务制度，控制非生产性开支。

③管好行政办公用的财产物资，防止损坏和流失。

④安排好生活后勤服务，在勤俭节约的前提下，满足职工群众的生活需要，安心为前方生产出力。

6）财务成本员的成本管理责任如下：

①按照成本开支范围、费用开支标准和有关财务制度，严格审核各项成本费用，控制成本支出。

②建立月度财务收支计划制度，根据施工生产的需要，平衡调度资金，通过控制资金使用，达到控制成本的目的。

③建立辅助记录，及时向项目经理和有关项目管理人员反馈信息，以便对资源消耗进行有效的控制。

④开展成本分析，特别是分部分项工程成本分析、月度成本综合分析和针对特定问题的专题分析，要做到及时向项目经理和有关项目管理人员反映情况，提出问题和解决问题的建议，以便采取针对性的措施来纠正项目成本的偏差。

⑤协助项目经理检查、考核各部门、各单位乃至班组责任成本的执行情况，落实责、权、利相结合的有关规定。

（3）实行对作业队分包成本的控制

1）对作业队分包成本的控制。在管理层与劳务层两层分离的条件下，项目经理部与作业队之间需要通过劳务合同建立发包与承包关系。在合同履行过程中，项目经理部有权对作业队的进度、质量、安全和现场管理标准进行监理，同时按合同规定支付劳务费用。至于作业队成本的节约或超支，属于作业队自身的管理范畴，项目经理部无权过问，也不应该过问。这里所说的对作业队分包成本的控制，是指以下情况而言：

①工程量和劳动定额的控制。项目经理部与作业队的发包和承包，是以实物工程量和劳动定额为依据的。在实际施工中，由于用户需要等原因，往往会发生工程设计和施工工艺的变更，使工程数量和劳动定额与劳务合同互有出入，需要按实调整承包金额。对于上述变更事项，一定要强调事先的技术签证。

②计时工的控制。由于建筑施工的特点，施工现场经常会有一些零星任务出现，需要作业队去完成。而这些零星任务，都是事先无法预见的，只能在劳务合同规定的定额用工以外另行估工或点工，这就会增加相应的劳务费用支出。为了控制估点工的数量和费用，可以采取以下方法：一是对工作量比较大的任务工作，通过领导、技术人员和生产骨干"三结合"讨论确定估工定额，使计时工的数量控制在估工定额的范围以内；二是按定额用工的一定比例（5%～10%）由作业队包干，并在劳务合同中明确规定。

③坚持奖罚分明的原则。实践证明，项目建设的速度、质量、效益，在很大程度上将取决于作业队的素质和在施工中的具体表现。因此，项目经理部除要对作业队加强管理以外，还要根据作业队完成施工任务的业绩，对照劳务合同规定的标准，认真考核，分清优劣，有奖有罚。在掌握奖罚尺度时，首先要以奖励为主，以激励作业队的生产积极性；但对达不到工期、质量等要求的情况，也要照章罚款并赔偿损失。这是一件事情的两个方面，必须以事实为依据，才能收到相辅相成的效果。

2）落实生产班组的责任成本。生产班组的责任成本就是分部分项工程成本。其中：实耗人工属于作业队分包成本的组成部分，实耗材料则是项目材料费的构成内容。因此，分部分项工程成本既与作业队的效益有关，又与项目成本不可分割。

生产班组的责任成本，应由作业队以施工任务单和限额领料单的形式落实给生产班组，并由施工队负责回收和结算。

签发施工任务单和限额领料单的依据为：施工预算工程量、劳动定额和材料消耗定额。在下达施工任务的同时，还要向生产班组提出进度、质量、安全和文明施工的具体要求，以及施工中应该注意的事项。以上这些，也是生产班组完成责任成本的制约条件。在任务完成后的施工任务单结算中，需要联系责任成本的实际完成情况进行综合考评。

由此可见，施工任务单和限额领料单是项目管理中最基本、最扎实的基础管理，它不仅能控制生产班组的责任成本，还能使项目建设的快速、优质、高效建筑在坚实的基础之上。

7.4.2　施工项目成本控制方法

1. 一般的成本控制方法

成本控制的方法很多，而且有一定的随机性。也就是在什么情况下，就要采取与之相适应的控制手段和控制方法。这里就一般常用的成本控制方法论述如下。

（1）以施工图预算控制成本支出

在施工项目的成本控制中，可按施工图预算，实行"以收定支"，或者叫"量入为出"，是最有效的方法之一，具体的处理方法如下：

1）人工费的控制。假定预算定额规定的人工费单价为 23.80 元，合同规定人工费补贴为 20 元/工日，两者相加，人工费的预算收入为 43.80 元/工日。在这种情况下，项目经理部与施工队签订劳务合同时，应该将人工费单价定在 40 元以下（辅工还可再低一些），其余部分考虑用于定额外人工费和关键工序的奖励费。如此安排，人工费就不会超支，而且还留有余地，以备关键工序的不时之需。

2）材料费的控制。在实行按"量价分离"方法计算工程造价的条件下，水泥、钢材、木材等"三材"的价格随行就市，实行高进高出；地方材料的预算价格 = 基准价 × （1 + 材差系数）。在对材料成本进行控制的过程中，首先要以上述预算价格来控制地方材料的采购成本；至于材料消耗数量的控制，则应通过"限额领料单"去落实。

由于材料市场价格变动频繁，往往会发生预算价格与市场价格严重背离而使采购成本失去控制的情况。因此，项目材料管理人员有必要经常关注材料市场价格的变动；并积累系统翔实的市场信息。如遇材料价格大幅度上涨，可向"定额管理"部门反映，同时争取甲方按实补贴。

3）钢管脚手、钢模板等周转设备使用费的控制。施工图预算中的周转设备使用费 = 耗用数 × 市场价格，而实际发生的周转设备使用费 = 使用数 × 企业内部的租赁单价或摊销率。由于两者的计量基础和计价方法各不相同，只能以周转设备预算收费的总量来控制实际发生的周转设备使用费的总量。

4）施工机械使用费的控制。施工图预算中的机械使用费 = 工程量 × 定额台班单价。由于项目施工的特殊性，实际的机械利用率不可能达到预算定额的取定水平；再加上预算定额所设定的施工机械原值和折旧率又有较大的滞后性，因而使施工图预算的机械使用费往往小于实际发生的机械使用费，形成机械使用费超支。

由于上述原因，有些施工项目在取得甲方的谅解后，于工程合同中明确规定一定数额的机械费补贴。在这种情况下，就可以施工图预算的机械使用费和增加的机械费补贴来控制机械费支出。

5）构件加工费和分包工程费的控制。在市场经济体制下，钢门窗、木制成品、混凝土构件、金属构件和成型钢筋的加工，以及打桩、土方、吊装、安装、装饰和其他专项工程（如屋面防水等）的分包，都要通过经济合同来明确双方的权利和义务。在签订这些经济合同的时候，特别要坚持"以施工图预算控制合同金额"的原则，绝不允许合同金额超过施工图预算。根据部分工程的历史资料综合测算，上述各种合同金额的总和约占全部工程造价的 55% ~ 70%。由此可见，将构件加工和分包工程的合同金额控制在施工图预算以内，是十分重要的。如果能做到这一点，实现预期的成本目标，就有了相当大的把握。

（2）以施工预算控制人力资源和物质资源的消耗

资源消耗数量的货币表现就是成本费用。因此，资源消耗的减少，就等于成本费用的节约；控制了资源消耗，也等于是控制了成本费用。以施工预算控制资源消耗的实施步骤和方法如下：

1）项目开工以前，应根据设计图纸计算工程量，并按照企业定额或上级统一规定的施工预算定额编制整个工程项目的施工预算，作为指导和管理施工的依据。如果是边设计边施工的项目，则编制分阶段的施工预算。

在施工过程中，如遇工程变更或改变施工方法，应由预算员对施工预算作统一调整和补充，其他人不得任意修改施工预算，或故意不执行施工预算。

施工预算对分部分项工程的划分，原则上应与施工工序相吻合，或直接使用施工作业计划的"分项工程工序名称"，以便与生产班组的任务安排和施工任务单的签发取得一致。

2）对生产班组的任务安排，必须签发施工任务单和限额领料单，并向生产班组进行技术交底。施工任务单和限额领料单的内容，应与施工预算完全相符，不允许篡改施工预算，也不允许有定额不用而另行估工。

3）在施工任务单和限额领料单的执行过程中，要求生产班组根据实际完成的工程量和实耗人工、实耗材料做好原始记录，作为施工任务单和限额领料单结算的依据。

4）任务完成后，根据回收的施工任务单和限额领料单进行结算，并按照结算内容支付报酬（包括奖金）。一般情况下，绝大多数生产班组能按质按量提前完成生产任务。因此，施工任务单和限额领料单不仅能控制资源消耗，还能促进班组全面完成施工任务。

为了保证施工任务单和限额领料单结算的正确性，要求对施工任务单和限额领料单的执行情况进行认真的验收和核查。

为了便于任务完成后进行施工任务单和限额领料单与施工预算的逐项对比，要求在编制施工预算时对每一个分项工程工序名称统一编号，在签发施工任务单和限额领料单时也要按照施工预算的统一编号对每一个分项工程工序名称进行编号，以便对号检索对比，分析节超。由于施工任务单和限额领料单的数量比较多，对比分析的工作量也很大，可以应用计算机来代替人工操作（对分项工程工序名称统一编号，可为应用计算机创造条件）。

（3）建立资源消耗台账，实行资源消耗的中间控制

资源消耗台账，属于成本核算的辅助记录，这里仅以"材料消耗台账"为例，说明资源消耗台账在成本控制中的应用。

1）材料消耗台账的格式和举例。从材料消耗台账的账面数字看：第一、第二两项分别为施工图预算数和施工预算数，也是整个项目用料的控制依据；第三项为第一个月的材料消耗数；第四、第五两项为第二个月的材料消耗数和到第二个月为止的累计耗用数；第五项以下，以此类推，直至项目竣工为止。

2）材料消耗情况的信息反馈。项目财务成本员应于每月初根据材料消耗台账的记录，填制"材料消耗情况信息表"，向项目经理和材料部门反馈。

3）材料消耗的中间控制。由于材料成本是整个项目成本的重要环节，不仅比重大，而且有潜力可挖。如果材料成本出现亏损，必将使整个成本陷入被动。因此，项目经理应对材料成本有足够的重视；至于材料部门，更是责无旁贷。按照以上要求，项目经理和材料部门收到"材料消耗情况信息表"以后，应该做好以下两件事：

①根据本月材料消耗数，联系本月实际完成的工程量，分析材料消耗水平和节超原因，制订材料节约使用的措施，分别落实给有关人员和生产班组；

②根据尚可使用数，联系项目施工的形象进度，从总量上控制今后的材料消耗，而且要保证有所节约。这是降低材料成本的重要环节，也是实现施工项目成本目标的关键。

（4）应用成本与进度同步跟踪的方法控制分部分项工程成本

长期以来，都认为计划工作是为安排施工进度和组织流水作业服务的，与成本控制的要求和管理方法截然不同。其实，成本控制与计划管理、成本与进度之间则有着必然的同步关系。即施工到什么阶段，就应该发生相应的成本费用。如果成本与进度不对应，就要作为"不正常"现象进行分析，找出原因，并加以纠正。

为了便于在分部分项工程的施工中同时进行进度与费用的控制，掌握进度与费用的变化过程，可以按照横道图和网络图的特点分别进行处理。

1）横道图计划的进度与成本的同步控制。在横道图计划中，表示作业进度的横线有两条，一条为计划线，一条为实际线，可用颜色来区别，也可用单线和双线（或细线和粗线）来区别，计划线上的"C"，表示与计划进度相对应的计划成本；实际线下的"C"，表示与实际进度相对应的实际成本。

从上述横道图可以掌握以下信息：

①每道工序（即分项工程，下同）的进度与成本的同步关系，即施工到什么阶段，就将发生多少成本；

②每道工序的计划施工时间与实际施工时间（从开始到结束）之比（提前或拖期），以及对后道工序的影响；

③每道工序的计划成本与实际成本之比（节约或超支），以及对完成某一时期责任成本的影响；

④每道工序施工进度的提前或拖期对成本的影响程度（如挖土提前一天完成，共节约机械台班费和人工费等752元）；

⑤整个施工阶段的进度和成本情况（如基础阶段共提前进度2天，节约成本费用7245元，成本降低率达到6.96%）。

通过进度与成本同步跟踪的横道图，要求实现：

a. 以计划进度控制实际进度；

b. 以计划成本控制实际成本；

c. 随着每道工序进度的提前或拖期，对每个分项工程的成本实行动态控制，以保证项目成本目标的实现。

2）网络图计划的进度与成本的同步控制。这与横道图计划有异曲同工之处。所不同的是，网络计划在施工进度的安排上更具逻辑性，而且可随时进行优化和调整，因而对每道工序的成本控制也更为有效。

网络图的表示方法为：代号为工序施工起止的节点（系指双代号网络），箭杆表示工序施工的过程，箭杆的下方为工序的计划施工时间，箭杆上方"C"后面的数字为工序的计划成本（以千元为单位）；实际施工的时间和成本，则在箭杆附近的方格中按实填写，这样，就能从网络图中看到每道工序的计划进度与实际进度、计划成本与实际成本的对比情况，同时也可清楚地看出今后控制进度、控制成本的方向。

（5）建立项目月度财务收支计划制度，以用款计划控制成本费用支出

1）以月度施工作业计划为龙头，并以月度计划产值为当月财务收入计划，同时由项目各部门根据月度施工作业计划的具体内容编制本部门的用款计划。

2）项目财务成本员应根据各部门的月度用款计划进行汇总，并按照用途的轻重缓急平

衡调度，同时提出具体的实施意见，经项目经理审批后执行。

3）在月度财务收支计划的执行过程中，项目财务成本员应根据各部门的实际用款做好记录，并于下月初反馈给相关部门，由各部门自行检查分析节超原因，吸取经验教训。对于节超幅度较大的部门，应以书面分析报告分送项目经理和财务部门，以便项目经理和财务部门采取针对性的措施。

建立项目月度财务收支计划制度的优点：

①根据月度施工作业计划编制财务收支计划，可以做到收支同步，避免支大于收形成资金紧张；

②在实行月度财务收支计划的过程中，各部门既要按照施工生产的需要编制用款计划，又要在项目经理批准后认真贯彻执行，这就将使资金使用（成本费用开支）更趋合理；

③用款计划经过财务部门的综合平衡，又经过项目经理的审批，可使一些不必要的费用开支得到严格的控制。

（6）建立项目成本审核签证制度，控制成本费用支出

引进市场经济机制以后，需要建立以项目为成本中心的核算体系。这就是：所有的经济业务，不论是对内或对外，都要与项目直接对口。在发生经济业务的时候，首先要由有关项目管理人员审核，最后经项目经理签证后支付。这是项目成本控制的最后一关，必须十分重视。其中，以有关项目管理人员的审核尤为重要，因为他们熟悉自己分管的业务，有一定的权威性。

审核成本费用的支出，必须以有关规定和合同为依据。主要有：国家规定的成本开支范围，国家和地方规定的费用开支标准和财务制度，内部经济合同，对外经济合同。

由于项目的经济业务比较繁忙，如果事无巨细都要由项目经理"一支笔"审批，难免分散项目经理的精力，不利于项目管理的整体工作。因此，可从实际出发，在需要与可能的条件下，将不太重要、金额又小的经济业务授权给财务部门或业务主管部门代为处理。

（7）加强质量管理，控制质量成本

质量成本是指项目为保证和提高产品质量而支出的一切费用，以及未达到质量标准而产生的一切损失费用之和。质量成本包括两个主要方面：控制成本和故障成本。控制成本包括预防成本和鉴定成本，属于质量保证费用，与质量水平成正比关系，即工程质量越高，鉴定成本和预防成本就越大；故障成本包括内部故障成本和外部故障成本，属于损失性费用，与质量水平成反比关系，即工程质量越高，故障成本就越低。

控制质量成本，首先要从质量成本核算开始，而后是质量成本分析和质量成本控制。

1）质量成本核算。即将施工过程中发生的质量成本费用，按照预防成本、鉴定成本、内部故障成本和外部故障成本的明细科目归集，然后计算各个时期各项质量成本的发生情况。

质量成本的明细科目，可根据实际支付的具体内容来确定。

预防成本下设置：质量管理工作费、质量情报费、质量培训费、质量技术宣传费、质量管理活动费等子目；

鉴定成本下设置：材料检验试验费、工序监测和计量服务费、质量评审活动费等子目；

内部故障成本下设置：返工损失、返修损失、停工损失、质量过剩损失、技术超前支出和事故分析处理等子目；

235

外部故障成本下设置：保修费、赔偿费、诉讼费和因违反环境保护法而发生的罚款等。

进行质量成本核算的原始资料，主要来自会计账簿和财务报表，或利用会计账簿和财务报表的资料整理加工而得。但也有一部分资料需要依靠技术、技监等有关部门提供，如质量过剩损失和技术超前支出等。

2）质量成本分析。即根据质量成本核算的资料进行归纳、比较和分析，共包括四个分析内容：

①质量成本总额的构成内容分析；

②质量成本总额的构成比例分析；

③质量成本各要素之间的比例关系分析；

④质量成本占预算成本的比例分析。

上述分析内容，可在一张质量成本分析表中反映。

3）质量成本控制。根据以上分析资料，对影响质量成本较大的关键因素，采取有效措施，进行质量成本控制。

（8）坚持现场管理标准化，堵塞浪费漏洞

现场管理标准化的范围很广，现场平面布置管理和现场安全生产管理稍有不慎，就会造成浪费和损失。比较突出而又需要特别关注的是：

1）现场平面布置管理。是根据工程特点和场地条件，以配合施工为前提合理安排的，有一定的科学根据。但是，在施工过程中，往往会出现不执行现场平面布置，造成人力、物力浪费的情况。例如：

①材料、构件不按规定地点堆放，造成二次搬运，不仅浪费人力，材料、构件在搬运中还会受到损失。

②钢模和钢管脚手等周转设备，用后不予整修并堆放整齐，而是任意乱堆乱放，既影响场容整洁，又容易造成损失，特别是将周转设备放在路边，一旦车辆开过，轻则变形，重则报废。

③任意开挖道路，又不采取措施，造成交通中断，影响物资运输。

④排水系统不畅，一遇下雨，现场积水严重，造成电器设备受潮容易触电，水泥受潮就会变质报废，至于用钢模、海底笆铺路的现象更是比比皆是。

由此可见，施工项目一定要强化现场平面布置的管理，堵塞一切可能发生的漏洞，争创"文明工地"。

2）现场安全生产管理。现场安全生产管理的目的，在于保护施工现场的人身安全和设备安全，减少和避免不必要的损失。要达到这个目的，就必须强调按规定的标准去管理，不允许有任何细小的疏忽。否则，将会造成难以估量的损失。因此必须从现场标准化管理着手，切实做好预防工作，把可能发生的经济损失减少到最低限度。

（9）定期开展"三同步"检查，防止项目成本盈亏异常

项目经济核算的"三同步"，就是统计核算、业务核算、会计核算的"三同步"。统计核算即产值统计，业务核算即人力资源和物质资源的消耗统计，会计核算即成本会计核算。根据项目经济活动的规律，这三者之间有着必然的同步关系。这种规律性的同步关系，具体表现为完成多少产值，消耗多少资源，发生多少成本，三者应该同步。否则，项目成本就会出现盈亏异常情况。

开展"三同步"检查的目的，就在于查明不同步的原因，纠正项目成本盈亏异常的偏差。"三同步"的检查方法，可从以下三方面入手：

1）时间上的同步。即产值统计、资源消耗统计和成本核算的时间应该统一（一般为上月26日到本月25日）。如果在时间上不统一，就不可能实现核算口径的同步。

2）分部分项工程直接费的同步。即产值统计是否与施工任务单的实际工程量和形象进度相符；资源消耗统计是否与施工任务单的实耗人工和限额领料单的实耗材料相符；机械和周转材料的租费是否与施工任务单的施工时间相符。如果不符，应查明原因，予以纠正，直到同步为止。

3）其他费用是否同步。这要通过统计报表与财务付款逐项核对才能查明原因。

（10）应用成本控制的财务方法——成本分析表法来控制项目成本

作为成本分析控制手段之一的成本分析表，包括月度成本分析表和最终成本控制报告表。月度成本分析表又分直接成本分析表和间接成本分析表两种。

1）月度直接成本分析表。主要是反映分部分项工程实际完成的实物量和与成本相对应的情况，以及与预算成本和计划成本相对比的实际偏差和目标偏差，为分析偏差产生的原因和针对偏差采取相应的措施提供依据。

2）月度间接成本分析表。主要反映间接成本的发生情况，以及与预算成本和计划成本相对比的实际偏差和目标偏差，为分析偏差产生的原因和针对偏差采取相应的措施提供依据。此外，还要通过间接成本占产值的比例来分析其支用水平。

3）最终成本控制报告表。主要是通过已完实物进度、已完产值和已完累计成本，联系尚需完成的实物进度、尚可上报的产值和将发生的成本，进行最终成本预测，以检验实现成本目标的可能性，并可为项目成本控制提出新的要求。这种预测，工期短的项目应该每季度进行一次，工期长的项目不妨每半年进行一次。以上项目成本的控制方法，不可能也没有必要在一个工程项目全部同时使用，可由各工程项目根据自己的具体情况和客观需要，选用其中有针对性的、简单实用的方法，这将会收到事半功倍的效果。

在选用控制方法时，应该充分考虑与各项施工管理工作相结合。

2. 降低施工项目成本的途径和措施

降低施工项目成本的途径，应该是既开源又节流，或者说既增收又节支。只开源不节流，或者只节流不开源，都不可能达到降低成本的目的，至少是不会有理想的降低成本效果。

前面已从节支角度论述了成本控制的方法，这里再从增收的角度论述降低成本的途径。

（1）认真会审图纸，积极提出修改意见

在项目建设过程中，施工单位必须按图施工。但是，图纸是由设计单位按照用户要求和项目所在地的自然地理条件（如水文地质情况等）设计的，其中起决定作用的是设计人员的主观意图，很少考虑为施工单位提供方便，有时还可能给施工单位出些难题。因此，施工单位应该在满足用户要求和保证工程质量的前提下，联系项目施工的主客观条件，对设计图纸进行认真的会审，并提出积极的修改意见，在取得用户和设计单位的同意后，修改设计图纸，同时办理增减账。

在会审图纸的时候，对于结构复杂、施工难度高的项目，更要加倍认真，并且要从方便施工，有利于加快工程进度和保证工程质量，又能降低资源消耗、增加工程收入等方面综合考虑，提出有科学根据的合理化建议，争取业主和设计单位的认同。

（2）加强合同预算管理，增创工程预算收入

1）深入研究招标文件、合同内容，正确编制施工图预算。在编制施工图预算的时候，要充分考虑可能发生的成本费用，包括合同规定的属于包干（闭口）性质的各项定额外补贴，并将其全部列入施工图预算，然后通过工程款结算向甲方取得补偿。也就是凡是政策允许的，要做到该收的点滴不漏，以保证项目的预算收入。我们称这种方法为"以文定收"。但有一个政策界限，不能将项目管理不善造成的损失也列入施工图预算，更不允许违反政策向甲方高估冒算或乱收费。

2）把合同规定的"开口"项目，作为增加预算收入的重要方面。一般来说，按照设计图纸和预算定额编制的施工图预算，必须受预算定额的制约，很少有灵活伸缩的余地。而"开口"项目的取费则有比较大的潜力，是项目创收的关键。

例一：合同规定，待图纸出齐后，由甲乙双方共同制定加快工程进度、保证工程质量的技术措施，费用按实结算。按照这一规定，项目经理和工程技术人员应该联系工程特点，充分利用自己的技术优势，采用先进的新技术、新工艺和新材料，经甲方签证后实施，这些措施，应符合以下要求：既能为施工提供方便，有利于加快施工进度，又能提高工程质量，还能增加预算收入。

例二：合同规定，预算定额缺项的项目，可由乙方参照相近定额，经监理工程师复核后报甲方认可。这种情况，在编制施工图预算时是常见的，需要项目预算员参照相近定额进行换算。在定额换算的过程中，预算员就可根据设计要求，充分发挥自己的业务技能，提出合理的换算依据，以此来摆脱原有的定额偏低的约束。

3）根据工程变更资料，及时办理增减账。由于设计、施工和甲方使用要求等种种原因，工程变更是项目施工过程中经常发生的事情，是不以人们的意志为转移的。随着工程的变更，必然会带来工程内容的增减和施工工序的改变，从而也必然会影响成本费用的支出。因此，项目承包方应就工程变更对既定施工方法、机械设备使用、材料供应、劳动力调配和工期目标等的影响程度，以及为实施变更内容所需要的各种资源进行合理估价。及时办理增减账手续，并通过工程款结算从甲方取得补偿。

（3）制定先进的、经济合理的施工方案

施工方案主要包括四项内容：施工方法的确定、施工机具的选择、施工顺序的安排和流水施工的组织。施工方案的不同，工期就会不同，所需机具也不同，因而发生的费用也会不同。因此，正确选择施工方案是降低成本的关键所在。

制定施工方案要以合同工期和上级要求为依据，联系项目的规模、性质、复杂程度、现场条件、装备情况、人员素质等因素综合考虑。可以同时制定几个施工方案，倾听现场施工人员的意见，以便从中优选最合理、最经济的一个。

必须强调，施工项目的施工方案，应该同时具有先进性和可行性。如果只先进不可行，不能在施工中发挥有效的指导作用，那就不是最佳施工方案。

（4）落实技术组织措施

落实技术组织措施，是技术与经济相结合的道路，以技术优势来取得经济效益，是降低项目成本的又一个关键。一般情况下，项目应在开工以前根据工程情况制定技术组织措施计划，作为降低成本计划的内容之一列入施工组织设计。在编制月度施工作业计划的同时，也

可按照作业计划的内容编制月度技术组织措施计划。

为了保证技术组织措施计划的落实，并取得预期的效果，应在项目经理的领导下明确分工：由工程技术人员定措施，材料人员供材料，现场管理人员和生产班组负责执行，财务成本员结算节约效果，最后由项目经理根据措施执行情况和节约效果对有关人员进行奖励，形成落实技术组织措施的一条龙。

必须强调，在结算技术组织措施执行效果时，除要按照定额数据等进行理论计算外，还要做好节约实物的验收，防止"理论上节约、实际上超用"的情况发生。

（5）组织均衡施工，加快施工进度

凡是按时间计算的成本费用，如项目管理人员的工资和办公费，现场临时设施费和水电费，以及施工机械和周转设备的租赁费等，在加快施工进度、缩短施工周期的情况下，都会有明显的节约。除此之外，还可从用户那里得到一笔相当可观的提前竣工奖。因此，加快施工进度也是降低项目成本的有效途径之一。

为了加快施工进度，将会增加一定的成本支出。例如在组织两班制施工的时候，需要增加夜间施工的照明费、夜点费和工效损失费；同时，还将增加模板的使用量和租赁费。

因此，在签订合同时，应根据用户和赶工要求，将赶工费列入施工图预算。如果事先并未明确，而由用户在施工中临时提出的赶工要求，则应请用户签证，费用按实结算。

7.4.3 价值工程在施工项目成本控制中的应用

1. 价值工程的基本概念

价值工程，又称价值分析，是一门技术与经济相结合的现代化管理科学。它通过对产品的功能分析，研究如何以最低的成本去实现产品的必要功能。因此，应用价值工程，既要研究技术，又要研究经济，即研究在提高功能的同时不增加成本，或在降低成本的同时不影响功能，把提高功能和降低成本统一在最佳方案之中。

在实际工作中，往往把提高质量看成是技术部门的职责，而把降低成本则看成是财务部的职责。由于这两个部门的分工不同，业务要求不同，因而处理问题的观点和方法也会不同。例如技术部门为了提高质量往往不惜工本，而财务部门为了降低成本又很少考虑保证质量的需要。通过价值工程的应用，则能使产量与质量、质量与成本的矛盾得到完美的统一。

由于价值工程是把技术与经济结合起来的管理技术，需要多方面的业务知识和技术数据，也涉及许多技术部门（如设计、施工、质量等）和经济部门（如预算、劳动、材料、财会等）。因此，在价值工程的应用过程中，必须按照系统工程的要求，把有关部门组织起来，通力合作，才能取得理想的效果。

2. 价值工程的定义和基本原理

价值工程是以功能分析为核心，使产品或作业达到适当的价值，即用最低的成本来实现其必要功能的一项有组织的活动。

根据以上定义，可以把价值工程的基本原理归纳为以下三个方面。

（1）价值、功能和成本的关系

价值工程的目的是力图以最低的成本使产品或作业具有适当的价值，亦即实现其应该具备的必要功能。因此，价值、功能和成本三者之间的关系应该是：

$$价值 = 功能（或效用）/成本（或生产费用）$$

用数学公式可表示为：$V = F/C$。

上述公式给我们的启示是：一方面客观地反映了用户的心态，都想买到物美价廉的产品或作业，因而必须考虑功能和成本的关系，即价值系数的高低；另一方面，又提示产品的生产者和作业的提供者，可从下列途径提高产品或作业的价值：

1）功能不变，成本降低；

2）成本不变，功能提高；

3）功能提高，成本降低；

4）成本略有提高，功能大幅度提高；

5）功能略有下降，成本大幅度下降。

（2）价值工程的核心——功能分析

价值工程的核心是对产品或作业进行功能分析。这就是在项目设计时，要在对产品或作业进行结构分析的同时，还要对产品或作业的功能进行分析，从而确定必要功能和实现必要功能的最低成本方案（工程概算）。在项目施工时，在对工程结构、施工条件等进行分析的同时，还要对项目建设的施工方案及其功能进行分解，以确定实现施工方案及其功能的最低成本计划（施工预算）。

（3）价值工程是一项有组织的活动

在应用价值工程时，必须有一个组织系统，把各专业人员（如施工技术、质量安全、施工管理、材料供应、财务成本等）组织起来，发挥集体力量，利用集体智慧来进行，方能达到预定的目标。组织的方法有多种，在项目建设中，把价值工程活动同质量管理活动结合起来进行，不失为一种值得推荐的方法。

3. 价值工程在施工项目成本控制中的应用

由于价值工程扩大了成本控制的工作范围，从控制项目的寿命周期费用出发，应结合施工，研究工程设计的技术经济的合理性，探索有无改进的可能性。具体地说，就是应用价值工程，分析功能与成本的关系，以提高项目的价值系数；同时，通过价值分析来发现并消除工程设计中的不必要功能，达到降低成本、降低投资的目的。

乍看起来，这样的价值工程工作，对施工项目并没有太多的益处，甚至还会因为降低投资而减少工程收入。如遇这种情况，可以事先取得业主的谅解和认可，对投资节约额实行比例分成。一般情况下，只要不降低项目建设的必要功能，业主是乐意接受的。

（1）对工程设计进行价值分析的必要性

1）通过对工程设计进行分析的价值工程活动，可以更加明确业主单位的要求，更加熟悉设计要求、结构特点和项目所在地的自然地理条件，从而更利于施工方案的制定，更能得心应手地组织和控制项目施工。

2）通过价值工程活动，可以在保证质量的前提下，为用户节约投资，提高功能，降低寿命周期成本，从而赢得业主的信任。大大有利于甲乙双方关系的和谐与协作；同时，还能提高自身的社会知名度，增强市场竞争能力。

3）通过对工程设计进行分析的价值工程活动，对提高项目组织的素质，改善内部组织管理，降低不合理消耗等，也有积极的直接影响。

（2）确定价值工程活动对象

结合价值工程活动，制定技术先进、经济合理的施工方案，实现施工项目成本控制。

240

1）通过价值工程活动，进行技术经济分析，确定最佳施工方法。

2）结合施工方法，进行材料使用的比选，在满足功能要求的前提下，通过代用、改变配合比、使用添加剂等方法降低材料消耗。

3）结合施工方法，进行机械设备选型，确定最合适的机械设备的使用方案。如：机械要选择功能相同、台班费最低或台班费相同、功能最高的机械；模板，要联系结构特点，在组合钢模、大钢模、滑模中选择最合适的一种。

4）通过价值工程活动，结合项目的施工组织设计和所在地的自然地理条件，对降低材料的库存成本和运输成本进行分析，以确定最节约的材料采购方案和运输方案，以及最合理的材料储备。

7.5 工程项目成本核算

7.5.1 工程项目成本核算对象与成本项目

工程项目成本核算是施工项目管理中一个极其重要的子系统，也是项目管理最根本的标志和主要内容。工程项目成本核算在施工项目成本管理中的重要性体现在两个方面：一方面它是工程项目进行成本预测，制定成本计划和实行成本控制所需信息的重要来源；另一方面它又是工程项目进行成本分析和成本考核的基本依据。成本预测是成本计划的基础，成本计划是成本预测的结果，也是所确定的成本目标的具体化。成本控制是对成本计划的实施进行监督，以保证成本目标的实现。而成本核算则是对成本目标是否实现的最后检验。决策目标未能达到，可能有两个原因：一是决策本身的错误；另一是计划执行过程中的缺点。只有通过成本分析，查明原因，才能对决策正确性作出判断。成本考核是实现决策目标的重要手段。由此可见，施工项目成本核算是施工项目成本管理中最基本的职能，离开了成本核算，就谈不上成本管理，也就谈不上其他职能的发挥。这就是工程项目成本核算与工程项目成本管理的内在联系。

1. 工程项目成本核算对象划分

成本核算对象。是指在计算工程成本中，确定归集和分配生产费用的具体对象，即生产费用承担的客体。成本计算对象的确定，是设立工程成本明细分类账户，归集和分配生产费用以及正确计算工程成本的前提。

具体的成本核算对象主要应根据企业生产的特点加以确定，同时还应考虑成本管理上的要求。由于建筑产品用途的多样性，带来了设计、施工的单件性。每一建筑安装工程都有其独特的形式、结构和质量标准，需要一套单独的设计图纸，在建造时需要采用不同的施工方法和施工组织。即使采用相同的标准设计，但由于建造地点的不同，在地形、地质、水文以及交通等方面也会有差异。施工企业这种单件性生产的特点，决定了施工企业成本核算对象的独特性。

工程项目不等于成本核算对象。有时一个工程项目包括几个单位工程，需要分别核算。单位工程是编制工程预算，制定施工项目工程成本计划和与建设单位结算工程价款的计算单位。按照分批（定单）法原则，施工项目成本一般应以每一独立编制施工图预算的单位工程为成本核算对象，但也可以按照承包工程项目的规模、工期、结构类型、施工组织和施工现场等情况，结合成本管理要求，灵活划分成本核算对象。一般来说有以下几种划分方法：

1）一个单位工程由几个施工单位共同施工时，各施工单位都应以同一单位工程为成本核算对象，各自核算自行完成的部分。

2）规模大，工期长的单位工程，可以将工程划分为若干部位，以分部位的工程作为成本核算对象。

3）同一建设项目，由同一施工单位施工，并在同一施工地点，属同一结构类型，开竣工时间相近的若干单位工程，可以合并作为一个成本核算对象。

4）改建、扩建的零星工程，可以将开竣工时间相接近，属于同一建设项目的各个单位工程合并作为一个成本核算对象。

5）土石方工程，打桩工程，可以根据实际情况和管理需要，以一个单项工程为成本核算对象，或将同一施工地点的若干个工程量较少的单项工程合并作为一个成本核算对象。

成本核算对象确定后，各种经济、技术资料归集必须与此统一，一般不要中途变更，以免造成项目成本核算不实，结算漏账和经济责任不清的弊端。这样划分成本核算对象，是为了细化项目成本核算和考核项目经济效益。丝毫没有削弱项目经理部作为工程承包合同事实上的履约主体和对工程最终产品以及建设单位负责的管理实体的地位。

2. 工程项目的成本项目

生产费用按经济用途分类，称为成本项目。它可以明确地把各项费用按其使用途径进行反映，这对考核、分析成本升降原因有重要意义。生产费用按计入成本的方法分类再可分为直接成本和间接成本。按照一般涵义，直接成本是指为生产某种（类、批）产品而发生的费用，它可以根据原始凭证或原始凭证汇总表直接计入成本。间接成本是指为生产某种（类、批）产品而共同发生的费用，它不能根据原始凭证或原始凭证汇总表直接计入成本。这样分类，是以生产费用的直接计入或分配计入为标志划分的，它便于合理选择各项生产费用的分配方法，对于正确及时地计算成本具有重要作用。

但工程企业采用计入成本方法分类时，还应结合"建筑安装工程费用项目组成"的要求进行。按照现行财务制度规定，施工企业工程成本分为直接成本和间接成本。建筑安装工程费由直接工程费、间接费、计划利润、税金等四个部分组成。直接工程费由直接费、其他直接费、现场经费组成。"制造成本法"意义下的间接成本与"造价组成法"下的间接费不是同一概念，间接成本与现场经费（包括现场管理费和临时设施费）比较除后者包含临时设施费外系属同一概念。工程直接费虽在计算工程造价时可按定额和单位估价表直接列入，而在项目多的单位工程施工情况下，实际发生时却有相当部分费用需通过分配方法计入。间接成本一般按一定标准分配计入成本核算对象。实行项目管理进行项目成本核算的单位，发生间接成本可以直接计入项目，但需分配计入单位工程。

（1）直接成本

直接成本是指施工过程中耗费的构成工程实体或有助于工程形成的各项支出，包括人工费、材料费、机械使用费和其他直接费。

1）人工费。是指直接从事建筑安装工程施工的生产工人开支的各项费用，包括工资、奖金、工资性质的津贴、生产工人辅助工资、职工福利费、生产工人劳动保护费等。

2）材料费。包括施工过程中耗用的构成工程实体的原材料、辅助材料、构配件、零件、半成品的费用和周转材料的摊销及租赁费用。

①上述材料费中，如使用结构件较多，工厂化程度较高，可以单列"结构件"成本项目，核算施工过程中所耗用的构成工程实体的结构件及零件，如钢门窗、木门窗、铝门窗、混凝土制品、木制品、成型钢筋、金属制品等。

②为了反映周转材料使用情况，说明工期与成本的关系，也可以将"周转材料费"成本项目单列。

3）机械使用费包括施工过程中使用自有施工机械所发生的机械使用费和租用外单位（含内部机械设备租赁市场）施工机械的租赁费，以及施工机械安装、拆卸和进出场费。

4）其他直接费包括施工过程中发生的材料二次搬运费、临时设施摊销费、生产工具使用费、检验试验费、工程定位复测费、工程点交费、场地清理费等。

建筑安装工程费用项目组成还列有：冬雨期施工增加费、夜间施工增加费、仪器仪表使用费、特殊工程培训费、特殊地区施工增加费。

上述各项其他直接费，如本地现行预算定额中，如果分别列入人工费、材料费、机械使用费项目的，企业也应分别在相应的成本项目中核算。

（2）间接成本

间接成本是指项目经理部为施工准备、组织和管理施工生产所发生的全部施工间接费支出。其具体的费用项目及其内容包括：

1）工作人员薪金。是指现场项目管理人员的工资、资金、工资性质的津贴等。

2）劳动保护费。是指现场管理人员的按规定标准发放的劳动保护用品的闲置费及修理费，防暑降温费，在有碍身体健康环境中施工的保健费用等。

3）职工福利费。是指按现场项目管理人员工资总额的14%提取的福利费。

4）办公费。是指现场管理办公用的文具、纸张、账表、印刷、邮电、书报、会议、水、电、烧水和集体取暖用煤等费用。

5）差旅交通费。是指职工因公出差期间的旅费、住宿补助费、市内交通费和误餐补助费、职工探亲路费、劳动力招募费、职工离退休及职工退职一次性路费、工伤人员就医路费、工地转移费以及现场管理使用的交通工具的油料、燃料、养路费及牌照费等。

6）固定资产使用费。是指现场管理及试验部门使用的属于固定资产的设备、仪器等折旧、大修理、维修费或租赁费等。

7）工具用具使用费。是指现场管理使用的不属于固定资产的工具、器具、家具、交通工具和检验、试验、测绘、消防用具等的购置、维修和摊销费等。

8）保险费。是指施工管理用财产，车辆保险及高空，井下，海上作业等特殊工种安全保险等。

9）工程保修费。是指工程施工交付使用后在规定的保修期内的修理费用。

10）工程排污费。是指施工现场按规定交纳的排污费用。

11）其他费用。

按项目管理的要求，凡发生于项目的可控费用，均应下沉到项目核算，不受层次限制，以便落实项目管理经济责任，所以还应包括下列费用项目：

12）工会经费。是指按现场管理人员的工资总额的2%计提的工会经费。

13）教育经费。是指按现场管理人员的工资总额的1.5%提取使用的职工教育经费。

14) 业务活动经费。是指按"小额、合理、必需"原则使用的业务活动费。

15) 税金。是指应由项目负担的房产税、车船使用税、土地使用税、印花税等。

16) 劳保统筹费。是指按工资总额一定比例交纳的劳保统筹基金。

17) 利息支出。是指项目在银行开户的存贷款利息收支净额。

18) 其他财务费用。是指汇兑净损失、调剂外汇手续费、银行手续费费用。

3. 项目成本计算期

建筑产品的生产周期较长，何时结算一次成本是建筑业会计界争论的一个热点。安装企业和部分地区、部分企业改革了传统的成本计算期，实行竣工一次结算成本，取得了一定的成效。按现行成本核算办法规定，建筑安装工程以季为成本计算期，有条件的企业以月为成本计算期计算工程成本。会计制度要求按照工程成本结算时间与工程价款结算时间相一致的原则，分别不同工程价款结算方式的工程，按月和按期（指工程结算期）结算已完工程成本。必须指出，企业不论定期或不定期结算已完工程成本，当月发生的生产费用必须在会计结算期按照成本核算对象和成本项目进行归集与分配。所以会计结算期总是按月进行的。

综上所述，建筑产品所固有的多样性和单件性的特点，决定了它属于批件生产类型，应采用分批（定单）法进行成本核算，将生产费用按成本核算对象和成本项目进行归集与分配，按照工程价款结算时间与成本结算时间相一致的原则，对已向建设单位（发包单位）办理工程价款结算的已完工程，同时结算实际成本。

7.5.2 工程项目成本核算任务与方法

1. 工程项目成本核算的原则

为了发挥工程项目成本管理职能，提高工程项目管理水平，工程项目成本核算就必须讲求质量，才能提供对决策有用的成本信息。要提高成本核算质量，除了建立合理、可行的工程项目成本管理系统外，很重要的一条，就是遵循成本核算的原则。概括起来一般有下列几条。

（1）确认原则

确认原则是指对各项经济业务中发生的成本，都必须按一定的标准和范围加以认定和记录。只要是为了经营目的所发生的或预期要发生的，并要求得以补偿的一切支出，都应作为成本来加以确认。正确的成本确认往往与一定的成本核算对象、范围和时期相联系，并必须按一定的确认标准来进行。这种确认标准具有相对的稳定性，主要侧重定量，但也会随着经济条件和管理要求的发展而变化。在成本核算中，往往要进行再确认，甚至是多次确认。如确认是否属于成本，是否属于特定核算对象的成本（如临时设施先算搭建成本，使用后算摊销费）以及是否属于核算当期成本等。

（2）分期核算原则

施工生产是川流不息的，企业（项目）为了取得一定时期的工程项目成本，就必须将施工生产活动划分若干时期。并分期计算各期项目成本。成本核算的分期应与会计核算的分期相一致，这样便于财务成果的确定。要指出，成本的分期核算，与项目成本计算期不能混为一谈。不论生产情况如何，成本核算工作，包括费用的归集和分配等都必须按月进行。至于已完工程项目成本的结算，可以是定期的，按月结算，也可以是不定期的，等到工程竣工后一次结转。

（3）相关性原则

相关性原则也称"决策有用原则"。成本核算要为企业（项目）成本管理目的服务，成本核算不只是简单的计算问题，要与管理融于一体，算为管用。所以，在具体成本核算方法、程序和标准的选择上，在成本核算对象和范围的确定上，应与施工生产经营特点和成本管理要求特性相结合，并与企业（项目）一定时期的成本管理水平相适应。正确地核算出符合项目管理目标的成本数据和指标，真正使项目成本核算成为领导的参谋和助手。无管理目标，成本核算是盲目和无益的，无决策作用的成本信息是没有价值的。

（4）一贯性原则

这是指企业（项目）成本核算所采用的方法应前后一致。只有这样，才能使企业各期成本核算资料口径统一，前后连贯，相互可比。成本核算办法的一贯性原则体现在各个方面，如耗用材料的计价方法，折旧的计提方法，施工间接费的分配方法，未完施工的计价方法等。坚持一贯性原则，并不是一成不变，如确有必要变更，要有充分的理由对原成本核算方法进行改变的必要性作出解释，并说明这种改变对成本信息的影响。如果随意变动成本核算方法，并不加以说明，则有对成本、利润指标、盈亏状况弄虚作假的嫌疑。

与一贯性原则不同的是，可比性原则要求企业（项目）尽可能使用统一的成本核算、会计处理方法和程序，以便横向比较。而一贯性原则则要求同一成本核算单位在不同时期尽可能采用相同的成本核算、会计处理方法和程序，以便于不同时期的纵向比较。

（5）实际成本核算原则

这是指企业（项目）核算要采用实际成本计价，即必须根据计算期内实际产量（已完工程量）以及实际消耗和实际价格计算实际成本。

（6）及时性原则

及时性原则指企业（项目）成本的核算、结转和成本信息的提供应当在要求时期内完成。要指出的是，成本核算及时性原则，并非越快越好，而是要求成本核算和成本信息的提供，以确保真实为前提，在规定时期内核算完成，在成本信息尚未失去时效情况下适时提供，确保不影响企业（项目）其他环节会计核算工作顺利进行。

（7）配比原则

配比原则是指营业收入与其相对应的成本、费用应当相互配合。为取得本期收入而发生的成本和费用，应与本期实现的收入在同一时期内确认入账，不得脱节，也不得提前或延后。以便正确计算和考核项目经营成果。

（8）权责发生制原则

这是指，凡是当期已经实现的收入和已经发生或应当负担的费用，不论款项是否收付，都应作为当期的收入或费用处理；凡是不属于当期的收入和费用，即使款项已经在当期收付，都不应作为当期的收入和费用。权责发生制原则主要从时间选择上确定成本会计确认的基础，其核心是根据权责关系的实际发生和影响期间来确认企业的支出和收益。根据权责发生制进行收入与成本费用的核算，能够更加准确地反映特定会计期间真实的财务成本状况和经营成果。

（9）谨慎原则

谨慎原则是指在市场经济条件下，在成本、会计核算中应当对企业（项目）可能发生的损失和费用，作出合理预计，以增强抵御风险的能力。为此，《企业会计准则》规定企业可以采用后进先出法、提取坏账准备、加速折旧法等，就体现了谨慎原则的要求。

（10）划分收益性支出与资本性支出原则

划分收益性支出与资本性支出是指成本，会计核算应当严格区分收益性支出与资本性支出界限，以正确地计算当期损益。所谓收益性支出是指该项支出发生是为了取得本期收益，即仅仅与本期收益的取得有关，如支付工资、水电费支出等。所谓资本性支出是指不仅为取得本期收益而发生的支出，同时该项支出的发生有助于以后会计期间的支出，如购建固定资产支出。

（11）重要性原则

重要性原则是指对于成本有重大影响的业务内容，应作为核算的重点，力求精确，而对于那些不太重要的琐碎的经济业务内容，可以相对从简处理，不要事无巨细，均作详细核算。坚持重要性原则能够使成本核算在全面的基础上保证重点，有助于加强对经济活动和经营决策有重大影响和有重要意义的关键性问题的核算，达到事半功倍，简化核算，节约人力、财力、物力，提高工作效率的目的。

（12）明晰性原则

明晰性原则是指项目成本记录必须直观、清晰、简明、可控、便于理解和利用。使项目经理和项目管理人员了解成本信息的内涵，弄懂成本信息的内容，便于信息利用，有效地控制本项目的成本费用。

2. 工程项目成本核算的任务和要求

（1）工程项目成本核算的任务

鉴于工程项目成本核算在工程项目成本管理所处的重要地位，工程项目成本核算应完成以下基本任务：

1）执行国家有关成本开支范围，费用开支标准，工程预算定额和企业施工预算，成本计划的有关规定，控制费用，促使项目合理，节约使用人力、物力和财力。这是施工项目成本核算的先决前提和首要任务。

2）正确及时地核算施工过程中发生的各项费用，计算工程项目的实际成本。这是项目成本核算的主体和中心任务。

3）反映和监督施工项目成本计划的完成情况，为项目成本预测，为参与项目施工生产、技术和经营决策提供可靠的成本报告和有关资料，促进项目改善经营管理，降低成本，提高经济效益。这是施工项目成本核算的根本目的。

（2）工程项目成本核算的要求

为了圆满地达到施工项目成本管理和核算目的，正确及时地核算施工项目成本，提供对决策有用的成本信息，提高施工项目成本管理水平，在工程项目成本核算中要遵守以下基本要求：

1）划清成本、费用支出和非成本、费用支出界限。这是指划清不同性质的支出，即划清资本性支出和收益性支出与其他支出，营业支出与营业外支出的界限。这个界限，也就是成本开支范围的界限。企业为取得本期收益而在本期内发生的各项支出，根据配比原则，应全部作为本期的成本或费用。只有这样才能保证在一定时期内不会虚增或少记成本或费用。至于企业的营业外支出，是与企业施工生产经营无关的支出，所以不能构成工程成本。所以如误将营业外收支作为营业收支处理，就会虚增或少记企业营业（工程）成本或费用。为此，施工企业财务制度规定，不得列入成本、费用的支出。由此可见，划清不同性质的支出是正确计算工程项目成本的前提条件。

2）正确划分各种成本、费用的界限。这是指对允许列入成本、费用开支范围的费用支出，在核算上应划清的几个界限如下：

①划清工程项目工程成本和期间费用的界限。工程项目成本相当于工业产品的制造成本或营业成本。财务制度规定：为工程施工发生的各项直接支出，包括人工费、材料费、机械使用费、其他直接费，直接计入工程成本。为工程施工而发生的各项施工间接费（间接成本）分配计入工程成本。同时又规定：企业行政管理部门为组织和管理施工生产经营活动而发生的管理费用和财务费用应当作为期间费用，直接计入当期损益。可见期间费用与施工生产经营没有直接联系，费用的发生基本不受业务量增减所影响。在"制造成本法"下，它不是施工项目成本的一部分。所以正确划清两者的界限，是确保项目成本核算正确的重要条件。

②划清本期工程成本与下期工程成本的界限。根据分期成本核算的原则，成本核算要划分本期工程成本和下期工程成本，前者是指应由本期工程负担的生产耗费，不论其收付发生是否在本期，应全部计入本期的工程成本之中；后者是指不应由本期工程负担的生产耗费，不论其是否在本期内收付（发生），均不能计入本期工程成本。划清两者的界限，对于正确计算本期工程成本是十分重要的。实际上就是权责发生制原则的具体化，因此要正确核算各期的待摊费用和预提费用。

③划清不同成本核算对象之间的成本界限。是指要求各个成本核算对象的成本，不得"张冠李戴"，互相混淆，否则就会失去成本核算和管理的意义，造成成本不实，歪曲成本信息，引起决策上的重大失误。

④划清未完工程成本与已完工程成本的界限。工程项目成本的真实程度取决于未完施工和已完工程成本界限的正确划分，以及未完施工和已完施工成本计算方法的正确度。按月结算方式下的期末未完施工，要求项目在期末应对未完施工进行盘点，按照预算定额规定的工序，折合成已完分部分项工程量。再按照未完施工成本计算公式计算未完分部分项工程成本。

竣工后一次结算方式下的期末未完施工成本，就是该成本核算对象成本明细账所反映的自开工起至期末止发生的工程累计成本。

本期已完工程实际成本根据期初未完施工成本，本期实际发生的生产费用和期末未完施工成本进行计算。采取竣工后一次结算的工程，其已完工程的实际成本就是该工程自开工起至期末止所发生的工程累计成本。

上述几个成本费用界限的划分过程，实际上也是成本计算过程。只有划分清楚成本的界限，施工项目成本核算才能正确。这些费用划分得是否正确，是检查评价项目成本核算是否遵循基本核算原则的重要标志。但应该指出，不能将成本费用界限划分的做法过于绝对化，因为有些费用的分配方法具有一定的假定性。成本费用界限划分只能做到相对正确，片面地花费大量人力物力来追求成本划分的绝对精确是不符合成本效益原则的。

3）加强成本核算的基础工作：

①建立各种财产物资的收发、领退、转移、报废、清查、盘点、索赔制度。

②建立、健全与成本核算有关的各项原始记录和工程量统计制度。

③制定或修订工时、材料、费用等各项内部消耗定额以及材料、结构件、作业、劳务的内部结算指导价。

④完善各种计量检测设施，严格计量检验制度，使项目成本核算具有可靠的基础。

4）项目成本核算必须有账有据。成本核算中要运用大量数据资料，这些数据资料的来源必须真实可靠，准确、完整、及时；一定要以审核无误，手续齐备的原始凭证为依据。同时，还要根据内部管理和编制报表的需要，按照成本核算对象、成本项目、费用项目进行分类、归集，因此要设置必要的生产费用账册、正式成本账，进行登记，并增设必要的成本辅助台账。

3. 工程项目成本核算的内部条件

工程项目管理是带动施工企业整个管理体制改革的突破口。也就是说，就项目管理抓项目管理，往往会遇到许多难以克服的困难。因此，只有依靠整个企业的力量与智慧，通过深化改革，转变机制，使企业的运行机制适应项目管理，才有可能为项目管理创造一个良好的生存、发育和发展的内部条件。同时，施工项目管理的规范化和标准化也同样会为项目成本核算营造适宜的条件。根据"算管结合，算为管用"原则，发挥施工项目成本核算的重要作用。

（1）企业管理体制的系统矩阵制改革

项目管理的开展客观上要求企业内部具有反应灵敏、综合协调的管理体制相适应。在系统矩阵式管理体制中，各职能部门机构按"强相关、满负荷、少而精、高效率"原则设置，形成具有自我计划、实施、协调能力的新型机构。企业领导层，不再以分管若干部门为分工形式，而代之以每人主管一个系统的新形式，每名成员在一定范围内具有较高的权威性、决策权与指挥权。企业领导成员分别主管的五大系统为经营管理系统、生产监控系统、经济核算系统、技术管理系统和人事保障系统。公司经理负责各系统的总成协调。根据项目是工程承包合同的履约实体的特点，企业按"充分、适度、到位"原则对项目经理授权，保证其履行项目管理责任，并对最终产品和建设单位负责，并产出一定的经济效益。在实施对项目管理的管理时，不干预、不妨碍项目经理部的具体管理活动和管理过程，即"参与不干预，管理不代理"，同时发挥好组织、协调、监督、指导和服务的职责。

（2）管理层与作业层分开的管理模式

管理层与作业层的分开，从根本上说，是去除两者相互之间的行政性隶属关系，通过"外科手术"式的改革措施，形成两个相互独立、具备各自运行体系的利益主体。为此，两层分开的标志应界定在管理层与作业层各自建立和形成完整的经济核算体系，以核算分开来保证建制分开、经济分开和业务分开。这种分离，可以防止实践中的形式主义。

两层分开后，管理层将以组织实施项目为主要工作内容并建立起针对施工项目成本核算和以效益承包核算为主体的核算体系。作业层将以组织指挥生产班组的施工作业为主要工作内容并建立起针对劳务、机务、服务等核算为主体的核算体系。

实行项目管理与作业队伍管理分开核算，分别运行，从根本上保证了企业管理重心下沉到项目，管理职权到项目、管理责任下项目、核算单位在项目、实绩考核看项目。因而也极有助于把项目经理部建成责、权、利能全面到位配套，真正名符其实代表企业直接对建设单位负责的履约主体和管理实体。

（3）企业内部市场的建设

项目管理的产生适应了社会主义市场经济发展的需要，没有市场发育与完善，就不会有真正意义上的项目管理存在。项目管理一方面需要面向广阔的社会大市场，另一方面也必须依托于企业内部市场机制。因此重视建设企业内部市场，是发展项目管理的重要前提。

1）劳务市场。企业内部劳务市场是由外来劳务和自有劳务两种来源构成的双元化市场模式。外来劳务和自有劳务进入企业内部市场，除资质审查外，都应经过招标竞争、签署合同、过程管理、费用结算等环节管理。过程管理中应建立以考核验收单（工期、质量、安全、场容管理）为主体的原始凭证流转制度。考核验收单由项目经济员以单位工程为对象签发后交施工，回收后考核、核实当月完成实物量。据以计算人工成本。

项目成本员，根据项目负责预算的经济员提供的"包清工工程款月度汇总表"作为预提"结算"包清工成本依据，据以入账。对包清工合同中已履行完成的部分，根据项目经济员提供的区分为外（内）包单位类别和单位工程类别的"包清工工程款结算成本汇总表"作为清算包清工成本的依据，据以按实调整成本支出。项目成本员必须对"清算表"中的应结数、已预提数、净结数进行复核，核对相符方可入账。

2）机械设备租赁市场。企业内部的机械设备租赁及机械作业承包常规业务以内部市场指令性价格或指导性价格为依据，特殊情况联系工程承包合同报价，由双方协商确定计价。对外设备租赁机械作业承包则完全按外部市场价格随行就市，以双方合同确定的单价作为结算依据。随着条件不断成熟，应逐步放开价格，使内部价格与外部价格趋向统一。

机械设备租赁由项目经理部从本项目施工的实际需要出发，根据项目施工组织设计所确定的机械配置方案，分别与一级租赁市场或二级租赁市场接触，就所需设备与可供设备情况进行摸底，然后对所租设备的机种、数量、租赁费、租赁期、付款方法等内容开展合同洽谈，协商一致签署租赁合同。租赁费按租赁合同有关条款由出租方向租用方每月结算收取，收取费用的原始凭证是现场机械操作人员每日记载，并经租用方指定专人逐日签证后的台班记录。为了有利项目组织施工生产，内部市场的机械台班费内，带操作工的机械设备人工费中不包括奖金，操作工奖金由项目经理部考核支付，同时明确不带操作工的机械设备，其租赁期间发生的修理费由项目经理部承担。

3）材料市场。内部材料市场以一级市场、一级管理为主导运行方式。内部材料市场的功能有：根据与项目经理部之间的委托代办合同，组织各类建筑材料的采购、运输、供应；周转设备材料的租赁业务；钢材、水泥、木材委托代办供应，串换；商品混凝土的委托代办供应；低值易耗品、劳防用品、油燃料等其他材料的委托代办供应。

市场运行应重点把握合同签署、分期要料计划、内外市场信息收集与发布、材料款和租赁费的结算等环节。三材"高进高出"差价包干代办，是内部材料市场主要风险点。

4. 施工企业经济核算方法

实行经济核算必须借助于一定的方法。记录、分析、比较、核算施工企业经济效果的方法，有会计核算、统计核算和业务核算。这三种方法各具特点，相互补充，相互配合，组成了完整的施工企业经济核算体系，同时会计核算、统计核算和业务核算也为工程项目成本核算提供了重要基础数据。

（1）会计核算

会计核算主要是价值核算。会计是对一定单位的经济业务进行计量、记录、分析和检查，作出预测，参与决策，实行监督，旨在实现最优经济效益的一种管理活动。它通过设置账户、复式记账、填制和审核凭证、登记账簿、成本计算、财产清查和编制会计报表等一系列有组织有系统的方法，来记录企业的一切生产经营活动，然后据以提出一些用货币来反映的有关各种综合性经济指标的数据。资产、负债、所有者权益、营业收入、成本、利润等会计六要素指标，主要就是通过会计来核算的。实行经济核算制的企业，必须有独立的会计制度。所谓独立的会计制度，就是能用来独立计算企业盈亏的会计制度；企业实行自主经营、自负盈亏，以资本金作为实行自我约束和最终承担经营风险。需要通过会计来控制成本的降低和资金使用的节约，将本求利，获取最大的经济效益。至于其他指标，会计核算的记录中也是可以有所反映的，但在反映的广度和深度上有很大的局限性，一般不用会计来核算和反映。由于会计记录具有连续性、系统性、合法性、可靠性、综合性和全面性等特点，所以它的核算结果也比较正确，是经济核算中最重要的一种核算方法，它在整个经济核算中处于中心地位。

（2）统计核算

统计核算是利用业务核算资料，会计核算资料，把企业生产经营活动客观现状的大量数据表现，按统计方法加以系统整理，表明其规律性。它的计量尺度比会计宽，可以用货币计算，也可以用实物或劳动量计量。它通过全面调查和抽样调查等特有的方法，不仅能提供绝对数指标，还能提供相对数和平均数指标，可以计算当前的实际水平，确定变动速度，可以预测发展的趋势。统计除了主要研究大量的经济现象以外，也很重视个别先进事物与典型事例的研究。有时，为了使研究的对象更有典型性和代表性，还把一些偶然性的因素或者是次要的枝节问题，予以剔除，并不一定要求对企业的全部经济活动作完整、全面的时序反映，以便对主要问题进行深入分析。

（3）业务核算

业务核算是各业务部门以业务工作的需要而建立的核算制度，它包括原始记录和计算登记表，如单位工程及分部分项工程进度登记，质量登记，工效、定额计算登记，物资消耗定额记录，测试记录等。业务核算的范围比会计、统计核算还要广，因为前两种一般是对已经发生的经济活动根据原始记录进行核算，而业务核算，不但可以对已经发生的，而且还可以对尚未发生或正在发生的经济活动进行核算，看看是否可做，是否有经济效果。它的特点是，对个别的经济业务进行单项核算，只是记载单一的事项，最多是略有整理或稍加归类，不求提供综合性、总括性指标。核算范围不太固定，方法也很灵活，不像会计核算和统计核算那样有一套特定的系统的方法。例如各种技术措施、新工艺等项目，可以核算已经完成的项目是否达到原定的目的，取得预期的效果，也可以对准备采取措施的项目进行核算和审查，看看是否有效果，值不值得采纳，所以随时随地都可以进行。业务核算的目的，在于迅速取得资料，在经济活动中及时采取措施进行调整。因而也是改进企业管理、加强经济核算、提高经济效果所必需的具有不可忽视的作用。

通过会计核算、统计核算和业务核算三种方法，达到对施工企业经济活动的各种指标进行分行和综合核算的目的。形成三条线进行核算的工作格局，即以生产经营部门为核心的计划与统计核算线，以财务部门为核心的会计核算线，以技术部门为核心的业务技术核算线。在这一系列活动中，努力创造一种对施工企业生产经营活动的全过程，在企业一切部门中，对一切人员的全部经济活动，进行全面的核算。即企业全面经济核算的良好环境。

7.6 施工项目成本分析

7.6.1 施工项目成本分析的内容

施工项目的成本分析,就是根据统计核算、业务核算和会计核算提供的资料,对项目成本的形成过程和影响成本升降的因素进行分析,以寻求进一步降低成本的途径(包括项目成本中的有利偏差的挖潜和不利偏差的纠正);另一方面,通过成本分析,可从账簿、报表反映的成本现象看清成本的实质,从而增强项目成本的透明度和可控性,为加强成本控制,实现项目成本目标创造条件。由此可见,施工项目成本分析,也是降低成本,提高项目经济效益的重要手段之一。

施工项目成本考核,应该包括两方面的考核,即项目成本目标(降低成本目标)完成情况的考核和成本管理工作业绩的考核。这两方面的考核,都属于企业对施工项目经理部成本监督的范畴。应该说,成本降低水平与成本管理工作之间有着必然的联系,又同受偶然因素的影响,但都是对项目成本评价的一个方面,都是企业对项目成本进行考核和奖罚的依据。

施工项目成本分析,应该随着项目施工的进展,动态地、多形式地开展,而且要与生产诸要素的经营管理相结合。这是因为成本分析必须为生产经营服务。即通过成本分析,及时发现矛盾,及时解决矛盾,从而改善生产经营,同时又可降低成本。

1. 施工项目成本分析内容的原则要求

从成本分析的效果出发,施工项目成本分析的内容应该符合以下原则要求:

1)要实事求是。在成本分析当中,必然会涉及一些人和事。也会有表扬和批评。受表扬的当然高兴,受批评的未必都能做到"闻过则喜",因而常常会有一些不愉快的场面出现,乃至影响成本分析的效果。因此,成本分析一定要有充分的事实依据,应用"一分为二"的辩证方法,对事物进行实事求是的评价,并要尽可能做到措辞恰当,能为绝大多数人所接受。

2)要用数据说话。成本分析要充分利用统计核算、业务核算、会计核算和有关辅助记录(台账)的数据进行定量分析,尽量避免抽象的定性分析。因为定量分析对事物的评价更为精确,更令人信服。

3)要注重时效。也就是:成本分析及时,发现问题及时,解决问题及时。否则,就有可能贻误解决问题的最好时机,甚至造成问题成堆,积重难返,发生难以挽回的损失。

4)要为生产经营服务,成本分析不仅要揭露矛盾,而且要分析矛盾产生的原因,并为克服矛盾献计献策,提出积极的有效的解决矛盾的合理化建议。这样的成本分析,必然会深得人心,从而受到项目经理和有关项目管理人员的配合和支持,使施工项目的成本分析更健康地开展下去。

2. 施工项目成本分析内容的具体要求

从成本分析应为生产经营服务的角度出发,施工项目成本分析的内容应与成本核算对象的划分同步。如果一个施工项目包括若干个单位工程,并以单位工程为成本核算对象,就应对单位工程进行成本分析;与此同时,还要在单位工程成本分析的基础上,进行施工项目的成本分析。

施工项目成本分析与单位工程成本分析尽管在内容上有很多相同的地方，但各有不同的侧重点。从总体上说，施工项目成本分析的内容应该包括以下三个方面。

（1）随着项目施工的进展而进行的成本分析

包括：①分部分项工程成本分析；②月（季）度成本分析；③年度成本分析；④竣工成本分析。

（2）按成本项目进行的成本分析

包括：①人工费分析；②材料费分析；③机械使用费分析；④其他直接费分析；⑤间接成本分析。

（3）针对特定问题和与成本有关事项的分析

包括：①成本盈亏异常分析；②工期成本分析；③资金成本分析；④技术组织措施节约效果分析；⑤其他有利因素和不利因素对成本影响的分析。

7.6.2 施工项目成本分析的方法

由于施工项目成本涉及的范围很广，需要分析的内容也很多，应该在不同的情况下采取不同的分析方法。为了便于联系实际参考应用，我们按成本分析的基本方法，综合成本的分析方法，成本项目的分析方法和与成本有关事项的分析方法叙述如下。

1. 成本分析的基本方法

（1）比较法

比较法又称"指标对比分析法"。就是通过技术经济指标的对比，检查计划的完成情况，分析产生差异的原因，进而挖掘内部潜力的方法。这种方法，具有通俗易懂、简单易行、便于掌握的特点，因而得到了广泛的应用，但在应用时必须注意各技术经济指标的可比性。

比较法的应用，通常有下列形式：

1）将实际指标与计划指标对比，以检查计划的完成情况，分析完成计划的积极因素和影响计划完成的原因，以便及时采取措施，保证成本目标的实现。在进行实际与计划对比时，还应注意计划本身的质量。如果计划本身出现质量问题，则应调整计划，重新正确评价实际工作的成绩，以免挫伤人的积极性。

2）本期实际指标与上期实际指标对比。通过这种对比，可以看出各项技术经济指标的动态情况，反映施工项目管理水平的提高程度。在一般情况下，一个技术经济指标只能代表施工项目管理的一个侧面，只有成本指标才是施工项目管理水平的综合反映。因此，成本指标的对比分析尤为重要，一定要真实可靠，而且要有深度。

3）与本行业平均水平、先进水平对比。通过这种对比，可以反映本项目的技术管理和经济管理与其他项目的平均水平和先进水平的差距，进而采取措施赶超先进水平。

（2）因素分析法

因素分析法，又称连锁置换法或连环替代法。这种方法，可用来分析各种因素对成本形成的影响程度。在进行分析时，首先要假定众多因素中的一个因素发生了变化，而其他因素则不变，然后逐个替换，并分别比较其计算结果，以确定各个因素的变化对成本的影响程度。

因素分析法的计算步骤如下：

1）确定分析对象（即所分析的技术经济指标），并计算出实际与计划（预算）数的差异；

2）确定该指标是由哪几个因素组成的，并按其相互关系进行排序；

3）以计划预算数为基础，将各因素的计划预算数相乘，作为分析替代的基数；

4）将各个因素的实际数按照上面的排列顺序进行替换计算，并将替换后的实际数保留下来；

5）将每次替换计算所得的结果，与前一次的计算结果相比较，两者的差异即为该因素对成本的影响程度，

6）各个因素的影响程度之和，应与分析对象的总差异相等。

必须说明，在应用"因素分析法"时，各个因素的排列顺序应该固定不变。否则，就会得出不同的计算结果，也会产生不同的结论。

（3）差额计算法

差额计算法是因素分析法的一种简化形式，它利用各个因素的计划与实际的差额来计算其对成本的影响程度。

（4）比率法

比率法是指用两个以上的指标的比例进行分析的方法。它的基本特点是：先把对比分析的数值变成相对数，再观察其相互之间的关系。常用的比率法有以下几种：

1）相关比率。由于项目经济活动的各个方面是互相联系，互相依存，又互相影响的，因而将两个性质不同而又相关的指标加以对比，求出比率，并以此来考察经营成果的好坏。

例如：产值和工资是两个不同的概念，但它们的关系又是投入与产出的关系。在一般情况下，都希望以最少的人工费支出完成最大的产值。因此，用产值工资率指标来考核人工费的支出水平，就很能说明问题。

2）构成比率。又称比重分析法或结构对比分析法。通过构成比率，可以考察成本总量的构成情况以及各成本项目占成本总量的比重，同时也可看出量、本、利的比例关系（即预算成本、实际成本和降低成本的比例关系，从而为寻求降低成本的途径指明方向。

3）动态比率。动态比率法，就是将同类指标不同时期的数值进行对比，求出比率，以分析该项指标的发展方向和发展速度。动态比率的计算，通常采用基期指数（或稳定比指数）和环比指数两种方法。

（5）费用偏差分析法

这是一种测量工程预算实施情况的方法，也叫挣得值（Earned Value）分析方法。该法将实际上已完成的工程项目工作同计划的工程项目工作进行比较，确定项目在费用支出和时间进度方面是否符合原定计划的要求。它包括以下几个方面：

1）在项目费用估算阶段编制项目资金使用计划时确定的计划工作的预算费用 BCWS（Budgeted Cost for Work Scheduled）。BCWS = 计划工作量 × 预算定额，是项目进度时间的函数，是按计划应在某给定期间内完成的活动经过批准的费用估算（包括所有应分摊的管理费）之和，随着项目的进展而增加，在项目完成时达到最大值，即项目的总费用。

2）在工程项目进展过程中对已完工作的实际费用 ACWP（Actual Cost for Work Performed）。它是进度时间的函数，随着项目的进展而增加是累积值，ACWP 是费用，指的是

到某一时刻为止，已完成的工作（或部分工作）所实际花费的总金额。

3）已完工作预算费用 BCWP（Budgeted Cost for Work Performed）。BCWP = 已完成工作量×预算定额，是在某给定期间内完成的活动经过批准的费用估算（包括所有应分摊的管理费），即按照单位工作的预算价格计算出的实际完成工作量的费用之和。也称挣得值。

为了衡量项目活动是否按照计划进行，引入四个量：

①费用偏差 CV（Cost Variance）：CV = BCWP – ACWP，CV > 0，表示费用未超支；

②进度偏差 SV（Schedule Variance）：SV = BCWP – BCWS，SV > 0，表示进度提前；

③费用绩效指标 CPI（Cost Performed Index）：CPI = BCWP/ACWP，当 CPI > 1 表示实际成本少于计划成本，成本节支；CPI < 1 表示实际成本多于计划成本，成本超支；CPI = 1 表示实际成本与计划成本吻合；

④进度绩效指标 SPI（Schedule Performed Index）：SPI = BCWP/BCWS，当 SPI > 1 表示进度提前；SPI < 1 表示进度延误；SPI = 1 表示实际进度等于计划进度。

2. 综合成本的分析方法

所谓综合成本，是指涉及多种生产要素，并受多种因素影响的成本费用，如分部分项工程成本，月（季）度成本、年度成本等。由于这些成本都是随着项目施工的进展而逐步形成的，与生产经营有着密切的关系。因此，做好上述成本的分析工作，无疑将促进项目的生产经营管理，提高项目的经济效益。

（1）分部分项工程成本分析

分部分项工程成本分析是施工项目成本分析的基础。分部分项工程成本分析的对象为已完分部分项工程。分析的方法是：进行预算成本、计划成本和实际成本的"三算"对比，分别计算实际偏差和目标偏差，分析偏差产生的原因，为今后的分部分项工程成本寻求节约途径。

分部分项工程成本分析的资料来源是：预算成本来自施工图预算，计划成本来自施工预算，实际成本来自施工任务单的实际工程量、实耗人工和限额领料单的实耗材料。

由于施工项目包括很多分部分项工程，不可能也没有必要对每一个分部分项工程都进行成本分析。特别是一些工程量小、成本费用微不足道的零星工程。但是，对于那些主要分部分项工程则必须进行成本分析，而且要做到从开工到竣工进行系统的成本分析。这是一项很有意义的工作，因为通过主要分部分项工程成本的系统分析，可以基本上了解项目成本形成的全过程，为竣工成本分析和今后的项目成本管理提供一份宝贵的参考资料。

（2）月（季）度成本分析

月（季）度的成本分析，是施工项目定期的、经常性的中间成本分析。对于有一次性特点的施工项目来说，有着特别重要的意义。因为，通过月（季）度成本分析，可以及时发现问题，以便按照成本目标指示的方向进行监督和控制，保证项目成本目标的实现。

月（季）度的成本分析的依据是当月（季）的成本报表。分析的方法，通常有以下几个方面：

1）通过实际成本与预算成本的对比，分析当月（季）的成本降低水平；通过累计实际成本与累计预算成本的对比，分析累计的成本降低水平，预测实现项目成本目标的前景。

2）通过实际成本与计划成本的对比，分析计划成本的落实情况，以及目标管理中的问题和不足，进而采取措施，加强成本管理，保证成本计划的落实。

254

3）通过对各成本项目的成本分析，可以了解成本总量的构成比例和成本管理的薄弱环节。例如：在成本分析中，发现人工费、机械费和间接费等项目大幅度超支，就应该对这些费用的收支配比关系认真研究，并采取对应的增收节支措施，防止今后再超支。如果是属于预算定额规定的"政策性"亏损，则应从控制支出着手，把超支额压缩到最低限度。

4）通过主要技术经济指标的实际与计划的对比，分析产量、工期、质量、"三材"节约率、机械利用率等对成本的影响。

5）通过对技术组织措施执行效果的分析，寻求更加有效的节约途径。

6）分析其他有利条件和不利条件对成本的影响。

（3）年度成本分析

企业成本要求一年结算一次，不得将本年成本转入下一年度。而项目成本则以项目的寿命周期为结算期，要求从开工到竣工到保修期结束连续计算，最后结算出成本总量及其盈亏。由于项目的施工周期一般都比较长，除了要进行月（季）度成本的核算和分析外，还要进行年度成本的核算和分析。这不仅是为了满足企业汇编年度成本报表的需要，同时也是项目成本管理的需要。因为通过年度成本的综合分析，可以总结一年来成本管理的成绩和不足，为今后的成本管理提供经验和教训，从而可对项目成本进行更有效的管理。

年度成本分析的依据是年度成本报表。年度成本分析的内容，除了月（季）度成本分析的六个方面以外，重点是针对下一年度的施工进展情况规划切实可行的成本管理措施，以保证施工项目成本目标的实现。

（4）竣工成本的综合分析

凡是有几个单位工程而且是单独进行成本核算（即成本核算对象）的施工项目，其竣工成本分析应以各单位工程竣工成本分析资料为基础，再加上项目经理部的经营效益（如资金调度、对外分包等所产生的效益）进行综合分析。如果施工项目只有一个成本核算对象（单位工程），就以该成本核算对象的竣工成本资料作为成本分析的依据。

单位工程竣工成本分析，应包括以下三方面内容：①竣工成本分析；②主要资源节超对比分析；③主要技术节约措施及经济效果分析。

通过以上分析，可以全面了解单位工程的成本构成和降低成本的来源，对今后同类工程的成本管理很有参考价值。

3. 成本项目的分析方法

（1）人工费分析

在实行管理层和作业层两层分离的情况下，项目施工需要的人工和人工费，由项目经理部与施工队签订劳务承包合同，明确承包范围、承包金额和双方的权利、义务。对项目经理部来说，除了按合同规定支付劳务费以外，还可能发生一些其他人工费支出，主要有：

1）因实物工程量增减而调整的人工和人工费；

2）定额人工以外的估点工工资（如果已按定额人工的一定比例由施工队包干，并已列入承包合同的，不再另行支付）；

3）对在进度、质量、节约、文明施工等方面做出贡献的班组和个人进行奖励的费用。

项目经理部应根据上述人工费的增减，结合劳务合同的管理进行分析。

（2）材料费分析

材料费分析包括主要材料、结构件和周转材料使用费的分析以及材料储备的分析。

1）主要材料和结构件费用的分析。主要材料和结构件费用的高低，主要受价格的消耗数量的影响。而材料价格的变动，又要受采购价格、运输费用、途中损耗、来料不足等因素的影响；材料消耗数量的变动，也要受操作损耗、管理损耗和返工损失等因素的影响，可在价格变动较大和数量超用异常的时候再作深入分析。为了分析材料价格和消耗数量的变化对材料和结构件费用的影响程度，可按下列公式计算：

因材料价格变动对材料费的影响 = （预算单价 – 实际单价） ×消耗数量

因消耗数量变动对材料费的影响 = （预算用量 – 实际用量） ×预算价格

2）周转材料使用费分析。在实行周转材料内部租赁制的情况下，项目周转材料费的节约或超支，决定于周转材料的周转利用率和损耗率。因为周转一慢，周转材料的使用时间就长，同时也会增加租赁费支出；而超过规定的损耗，更要照原价赔偿。周转利用率和损耗率的计算公式如下：

周转利用率 = （实际使用数×租用期内的周转次数）/ （进场数×租用期） ×100%

损耗率 = （退场数/进场数） ×100%

【例7-7】 某施工项目需要定型钢模，考虑周转利用率85%，租用钢模4500m，月租金5元/m，由于加快施工进度，实际周转利用率达到90%。可用"差额分析法"计算周转利用率的提高对节约周转材料使用费的影响程度。

【解】 具体计算如下：

$$（90\% – 85\%）×4500×5 = 1125 元$$

3）采购保管费分析。材料采购保管费属于材料的采购成本，包括：材料采购保管人员的工资、工资附加费、劳动保护费、办公费、差旅费，以及材料采购保管过程中发生的固定资产使用费、工具用具使用费、检验试验费、材料整理及零星运费和材料物资的盈亏及毁损等。材料采购保管费一般应与材料采购数量同步，即材料采购多，采购保管费也会相应增加。因此，应该根据每月实际采购的材料数量（金额）和实际发生的材料采购保管费，计算"材料采购保管费支用率"，作为前后期材料采购保管费的对比分析之用。

4）材料储备资金分析。材料的储备资金，是根据日平均用量、材料单价和储备天数（即从采购到进场所需要的时间）计算的。上述任何两个因素的变动，都会影响储备资金的占用量。材料储备资金的分析，可应用"因素分析法"。储备天数的长短是影响储备资金的关键因素。因此，材料采购人员应该选择运距短的供应单位，尽可能减少材料采购的中转环节，缩短储备天数。

（3）机械使用费分析

由于项目施工具有的一次性，项目经理部不可能拥有自己的机械设备，而是随着施工的需要，向企业动力部门或外单位租用。在机械设备的租用过程中，存在着两种情况：一是按产量进行承包，并按完成产量、计算费用的，如土方工程，项目经理部只要按实际挖掘的土方工程量结算挖土费用，而不必过问挖土机的完好程度和利用程度；另一种是按使用时间（台班）计算机械费用的，如塔吊、搅拌机、砂浆机等，如果机械完好率差或在使用中调度不当，必然会影响机械的利用率，从而延长使用时间，增加使用费用。因此，项目经理部应该给予一定的重视。

由于建筑施工的特点，在流水作业和工序搭接上往往会出现某些必然或偶然的施工间隙，影响机械的连续作业；有时，又因为加快施工进度和工种配合，需要机械日夜不停地运转。这样，难免会有一些机械利用率很高，也会有一些机械利用不足，甚至租而不用。利用不足，台班费需要照付；租而不用，则要支付停班费。总之，都将增加机械使用费支出。因此，在机械设备的使用过程中，必须以满足施工需要为前提，加强机械设备的平衡调度，充分发挥机械的效用；同时，还要加强平时的机械设备的维修保养工作，提高机械的完好率，保证机械的正常运转。

（4）其他直接费分析

其他直接费是指施工过程中发生的除直接费以外的其他费用，包括：二次搬运费，工程用水电费，临时设施摊销费，生产工具用具使用费，检验试验费，工程定位复测，工程点交，场地清理。

其他直接费的分析，主要应通过预算与实际数的比较来进行。如果没有预算数，可以计划数代替预算数。

（5）间接成本分析

间接成本是指为施工准备、组织施工生产和管理所需要的费用，主要包括现场管理人员的工资和进行现场管理所需要的费用。

间接成本的分析，也应通过预算（或计划）数与实际数的比较来进行。

4. 特定问题和与成本有关事项的分析

针对特定问题和与成本有关事项的分析，包括成本盈亏异常分析、工期成本分析、质量成本分析、资金成本分析等内容。

（1）成本盈亏异常分析

成本出现盈亏异常情况，对施工项目来说，必须引起高度重视，必须彻底查明原因，必须立即加以纠正。检查成本盈亏异常的原因，应从经济核算的"三同步"入手。因为，项目经济核算的基本规律是：在完成多少产值、消耗多少资源、发生多少成本之间，有着必然的同步关系。如果违背这个规律，就会发生成本的盈亏异常。

"三同步"检查是提高项目经济核算水平的有效手段，不仅适用于成本盈亏异常的检查，也可用于月度成本的检查。"三同步"检查可以通过以下五方面的对比分析来实现。

1）产值与施工任务单的实际工程量和形象进度是否同步？

2）资源消耗与施工任务单的实耗人工、限额领料单的实耗材料、当期租用的周转材料和施工机械是否同步？

3）其他费用（如材料价差、超高费、井点抽水的打拔费和台班费等）的产值统计与实际支付是否同步？

4）预算成本与产值统计是否同步？

5）实际成本与资源消耗是否同步？

实践证明，把以上五方面的同步情况查明以后，成本盈亏的原因自然一目了然。

（2）工期成本分析

工期的长短与成本的高低有着密切的关系。在一般情况下，工期越长费用支出越多，工期越短费用支出越少，特别是固定成本的支出，基本上是与工期长短成正比增减的，是进行工期成本分析的重点。

工期成本分析就是计划工期成本与实际工期成本的比较分析。所谓计划工期成本，是指在假定完成预期利润的前提下计划工期内所耗用的计划成本；而实际成本，则是在实际工期中耗用的实际成本。

工期成本分析的方法一般采用比较法，即将计划工期成本与实际工期成本进行比较，然后应用"因素分析法"分析各种因素的变动对工期成本差异的影响程度。

进行工期成本分析的前提条件是，根据施工图预算和施工组织设计进行量本分析，计算施工项目的产量，成本和利润的比例关系，然后用固定成本除以合同工期，求出每月支用的固定成本。

7.7　施工项目成本考核

7.7.1　施工项目成本考核的概念

施工项目成本考核的目的，在于贯彻落实责权利相结合的原则，促进成本管理工作的健康发展，更好地完成施工项目的成本目标。

在施工项目的成本管理中，项目经理和所属部门、施工队直到生产班组，都有明确的成本管理责任，而且有定量的责任成本目标。通过定期和不定期的成本考核，既可对他们加强督促，又可调动他们成本管理的积极性。

项目成本管理是一个系统工程，而成本考核则是系统的最后一个环节。如果对成本考核工作抓得不紧，或者不按正常的工作要求进行考核，前面的成本预测、成本控制、成本核算、成本分析都将得不到及时正确的评价。这不仅会挫伤有关人员的积极性，而且会给今后的成本管理带来不可估量的损失。

施工项目的成本考核，特别要强调施工过程中的中间考核。这对具有一次性特点的施工项目来说尤为重要。因为通过中间考核发现问题，还能"亡羊补牢"。而竣工后的成本考核，虽然也很重要，但对成本管理的不足和由此造成的损失，已经无法弥补。

施工项目的成本考核，可以分为两个层次：一是企业对项目经理的考核；二是项目经理对所属部门、施工队和班组的考核（对班组的考核，平时以施工队为主）。通过以上的层层考核，督促项目经理、责任部门和责任者更好地完成自己的责任成本，从而形成实现项目成本目标的层层保证体系。

施工项目成本考核的内容，应该包括责任成本完成情况的考核和成本管理工作业绩的考核。从理论上讲，成本管理工作扎实，必然会使责任成本更好地落实。但是，影响成本的因素很多，而且有一定的偶然性，往往会使成本管理工作得不到预期的效果。为了鼓励有关人员成本管理的积极性，应该对他们的工作业绩也要通过考核作出正确的评价。

7.7.2　施工项目成本考核的内容

根据以上原则，确定施工项目成本考核的内容。

1. 企业对项目经理考核的内容

1）项目成本目标和阶段成本目标的完成情况；

2）建立以项目经理为核心的成本管理责任制的落实情况；

3）成本计划的编制和落实情况；

4）对各部门、各施工队和班组责任成本的检查和考核情况；

5）在成本管理中贯彻责权利相结合原则的执行情况。

2. 项目经理对所属各部门、各施工队和班组考核的内容

（1）对各部门的考核内容

1）本部门、本岗位责任成本的完成情况；

2）本部门、本岗位成本管理责任的执行情况。

（2）对各施工队的考核内容

1）对劳务合同规定的承包范围和承包内容的执行情况；

2）劳务合同以外的补充收费情况；

3）对班组施工任务单的管理情况，以及班组完成施工任务后的考核情况。

（3）对生产班组的考核内容（平时由施工队考核）

以分部分项工程成本作为班组的责任成本。以施工任务单和限额领料单的结算资料为依据，与施工预算进行对比，考核班组责任成本的完成情况。

7.7.3 施工项目成本考核的实施

1. 施工项目的成本考核采取评分制

具体方法为：先按考核内容评分，然后按七与三的比例加权平均。即：责任成本完成情况的评分为七，成本管理工作业绩的评分为三。这是一个假设的比例，施工项目可以根据自己的具体情况进行调整。

2. 施工项目的成本考核要与相关指标的完成情况相结合

具体方法为：成本考核的评分是奖罚的依据，相关指标的完成情况为奖罚的条件。也就是在根据评分计奖的同时，还要参考相关指标的完成情况加奖或扣罚。

与成本考核相结合的相关指标，一般有进度、质量、安全和现场标准化管理。以质量指标的完成情况为例说明如下：质量达到优良，按应得奖金加奖20%；质量合格，奖金不加不扣；质量不合格，扣除应得奖金的50%。

3. 强调项目成本的中间考核

项目成本的中间考核，可从两方面考虑：

1）月度成本考核。一般是在月度成本报表编制以后，根据月度成本报表的内容进行考核。在进行月度成本考核的时候，不能单凭报表数据，还要结合成本分析资料和施工生产、成本管理的实际情况，然后才能作出正确的评价，带动今后的成本管理工作，保证项目成本目标的实现。

2）阶段成本考核。项目的施工阶段，一般可分为：基础、结构、装饰、总体等四个阶段。如果是高层建筑，可对结构阶段的成本进行分层考核。阶段成本考核的优点，在于能对施工告一段落后的成本进行考核，可与施工阶段其他指标，如进度、质量等的考核结合得更好，也更能反映施工项目的管理水平。

4. 正确考核施工项目的竣工成本

施工项目的竣工成本，是在工程竣工和工程款结算的基础上编制的，它是竣工成本考核的依据。

工程竣工，表示项目建设已经全部完成，并已具备交付使用的条件（即已具有使用价值）。而月度完成的分部分项工程，只是建筑产品的局部，并不具有使用价值，也不可能用

来进行商品交换，只能作为分期结算工程进度款的依据。因此，真正能够反映全貌而又正确的项目成本，是在工程竣工和工程款结算的基础上编制的。

由此可见，施工项目的竣工成本是项目经济效益的最终反映。它既是上交利税的依据，又是进行职工分配的依据。由于施工项目的竣工成本关系到国家、企业、职工的利益，必须做到核算正确，考核正确。

5. 施工项目成本的奖罚

施工项目的成本考核，如上所述，可分为月度考核、阶段考核和竣工考核 3 种。对成本完成情况的经济奖罚，也应分别在上述三种成本考核的基础上立即兑现，不能只考核不奖罚，或者考核后拖了很久才奖罚。因为职工所担心的，就是领导对贯彻责权利相结合的原则执行不力，忽视群众利益。

由于月度成本和阶段成本都是假设性的，正确程度有高有低。因此，在进行月度成本和阶段成本奖罚的时候不妨留有余地，然后再按照竣工成本结算的奖金总额进行调整（多退少补）。

施工项目成本奖罚的标准，应通过经济合同的形式明确规定。这就是说，经济合同规定的奖罚标准具有法律效力，任何人都无权中途变更，或者拒不执行。另一方面，通过经济合同明确奖罚标准以后，职工群众就有了争取目标，因而也会在实现项目成本目标中发挥更积极的作用。

在确定施工项目成本奖罚标准的时候，必须从本项目的客观情况出发，既要考虑职工的利益，又要考虑项目成本的承受能力。在一般情况下，造价低的项目，奖金水平要定得低一些；造价高的项目，奖金水平可以适当提高。具体的奖罚标准，应该经过认真测算再行确定。

此外，企业领导和项目经理还可对完成项目成本目标有突出贡献的部门、施工队、班组和个人进行随机奖励。这是项目成本奖励的另一种形式，不属于上述成本奖罚范围。而这种奖励形式，往往能起到立竿见影的效用。

复习思考题

1. 建筑工程项目成本控制的目的和意义有哪些？

2. 建筑工程项目成本控制的对象是什么？

3. 建筑工程项目成本控制内容包括哪些？

4. 设计阶段成本控制的主要方法有哪些？

5. 什么是限额设计、标准设计和价值分析？它们在成本控制中的作用是什么？

6. 建筑工程项目成本控制的方法有哪些？

7. 建筑工程项目成本计划的编制要求和内容包括哪些方面？

8. 建筑工程项目成本核算包括哪些方法和内容？

9. 建筑工程项目成本分析的方法有哪些？

10. 简述费用偏差分析法的应用方法。

11. 工程项目降低成本的措施有哪些？

8 建筑工程施工安全与现场管理

8.1 职业健康安全与环境管理概述

广义的建筑工程项目安全管理应该包括健康、安全和环境保护的内容，即职业健康安全与环境管理（也称为 HSE 管理，HSE 是英文 Health Safety and Environment 的缩写）。它强调在工程建设项目建设过程中重视人员的健康、安全以及对周围环境的保护。

员工和公众的健康和福利问题，经常受到诸如施工材料、施工现场、施工条件等方面的影响，而安全问题则更是应该引起重视的。不管是爆破工作、化工原料等的使用，还是火的使用、辐射等，都可能在施工中引起安全问题。在施工操作当中，也可能因为员工的疏忽等各种原因产生摔落、电击、砸伤等事故。至于日益受到社会各界重视的环境问题，在项目管理当中也逐渐成为一个重要的方面，比如能源的消耗、土地资源的破坏、噪声污染、光污染、对生态环境的影响等，都可能在工程建设项目中出现并受到关注。

8.1.1 职业健康安全与环境管理的重要性

工程建设项目不是孤立存在的，它属于这个社会，属于人类，所以在考虑成本、工期、质量的同时，我们也必须考虑工程建设项目的社会效益，必须站在维护全社会安全、环境即总体利益的高度去建设一个项目，这也是一个项目部和项目经理必须担负的社会责任。从微观上来说，项目的效益或者说企业的长期效益不能仅仅从经济利益上去考虑，应该有长远目光，那就是，好的职业健康安全与环境管理会带来长远的经济利益。另外，从具体的项目上来说，没有做好职业健康安全与环境管理，就意味着更大的项目风险，这是一个好的项目经理应该看到的。

1. 职业健康安全与环境管理的目的与任务

1）建筑工程职业健康安全管理的目的是保护产品生产者和使用者的健康和安全。控制影响工作的场所内各类人员健康和安全的条件和因素。

2）建设工程项目环境管理的目的是保护生态环境，使社会的经济发展与人类的生存环境相协调。控制现场的各种粉尘、废水、废气、固体废弃物以及噪声、振动对环境的污染和危害，考虑能源节约，避免资源浪费。

3）职业健康安全与环境管理的任务是建筑生产组织（企业）为达到建筑工程的职业健康安全与环境管理的目的，指挥和控制组织的协调活动，包括制定、实施、实现、评审和保持职业健康安全与环境方针所需的组织机构、计划活动、职责、惯例、程序、过程和资源，共 14 项。不同组织根据各自情况保证职业健康安全环境管理任务的完成。

2. 建筑工程职业健康安全与环境管理的特点

1）建筑产品的固定性和生产的流动性及受外部环境影响因素多，决定了职业健康安全与环境管理的复杂性。

施工过程中，生产人员、工具与设备的流动性：

A. 同一工地不同建筑物之间流动；

B. 同一建筑物不同部位之间流动；

C. 一个建筑工程项目完成后，又要向另一个新项目动迁的流动。

2）建筑产品受不同外部环境影响因素多，主要有：

A. 露天作业多；

B. 气候条件变化；

C. 工程地质和水文条件变化；

D. 地理条件和地域资源的影响。

3）产品的多样性决定了生产的单一性。

4）产品的生产过程连续性和分工性决定了职业健康安全与环境管理的协调性。在职业健康安全与环境管理中要求各单位和专业人员横向配合和协调，共同注意产品生产过程接口部位的健康安全和环境管理的协调性。

5）产品的委托性决定了职业健康安全和环境管理的不符合性。产品建造前就确定了买主，业主经常会压低报价，造成对职业安全和环境管理投入的费用少，需要克服不符合性。

6）产品生产的阶段性决定职业健康安全与环境管理的持续性。

7）产品的时代性和社会性决定环境管理的多样性和经济性。

8.1.2 职业健康安全与环境管理在项目不同阶段的内容

对于项目管理工作而言，职业健康安全与环境管理（以下简称 HSE 管理）在项目的不同阶段，比如可行性研究阶段、设计阶段、发包阶段、施工阶段等，都要作相应的考虑，并采取不同的措施。

1. 可行性研究阶段的 HSE 管理

（1）定量的风险估计

在可行性研究阶段，要考虑到建成物以及四周的平面布局安排，可能发生的设想不到的天灾以及发生的几率，要估计一下可能出现的风险等。

（2）过程危险评价

做出基础程序危险评估和选择，对四周环境的关键特点要清楚，对地基的风险要很好估计，考虑风险时候可以接受或者风险可以降低，建立风险数据库。

（3）对环境影响的评价

周围环境的基本资料要了解，确认可利用资源的辐射和噪声等的标准，确认项目对于环境的长短期影响，明确减轻对环境的影响的步骤。

（4）社会效益规划

周围人口的基本情况，弄清对当地员工的影响，弄清对当地社会的影响，对于一些不好的影响要考虑减轻的方法。

2. 设计阶段的 HSE 管理

（1）对建造目标的危险性的正式估计

在可行性研究的基础上来对建造目标的危险性进行正式估计，其范围是建造全过程的全体建造目标，这是设计工作当中应该做的 HSE 管理，以便于后面程序当中的健康、安全和环境管理。设计应该提供的资料包括劳动力资源平衡表，大致的施工操作规则，材料用量表等。很多相关的技术人员可以参与这些工作，比如一些有经验的技术工人等。这些资料是应该被很好记录下来，以备后用的。

（2）设计变更控制

在进行设计变更控制的时候，比如劳动力资源平衡表，安全设施，施工体系和原则，材料，设计规范，设备类型，设备布局，危险区域图等与 HSE 管理相关的变更，是必须要严格控制的。

（3）可建造性的评价

对于可建造性的评价，是对施工方法和施工技术的检查，或者是为了减少施工的不安全性而对设计所做的调整。一些高风险的施工操作，重量很大的提升工作，及其塔吊的通道等关键部分，要重点考察。

（4）可操作性的评价

可以让做具体施工工作的人来评价设计的可操作性，比如安全通道、通风口、排水口等的设置、其他安全设备的设置位置等。

（5）HSE 评价

关于 HSE 的评价要做好关于危险性评价的记录，涉及各参与方的多原则评判，检查各程序都是进行了 HSE 评价的，确认风险并要确认风险是被有效管理的，另外还要对 HSE 进行独立的保险。

3. 发包和和约阶段的 HSE 管理

（1）投标者预审和选择以及审核

现在的招投标工作当中，业主通常只考虑了标价的高低，一般是出价最低的投标者能获得机会，缺少了对其他方面的考虑。实际上，业主要根据 HSE 标准，重视投标者的安全记录等方面的内容，比如他对规范的遵守程度，设计中的安全考虑，具体操作的放心程度等。另外还应该对投标者进行一次审计，以确认他的真实能力等。

（2）承包商预审

对承包商的预审，可以到承包商的现在的项目现场去检查安全系统的设置，或者是做一个对 HSE 进行评价的调查问卷，检查承包商的事故记录等。

（3）承包商选择

在承包商的选择中，对于 HSE 的遵守程度，应该作为一个重要的因素来考虑，还要看承包商对建设中做好 HSE 工作尤其是具体的管理方案的承诺。

4. 施工中的 HSE 管理

（1）做好施工安全计划

这项工作包括确定安全目标，确定人员和责任分工，做好培训工作，安排好相应的设施和工程实习，制定 HSE 的指导资料（即规章制度），另外还要制定工作评定和发展的措施。

（2）施工工艺要详细安排并要进行风险分析

尤其是那些有高风险的操作要书面写好施工工艺并进行分析估计，这样的操作包括：在一定高度上的操作，提升材料等工作，狭窄空间里的工作，靠近湖泊、河流或者海洋的操作等。

施工工艺的详细安排以及风险评定工作应该采取的步骤是：

1）写出实施工艺；

2）估计该工艺的危险的严重性和发生概率；

3）估计这种风险的水平是否可以接受，即不影响工程操作；

4）如果风险太大，应该改变这个工艺以消除这种风险。

（3）对于危害健康的物质要正确估计和控制

如果项目中要用到一些特殊的物质，就要对所使用到的物质的危害性进行的严格的估计，尤其是像化学物质之类。

（4）进行 HSE 培训

一个全面的培训计划应该和项目施工进度相一致，它包括管理层面和工人层面上两个级别的培训。

1）管理层的培训包括：

①学习基本的对于现场安全方面管理的新的规定；

②充分了解项目目标和详细的施工进度；

③学习领导和监督的技能；

④学习掌握事故报告系统的方法；

⑤学习工人培训方法。

2）工人层的培训包括：

①学习现场的具体安全规定；

②充分了解项目目标和施工进度安排；

③学习掌握事故报告系统的方法；

④对于特别的有危险的工作要进行专门培训；

⑤不断强化安全观念。

（5）做好 HSE 的详细制度安排

这种精确的计划应该能够分析满足 HSE 要求的行为和原则，而且要能激励员工严格按照要求工作，而且要规定事故报告和预防的措施，以及要求管理人员以身作则和其他激励做好 HSE 工作的内容。

（6）安排好事故的预防和报告措施

项目管理当中要做好事件和事故报告以及预防的安排，这种安排包括：

1）事故及其责任记载；

2）事故分析确认发生的过程；

3）防止再发生的措施；

4）传递信息，学习经验和教训的措施。

值得注意的是，这样的管理制度安排不要做成一个责备当事人的工具，而应该是学习和提高的机制，应该是公平的、中肯的。

8.2　建筑工程项目施工安全管理

建筑施工企业是以施工生产经营为主业的经济实体。全部生产经营活动是在特定空间进行人、财、物动态组合的过程，并通过这一过程向社会交付有商品性的建筑产品。在完成建筑产品过程中，人员的频繁流动、生产周期长和产品的一次性，是其显著的生产特点。生产的特点决定了组织安全生产的特殊性。

施工企业的效益性目标，是通过每个施工项目来落实与实现的。随着施工项目管理的推动和施工企业内部管理层与作业层分开，以及内部市场机制的发展，在客观上要求安全生产管理与之同步发展。施工项目管理对安全生产管理提出了新的更高的要求，因为施工项目要实现以经济为中心的工期、成本、质量、安全等的综合管理，必须对与实现效益相关的生产因素进行有效的控制。安全生产是施工项目重要的控制目标之一，也是衡量施工项目管理水平的重要标志。同时施工项目管理又为完善安全生产管理、增强管理效果创造了条件。因此，施工项目必须把实现安全生产当作组织施工活动的重要任务。

所谓建筑工程项目施工安全管理，就是施工项目在施工过程中，组织安全生产的全部管理活动。通过对生产因素具体的状态控制，使生产因素不安全的行为和状态减少或消除，不致引发安全事故，尤其是不使人受到伤害的事故。使施工项目效益目标的实现，得到充分保证。

8.2.1 施工项目安全控制概述

1. 安全控制的概念

1）安全生产的概念：是指使生产过程处于避免人身伤害、设备损坏及其他不可接受的损害风险（危险）的状态。

不可接受的损害风险（危险）是指超出了法律、法规和规章的要求，超出了方针、目标和企业规定的其他要求，超出了人们普遍接受的（通常是隐含的）要求。

2）安全控制的概念：是通过对生产过程中涉及到的计划、组织、监控、调节和改进等一系列致力于满足生产安全所进行的管理活动。

2. 安全控制的方针与目标

（1）安全控制的方针

安全控制的目的是为了安全生产，因此安全控制的方针也应符合安全生产的方针，即"安全第一，预防为主"。

"安全第一"是把人身的安全放在首位，安全为了生产，生产必须保证人身安全，充分体现"以人为本"的理念。

"预防为主"是实现安全第一最重要的手段，采取正确的措施和方法进行安全控制，从而减少甚至消除事故隐患，尽量把事故消灭在萌芽状态，这是安全控制最重要的思想。

（2）安全控制的目标

安全控制的目标是减少和消除生产过程中的事故，保证人员健康安全和财产免受损失。具体有：

1）减少和消除人的不安全行为的目标；

2）减少和消除设备、材料的不安全状态的目标；

3）改善生产环境和保护自然环境的目标；

4）安全管理的目标。

3. 施工项目安全控制的特点

安全控制是指采取措施使项目在施工中没有危险，不出事故，不造成人身伤亡和财产损失。安全既包括人身安全，也包括财产安全。安全法规、安全技术和工业卫生是安全控制的三大主要措施。人、物和环境这些控制对象、构成了安全施工体系。安全控制管人、管物、管环境。施工项目安全控制的特点如下。

（1）施工项目安全控制的难点多

由于施工受自然环境的影响大，高处作业多，地下作业多，大型机械多，用电作业多，易燃物多，因此安全事故引发点多，安全控制的难点必然大量存在。

（2）安全控制的劳保责任重

建筑施工是劳动密集型，手工作业多，人员数量大，交叉作业多，作业的危险性大。因此要通过加强劳动保护创造安全施工条件。

（3）施工项目安全控制处在企业安全控制的大环境之中

施工项目安全控制是企业安全控制的一个子系统，企业安全系统还包括以下分系统；安全组织系统，安全法规系统和安全技术系统，都与施工项目安全系统密切相关。安全组织系统是企业内部的安全部门和安全管理人员；安全法规系统指企业必须执行国家、行业、地方政府制定的安全法规，也必须有企业自身的安全管理制度；安全技术系统按操作对象、工种、机械的特点进行专业分类，如施工电气安全技术、脚手架安全技术、起重吊装安全技术、锅炉和压力容器安全技术、工业卫生安全技术、防火安全技术等。

（4）施工现场是安全控制的重点

这是因为施工现场人员集中、物资集中，是作业场所，事故一般都发生在现场。

4. 施工项目安全控制的基本原则

（1）管生产必须管安全

安全蕴于生产之中，并对生产发挥促进与保证作用。安全和生产管理的目标及目的有高度的一致和完全的统一。安全控制是生产管理的重要组成部分。一切与生产有关的机构、人员，都必须参与安全控制并承担安全责任。

（2）必须明确安全控制的目的性

安全控制的目的是对生产中的人、物、环境因素状态的控制，有效地控制人的不安全行为和物的不安全状态，消除或避免事故，达到保护劳动者的安全与健康的目的。

（3）必须贯彻预防为主的方针

安全生产的方针是"安全第一、预防为主"。安全第一是从保护生产力的角度和高度，表明在生产范围内，安全与生产的关系，肯定安全在生产活动中的位置和重要性。

在生产活动中进行安全控制，要针对生产的特点，对生产因素采取管理措施，有效地控制不安全因素，把可能发生的事故消灭在萌芽状态，以保证生产活动中人的安全与健康。

贯彻预防为主，要端正对生产中不安全因素的认识，端正消除不安全因素的态度，选准消除不安全因素的时机。在安排与布置生产内容的时候，针对施工生产中可能出现的危险因素，采取措施予以消除。在生产活动过程中，经常检查、及时发现不安全因素，采取措施，明确责任，尽快地、坚决地予以消除。

（4）坚持动态管理

安全管理不只是少数人和安全机构的事，而是一切与生产有关的人共同的事。生产组织者在安全管理中的作用固然重要，但全员参与管理也十分重要。安全管理涉及生产活动的方方面面，涉及从开工到竣工交付的全部生产过程、全部的生产时间和一切变化着的生产因素。因此，生产活动中必须坚持全员、全过程、全方位、全天候的动态安全管理。

（5）不断提高安全控制水平

生产活动是在不断发展与变化的，可导致安全事故的因素也处在变化之中，因此要随生产的变化调整安全控制工作，还要不断提高安全控制水平，取得更好的效果。

5. 施工项目不安全因素分析

（1）人的不安全行为

控制靠人，人也是控制的对象。人的行为是安全的关键。人的不安全行为可能导致安全事故，所以要对人的不安全行为加以分析。

人的不安全行为是人的生理和心理特点的反映，主要表现在身体缺陷、错误行为和违纪违章3个方面。

1）身体缺陷指疾病、职业病、精神失常、智商过低（呆滞、接受能力差、判断能力差等）、紧张、烦躁、疲劳、易冲动、易兴奋、运动迟钝、对自然条件和其他环境过敏、不适应复杂和快速工作、应变能力差等。

2）错误行为指嗜酒、吸毒、吸烟、赌博、玩耍、嬉闹、追逐、误视、误听、误嗅、误触、误动作、误判断、意外碰撞和受阻、误入险区等。

3）违纪违章指粗心大意、漫不经心、注意力不集中、不履行安全措施、安全检查不认真、不按工艺规程或标准操作、不按规定使用防护用品、玩忽职守、有意违章等。

统计资料表明：有88%的安全事故是由人的不安全行为所造成的，而人的生理和心理特点直接影响人的不安全行为。因此在施工项目安全控制中，一定要抓住人的不安全行为这一关键因素，采取相应对策。而在制定纠正和预防措施时，又必须针对人的生理和心理特点对安全的影响，培养提高劳动者的自我保护能力，以结合自身生理和心理特点预防不安全行为发生，增强安全意识，搞好安全控制。

（2）物的不安全状态

如果人的心理和生理状态能适应物质和环境条件，而物质和环境条件又能满足劳动者生理和心理的需要，便不会产生不安全行为，反之就可能导致安全伤害事故。

物的不安全状态表现为三方面，即设备和装置的缺陷、作业场所的缺陷、物质和环境的危险源。

1）设备和装置的缺陷指机械设备和装置的技术性能降低、强度不够、结构不良、磨损、老化、失灵、腐蚀、物理和化学性能达不到要求等。

2）作业场所的缺陷指施工场地狭窄、立体交叉作业组织不当、多工种交叉作业不协调、道路狭窄、机械拥挤、多单位同时施工等。

3）物质和环境的危险源有化学方面的、机械方面的、电气方面的和环境方面的等。

从上所述，物质和环境均有危险源存在，是产生安全事故的主要因素。因此，在施工项目安全控制中，必须根据工程项目施工的具体条件，采取有效的措施减少或断绝危险源。当然，在分析物质、环境因素对安全的影响时，也不能忽视劳动者本身生理和心理的特点。故在创造和改善物质、环境的安全条件时，也应从劳动者生理和心理状态出发，使两方面能相互适应。解决采光照明、树立色彩标志、调节环境温度、加强现场管理等，都是将人的不安全行为、物的不安全状态与人的生理和心理特点结合起来考虑，制定安全技术措施，才能确保安全的目标。

6. 施工安全控制的程序

1）确定项目的安全目标，按项目管理方法进行分解，实现全员安全控制。

2）编制项目安全技术措施计划。

3）安全技术措施计划的落实与实施。

4）安全技术措施计划的验证。

5）持续改进，直至完成建设工程项目的所有工作。

7. 施工安全控制的基本要求

1）必须取得安全行政主管部门颁发的《安全施工许可证》后才可开工。

2）总承包单位和每一个分包单位都应持有《施工企业安全资格审查认可证》。

3）各类人员必须具备相应的职业资格才能上岗。

4）所有新员工必须经过三级安全教育，即进厂、进车间、进班组的安全教育。

5）特殊工种作业人员必须持有特种作业操作证，并严格按规定定期复查。

6）对查出的安全隐患要做到"五定"，即定整改责任人、定整改措施、定整改完成时间、定整改完成人、定整改验收人。

7）必须把好安全生产"六关"，即措施关、交底关、教育关、防护关、检察关、改进关。

8）施工现场安全设施齐全，并符合国家和地方有关规定。

9）施工机械（特别是现场安设的起重设备等），必须经安全检查合格后方可使用。

8.2.2　建筑工程施工安全控制的方法

1. 危险源的概念

（1）危险源

危险源是指可能导致人身伤害或疾病、财产损失、工作环境破坏或这些情况组合的危险因素和有害因素。

危险因素是强调突发性和瞬间作用的因素，有害因素强调在一定时期内的慢性损害和累计作用。危险源是安全控制的主要对象，所以有人把安全控制也称为危险控制或安全风险控制。

（2）两类危险源

在实际生活和生产过程中的危险源，导致事故可归结为能量的意外释放或有害物质的泄漏。危险源分为两大类。

第一类危险源：可能发生意外释放的能量的载体或危险物质称作第一类危险源。能量或危险物质的意外释放是事故发生的物理本质。通常把产生能量的能量源或拥有能量的能量载体作为第一类危险源来处理。

第二类危险源：造成约束、限制能量措施失效或破坏的各种不安全因素称为第二类危险源，如机械设备可以看成是限制约束能量的工具。正常情况下，生产过程中的能量或危险物质受到约束或限制，不会发生意外释放，即不会发生事故。但是一旦这些约束或限制能量或危险物质的措施受到破坏或失效（故障），则将发生事故。第二类危险源包括人的不安全行为、物的不安全状态和不良环境条件三个方面。

（3）危险源与事故

事故的发生是两类危险源共同作用的结果。第一类危险源是事故发生的前提，第二类危险源是第一类危险源导致事故的必要条件。也可以说第一类危险源是事故的主体，决定事故的严重程度；第二类危险源出现的难易，决定事故发生的可能性大小。

2. 危险源控制的方法

（1）危险源的辨识与风险评价

1）危险源的辨识方法有：

①专家调查法：是通过向有经验的专家咨询、调查、辨识、分析和评价危险源的一种方法，其优点是简便易行，缺点是受专家的知识、经验和占有资料的限制，可能出现遗漏。常用的有：头脑风暴法和德尔菲法。

②安全检查表（SCL）法：就是实施安全检查和诊断项目的明细表。运用已编制好的安全检查表，进行系统的安全检查，辨识工程项目存在的危险源。检查表的内容一般包括分类项目、检查内容及要求、检查以后处理意见等。可以用"是"、"否"作回答或"√"、"×"符号做标记，同时注明检查日期，并由检查人员和被检单位同时签字。其优点是：简单易懂，容易掌握，可以事先组织专家编制检查项目，使安全检查做到系统化、完整化。缺点是一般只能做出定性评价。

2）风险评价方法：是评估危险源所带来的风险大小及确定风险是否可容许的全过程。根据评价结果对风险进行分级，按不同级别的风险有针对性地采取风险控制措施。

（2）危险源的控制方法

1）第一类危险源的控制方法有：

①防止事故发生的方法：消除危险源、限制能量或危险物质隔离；

②避免或减少事故损失的方法：隔离、个体防护，设置薄弱环节，使能量或危险物质按人们的意图释放、避难与救援措施。

2）第二类危险源的控制方法有：

①减少故障：增加安全系数，提高可靠性，设置设备安全监控系统。

②故障——安全设计：包括故障——消极方案（即故障发生后，设备、系统处于最低能量状态，直到采取校正措施前不能正常运转）；故障——积极方案（即故障发生后，在没有采取校正措施之前，使系统、设备处于安全的能量状态之下）；故障——正常方案（即保证在采取校正行动之前，设备、系统正常发挥功能）。

3. 施工安全技术措施计划及其实施

（1）建设工程施工安全技术措施计划

建设工程施工安全技术措施计划的主要内容有：工程概况、控制目标、控制程序、组织机构、职责、权限、规章制度、资源配置、安全措施、检查评价、奖惩制度等。制定安全技术措施计划时，对某些特殊情况应考虑：

1）对结构复杂、施工难度大、专业性较强的工程项目，除制定项目总体安全保证计划外，还必须制定单位工程或分部分项工程的安全技术措施；

2）对高处作业、井下作业等专业性强的作业，电气、压力容器等特殊工种作业，应制定单项安全技术规程，并应对管理人员和操作人员的安全作业资格和身体状况进行合格检查；

3）制定和完善施工安全操作规程，编制各施工工种，特别是危险性大的公众的安全施工操作要求，作为规范和检查考核人员安全生产行为的依据；

4）施工安全技术措施：施工安全技术措施包括安全防护设施的设置和安全预防措施，主要有 17 方面的内容，如防火、防毒、防洪、防尘、防雷击、防触电、防坍塌、防物体打击、防机械伤害、防起重设备滑落、防高空坠落、防交通事故、防寒、防暑、防疫、防环境污染等方面的措施。

（2）施工安全技术措施计划的实施

1）安全生产责任制：建立安全生产责任制是施工安全技术措施计划实施的重要保证。安全生产责任制是指企业对项目经理部各级领导、各个部门、各类人员所规定的在他们各自职责范围内对安全生产应负责任的制度。

2）安全教育：安全教育的要求如下：

①广泛开展安全生产的宣传教育，使全体员工真正认识到安全生产的重要性和必要性，懂得安全生产和文明施工的科学知识，牢固树立安全第一的思想；

②把安全知识、安全技能、设备性能、操作规程、安全法规等作为安全教育的主要内容；

③建立经常性的安全教育考核制度，考核成绩要记入员工档案；

④电工、电焊工、架子工、司炉工、爆破工、机械操作工、起重工、机械司机、机动车辆司机等特殊工种工人，除一般安全教育外，还要经过专业、安全技能培训，经考试合格后，方可独立操作；

⑤采用新技术、新工艺、新设备施工和调换工作岗位时，也要进行安全教育，未经安全教育培训的人员不得上岗操作。

3）安全技术交底：

①安全技术交底的基本要求：

a. 项目部必须实行逐级安全技术交底制度，纵向延伸到班组全体作业人员；

b. 技术交底必须具体、明确、针对性强；

c. 技术交底的内容应针对分部分项工程施工中给作业人员带来的潜在危害和存在的问题；

d. 应优先采用新的安全技术措施；

e. 应将工程概况、施工方法、施工程序、安全技术措施向工长、班组长进行详细交底；

f. 定期向由两个以上作业队和多工种进行交叉施工的作业队伍进行书面交底；

g. 保持书面安全交底签字记录。

②安全技术交底主要内容：

a. 本工程项目的施工作业特点和危险点；

b. 针对危险点的具体预防措施；

c. 应注意的安全事项；

d. 相应的安全操作规程和标准；

e. 发生事故后应及时采取的避难和急救措施。

4. 安全检查

1）安全检查的目的是为了消除隐患，防止事故，改善劳动条件及提高员工安全生产意识的重要手段，是安全控制工作的一项重要内容。

安全检查类型：日常性检查、专业性检查、季节性检查、节假日前后的检查、不定期检查。

2）安全检查的主要内容：查思想、查管理、查隐患、查整改、查事故处理。安全检查的重点是违章指挥和违章作业，安全检查后应编制安全检查报告，说明已达标项目、未达标项目、存在问题、原因分析、纠正和预防措施。

3）建筑施工安全检查评定分类：

①对建筑施工中易发生伤亡事故的主要环节、部位和工艺等的完成情况作安全检查评价时，应采用检查评分表的形式，分为安全管理、文明工地、脚手架、基坑支护与模板工程、三宝（安全帽、安全带、安全网）四口（通道口、预留洞口、楼梯口、电梯井口）防护、施工用电、物料提升与外用电梯、塔吊、起重吊装、施工机具共十项分项检查评分表和一张检查评分汇总表。

②除"三保""四口"防护和施工机具外的八项检查评分表，均设立保证项目和一般项目，前者是检查的重点和关键。

4）评分方法及分值比例：

①各分项检查评分表中，满分为100分。表中各检查项目得分未按规定检查内容所得分数之和。每张表总得分应为各自表内各检查项目实得分数之和。

②在检查评分中，遇有多个脚手架、塔吊、龙门架与井字架等时，则该项得分应为各单项实得分数的算术平均值。

③检查评分不得采用负值。各检查项目所扣分数总和不得超过该项应得分数。

④在检查评分中，当保证项目中有一项不得分或保证项目小计得分不足40分时，此检查评定表不得分。

⑤检查评分汇总表满分为100分，各分项检查表在汇总表中所占的满分分值应分别为：安全管理10分、文明施工20分、脚手架10分、基坑支护与模板工程10分、"三宝"、"四口"防护10分、施工用电10分、物料提升机与外用电梯10分、塔吊10分、起重吊装5分和施工机具5分。在汇总表中各分项项目的分数应按下式计算：

汇总表中各分项项目实得分＝汇总表中该项应得满分分值×该项检查评分表实得分数/100

汇总表总得分应为表中各分项项目实得分数之和。

⑥检查中遇有缺项时，汇总表总得分应按下式换算：

遇有缺项时汇总表总得分＝实查项目在汇总表中按各对应的实得分值之和/实查项目在汇总表中应得满分的分值之和×100。

⑦多人同时对同一项目检查评分时，应按加权评分方法确定分值。权数的分配原则应为：专职安全人员的权数为0.6，其他人员的权数为0.4。

5）等级的划分原则

建筑施工安全检查评分，应以汇总表的总得分及保证项目达标与否，作为对一个施工现场安全生产情况的评价依据，分为优良、合格、不合格三个等级。

①优良级：保证项目均应达到规定的评分标准，检查评分汇总表得分应在80分及（含）以上。

②合格级：

A. 保证项目均应达到规定的评分标准，汇总表得分应在70分及以上；

B. 有一份表未得分，但检查评分汇总表得分值在 75 分及以上；

C. 起重吊装检查评分表或施工机具检查评分表未得分，但汇总表得分应在 80 分及以上。

③不合格级：

A. 检查评分汇总表得分不足 70 分；

B. 有一份表未得分，且汇总表得分值在 75 分以下；

C. 起重吊装检查评分表或施工机具检查评分表未得分，且汇总表得分在 80 分（含）以下。

6）分值的计算方法：

①汇总表中各项实得分数计算方法：

分项实得分＝该分项在汇总表中应得分×该分项在检查评分表中实得分/100

②汇总表中遇有缺项时，汇总表总分计算方法：

缺项的汇总表分＝实查项目实得分值之和/实查项目应得分值之和×100

③分表中遇有缺项时，分表总分计算方法：

缺项的分表分＝实查项目实得分值之和/实查项目应得分值之和×100

④分表中遇保证项目缺项时，"保证项目小计得分不足 40 分，评分表得 0 分"，计算方法：

实得分与应得分之比＜66.7％时，评分表得 0 分（40/60＝66.7％）。

⑤在各汇总表的分项中，遇有多个检查评分表分值时，则分项得分应为各单项实得分数的算术平均值。

8.2.3 施工项目安全控制要点

1. 进行安全立法、执法和守法

项目经理部应在学习国家、行业、地区、企业安全法规的基础上，制定自己的安全管理制度，并以此为依据，对施工项目的安全施工进行经常的、制度化的、规范化的管理，也就是执法。守法是按照安全法规的规定进行工作，使安全法规变为行动，产生效果。

由国务院颁布的于 2004 年 2 月 1 日起施行的《建设工程安全生产管理条例》，是直接指导建设工程安全生产管理的法律。相关的法律还有《中华人民共和国安全生产法》和《中华人民共和国建筑法》。还有一些由国务院各部委颁发的以及地方政府颁布的安全生产条例和规定。另外，施工企业应建立安全规章制度（即企业的安全"法规"），如安全生产责任制，安全教育制度，安全检查制度，安全技术措施计划制度，分项工程工艺安全制度，安全事故处理制度，安全考核办法，劳动保护制度，建筑施工安全技术规定，施工现场安全防护制度和环境保护制度，施工现场安全防火制度等。

2. 建立施工项目安全组织系统和安全责任系统

（1）组织系统

应建立"施工项目安全生产组织管理系统"（见图 8-1）和"施工项目安全施工责任保证系统"（见图 8-2），为施工项目安全施工提供组织保证。

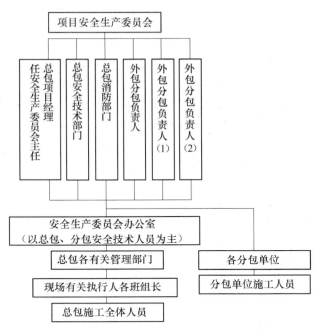

图 8-1　施工项目安全生产组织管理系统

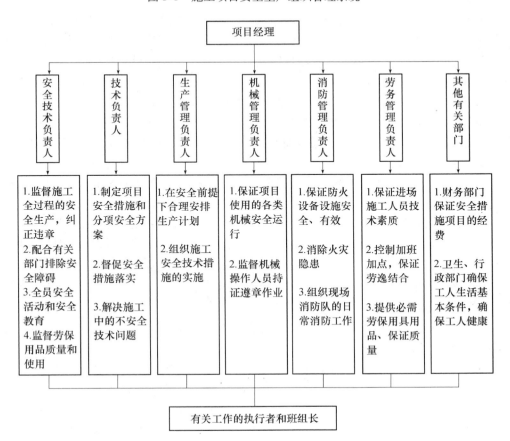

图 8-2　施工项目安全施工责任保证系统

273

（2）项目经理的安全生产职责

1）对参加施工的全体职工的安全与健康负责，在组织与指挥生产的全过程中，把安全生产责任落实到每一个生产环节中，严格遵守安全技术操作规程。

2）组织施工项目安全教育。对项目的管理人员和施工操作人员，按其各自的安全职责范围进行教育，建立安全生产奖罚制度。对违章和失职者要予以处罚，对避免了事故、一贯照章工作并做出成绩者予以奖励。

3）工程施工中发生重大事故时，立即组织人员保护现场，向主管上级汇报，积极配合劳动部门、安全部门和司法部门调查事故原因，提出预防事故重复发生和防止事故危害扩延的初步措施。

4）配备安全技术人员以协助项目经理履行安全职责。这些人员应具有同类或类似工程的安全技术管理的经验，能较好地完成本职工作；取得了有关部门考核合格的专职安全技术人员证书；掌握了施工安全技术基本知识；热心于安全技术工作。

项目经理的安全管理内容是：定期召开安全生产会议，研究安全对策，确定各项措施执行人；每天对施工现场进行巡视，处理不安全因素及安全隐患；开展现场安全生产活动；建立安全生产工作日志，记录每天的安全生产情况。

3. 努力提高对施工安全控制的认识

要用改革的精神，从时代特征上认识安全问题及其控制。

1）要认识到，建筑市场的管理和完善与施工安全紧密相关。施工安全与业主责任制的健全有关。只有健全招投标制，才能促使企业自觉地重视施工安全管理。要使施工安全与劳动保护成为合同管理的重要内容，且体现宪法劳动保护的原则。建设监理也是搞好施工安全的一条重要途径。

2）要建立工伤保险机制。工伤保险是一种人身保险，也是社会保险体系的重要组成部分。我国的社会保险包括四大险种：即待业保险、养老保险、医疗保险、工伤保险。建立工伤保险新机制是利用经济的办法促使企业、工人及社会各方面与施工安全都有切身利益关系，主动自觉地进行安全管理。

3）工程质量与施工安全是统一的，只要工程建设存在，就有质量和安全问题。质量和安全体现了产品质量与产品生产的统一性，安全是工作质量的体现。

4）在市场经济条件中，增强施工安全的法制观点。法制观念的核心是责任制。

5）建立安全效益观念，即安全的投入会带来更大的效益。安全好、伤亡少，损失少，效益高；安全好，信誉就高，竞争力强，则效益大；安全是企业文化和企业精神的反映，既是物质文明建设的重要内容，又是精神文明建设的重要内容。安全好坏也是两个文明建设的好坏，是效益高低的所在。

6）建立系统安全管理的观念。事故的结果具体，事故的原因很复杂，要从系统上进行分析，加强组织管理。

7）开展国际交往，学习国际惯例。国际上每年召开一次国际劳动安全会议，我们要多接触，了解国际上的安全管理经验。按建设部的部署，抓好国际劳工组织167号公约——《施工安全公约》在我国的试行工作。

4. 加强安全教育

安全教育包括安全思想教育和安全技术教育，目的是提高职工的安全施工意识。法人代表的安全教育、三总师和项目经理的安全教育，安全专业干部的培训都要加强。安全教育要正规化、制度化，采取有力措施。要特别重视民工的安全教育。无知蛮干不仅伤害自己，还会伤及别人。使用民工者负责他们的安全教育和安全保障。培训考核上岗，建立民工培训档案制度。换工种、换岗位、换单位都要先教育、后上岗。

5. 采取安全技术组织措施

（1）有关技术组织措施的规定

为了进行安全生产，保障工人的健康和安全，必须加强安全技术组织措施管理，编制安全技术组织措施计划，进行预防，并有下列有关规定：

1）所有工程的施工组织设计（施工方案）都必须有安全技术措施；爆破、吊装、水下、深坑、支模、拆除等大型特殊工程，都要编制单项安全技术方案，否则不得开工。安全技术措施要有针对性，要根据工程特点、施工方法、劳动组织和作业环境等情况来制定，防止一般化。施工现场道路、上下水及采暖管道、电气线路、材料堆放、临时和附属设施等的平面布置，都要符合安全、卫生和防火要求，并要加强管理，做到安全生产和文明生产。

2）企业在编制生产技术财务计划的同时，必须编制安全技术措施计划。安全技术措施所需的设备、材料应列入物资、技术供应计划。对于每项措施，应该确定实现的期限和负责人。企业的领导人应该对安全技术措施计划的编制和贯彻执行负责。

3）安全技术措施计划的范围，包括以改善劳动条件（主要指影响安全和健康的）、防止伤亡事故，预防职业病和职业中毒为目的的各项措施，不要与生产、基建和福利等措施混淆。

4）安全技术措施计划所需的经费，按照现行规定，属于增加固定资产的，由国家拨款；属于其他的支出摊入生产成本。企业不得将劳动保护费的拨款挪作他用。

5）企业编制和执行安全技术措施计划，必须走群众路线，计划要经过群众讨论，使其切合实际，力求做到花钱少、效果好。要组织群众定期检查，以保证计划的实现。

（2）施工现场预防工伤事故措施

1）参加施工现场作业人员，要熟记安全技术操作规程和有关安全制度。

2）在编制施工组织设计时，要有施工现场安全施工技术组织措施。开工前要做好安全技术组织措施。

3）按施工平面图布置的施工现场，要保证道路畅通，布置安全稳妥。

4）在高压线下方10m范围内，不准堆放物料，不准搭设临时设施，不准停放机械设备。在高压线或其他架空线一侧进行起重吊装时，要按劳动部颁发的《起重机械安全管理规程》的规定执行。

5）施工现场要按平面布置图设置消火栓和充足的灭火器材。在消火栓周围3m范围内不准堆放物料。严禁在现场吸烟，吸烟者要进入吸烟室。

6）现场设围墙及保卫人员，以便防火、防盗、防坏人破坏机电设备及其他现场设施。

7）大型工地要设立现场安全生产领导小组，对安全生产进行统一部署，开展安全活动，处理解决生产中有关安全问题和隐患。小组成员包括参加施工各单位的负责人及安全部门、消防部门的代表。

8）安全工作要贯彻预防为主的一贯方针，把安全工作当成一个系统来抓。把发现事故隐患、预防隐患引起的危险，对照过去的经验教训选择安全措施方案，实现安全措施计划，对措施效果进行分析总结，进一步研究改进防范措施的 6 个环节作为安全管理的周期性流程，使事故减少到最低限度，达到最佳安全状态。

另外，还要专门制定预防高空坠落的技术组织措施，预防物体打击事故的技术组织措施，预防机械伤害事故的技术组织措施，防止触电事故的技术组织措施，防止坍塌事故的技术组织措施，电焊、气焊安全技术组织措施，脚手架安全技术组织措施，冬雨季施工安全技术措施，分项工程工艺安全规程，等等。

6. 加强安全检查

安全检查是发现不安全行为和不安全状态的重要途径。是消除事故隐患，落实整改措施，防止事故伤害，改善劳动条件的重要方法。安全检查的形式有普遍检查、专业检查和季节性检查。

1）安全检查的内容主要是查思想、查管理、查制度、查现场、查隐患、查事故处理。

2）安全检查的组织有：

①建立安全检查制度，按制度要求的规模、时间、原则、处理、补偿全面落实；

②成立由第一责任人为首，业务部门、人员参加的安全检查组织；

③安全检查必须做到有计划、有目的、有准备、有整改、有总结、有处理。

3）安全检查方法。常用的有一般检查方法和安全检查表法。

①一般方法。常采用看、听、嗅、问、查、测、验、析等方法。

②安全检查表法。是一种原始的、初步的定性分析方法，它通过事先拟定的安全检查明细表或清单，对安全生产进行初步的诊断和控制。

8.2.4 建筑工程职业健康安全事故的分类和处理

1. 职业健康安全事故的类型

职业健康安全事故分两大类型：职业伤害事故和职业病。

1）职业伤害事故是指因生产过程及工作原因或与其相关的其他原因造成的伤亡事故。

①按事故发生的原因：分为 20 类，具体有物体打击、车辆伤害、机械伤害、起重伤害、触电、淹溺、灼烫、火灾、高空坠落、坍塌、冒顶片帮、透水、放炮、火药爆炸、瓦斯爆炸、锅炉爆炸、容器爆炸、其他爆炸、中毒和窒息、其他伤害。

②按事故后果严重程度分为 6 类：

A. 轻伤事故：造成职工肢体或某些器官功能性或器质性轻度损伤，表现为劳动能力轻度或暂时丧失的伤害，一般每个受伤人员休息 1 个工作日以上，105 个工作日以下。

B. 重伤事故：一般指受伤人员肢体残缺或视觉、听觉等器官受到严重损伤，能引起人体长期存在功能障碍或劳动能力有重大损失的伤害，或者造成每个受伤人员损失 105 个工作日以上的失能伤害。

C. 死亡事故：一次事故中死亡职工 1~2 人的事故。

D. 重大伤亡事故：一次事故中死亡职工 3 人以上（含 3 人）的事故。

E. 特大伤亡事故：一次事故中死亡职工 10 人以上（含 10 人）的事故。

F. 急性中毒事故：指生产性毒物一次性短期内通过人的呼吸道、皮肤或消化道大量进入体内，使人体在短时间内发生病变，导致职工立即中断工作，并需进行急救或死亡的事故；急性中毒的特点是发病快，一般不超过一个工作日，有的毒物因毒性有一定的潜伏期，可在下班后数小时发病。

2）职业病：经诊断从事接触有毒有害物质或不良环境的工作而造成的急慢性疾病。2002 年卫生部会同劳动和社会保障部发布的《职业病目录》列出的法定职业病为十大类共 115 种。该目录中所列的十大类职业病有：尘肺、职业放射性疾病、职业中毒、物理因素所致职业病、生物因素所致职业病、职业性皮肤病、职业性眼病、职业性耳鼻喉口腔疾病、职业性肿瘤、其他职业病。

2. 重大事故的等级

工程建设重大事故分为四个等级：

1）具备下列条件之一者为一级重大事故：

①死亡 30 人以上；

②直接经济损失 300 万元以上。

2）具备下列条件之一者为二级重大事故：

①死亡 10 人以上，29 人以下；

②直接经济损失 100 万元以上，不满 300 万元。

3）具备下列条件之一者为三级重大事故：

①死亡 3 人以上，9 人以下；

②重伤 20 人以上；

③直接经济损失 30 万元以上，不满 100 万元。

4）具备下列条件之一者为四级重大事故：

①死亡 2 人以下；

②重伤 3 人以上，19 人以下；

③直接经济损失 10 万元以上，不满 30 万元。

3. 建筑工程职业健康安全事故的处理

（1）处理原则（四不放过原则）

①事故原因不清楚不放过；

②事故责任者和员工没有受到教育不放过；

③事故责任者没有处理不放过；

④没有制定防范措施不放过。

（2）安全事故处理程序

①报告安全事故；

②处理安全事故，抢救伤员，排除险情，防止事故蔓延扩大，做好标志，保护好现场等；

③安全事故调查；

④对事故责任者进行处理；

⑤编写调查报告并上报。

（3）伤亡事故处理程序

①迅速抢救伤员并保护好现场；

②组织调查组，现场勘察；

③分析事故原因；

④制定预防措施；

⑤写出调查报告；

⑥事故的审查和结案；

⑦员工伤亡事故登记记录。

8.3　建筑工程项目施工现场管理

8.3.1　施工现场管理的意义和要求

1. 项目现场管理基本概念

（1）项目现场

项目现场就是从事施工项目活动经批准占用的施工场地，该场地既包括红线以内占用的建筑用地和施工用地，又包括红线以外现场附近经批准占用的临时施工用地。

（2）项目现场管理

项目的现场管理就是对这些场地进行科学安排，合理使用，并与各种环境保持协调关系的方法。

现场管理的目标是规范场容，文明作业，安全有序，整洁卫生，不损害公众利益。

2. 施工项目现场管理的意义

施工项目现场指从事工程施工活动经批准占用的施工场地。该场地既包括红线以内占用的建筑用地和施工用地，又包括红线以外现场附近经批准占用的临时施工用地。施工项目现场管理是指这些场地如何科学筹划，合理使用，并与环境各因素保持协调关系，成为文明施工现场。施工项目现场管理的意义体现在以下四个方面。

（1）良好的施工项目现场有助于施工活动正常进行

施工现场是施工的"枢纽站"，大量的物资进场后"停站"于施工现场。活动于现场的大量劳动力、机械设备和管理人员，通过施工活动将这些物资一步步地转变成建筑物或构筑物。这个"枢纽站"管得好坏，涉及人流、物流和财流是否畅通，涉及施工生产活动是否顺利进行。

（2）施工项目现场是一个"绳结"，把各专业管理联系在一起

在施工现场，各项专业管理工作按合理分工分头进行，而又密切协作，相互影响，相互制约，很难截然分开。施工现场管理的好坏，直接关系到各项专业管理的技术经济效果。

（3）工程施工现场管理是一面"镜子"，能照出施工单位的面貌

通过观察工程施工现场，施工单位的精神面貌、管理面貌、施工面貌赫然显现。一个文明的施工现场有着重要的社会效益，会赢得很好的社会信誉。反之也会损害施工企业的社会信誉。

（4）工程施工现场管理是贯彻执行有关法规的"焦点"

施工现场与许多城市管理法规有关，诸如：地产开发、城市规划、市政管理、环境保护、市容美化、环境卫生、城市绿化、交通运输、消防安全、文物保护、居民安全、人防建设、居民生活保障、工业生产保障、文明建设等。每一个在施工现场从事施工和管理工作的人员，都应当有法制观念，执法、守法、护法。每一个与施工现场管理发生联系的单位都注

目于工程施工现场管理。所以施工现场管理是一个严肃的社会问题和政治问题，不能有半点疏忽。

3. 现场管理原则

（1）基础性管理原则

施工项目现场管理属基础性管理，这是因为各项目标都要通过加强现场管理才能实现。而做好施工现场管理又必须做好各项基础工作，包括标准化工作、定额工作、计量工作、原始记录、业务核算、统计和会计工作等。

（2）综合性管理原则

施工项目现场管理是综合性管理，既有目标性管理，又有生产要素管理，还有组织协调和现场文明管理等。进行综合性管理就是用系统的观点、按目标管理的方法、认真地执行工艺标准和管理标准，全面地进行管理，搞整体优化，而不应孤立地、片面地、短时间地、草率地对待任何一项管理工作。

（3）群众性管理原则

因施工现场管理的综合性强、内容多，尤其是各种目标都要在现场实现，故必须依靠每一位管理及作业人员，各自做好本职工作，进行自我控制，现场管理需要依靠群众素质的提高。群众性管理的原则要求重视每一个岗位，不可单靠少数管理人员，也不可搞成被动性管理。

（4）动态性管理原则

在施工现场，各生产要素进行动态组合，各项条件和环境在进行变化，因此必须进行动态管理，不断适应变化的情况，优化生产要素的组合。这就要注意加强协调，解决矛盾，排除风险和干扰，切不可用静止的观点进行现场管理。

（5）服务性原则。

管理层的各个部门、各业务人员，都要按系统化管理原则，为现场服务，支持项目经理部的各项管理工作，创造良好的条件，而且要使工作落实、扎实。管理人员要深入到现场、服务在现场、取得效益在现场。

8.3.2 施工项目现场管理的内容和方法

1. 施工项目现场管理的内容

（1）合理规划施工用地

首先要保证场内占地的合理使用。当场内空间不充分时，应会同建设单位按规定向规划部门和公安交通部门申请，经批准后才能获得并使用场外临时施工用地。

（2）在施工组织设计中，科学地进行施工总平面设计

施工组织设计是工程施工现场管理的重要内容和依据，尤其是施工总平面设计，目的就是对施工场地进行科学规划，以合理利用空间。在施工总平面图上，临时设施，大型机械、材料堆场、物资仓库、构件堆场、消防设施、道路及进出口、加工场地、水电管线、周转使用场地等，都应各得其所，关系合理合法，从而呈现出现场文明，有利于安全和环境保护，有利于节约，方便于工程施工。

（3）根据施工进展的具体需要，按阶段调整施工现场的平面布置

不同的施工阶段，施工的需要不同，现场的平面布置亦应进行调整。当然，施工内容变

化是主要原因，另外分包单位也随之变化，他们也对施工现场提出新的要求。因此，不应当把施工现场当成一个固定不变的空间组合，而应当对它进行动态的管理和控制，调整也不能太频繁，以免造成浪费。一些重大设施应基本固定，调整的对象应是消费不大的规模小的设施，或已经实现功能失去作用的设施，代之以满足新需要的设施。

（4）加强对施工现场使用的检查

现场管理人员应经常检查现场布置是否按平面布置图进行，是否符合各项规定，是否满足施工需要，还有哪些薄弱环节，从而为调整施工现场布置提供有用的信息，也使施工现场保持相对稳定；不被复杂的施工过程打乱或破坏。

（5）建立文明的施工现场

文明施工现场即指按照有关法规的要求，使施工现场和临时占地范围内秩序井然，文明安全，环境得到保持，绿地树木不被破坏，交通畅达，文物得以保存，防火设施完备，居民不受干扰，场容和环境卫生均符合要求。建立文明施工现场有利于提高工程质量和工作质量，提高企业信誉。为此，应当做到主管挂帅，系统把关，普遍检查，建章建制，责任到人，落实整改，严明奖惩。

1）主管挂帅。即公司和分公司均成立主要领导挂帅、各部门主要负责人参加的施工现场管理领导小组，在企业范围内建立以项目管理班子为核心的现场管理组织体系。

2）系统把关。即各管理业务系统对现场的管理进行分口负责，每月组织检查，发现问题便及时整改。

3）普遍检查。即对现场管理的检查内容，按达标要求逐项检查，填写检查报告，评定现场管理先进单位。

4）建章建制。即建立施工现场管理规章制度和实施办法，按法办事，不得违背。

5）责任到人。即管理责任不但明确到部门，而且各部门要明确到人，以便落实管理工作。

6）落实整改。即对各种问题，一旦发现，必须采取措施纠正，避免再度发生。无论涉及哪一级、哪一部门、哪一个人，决不能姑息迁就，必须整改落实。

7）严明奖惩。如果成绩突出，便应按奖惩办法予以奖励；如果有问题，要按规定给予必要的处罚。

（6）及时清场转移

施工结束后，项目管理班子应及时组织清场，将临时设施拆除，剩余物资退场，组织向新工程转移，以便整治规划场地，恢复临时占用土地，不留后患。

（7）坚持现场管理标准化，堵塞浪费漏洞

现场管理标准化的范围很广，比较突出而又需要特别关注的是现场平面布置管理和现场安全生产管理，稍有不慎，就会造成浪费和损失。

1）现场平面布置管理。施工现场的平面布置，是根据工程特点和场地条件，以配合施工为前提合理安排的，有一定的科学根据。但是，在施工过程中，往往会出现不执行现场平面布置，造成人力、物力浪费的情况。例如：

①材料、构件不按规定地点堆放，造成二次搬运，不仅浪费人力，材料、构件在搬运中还会受到损失；

②钢模和钢管脚手等周转设备，用后不予整修并堆放整齐，而是任意乱堆乱放，既影响

场容整洁，又容易造成损失，特别是将周转设备放在路边，一旦车辆开过，轻则变形，重则报废；

③任意开挖道路，又不采取措施，造成交通中断，影响物资运输；

④排水系统不畅，一遇下雨，现场积水严重，造成电器设备受潮容易触电，水泥受潮就会变质报废。

由此可见，施工项目一定要强化现场平面布置的管理，堵塞一切可能发生的漏洞，争创"文明工地"。

2）现场安全生产管理。现场安全生产管理的目的，在于保护施工现场的人身安全和设备安全，减少和避免不必要的损失。要达到这个目的，就必须强调按规定的标准去管理，不允许有任何细小的疏忽。否则，将会造成难以估量的损失，其中包括人身、财产和资金等损失。

①不遵守现场安全操作规程，容易发生工伤事故，甚至死亡事故，不仅本人痛苦，家属痛苦，项目还要支付一笔不小的医药、抚恤费用，有时还会造成停工损失；

②不遵守机电设备的操作规程，容易发生一般设备事故，甚至重大设备事故，不仅会损坏机电设备，还会影响正常施工；

③忽视消防工作和消防设施的检查，容易发生火警和对火警的有效抢救，其后果更是不可想象。

2. 施工现场管理的方法

各种管理方法都可以根据综合管理的需要在现场管理中选用。有三类方法应特别引起重视：一是标准化管理方法，即按标准和制度进行现场管理，使管理程序标准化、管理方法标准化、管理效果标准化、场容场貌标准化、考核方法标准化等。二是核算方法，即搞好施工现场的业务核算、统计核算和会计核算，实行三种核算的统一，使完成的工程量、工作量和工程成本三者统一。三是检查和考核方法，即在施工现场的全生命周期内，不断检查实际情况，与计划或标准进行对比，找出差距，改进管理工作。根据实际情况进行评价，考核管理情况，表扬先进，推动后进，促进管理水平的不断提高。

8.3.3 文明施工与环境保护的要求

1. 文明施工与环境保护的概念

1）文明施工是指保持施工现场良好的作业环境、卫生环境和工作秩序。主要包括以下内容：

①规范施工现场的场容，保持作业环境的整洁卫生；

②科学组织施工，使生产有序进行；

③减少施工对周围居民和环境的影响；

④保证职工的安全和身体健康。

2）文明施工的意义有：

①文明施工能促进企业综合管理水平的提高。文明施工涉及人、财、物各个方面，贯穿于施工全过程之中，体现了企业在工程项目施工现场的综合管理水平。

②文明施工是适应现代化施工的客观要求。文明施工能适应现代化施工的要求，是实现优质、高效、低耗、安全、清洁、卫生的有效手段。

③文明施工代表企业的形象。良好的施工环境和施工秩序，可以得到社会的支持和信赖，提高企业的知名度和市场竞争力；

④文明施工有利于员工的身心健康，有利于培养和提高施工队伍的整体素质。

3）环境保护的概念：环境保护是指按照法律、法规、各级主管部门和企业的要求，保护和改善作业现场的环境，控制现场的各种粉尘、废水、废气、固体废弃物、噪声、振动等对环境的污染和危害。环境保护也是文明施工的重要内容之一。

4）现场环境保护的意义有：

①保护和改善施工环境是保证人们身体健康和社会文明需要。

②保护和改善施工现场环境是消除对外部干扰保证施工顺利进行的需要。在城市，施工扰民问题反映突出，应及时采取防治措施。

③保护和改善施工环境是现代化大生产的客观要求。

④保护和改善施工环境是节约能源，保护人类生存环境，保证社会和企业可持续发展的需要。人类社会面临着环境和能源危机的挑战，为保护子孙后代赖以生存的环境条件，每个公民和企业都有责任和义务来保护环境和生存条件，也是企业发展的基础和动力。

2. 文明施工的组织与管理

（1）组织和制度管理

1）施工现场应成立以项目经理为第一责任人的文明施工管理组织；

2）各项施工现场管理制度应有文明施工的规定；

3）加强和落实现场文明检查，考核和奖惩管理，以促进施工文明管理工作提高。

（2）建立收集文明施工的资料及其保存的措施

1）上级关于文明施工的标准、规定、法律、法规等资料；

2）施工组织设计中对文明施工的管理规定，各阶段施工现场文明施工的措施；

3）文明施工自检资料；

4）文明施工教育、培训、考核计划的资料；

5）文明施工活动的各项记录资料。

（3）加强文明施工的宣传和教育

1）采取各种形式狠抓教育工作；

2）要特别注意对临时工的岗前培训；

3）专业管理人员应熟悉掌握文明施工的规定。

3. 现场文明施工的基本要求

1）施工现场必须设置明显的标牌，标明工程项目名称、建设单位、设计单位、施工单位和施工现场总代表人姓名、开竣工日期、施工许可证批准文号等。施工单位负责施工现场标牌的保护工作。

2）施工现场的管理人员在施工现场应当佩带证明其身份的证卡。

3）应按施工总平面图设置各项临时设施。

4）施工现场的用电线路。用电设施的安装和使用必须符合安装规范和安全操作规程，并按施工组织设计进行假设，严禁任意拉线接电。现场必须设有保证施工安全要求的夜间照明。

5）施工机械应当按照施工总平面图规定的位置和线路布置，不得任意侵占场地道路，施工机械进场必须经过安全检查，经检查合格的方能使用。施工机械操作人员必须建立机组责任制。

6）应保证施工现场道路畅通，排水系统处于良好的使用状态；保持场容场貌的整洁，随时清理建筑垃圾。

7）施工现场的各种设施和劳动保护器具，必须定期进行检查和维护，及时消除隐患，保证其安全有效。

8）施工现场应设置必要的职工生活设施，并符合卫生、通风、照明等要求，职工的膳食、饮水供应等应当符合卫生要求。

9）应做好施工现场安全保卫工作，采取必要的防盗措施，在现场围边设立维护设施。

10）在施工现场建立和执行防火管理制度、设置符合消防要求的消防设施，并保持完好的备用状态。

11）在施工现场发生工程建设重大事故的处理，依照《工程建设重大事故报告和调查程序规定》执行。

4. 施工现场空气污染的防治措施

1）施工现场垃圾渣土要及时清理出现场；

2）高大建筑物清理施工垃圾时，要使用封闭式容器或采取其他措施处理高空废弃物，严禁凌空随意抛撒；

3）现场道路指定专人定期洒水清扫，形成制度，防止道路扬尘；

4）对细颗粒散体材料的运输、储存要注意遮盖、密封，防止和减少飞扬；

5）出工地车辆做到不带泥，基本不洒土，不扬尘，减少对周围环境污染；

6）除设有符合规定的装置外，禁止在施工现场焚烧废弃物品以及其他会产生有毒、有害烟尘和恶臭气体的物质；

7）工地茶炉应尽量采用电热水器；

8）大城市市区的建设工程已不容许搅拌混凝土。在允许设搅拌站的工地，应将搅拌站封闭严密，并在进料仓上方安装除尘装置，采用可靠措施控制工地粉尘污染；

9）拆除旧建筑物时，应适当洒水，防止扬尘。

5. 施工过程水污染的防治措施

1）禁止将有毒有害废弃物作土方回填。

2）施工现场搅拌站废水，现制水磨石的污水，电石（碳化钙）的污水必须经沉淀池的沉淀合格后再排放，最好将沉淀水用于工地洒水降尘或采取措施回收利用。

3）现场存放油料必须对库房地面进行防渗处理。如采用防渗混凝土地面，铺油毡等措施。使用时，采用防止油料跑、冒、滴、漏的措施，以免污染水体。

4）施工现场100人以上的临时食堂，污水排放时可设置有效的隔油池，定期清理，防止污染。

5）工地临时厕所，化粪池应采取防渗措施。中心城市施工现场的临时厕所可采用水冲式厕所，并有防蝇、灭蛆措施，防止污染水体和环境。

6）化学用品、外加剂等要妥善保管，库内存放，防止污染环境。

6. 施工现场的噪声控制

（1）噪声的分类

1）噪声按振动性质可分为气体动力噪声、机械噪声、电磁性噪声。

2）按噪声来源可分为交通噪声、工业噪声、建筑施工噪声、社会生活噪声。

（2）噪声的危害

噪声可以干扰人的睡眠与工作，影响人的心理状态和情绪，造成人的听力损失，甚至引起许多疾病。此外噪声对人的对话干扰也是相当大的。

（3）施工现场噪声的控制措施

噪声控制技术可从声源、传播途径、接受者防护等方面来考虑，从声源上降低噪声，这是防止噪声污染的最根本措施。

1）声源控制：

①尽量采用低噪声设备和工艺代替高噪声设备与加工工艺；

②在声源处安装消声器消声，记载各种装备进出风管的适当位置设置消声器。

2）传播途径的控制，其控制噪声的方法有以下几种：

①吸声：利用吸声材料或由吸声结构形成的共振结构（金属或木质薄板钻孔制成的控制体）吸收声能，降低噪声。

②隔声：应用隔声结构阻碍噪声向空间传播，将接受者与噪声生源分隔。隔声结构有隔声室、隔声罩、隔声屏障、隔声墙等。

③消声：利用消声器阻止传播，允许气流通过的消声降噪是防治空气动力性噪声的主要措施。

④减振降噪：对来自振动引起的噪声，通过降低机械振动减少噪声，如将阻尼料涂在振动源上，或改变振动源于其他刚性结构的连接方式等。

3）接受者的防护：让处于噪声环境下的人员使用耳塞、耳罩等防护用品，减少相关人员在噪声环境中的暴露时间，以减轻噪声对人体的危害。

4）严格控制人为噪声：进入现场不得高声喊叫，无故甩打模板，乱吹哨，限制高音喇叭的使用，最大限度减少噪声扰民。

5）控制噪声的作业时间：凡在人口稠密区进行噪声作业时，须严格控制作业时间，一般晚10点到次日早6点之间停止作业。确系特殊情况必须昼夜施工时，尽量采取降低噪声措施（见表8-1），并会同建设单位找当地居委会、村委会，或当地居民协调，出安民告示，求得群众谅解。

表 8-1　施工现场噪声的限值

施工类别	机械设备类型	昼（dB）	夜（dB）
土石方	推土机、挖掘机、装载机	75	55
打　桩	各类打桩机械	85	禁　止
结　构	混凝土搅拌机、振捣、电锯	70	55
装　饰	吊车、升降机	65	55

7. 固定废物的处理

（1）建筑工地上常见的固体废弃物

1）固体废物是生产、建设、日常生活及其他活动中产生的固态、半固态废弃物质，按其化学组成分为有机废物和无机废物，按其对环境和人类健康的危害程度可分为一般废物和危险废物。

2）工地常用的固体废物有：

①建筑渣土、砖瓦、碎石、渣土、混凝土碎块、废钢铁、碎玻璃；

②废弃的散装建筑材料，包括散装水泥、石灰等；

③生活垃圾；

④设备、材料等的废弃包装材料；

⑤粪便。

（2）固体废物对环境的危害

侵占土地、污染土壤、污染水体、污染大气，影响环境卫生。

（3）固体废物的处理和处置

1）固体废物处理的基本思想：是采取资源化、减量化和无害化的处理，对固体废弃物产生的全过程进行控制。

2）主要处理方法包括：回收利用，减量化处理，焚烧技术，稳定和固化技术，填埋。

8. 文明施工是确保安全生产的根本

作为施工企业，安全文明施工是企业管理工作的一个重要组成部分，是企业安全生产的基本保证，体现着企业的综合管理水平。文明的施工环境是实现职工安全生产的基础，而现场文明施工管理又恰恰是施工企业的难题，所以从人机工程的角度，研究和探讨做好文明施工、创造文明施工环境不仅是企业安全管理的一个重要内容，也是企业管理者的重大社会和政治责任的内在要求。

（1）做好前期规划、完善制度管理是抓好文明施工工作的基础

1）做好文明施工的前期规划，建立相应制度和网络组织，是做好文明施工工作的基础。

2）统一的标准，严格的制度是实现文明施工总体目标的根本保障。

（2）实现职责分明，实施责任区划分是做好文明施工工作的基本保证

1）各负其责、全面落实文明施工责任制，是做好文明施工的重要保证。

2）建立管理体系网络成员每周一次例会制度，及时分析安全文明施工管理重点，对文明施工中出现的具体问题具体解决。

3）责任区具体细化到每一个班组，每一个施工区域，本着"谁施工、谁计划、谁布置"的原则，对现场安全文明施工负责。项目部对现场共用的安全设施统一布置管理。

4）施工监察网络每日进行现场跟踪监管，并及时下发整改通知书，督促文明施工工作的进一步实施。

5）实施文明施工承诺制度，项目部在每年的年初与各施工单位签订安全文明施工承诺书，并将承诺制度向下延伸，形成职工向分公司领导承诺，分公司向项目部承诺，做到层层有人负责，层层有人督办的层次化管理。

8.3.4　施工现场防火与现场管理评价

1. 施工现场防火

（1）施工现场防火的特点

1）建筑工地易燃建筑物多，且场地狭小，缺乏应有的安全距离。因此，一旦起火，容易蔓延成灾。

2）建筑工地易燃材料多，如木材、木模板、脚手架木、沥青、油漆、乙炔发生器、保温材料、油毡等。因此，应特别加强管理。

3）建筑工地临时用电线路多，容易漏电起火。

4）在施工期间，随着工程的进展，工种增多，施工方法不同，会出现不同的火灾隐患。

5）施工现场人员流动性大，交叉作业多，管理不便，火灾隐患不易发现。

6）施工现场消防水源和消防道路均系临时设置，消防条件差，一旦起火，灭火困难。

总之，建筑施工现场产生火灾的危险性大，稍有疏忽，就有可能发生火灾事故。

（2）消防工作的意义

我国的消防工作坚持"预防为主，消防结合的方针"。消防工作的意义有以下几点：

1）保卫社会主义建设和社会秩序的安全。

2）保护国家财产和人民群众自己的财产。

3）保障人民的生命安全和生活安定。

（3）施工现场的火灾隐患

1）石灰受潮发热起火。工地储存的生石灰，在遇水和受潮后，便会在熟化的过程中达到800℃左右温度，遇到可燃烧的材料后便会引火燃烧。

2）木屑自燃起火。大量木屑堆积时，就会发热，积热量增多后，再吸收氧气，便可能自燃起火。

3）熬沥青作业不慎起火。熬制沥青温度过高或加料过多，就会沸腾外溢，或产生易燃蒸气，接触炉火而起火。

4）仓库内的易燃物触及明火就会燃烧起火。这些易燃物有塑料、油类、木材、酒精、油漆、燃料、防护用品等。

5）焊接作业时火星溅到易燃物上引火。

6）电气设备短路或漏电，冬期施工用电热法养护不慎起火。

7）乱扔烟头，遇易燃物引火。

8）烟囱、炉灶、火炕、冬季炉火取暖或养护，管理不善起火。

9）雷击起火。

10）生活用房不慎起火，蔓延至施工现场。

（4）火灾预防管理工作

1）对上级有关消防工作的政策、法规、条例要认真贯彻执行，将防火纳入领导工作的议事日程，做到在计划、布置、检查、总结、评比时均考虑防火工作，制定各级领导防火责任制。

2）企业建立以下防火制度：

①各级安全防火责任制；

②工人安全防火岗位责任制；

③现场防火工具管理制度；

④重点部位安全防火制度；

⑤安全防火检查制度；

⑥火灾事故报告制度；

286

⑦易燃、易爆物品管理制度；

⑧用火、用电管理制度；

⑨防火宣传、教育制度。

3）建立安全防火委员会。由现场施工负责人主持，在进入现场后立即建立。有关技术、安全保卫、行政等部门参加。在项目经理的领导下开展工作。其职责是：

①贯彻国家消防工作方针、法律、文件及会议精神，结合本单位具体情况部署防火工作；

②定期召开防火委员会会议，研究布置现场安全防火工作；

③开展安全消防教育和宣传；

④组织安全防火检查，提出消除隐患措施，并监督落实；

⑤制定安全消防制度及保证防火的安全措施；

⑥对防火灭火有功人员奖励，对违反防火制度及造成事故的人员批评责任。

4）设专职、兼职防火员，成立义务消防组织。其职责是：

①监督、检查、落实防火责任制的情况；

②审查防火工作措施并督促实施；

③参加制定，修改防火工作制度；

④经常进行现场防火检查，协助解决防火问题，发现火灾隐患有权指令停止生产或查封，并立即报告有关领导研究解决；

⑤推广消防工作先进经验；

⑥对工人进行防火知识教育，组织义务消防队员培训和灭火演习；

⑦参加火灾事故调查、处理、上报。

2. 施工项目现场管理评价

为了加强施工现场管理，提高施工现场管理水平，实现文明施工，确保工程质量和安全，应该对施工现场管理进行综合评价。评价内容应包括经营行为管理、工程质量管理、文明施工管理及施工队伍管理五个方面。

（1）经营行为管理评价

经营行为评价的主要内容是合同签订及履约、总分包、施工许可证、企业资质、施工组织设计及实施等情况。不得有下列行为：未取得施工许可证而擅自开工；企业资质等级与其承担的工程任务不符；层层转包；无施工组织设计；由于建筑施工企业的原因严重影响合同履约。

（2）工程质量评价

工程质量评价的主要内容是质量体系建立及运转情况、质量管理状况、质量保证资料情况。不得有下列情况：无质量体系；工程质量不合格；无质量保证资料。工程质量检查按有关标准规范执行。

（3）施工安全管理评价

施工安全管理评价的主要内容是：安全生产保证体系及执行，施工安全各项措施情况等。不得有下列情况：无安全生产保证体系；无安全施工许可证；施工现场的安全设施不合格；发生人员死亡事故。

（4）文明施工管理评价

文明施工管理的主要内容是场容场貌、料具管理、消防保卫、环境保护、职工生活状况等。不准有下列情况：施工现场的场容场貌严重混乱，不符合管理要求；无消防设施或消防设施不合格；职工集体食物中毒。

（5）施工队伍管理评价

施工队伍管理评价的主要内容是项目经理及其他人员持证上岗；民工的培训和使用；社会治安综合治理情况等。

（6）评价方法

1）进行日常检查制，每个施工现场一个月综合评价一次。

2）检查之后评分，5个方面评分比重不同。假如总分满分为100分，可以给经营行为管理、工程质量管理、施工安全管理、文明施工管理、施工队伍管理分别评为20分、25分、25分、20分、10分。

3）综合评分结果可用作对企业资质实行动态管理的依据之一，作为企业申请资质等级升级的条件，作为对企业进行奖罚的依据。

4）一般说来，只有综合评分达70分及其以上，方可算作合格施工现场。如为不合格现场，应给该施工现场和项目经理警告或罚款。

复习思考题

1. 什么是建筑工程项目施工安全管理，它有哪些意义？
2. 施工安全管理的重要内容有哪些？
3. 我国的安全生产管理体系是如何建立的？
4. 贯彻安全生产责任制的主要措施有哪些？
5. 建筑工程职业健康安全事故分哪几类？工程建设重大事故分为哪几个等级？
6. 施工项目现场管理评价的方法有哪些？

9 建筑工程项目风险管理

9.1 工程项目风险管理概述

9.1.1 工程项目中的风险

1. 风险的含义

"风险"一词的由来，最为普遍的一种说法是，在远古时期，以打鱼捕捞为生的渔民们，每次出海前都要祈祷，祈求神灵保佑自己能够平安归来，其中主要的祈祷内容就是让神灵保佑自己在出海时能够风平浪静、满载而归；他们在长期的捕捞实践中，深深地体会到"风"给他们带来的无法预测无法确定的危险，他们认识到，在出海捕捞打鱼的生活中，"风"即意味着"险"，因此有了"风险"一词的由来。

现代意义上的风险一词，已经大大超越了"遇到危险"的狭义含义，而是"遇到破坏或损失的机会或危险"，可以说，经过 200 多年的演义，风险一词越来越被概念化，并随着人类活动的复杂性和深刻性而逐步深化，并被赋予了从哲学、经济学、社会学到统计学甚至文化艺术领域的更广泛更深层次的含义，且与人类的决策和行为后果联系越来越紧密，风险一词也成为人们生活中出现频率很高的词汇。

无论如何定义风险一词的由来，但其基本的核心含义是"未来结果的不确定性或损失"，也有人进一步定义为"个人和群体在未来遇到伤害的可能性以及对这种可能性的判断与认知"。如果采取适当的措施使破坏或损失的概率不会出现，或者说智慧的认知，理性的判断，继而采取及时而有效的防范措施，那么风险可能带来机会，由此进一步延伸的意义，不仅仅是规避了风险，可能还会带来比例不等的收益，有时风险越大，回报越高，机会越大。

因此，如何判断风险、选择风险、规避风险继而运用风险，在风险中寻求机会创造收益，意义更加深远而重大。

（1）风险

风险的存在是因为人们对任何未来的结果不可能完全预料，实际结果与主观预料之间的差异就构成了风险。因此，风险可以定义为：在给定的情况下和特定的时间内，那些可能发生的结果之间的差异。若两种可能各占50%，则风险最大。

（2）风险分类

1）按风险后果划分：

①纯粹风险。纯粹风险是指风险导致的结果只有两种，即没有损失或有损失。

②投机风险。投机风险导致的结果有三种，即没有损失、有损失或获得利益。

2）按风险来源划分：

①自然风险。自然风险是指由于自然力的不规则变化导致财产毁损或人员伤亡，如风暴、地震等。

②人为风险。人为风险是指由于人类活动导致的风险。人为风险又可细分为行为风险、政治风险、经济风险、技术风险和组织风险等。

3）按风险的形态划分：

①静态风险。静态风险是由于自然力的不规则变化或人的行为失误导致的风险。从发生的后果来看，静态风险多属于纯粹风险。

②动态风险。动态风险是由于人类需求的改变、制度的改进和政治、经济、社会、科技等环境的变迁导致的风险。从发生的后果来看，动态风险既可属于纯粹风险，又可属于投机风险。

4）按风险可否管理划分：

①可管理风险。可管理风险是指用人的智慧、知识等可以预测、控制的风险。

②不可管理风险。不可管理风险是指用人的智慧、知识等无法预测和无法控制的风险。风险可否管理取决于所收集资料的多少和掌握管理技术的水平。

5）按风险影响范围划分：

①局部风险。局部风险是指由于某个特定因素导致的风险，其损失的影响范围较小。

②总体风险。总体风险影响的范围大，其风险因素往往无法加以控制，如经济、政治等因素。

6）按风险后果的承担者划分：可分为政府风险、投资方风险、业主风险、承包商风险、供应商风险、担保方风险等。

2. 工程项目风险

（1）工程项目风险的概念

工程项目风险泛指那些导致原先基于正常理想的技术、管理和组织基础之上的工程项目运行过程受到干扰，使得项目目标不能实现而事先又不能确定的内部和外部的干扰因素及事件。

风险在任何工程项目中都存在。工程项目作为集合经济、技术、管理、组织各方面的综合性社会活动，它在各个方面都存在着不确定性。这些风险造成工程项目实施的失控现象，如工期延长、成本增加、计划修改等，最终导致工程经济效益降低，甚至项目失败。而且现代工程项目的特点是规模大、技术新颖、持续时间长、参加单位多、与环境接口复杂，可以说在项目过程中危机四伏。许多领域，由于其项目风险大，如国际工程承包、国际投资和合作等，常被人们称为是风险性事业。

（2）工程项目风险特点

1）风险存在的客观性和普遍性。作为损失发生的不确定性，风险是不以人的意志为转移并超越人们主观意识的客观存在，而且在项目的全寿命周期内，风险是无处不在、无时不有的。这些说明虽然人类一直希望认识和控制风险，但直到现在也只能在有限的空间和时间内改变风险存在和发生的条件，降低其发生的频率，减少损失程度，而不能也不可能完全消除风险。

2）某一具体风险发生的偶然性和大量风险发生的必然性。任何一种具体风险的发生都是诸多风险因素和其他因素共同作用的结果，是一种随机现象。个别风险事故的发生是偶然的、杂乱无章的，但对大量风险事故资料的观察和统计分析，发现其呈现出明显的运动规律，这就使人们有可能用概率统计方法及其他现代风险分析方法去计算风险发生的概率和损失程度，同时也导致风险管理的迅猛发展。

3）风险的可变性。这是指在项目的整个过程中，各种风险在质和量上的变化，随着项目的进行，有些风险将得到控制，有些风险会发生并得到处理，同时在项目的每一阶段都可能产生新的风险。

4）风险的多样性和多层次性。建筑工程项目周期长、规模大、涉及范围广、风险因素数量多且种类繁杂致使其在全寿命周期内面临的风险多种多样．而且大量风险因素之间的内在关系错综复杂、各风险因素之间并与外界交叉影响又使风险显示出多层次性，这是建筑工程项目中风险的主要特点之一。

（3）工程项目风险管理

所谓工程项目风险管理，是指人们对工程项目潜在的意外损失进行识别、评估，并根据具体情况采取相应的措施进行处理，从而减少意外损失或使风险为我所用的工作过程。

工程项目风险管理是企业项目管理的一项重要管理过程，它包括对风险的预测、辨识、分析、判断、评估及采取相应的对策，如风险回避、控制、分隔、分散、转移、自留及利用等活动。这些活动对项目的成功运作至关重要，甚至会决定项目的成败。风险管理水平是衡量企业素质的重要标准，风险控制能力则是判定项目管理者生命力的重要依据。因此，项目管理者必须建立风险管理制度和方法体系。

风险管理的目标可综合归纳为：维持生存；安定局面；降低成本，提高利润；稳定收入；避免经营中断；不断发展壮大；树立信誉，扩大影响；应付特殊事故等。

风险管理的责任一般包括：确定和评估风险，识别潜在损失因素及估算损失大小；制定风险的财务对策；采取应付措施；制定保护措施，提出保护方案；落实安全措施；管理索赔；负责保险会计、分配保费、统计损失；完成有关风险管理的预算等。

近年来，人们在工程项目管理中提出了全面风险管理的概念。全面风险管理是用系统的、动态的方法进行风险控制，以减少项目过程中的不确定性。他不仅使各层次的项目管理者建立风险意识，重视风险问题、防患于未然，而且在各个阶段、各个方面实施有效的风险控制，形成一个前后连贯的管理过程。

1）项目全过程风险管理。全面风险管理首先体现在对项目全过程的风险管理上。

①在项目目标设计阶段，应对影响重大的风险进行预测，寻找目标实现的风险和可能的困难。风险管理强调事前的识别、评价和预防措施。

②在可行性研究阶段，对风险的分析必须细化，进一步预测风险发生的可能性和规律性，同时必须研究各种风险状况对项目目标的影响程度，即项目的敏感性分析。

③随着技术设计的深入，实施方案也逐步细化，项目的结构分析也逐渐清晰。这时风险分析应针对风险的种类，细化落实到各项目结构单元直到最低层次的工作之中。在设计和计划中，要考虑对风险的防范措施，例如风险准备金的计划、备选技术方案，在招标文件（合同文件）中应明确规定工程实施中的风险的分担。

④在工程实施中加强风险的控制。包括：一是建立风险监控系统，能及早地发现风险，做出反应；二是及早采取预定的措施，控制风险的影响范围和影响量，以减少项目的损失；三是在风险状态下，采取有效保护措施使工程能正常实施，保证施工秩序，及时修改方案、

调整计划，已恢复正常的施工状态，减少损失；四是在阶段性计划调整过程中，需加强对近期风险的预测，并纳入近期计划中，同时要考虑到计划的调整和修改会带来新的问题和风险；五是项目结束，应对整个项目的风险及其管理进行评价，以作为今后作为同类项目管理的经验和教训。

2）全部风险的管理。在每一阶段进行风险管理都要罗列各种可能的风险，并将它们作为管理对象，不能有遗漏和疏忽。

3）风险的全方位的管理。一是对风险要分析它对各方面的影响，例如对整个项目，对项目的各个方面，如工期、成本、施工过程、合同、技术、计划的影响。二是采用的对策措施也必须采用综合手段，从合同、经济、组织、技术、管理等各个方面确定解决方案。三是风险管理包括风险分析、风险辨别、风险文档管理、风险评价、风险控制等全过程。

4）全面的风险控制体系。在组织上全面落实风险控制责任，建立风险控制体系，将风险管理作为项目各层次管理人员的任务之一。使项目管理人员和作业人员都有风险意识，做好风险的监控工作。

9.1.2 风险管理的主要内容

1. 风险识别

风险识别是风险管理的基础。风险识别是指风险管理人员在收集资料和调查研究之后，运用各种方法对尚未发生的潜在风险以及客观存在的各种风险进行系统归类和全面识别。风险识别的主要内容是：识别引起风险的主要因素，识别风险性质，识别风险可能引起的后果。

2. 风险分析和评价

对已识别的风险要进行分析和评价，这一阶段的主要任务是测度风险量 R。风险量是衡量风险大小的一个变量，可被定义为：

$$R = f(p,q) \tag{9-1}$$

式中　R——风险量；

　　　P——风险发生的概率；

　　　q——风险发生对项目目标的影响程度（损失量）。

应该说，风险量的量化具有很大的主观性，与人的评价标准及对于风险事件发生的预测能力和对其后果的控制能力有关。所以，专业人员的预测能力与水平就成了至关重要的因素。

上述风险的分析、评价及风险量确定的目的是为了确定风险处理应采取的方法。风险的分析与评价涉及统计与财务方法，内容涉及预测技术、灾害损失严重性技术分析等，并且特别要注意已完成类似工程项目的索赔频率及索赔事件严重程度的评审。

3. 风险的处理

一旦风险被识别、分析、评价，以及风险量被确定之后，就要考虑各种风险的处理方法。一般而言，有以下 3 种风险处理方法。

（1）风险控制

风险控制包括主动采取措施避免风险、消灭风险、中和风险，或一担风险发生立即采取紧急应急方案，力争将损失减至最低程度。

（2）风险自留

或称保留风险，即风险量被确认为不大，并不超过项目应急费用时，可以自留风险。其好处在于节省保费，同时又可以将风险损失费用控制在项目的储备金范畴之内，从而保证一但风险发生，项目不致因损失造成财物的困境。

（3）风险转移

风险转移包括将风险转移给合同对手、第三方及专业保险公司或其他风险投资机构等。一般将风险转移是要付出经济代价的，如果是当事人利用市场供求关系把风险强加于对手，这属于不公平竞争之列，不予提倡。而将风险以有偿方式转移给专业保险公司或其他风险投资机构是符合平等有偿原则的，也是明智的做法，但是须付给保险公司能接受的保险费用。这笔费用比较大，致使许多企业或个人因不愿支付保费而承担着巨大的风险。

4. 风险监督

风险监督在风险管理中是十分重要的环节，它包括对风险发生的监督和对风险管理的监督。前者是指对已经识别的风险源进行监视和控制，以便及早发现风险事件发生的苗头，从而将风险事件消灭在萌芽之中或采取应急措施尽量缩小损失；后者是指在项目实施中监督人们认真执行风险管理的组织措施与技术措施，以消除风险发生的人为诱因。此外，后者还包括对保险方案的监督等。

9.2　工程项目风险的识别与分析

9.2.1　风险识别

1. 风险识别的步骤

风险通常具有隐蔽性，而人们常常容易被一些表面现象所迷惑，或被一些细小利益所引诱而看不到内在的危险。在实践中，人们经常谈论的风险有三种：真风险、潜伏的风险和假风险。作为风险管理的第一步，必须首先正确识别风险，统一认识，然后才能制定出相应的管理措施。

识别风险的过程包括对所有可能的风险事件来源和结果进行实事求是的调查，步骤如下：

1）确认不确定性的客观存在。这项工作包括两项内容：首先要辨认所发现或推测的因素是否存在不确定性，如果是确定无疑的，则无所谓风险；其次要确认这种不确定性是客观存在的，是确定无疑的，而不是凭空想象的。

2）建立初步清单。清单中应明确列出客观存在的和潜在的各种风险，应包括影响生产力、操作运行、质量和经济利益的各种因素。人们通常凭借企业经营者的各种经验对其做出判断，并且通过对一系列调查表进行深入研究、分析来制定清单。

3）确立各种风险事件并推测其结果。根据初步清单中开列的各种重要的风险来源，推测与其相关联的各种合理的可能性，包括赢利和损失、人身伤害、自然伤害、时间和成本、节约和超支等方面，重点应该是资金的财务结果。

4）对潜在风险进行重要性分析和判断。

5）风险分类。通过对风险进行分类，能加深对风险的认识和理解，同时也能辨清风险性质。实际操作中可依据风险的性质和可能的结果及彼此间可能发生的管理进行风险分类。

6）建立风险目录摘要。通过建立风险目录摘要，将项目可能面临的风险汇总，并排列出轻重缓急，能给人一种总体风险的印象。而且能把全体项目人员都统一起来，使人们不再仅仅考虑自己所面临的风险，而且能自觉地意识到其他管理人员的风险，还能预感到项目中各种风险之间的联系和可能发生的连锁反应。

2. 风险识别的方法

（1）头脑风暴法

头脑风暴（即 Brain Storming，简称 BS）法，是美国的奥斯本（Alex F. Osborn）于 1939 年首创的，是最常用的风险识别方法。其实质就是一种特殊形式的小组会。它规定了一定的特殊规则和方法技巧，从而形成了一种有益于激励创造力的环境气氛，使与会者能自由畅想，无拘无束地提出自己的各种构想、新主意，并因相互启发、联想而引起创新设想的连锁反应，通过会议方式去分析和识别项目风险。其基本要求如下：

1）参加者 6～12 人，最好有不同的背景，可从不同的角度分析观察问题，但最好是同一层次的人；

2）鼓励参加者提出疯狂的（野性化的）、别出心裁的和极端的想法，甚至是想入非非的主张；

3）鼓励修改、补充并结合他人的想法提出新建议；

4）严禁对他人的想法提出批评；

5）数量也是一个追求的目标，提议多多益善。

（2）德尔菲法

德尔菲法（Delphi 法）是邀请专家匿名参加项目风险分析识别的一种方法。概括地说，Delphi 法是采用函询调查，对于所分析和识别的项目风险问题有关的专家分别提出问题，而后将他们回答的意见综合、整理、归纳，匿名反馈给各个专家，再征求意见，然后再加以综合、反馈。如此反复循环，直至得到一个比较一致且可靠性较大的意见。

Delphi 法的特点是：

1）匿名性，亦即背靠背。可以消除面对面带来的诸如权威人士或领导的影响；

2）信息反馈、沟通比较好；

3）预测的结果具有统计特性。

应用德尔菲法时应注意：

1）专家人数不宜太少，一般 10～50 人为宜；

2）对风险的分析往往受组织者、参加者的主观因素影响，因此有可能发生偏差；

3）预测分析的时间不宜过长，时间越长准确性越差。

（3）访谈法

访谈法是通过对资深项目经理或相关领域的专家进行访谈来识别风险。负责访谈的人员首先要选择合适的访谈对象；其次，应向访谈对象提供项目内外部环境、假设条件和约束条件的信息。访谈对象依据自己的丰富经验和掌握的项目信息，对项目风险进行识别。

（4）SWOT技术

SWOT技术是综合运用项目的优势与劣势、机会与威胁各方面，从多视角对项目风险进行识别，也就是企业内外情况对照分析法。它是将企业内部条件中的优势（Strengths）和劣势（Weaknesses）以及外部环境中的有利条件（机会Opportunities）和不利条件（威胁Threats），分别记入一"田"字形的图表，然后对照利弊优劣，进行经营决策分析。如图9-1所示。

图9-1 企业发展战略SWOT分析图

（5）检查表（核对表）

检查表是有关人员利用他们所掌握的丰富知识设计而成的。如果把人们经历过的风险事件及其来源罗列出来，写成一张检查表，那么，项目管理人员看了就容易开阔思路，容易想到本项目会有哪些潜在的风险。检查表可以包括多种内容，这些内容能够提醒人们还有哪些风险尚未考虑到。使用检查表的优点是：它使人们能按照系统化、规范化的要求去识别风险，且简单易行。其不足之处是：专业人员不可能编制一个包罗万象的检查表，因而使检查表具有一定的局限性。

（6）流程图法

流程图法是将施工项目的全过程，按其内在的逻辑关系制成流程，针对流程中的关键环节和薄弱环节进行调查和分析，找出风险存在的原因，发现潜在的风险威胁，分析风险发生后可能造成的损失和对施工项目全过程造成的影响有多大等。运用流程图分析，项目人员可以明确地发现项目所面临的风险，但流程图分析仅着重于流程本身，而无法显示发生问题时间阶段的损失值或损失发生的概率。

（7）因果分析图

因果分析图又称鱼刺图，它通过带箭头的线将风险问题与风险因素之间的关系表示出来。

（8）项目工作分解结构

风险识别要减少项目的结构不确定性，就要弄清项目的组成、各个组成部分的性质、它们之间的关系、项目同环境之间的关系等。项目工作分解结构是完成这项任务的有力工具。项目管理的其他方面，例如范围、进度和成本管理，也要使用项目工作分解结构。因此，在风险识别中利用这个已有的现成工具并不会给项目班子增加额外的工作量。

图9-2是一个污水处理项目按其组成而得到的项目工作分解结构。从图中看到，如果该系统的海上出口不能按时完成，则整个系统就不能按时投入使用和运行，上游用户的污水排不出，其后果是不难想象的。海上出口工程在海底施工，其中会有什么风险，同样也就不难识别。

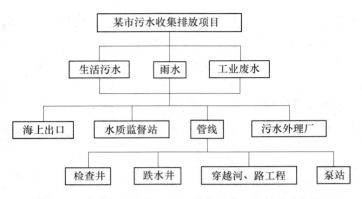

图 9-2　城市污水收集、处理排放系统工作结构分解图

此外，还有敏感性分析法，事故树分析法，常识、经验和判断，试验或试验结果等，均可用来进行风险识别。

9.2.2　风险衡量

识别企业或经营活动所面临的风险之后，应分别对各种风险进行衡量，从而进行比较，已确定各种风险的相对重要性。衡量风险时，应考虑两个方面：损失发生的频率或发生的次数和这些损失的严重性，而损失的严重性比其发生的频率或次数更为重要。例如，工程发生的毁损只有一次，但这一次足可造成致命损伤；而局部塌方虽然有多处，或发生较为频繁，却不至使工程全部毁损。

衡量风险的潜在损失的重要方法是确定风险的概率分布，这也是当前国际工程风险管理最常用的方法之一。概率分布不仅能使人们能比较准确地衡量风险，还可能有助于制定风险管理决策。

1. 概率分布

概率分布表明每一可能事件及其发生的概率。由于在构成概率分布所对应的时期内，每一项目潜在损失的概率分布仅有一个结果能够发生，因此损失概率之和必然等于 1。

概率包括主观概率和客观概率。主观概率是人们凭主观判断而得出的概率，而客观概率是人们在基本条件不变的前提下，对类似事件进行多次观察，统计每次观察的结果及其发生的频率，进而推断出类似事件发生的可能性。

在衡量风险损失时宜考虑 3 种概率分布：总损失金额、潜伏损失的具体事项和各项损失的预期数额。总损失金额的概率分布表明在某一项目中可能遭受的多种损失及其可能发生的概率。

2. 概率分布表的确立依据

概率分布表不能凭空想象或凭主观推断建立。确立概率分布表应参考相关的历史资料，依据理论上的概率分布，并借鉴其他的经验对自己的判断进行调整和补充。

历史资料是指在相同的条件下，通过观察各种潜在损失金额在长时期内已经发生的次数，估计每一种可能事件的概率。但是，由于人们常常缺乏广泛而足够的经验，加上风险环境不断的发生变化，故依据历史事件的概率只能作为参考。参考历史资料时应尽量扩大参考范围，参考时应有所区别，不可完全照搬。

推理和分析只能得出抽象的概率，而无法具体化，要想准确判断概率损失，还需进行风险分析。

9.3 风险评估

9.3.1 风险评估概述

风险评估的对象是项目的各单个风险,而非项目整体风险。风险估计有如下几方面的目的:加深对项目自身和环境的理解;进一步寻找实现项目目标的可行方案;务必使项目所有的不确定性和风险都经过充分、系统而又有条理的考虑,明确不确定性对项目其他各个方面的影响;估计和比较项目各种方案或行动路线的风险大小,从中选择出威胁最少、机会最多的方案或行动路线。

1. 目的

风险评估把注意力转向包括项目所有阶段的整体风险、各风险之间的相互影响、相互作用及对项目的总体影响、项目主体对风险的承受能力上。风险评估有四个目的:

1) 对项目诸风险进行比较和评价,确定它们的先后顺序。

2) 表面上看起来不相干的多个风险事件常常是由一个共同的风险来源所造成。例如,若遇上未曾预料到的技术难题,则项目会造成费用超支、进度拖延、产品质量不合格等多种后果。风险评价就是要从项目整体出发,弄清各风险事件之间确切的因果关系,制定出系统的风险管理计划。

3) 考虑各种不同风险之间相互转化的条件,研究如何才能化威胁为机会。还要注意,原以为的机会在什么条件下会转化为威胁。

4) 进一步量化已识别风险的发生概率和后果,减少风险发生概率和后果估计中的不确定性。必要时,根据项目形势的变化重新分析风险发生的概率和可能的后果。

2. 步骤

风险评估可分三步:

1) 确定风险评价基准。风险评价基准就是项目主体针对每一种风险后果确定的可接受水平。单个风险和整体风险都要确定评价基准,可分别称为单个评价基准和整体评价基准。风险的可接受水平可以是绝对的,也可以是相对的。

2) 确定项目整体风险水平。项目整体风险水平是综合了所有的个别风险之后确定的。

3) 将单个风险与单个评价基准、项目整体风险水平与整体评价基准对比,确认项目风险是否在可接受的范围之内,进而确定该项目的停止或继续进行。

9.3.2 风险分析方法

1. 定性方法

(1) 风险概率及后果

风险概率是指某一风险发生的可能性。风险后果是指某一风险事件发生对项目目标产生的影响。

风险估计的首要工作是确定风险事件的概率分布。一般来讲,风险事件的概率分布应当根据历史资料来确定;当项目管理人员没有足够的历史资料来确定风险事件的概率分布时,可以利用理论概率分布进行风险估计。

1）历史资料法。在项目基本相同的条件下，可以通过观察各个潜在的风险在长时期内已经发生的次数来估计每一可能事件的概率，这种估计就是每一事件过去已经发生的频率。

2）理论概率分布法。当项目的管理者没有足够的历史信息和资料来确定项目风险事件的概率时，可以根据理论上的某些概率分布来补充或修正，从而建立风险的概率分布图。

常用的风险概率分布是正态分布。正态分布可以描述许多风险的概率分布，如交通事故、财产损失、加工制造的偏差等。除此之外，在风险评估中常用的理论概率分布还有离散分布、等概率分布、阶梯形分布、三角形分布和对数正态分布等。

3）主观概率。由于项目的一次性和独特性，不同项目的风险往往存在差别，因此，项目管理者在很多情况下要根据自己的经验去测度项目风险事件发生的概率或概率分布，这样得到的项目风险概率被称为主观概率。主观概率的大小常常根据人们长期积累的经验、对项目活动及其有关风险事件的了解估计。

4）风险事件后果的估计。风险事故造成的损失要从三个方面来衡量：风险损失的性质、风险损失范围大小和风险损失的时间分布。

风险损失的性质是指损失是属于政治性的，还是经济性的、技术性的。风险损失范围大小包括：风险可能带来的损失的严重程度、损失的变化幅度和分布情况。损失的严重程度和损失的变化幅度分别用损失的数学期望和方差表示。风险损失的时间分布是指项目风险事件是突发的，还是随时间的推移逐渐致损的；风险损失是在项目风险事件发生后马上就感受到，还是需要随时间推移而逐渐显露出来，以及这些损失可能发生的时间等。

（2）效用和效用函数

有些风险事件的收益或损失大小很难计算，即使能够计算，同一数额的收益或损失在不同人的心目中地位也不一样。为反映决策者价值观念的不同，需要考虑效用与效用函数。

1）效用。在西方经济学中，效用是指消费者在消费商品时所感受到的满足程度。效用在这里代表着决策人对待特定风险事件的态度，是决策人对待特定风险事件的期望收益或期望损失所持的独特的兴趣、感觉或取舍反应。

2）效用函数。若风险事件后果能量化，则可换算成一定的金额，用变量 x 来表示。不同数额的收益或损失在同一个人的心目中有不同的效用值，因此，效用值是收益或损失大小 x 的函数，叫效用函数，可用变量 $U(x)$ 来表示。但是，效用值 $U(x)$ 并不与收益或损失呈简单的线性关系，且因人而异。经济学家和管理人员将效用作为指标，衡量人们对风险以及其他事物的主观评价、态度、偏好和倾向等。由于效用值是相对的，所以一般可规定：决策者最愿意接受的收益对应的效用值为1，而最不愿意接受的损失对应的效用值为0。

3）效用曲线。在直角坐标系里，以横坐标表示收益或损失的大小，纵坐标表示效用函数值，所得曲线叫做效用曲线。图9-3中画出了三类决策者的效用曲线，反映了他们对待风险的不同态度。一般可分为保守型、中间型和冒险型三种。具有中间型效用曲线的决策者对待风险后果的态度，即收益或损失的效用值是与收益或损失的大小成正比的。具有保守型效用曲线的决策者对待风险不利后果的态度，即损失的效用值特别敏感，也就是说，损失稍微增加一点，效用值

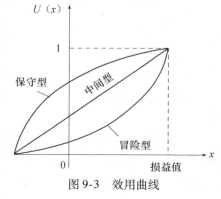

图9-3 效用曲线

就下降很多；相反，他对有利后果所抱的态度，即收益的效用值比较迟钝，也就是说，当收益增加很多时，效用值才增加一点。

保守型的决策者难以接受风险的不利后果，对追求高的收益兴趣不大。具有冒险型效用曲线的决策者对待风险损失的效用值比较迟钝，也就是说，损失尽管已增加了很多，但效用值却减少不多；相反，他对待有利后果的态度，即收益的效用值特别敏感，也就是说，当收益仅仅增加一点时，效用值就增加了很多。冒险型的决策者可以接受风险的不利后果，愿意追求高的收益。

2. 定量方法

一般来说，完整而科学的风险评估应建立在定性风险分析与定量分析相结合的基础之上。定量风险分析过程的目标是量化分析每一风险的概率及其对项目目标造成的后果，同时也分析项目总体风险程度。

（1）盈亏平衡分析

盈亏平衡分析又称量本利分析或保本分析，也称 VCPA（Volume Cost Profit Analysis），其基础是成本形态分析。

盈亏平衡分析就是要确定项目的盈亏平衡点，在平衡点上销售收入等于生产成本。此点是用以标志项目不亏不盈的生产量，用来确定项目的最低生产量。盈亏平衡点越低，项目赢利的机会就越大，亏损的风险越小，因此该点表达了项目生产能力的最低容许利用程度。

盈亏平衡分析有三个变量：产量、销售和成本。成本又分为固定成本和可变成本，其中可变成本与生产量成正比。

1）量本利分析的基本数学模型。假设项目生产单一产品，先估算出项目总固定成本（C_1）、单位可变成本（C_2）、单位产品销售价格（P）。按照正常生产年度的产量（Q）做出固定生产成本和可变生产成本线，即按公式 $C = C_1 + C_2Q$ 给出生产总成本线；按正常年度的生产销售量（Q）乘以单位产品销售价格（P），求得是收入线（$Y = Q \cdot P$）。生产总成本线与销售收益线相交的点即盈亏平衡点（图9-4中 E 点）。从盈亏平衡图上标志的平衡点说明，该点的总成本与总收益相等；高于此点标志项目获得利润；低于此点项目就亏损。

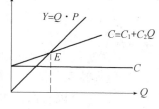

图9-4 盈亏平衡图

设某企业生产甲产品，本期固定成本总额为 C，单位售价为 P，单位变动成本为 C_2。并设销售量为 Q 单位，销售收入为 Y，总成本为 C_1，利润为 TP。则成本、收入、利润之间存在以下的关系：

$$C = C_1 + C_2 \times Q$$
$$Y = P \times Q$$
$$TP = Y - C = (P - C_2) \times Q - C_1$$

当企业该产品收入与成本正好相等，即处于不亏不盈或损益平衡状态，也称为保本状态。

2）保本销售量和保本销售收入。保本销售量和保本销售收入，就是对应盈亏平衡点，销售量 Q 和销售收入 Y 的值，分别以 Q_0 和 Y_0 表示。由于在保本状态下，销售收入与生产成本相等，即

$$Y_0 = C_1 + C_2 \times Q_0$$
$$P \times Q_0 = C_1 + C_2 \times Q_0$$
$$Q_0 = \frac{C_1}{P - C_2} \qquad (9\text{-}2)$$
$$Y_0 = P \frac{C_1}{P - C_2} \qquad (9\text{-}3)$$

式中，$(P - C_2)$ 亦称边际利润，$(P - C_2)/P$ 亦称边际利润率。

【例 9-1】 设 $C_1 = 50000$ 元，$C_2 = 10$ 元/侍，$P = 15$ 元/件，求保本销售量和保本销售收入。

【解】 保本销售量 $Q_0 = 50000/（15 - 10）= 10000$ 件；

保本销售收入 $Y_0 = 10000 \times 15 = 150000$ 元。

（2）敏感性分析

广义上讲，对于函数 $y = f(x_1, x_2, k)$，任一自变量的变化都会使因变量 y 发生变化，但各自变量变动一定的幅度，引起 y 变动的程度不同。对各自变量变动引起因变量变动及其变动程度的分析即敏感性分析。

项目风险评估中的敏感分析是通过分析预测有关投资规模、建设工期、经营期、产销期、产销量、市场价格和成本水平等主要因素的变动对评价指标的影响及影响程度。一般是考察分析上述因素单独变动对项目评价的主要指标净现值 NPV（Net Present Value）和内部收益率 IRR（Internal Rate of Return）的影响。有关内容见其他相关文献。

通过敏感性分析，项目班子还可以知道是否需要用其他方法做进一步的风险分析。如果敏感性分析表明项目变数、前提或假设即使发生很大的变动，项目的性能也不会出现太大的变化，那么就没有必要进行费时、费力、代价高昂的概率分析。

（3）决策树分析

决策树法是因解决问题的工具是"树"而得名。其分析程序一般是：

1）绘制决策树图。决策树结构如图 9-5 所示。从图中可以看出，决策树的要素有五点：决策节点、方案枝、自然状态节点、概率枝和损益值。从决策节点引出的都是方案枝；从自然状态节点引出的都是状态枝（或称概率枝）。画决策树图时，实际上是拟定各种决策方案的过程，也是对未来可能发生的各种自然状况进行周密思考和预测的过程。

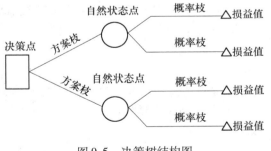

图 9-5　决策树结构图

2）预计未来各种情况可能发生的概率。概率数值可以根据经验数据来估计或依靠过去的历史资料来推算，还可以采用先进预测方法和手段进行。

3）计算每个状态节点的综合损益值。综合损益值也叫综合期望值（MV），它是用来比较各种抉择方案结果的一个准则。损益值只是对今后情况的估计，并不代表一定要出现的数值。根据决策问题的要求，可采用最小损失值，如成本最小、费用最低等，也可采用最大收益值，如利润最大、节约额最大等。

$$\sum MV(i) = \sum (损益值 \times 概率值) \times 经营年限 - 投资额$$

4）择优决策。比较不同方案的综合损益期望值，进行择优，确定决策方案。将决策树形图上舍弃的方案枝画上删除号，剪掉。

【例9-2】 为生产某种产品有两种方案，一是建设大厂，一是建设小厂。两者使用年限都是五年，大厂需投资200万元，小厂需投资100万元。两个方案每年损益额及各自然状态出现的概率如表9-1所示。

表9-1 两个方案每年损益额及各自然状态出现的概率

方案	销路好		销路差	
	每年损益值（万元）	出现概率	每年损益值（万元）	出现概率
建设大厂	100	0.7	−30	0.3
建设小厂	50	0.7	30	0.3

【解】（1）绘制决策树图，如图9-6所示。

（2）因未来各种情况可能发生的概率已知，可直接计算每个自然状态节点的综合损益值。

建大厂方案综合损益值为：〔100×0.7＋（−30）×0.3〕×5−200＝105（万元）

建小厂方案综合损益值为：（50×0.7＋30×0.3）×5−100＝120（万元）

（3）择优决策

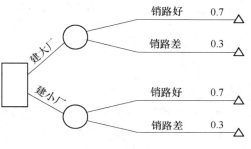

图9-6 决策树图

由于建小厂方案的综合损益值大于建大厂方案的综合损益值，若不考虑其他因素，建小厂比建大厂效益好。

除上述风险评估方法外，还有非确定型决策分析法、层次分析法、网络模型（包括CPM、PERT、GERT）等。

9.4 风险对策与控制

9.4.1 回避风险

回避风险是指项目组织在决策中回避高风险的领域、项目和方案，进行低风险选择。通过回避风险，可以在风险事件发生之前完全彻底地消除某一特定风险可能造成的种种损失，而不仅仅是减少损失的影响程度。回避风险是对所有可能发生的风险尽可能地规避，这样可以直接消除风险损失。回避风险具有简单、易行、全面、彻底的优点，能将风险的概率保持为零，从而保证项目的安全运行。

1. 回避风险的方法

回避风险的具体方法有：放弃或终止某项活动；改变某项活动的性质。如放弃某项不成熟工艺，初冬时期为避免混凝土受冻，不用矿渣水泥而改用硅酸盐水泥。一般来说，回避风险有方向回避、项目回避和方案回避三个层次。在采取回避风险时，应注意以下几点：

1）当风险可能导致损失频率和损失幅度极高，且对此风险有足够的认识时，这种策略才有意义。

2）当采用其他风险策略的成本和效益的预期值不理想时，可采用回避风险的策略。

3）不是所有的风险都可以采取回避策略的，如地震、洪灾、台风等。

4）由于回避风险只是在特定范围内及特定的角度上才有效，因此，避免了某种风险，又可能产生另一种新的风险。

2. 回避风险的原则

1）回避不必要承担的风险。

2）回避那些远远超过企业承受能力，可能对企业造成致命打击的风险。

3）回避那些不可控性、不可转移性、不可分散性较强的风险。

4）在主观风险和客观风险并存的情况下，以回避客观风险为主。

5）在存在技术风险、生产风险和市场风险时，一般以回避市场风险为主。

9.4.2 转移风险

转移风险是指组织或个人项目的部分风险或全部风险转移到其他组织或个人。风险转移一般分为两种形式：项目风险的财务转移，即项目组织将项目风险损失转移给其他企业或组织；项目客体转移，即项目组织将项目的一部分或全部转移给其他企业或组织。

从另外一个角度看，转移风险有控制型非保险转移、财务型非保险转移和保险三种形式。

1. 控制型非保险转移

控制型非保险转移，转移的是损失的法律责任，它通过合同或协议，消除或减少转让人对受让人的损失责任和对第三者的损失责任。有三种形式：

1）出售。通过买卖合同将风险转移给其他单位或个人。这种方式的特点是在出售项目所有权的同时也就把与之有关的风险转移给了受让人。

2）分包。转让人通过分包合同，将他认为项目风险较大的部分转移给非保险业的其他人。如一个大跨度网架结构项目，对总包单位来讲，他们认为高空作业多，吊装复杂，风险较大；因此，可以将网架的拼装和吊装任务分包给有专用设备和经验丰富的专业施工单位来承担。

3）开脱责任合同。通过开脱责任合同，风险承受者免除转移者对承受者承受损失的责任。

2. 财务型非保险转移

财务型非保险转移是转让人通过合同或协议寻求外来资金补偿其损失。有两种形式：

1）免责约定。免责约定是合同不履行或不完全履行时，如果不是由于当事人一方的过错引起，而是由于不可抗力的原因造成的，违约者可以向对方请求部分或全部免除违约责任。

2）保证合同。保证合同是由保证人提供保证，使债权人获得保障。通常，保证人以被保证人的财产抵押来补偿可能遭受到的损失。

302

3. 保险

保险是通过专门的机构，根据有关法律，运用大数法则，签订保险合同，当风险事故发生时，就可以获得保险公司的补偿，从而将风险转移给保险公司。如建筑工程一切险、安装工程一切险和建筑安装工程第三者责任险等。

技术创新风险的转移一般伴随着收益的转移，因而，是否转移风险以及采用何种方式转移风险，需要进行仔细权衡和决策。在一般情况下，当技术风险、市场风险不大而财务风险较大时，可采用财务转移的风险转移方式；当技术风险或生产风险较大时，可以采用客体转移的风险转移方式。

9.4.3 损失控制

损失控制是指损失发生前消除损失可能发生的根源，并减少损失事件的频率，在风险事件发生后减少损失的程度。损失控制的基本点在于消除风险因素和减少风险损失。

1. 损失预防

损失预防是指损失发生前为了消除或减少可能引起损失的各种因素而采取的各种具体措施，也就是设法消除或减少各种风险因素，以降低损失发生的频率。

1）工程法。以工程技术为手段，通过对物质因素的处理来达到控制损失的目的。具体的措施包括：预防风险因素的产生，减少已存在的风险因素，改变风险因素的基本性质，改善风险因素的空间分布，加强风险单位的防护能力等。

2）教育法。通过安全教育培训，消除人为的风险因素，防止不安全行为的出现，从而达到控制损失的目的。如进行安全法制教育、安全技能教育和风险知识教育等。

3）程序法。以制度化的程序作业方式进行损失控制，其实质是通过加强管理，从根本上对风险因素进行处理。如制定安全管理制度、设备定期维修制度和定期进行安全检查等。

2. 损失抑制

损失抑制是指损失发生时或损失发生后，为了缩小损失幅度所采取的各项措施。

1）分割。将某一风险单位分割成许多独立的、较小的单位，以达到减小损失幅度的目的。例如，同一公司的高级领导成员不同时乘坐同一交通工具，这是一种化整为零的措施。

2）储备。例如，储存某项备用财产或人员，以及复制另一套资料或拟定另一套备用计划等，当原有财产、人员、资料及计划失效时，这些备用的人、财、物、资料可立即使用。

3）拟定减小损失幅度的规章制度。例如在施工现场建立巡逻制度。

9.4.4 自留风险

自留风险又称承担风险，它是一种由项目组织自己承担风险事故所致损失的措施。

1. 自留风险的类型

（1）主动自留风险与被动自留风险

主动自留风险又称计划性承担，是指经合理判断、慎重研究后，将风险承担下来。被动自留风险是指由于疏忽未探究风险的存在而承担下来。

（2）全部自留风险和部分自留风险

全部自留风险是对那些损失频率高，损失幅度小，且当最大损失额发生时项目组织有足够的财力来承担而采取的方法。部分自留风险是依靠自己的财力处理一定数量的风险。

2. 自留风险的资金筹措

1）建立内部意外损失基金。建立意外损失专项基金，当损失发生时，由该基金补偿。

2）从外部取得应急贷款或特别贷款。应急贷款是在损失发生之前，通过谈判达成应急贷款协议，一旦损失发生，项目组织就可立即获得必要的资金，并按已商定的条件偿还贷款。特别贷款是在事故发生后，以高利率或其他苛刻条件接受贷款，以弥补损失。

9.4.5 分散风险

项目风险的分散是指项目组织通过选择合适的项目组合，进行组合开发创新，使整体风险得到降低。在项目组合中，不同的项目之间的相互独立性越强或具有负相关性时，将有利于技术组合整体风险的降低。但在项目组合的实际操作过程中，选择独立不相关项目并不十分妥当，因为项目的生产设备、技术优势领域、市场占有状况等使得项目组织在项目选择时难以做到这种独立无关性；而且，当项目之间过于独立时，由于不能做到技术资源、人力资源、生产资源的共享而加大项目的成本和难度。

在项目风险的分散中，还应当注意以下两点：一是高风险项目和低风险项目适当搭配，以便在高风险项目失败时，通过低风险项目来弥补部分损失；二是项目组合的数量要适当。项目数量太少时，风险分散作用不明显，而项目数量过多时，会加大项目组织的难度，以及导致资源分散，影响技术项目组合的整体效果。

9.5 工程项目保险与担保

9.5.1 保险概论

1. 保险是规避风险的办法

保险的基本作用是在风险事件发生而买保险者蒙受损失时给予钱财补偿。投保人是指与保险人订立保险合同，并按照保险合同负有支付保险费义务的人。保险人是指与投保人订立保险合同，并承担赔偿或者给付保险金责任的保险公司。保险不能对付所有的风险，只能对付满足一定条件的风险。

2. 对保险的理解

1）保险是以集中起来的保险费建立保险基金。

2）保险是一种补偿制度，收取少量的保险费，承担被保险人约定的风险。

3）保险是一种社会工具，这种工具以数理方法预测损失，补偿受损者的损失。

4）保险是一种复杂而又精巧的机制，将风险从个人转移到团体；并由团体的所有成员公平地分担风险造成的损失。

5）保险既是一种经济制度，也是一种法律关系。

以上定义告诉我们，保险最基本的作用是在因受保事件发生而蒙受损失时给予钱财补偿。

3. 可保风险

投保（又叫买保险）人和承保人（又叫保险人，例如保险公司）在签订保险单（保险合同的一种）之前须考虑几件事。

4. 保险的产生

人类早就知道多种规避风险的办法。但是，只是近代才有保险行业。资本主义将商品的生产和交换范围扩大到了全世界。在这一过程中，风险越来越集中。正是在这样的情况下，近代的保险制度应运而生。可以说，保险业是资本主义发展的产物。从时间先后来看，财产保险早于人身保险，海上保险早于陆上保险。如目前常见的保险种类有：

1）海上保险；

2）火灾保险；

3）人寿保险。1762 年，英国成立了伦敦公平保险公司。这是世界上第一家人寿保险公司，标志着现代人寿保险制度的形成。

9.5.2 保险合同

1. 保险合同的主体、客体和内容

与其他商品交易不同，投保人与保险人之间达成交易时必须签订书面合同。保险合同的主体为合同当事人和关系人，保险合同的客体为可保利益，保险合同的内容为合同当事人和关系人的权利与义务的关系。

保险合同又称保险契约，它是保险人和投保人双方之间订立的一种具有法律约束力的协议：双方当事人约定，一方向对方支付保险费，另一方在保险标的发生约定事故时，承担钱财补偿责任；或者履行给付义务。保险合同有多种形式和名称，例如投保书（投保单）、暂保单、保险凭证和保险单（简称保单）等。

2. 保险合同的形式

保险合同主要表现为投保单、暂保单、保险单和保险凭证等书面文件。

1）投保单又称投保申请书、要保书，是投保人向保险人申请订立保险合同的书面意思表示形式。

2）暂保单又称临时保险单，是保险人同意承保风险而不能立刻出具保险单或者其他保险单证时，向投保人签发的一种临时保险凭证。

3）保险单又称保单，是保险合同成立后，保险人向投保人签发的保险合同的正式书面凭证，保险单是保险合同的法定形式。

4）保险凭证又称小保单，是内容和格式简化了的保险单，是保险人签发给被保险人证明合同已订立的凭证。

5）其他书面形式。

3. 保险合同的订立、变更和终止

（1）保险合同的订立

保险合同的订立都需要经过要约和承诺两个阶段。

（2）保险合同的变更

变更是在保险合同有效期内，对合同原有记载的改动。引起保险合同变更的，主要是合同的主体或内容的变化。

1）保险合同主体的变更。

3）保险合同内容的变更。

（3）保险合同的终止

指当事人之间根据保险合同确定的权利义务消灭。保险合同的终止主要包括下面几种情况：

1）保险人履行了保险合同。

2）保险合同期限届满。

3）保险标的发生部分损失。

4）财产保险的保险标的灭失或人身保险的被保险人死亡。

5）保险合同的解除。

在保险合同的有效期限届满前，当事人依法终止合同效力的行为。保险合同的解除与变更不同。变更是合同权利义务的改变，双方当事人之间仍存在受约束的合同法律关系。解除则是合同权利义务的终止，消灭了当事人之间的合同关系。主要有以下三种解除方式：

①协商解除。

②投保人单方解除合同。保险合同成立后，投保人一般可以解除保险合同，而不须承担违约责任。

③保险人单方解除合同。

4. 保险合同订立的原则

签订保险合同、索赔和理赔都要遵循一定的原则，主要有诚信、可保利益、赔偿责任、权益转让和重复保险分摊。

9.5.3 工程保险

1. 概述

工程合同的履行期间可能会遇到各种风险，尤其是总包项目。总包项目规模大、工期长、涉及很多方面，风险更多，承包商承担的风险也更大。

工程项目保险是指业主或承包商向专门保险机构（保险公司）缴纳一定的保险费，由保险公司建立保险基金，一旦发生所投保的风险事故造成财产或人身伤亡，即由保险公司用保险基金予以补偿的一种制度。它实质上是一种风险转移，即业主或承包商通过投保，将原应承担的风险责任转移给保险公司承担。尽管这种对于风险后果的补偿只是整个工程损失的一部分，但在某些情况下却能保证承包商不致破产而获得生机。

工程保险与其他财产或人身保险不同。国际经验表明，工程保险有以下特点：

1）承包商的投保险别和应承担的责任一般在工程承包合同中规定；而保险人对于保险标的责任和补偿办法则通过保险条例和保单做出了明确而具体的规定。

2）承包商在实施工程合同期间，分阶段投保，各种险别可以衔接起来。

3）保险人一般没有一成不变、对任何工程都适用的费率，而是具体分析工程所在地区和环境和其他风险因素，以及要求承保的年限，结合当地保险条例并参照国际通行做法决定。

工程保险按是否具有强制性分为两大类：强制保险和自愿保险。强制保险系指工程所在国政府以法规明文规定承包商必须办理的保险。自愿保险是承包商根据自身利益的需要，自愿购买的保险，这种保险非强行规定，但对承包商转移风险很有必要。

FIDIC 条款规定必须投保的险种有：工程和施工设备的保险、人身事故险和第三方责任险。我国对于工程保险的有关规定很薄弱，尤其是在强制性保险方面。除《建筑法》规定建筑施工企业必须为从事危险作业的职工办理意外伤害保险属强制保险外，《建设工程施工合同示范文本》第40条也规定了保险内容。但是，这些条款不够详细，缺乏操作性，再加上示范文本强制性不够，使得工程保险在实际操作中大打折扣。

除强制保险与自愿保险的分类方式外，我国《保险法》把保险种类分为人身保险和财产保险。自该法施行以来，在工程建设方面，我国已实行了人身保险中的意外伤害保险、财产保险中的建筑工程一切险和安装工程一切险。《保险法》还规定：财产保险业务，包括财产损失保险、责任保险、信用保险等保险业务。

2. 建筑工程一切险

建筑工程一切险是对各种建筑和土木工程提供全面保障，既对在施工期间工程本身，施工机具或工地设备所遭受的损失予以赔偿，又对因施工而给第三者造成的物资损失或人身伤亡承担赔偿责任。

（1）建筑工程一切险的被保险人

建筑工程一切险的被保险人可以包括：

1）业主或工程所有人。

2）总包商或分包商。

3）业主或工程所有人雇用的建筑师或工程师。

（2）建筑工程一切险的适用范围

建筑工程一切险适用于所有土木建筑工程，如住宅、商业用房、医院、学校、剧院；工业厂房、电站；公路、铁路、飞机场；桥梁、船闸、大坝、隧道、排灌工程、水渠及港埠、地下工程等。

（3）建筑工程一切险的保险标的和责任

1）建筑工程一切险的保险标的有：

①工程本身。

②施工设施。

③施工机具。

④场地清理费。

⑤第三者责任（亦称民事责任）。系指在保险期内因工程意外事故造成的依法应由被保险人负责的工地上及邻近地区的第三者人身伤亡、疾病或财产损失，以及被保险人因此而支付的诉讼费用和事先经保险公司书面同意支付的其他费用。

⑥由被保险人看管或监护的停放于工地的财产。

2）建筑工程一切险保险责任。保险公司可以在一份保单内对所有参加该项工程的有关各方都给予所需要的保障，换言之，即在工程进行期间，对这项工程承担一定风险的有关各方，均可作为被保险人之一。

建筑工程一切险同时承保建筑工程第三者责任险，即指在该工程的保险期内，因发生意外事故所造成的依法应由被保险人负责的工地上及邻近地区的第三人的人身伤亡、疾病、财产损失，以及被保险人因此所支出的费用。

3）除外责任。按照国际惯例，属于除外责任的情况通常有以下几种：

①由军事行动、战争或其他类似事件、罢工、骚动、或当局命令停工等情况造成的

损失。

②因被保险人的严重失职或蓄意破坏而造成的损失。

③因原子核裂变而造成的损失。

④由于罚款及其他非实质性损失。

⑤因施工设备本身原因即无外界原因情况下造成的损失；但因这些损失而导致的建筑事故则不属于除外情况。

⑥因设计错误（结构缺陷）而造成的损失。

⑦因纠纷或修复工程差错而增加的支出。

（4）保险期限

工程一切险自工程开工之日或在开工之前工程用料卸放于工地之日开始生效，两者以先发生者为准。开工日包括打地基在内（如果地基也在保险范围内）。施工设备保险自其卸放于工地之日起生效。保险终止日应为工程竣工验收之日或保险单上列出的终止日。同样，两者也以先发生者为准。

1）保险标的工程中有一部分先验收或投入使用。在这种情况下，自该部分验收或投入使用日起自动终止该部分的保险责任，但保险单中应注明这种部分保险责任自动终止条款。

2）含安装工程项目的建筑工程一切险的保险单通常规定有试运行期（一般为1个月）。

3）工程验收后通常还有一个质量保修期，《建设工程质量管理条例》对最低保修期限作了规定。保修期内是否强制投保，各国规定不一样。在大多数情况下，建筑工程一切险的承保期可以包括为期1年的质量保证期（不超过质量保修期），但需缴纳一定的保险费。保修期的保险自工程竣工验收或投入使用之日起生效，直至规定的保证期满之日终止。

（5）建筑工程一切险的保险金额

保险金额是指保险人承担赔偿或者给付保险金责任的最高限额。保险金额不得超过保险标的的保险价值，超过保险价值的，超过的部分无效。工程一切险的保险金额按照不同的保险标的确定。

1）工程造价，即建成该项工程的总价值，包括设计费、建筑所需材料设备费、施工费、运杂费、保险费、税款以及其他有关费用在内。如有临时工程，还应注明临时工程部分的保险金额。

2）施工设备及临时工程。这些物资一般是承包商的财产，其价值不包括在承包工程合同的价格中，应另立专项投保。这类物资的投保金额一般按重置价值，即按重新购置同一牌号、型号、规格、性能或类似型号、规格、性能的机器、设备及装置的价格，包括出厂价、运费、关税、安装费及其他必要的费用计算重置价值。

3）安装工程项目。建筑工程一切险范围内承保的安装工程，一般是附带部分。其保险金额一般不超过整个工程项目保险金额的20%。如果保险金额超过20%，则应按安装工程费率计算保险费。如超过50%，则应按安装工程险另行投保。

4）场地清理费。按工程的具体情况由保险公司与投保人协商确定。场地残物的处理不仅限于合同标的工程，而且包括工程的邻近地区和业主的原有财产存放区。场地清理的保险金额一般不超过工程总保额的5%（大型工程）或10%（小型工程）。

（6）建筑工程一切险的免赔额

工程保险还有一个特点，就是保险公司要求投保人根据其不同的损失，自负一定的责任。这笔由被保险人承担的损失额称为免赔额。工程本身的免赔额为保险金额的0.5% ~ 2%；施工机具设备等的免赔额为保险金额的5%；第三者责任险中财产损失的免赔额为每次事故赔偿限额的1% ~ 2%，但人身伤害没有免赔额。

保险人向被保险人支付为修复保险标的遭受损失所需的费用时，必须扣除免赔额。

（7）建筑工程一切险的保险费率

建筑工程一切险没有固定的费率，其具体费率系根据以下因素结合参考费率制定：

1）风险性质（气候影响和地质构造数据，如地震、洪水或火灾等）；

2）工程本身的危险程度，工程的性质，工程的技术特征及所用的材料，工程的建造方法等；

3）工地及邻近地区的自然地理条件，有无特别危险源存在；

4）巨灾的可能性，最大可能损失程度及工地现场管理和安全条件；

5）工期（包括试运行期）的长短及施工季节，保证期长短及其责任的大小；

6）承包人及其他与工程有直接关系的各方的资信、技术水平及经验；

7）同类工程及以往的损失记录；

8）免赔额的高低及特种危险的赔偿限额。

3. 安装工程一切险

安装工程一切险的目的是为各种机器的安装及钢结构工程的实施提供尽可能全面的专门保险。

（1）安装工程一切险的被保险人

和建筑工程一切险一样，安装工程一切险应由承包商投保，业主只是在承包商未投保的情况下代其投保，费用由承包商承担。承包商办理了投保手续并交纳了保费以后即成为被保险人。安装工程一切险的被保险人除承包商外还包括：业主；制造商或供应商；技术咨询顾问；安装工程的信贷机构；待安装构件的买受人等。

（2）安装工程一切险的保险标的

安装工程一切险的保险标的主要包括：

1）安装的机器及安装费，包括安装工程合同内要安装的机器、设备、装置、物料、基础工程（如地基、座基等）以及为安装工程所需的各种临时设施（如水电、照明、通讯设备等）等。

2）安装工程使用的承包人的机器、设备。

3）附带投保的土木建筑工程项目，指厂房、仓库、办公楼、宿舍、码头、桥梁等。这些项目一般不在安装合同以内，但可在安装险内附带投保：如果土木建筑工程项目不超过总价的20%，整个项目按安装工程一切险投保；介于20%和50%之间，该部分项目按建筑工程一切险投保；若超过50%，整个项目按建筑工程一切险投保。

（3）安装工程一切险的除外责任

安装工程一切险的除外情况主要有以下几种：

1）由结构、材料或在车间制作方面的错误导致的损失；

2）因被保险人或其派遣人员蓄意破坏或欺诈行为而造成的损失；

3）因效益不足而遭致合同罚款或其他非实质性损失；

4）由战争或其他类似事件、民众运动或因当局命令而造成的损失；

5）因罢工和骚乱而造成的损失（但有些国家却不视为除外情况）；

6）由原子核裂变或核辐射造成的损失等。

（4）安装工程一切险的保险期限

1）安装工程一切险的保险责任的开始和终止。安装工程一切险的保险责任，自投保工程的动工日（如果包括土建的话）或第一批被保项目卸至施工地点时（以先发生为准），即行开始。其保险责任的终止日可以是安装完毕验收通过之日或保险物所列明的终止日，这两个日期同样以先发生为准。安装工程一切险的保险责任也可以延展至维修期满日。

2）试车考核期。安装工程一切险的保险期内，一般应包括一个试车考核期。考核期的长短应根据工程合同上的规定来决定。对考核期的保险责任一般不超过3个月，若超过3个月，应另行加收费用。安装工程一切险对于旧机器设备不负考核期的保险责任，也不承担其维修期的保险责任。如果同一张保险单同时还承保其他新的项目，则保险单仅对新设备的保险责任有效。

3）工程实践中，关于安装工程一切险的保险期限应当注意以下几点：

①部分工程验收移交或实际投入使用。在这种情况下，保险责任自验收移交或投入使用之日即行终止，但保单上须有相应的附加条款或批文。

②试车考核期的保险责任期，系指连续时间，而不是断续累计时间。

③维修期应从实际完工验收或投入使用之日起算，不能机械地按合同规定的竣工日起算。

（5）安装工程一切险的保险总额

安装工程项目是安装工程一切险的主要保险项目，包括被安装的机器设备、装置、物料、基础工程以及工程所需的各种临时设施，如水、电、照明、通讯等。安装工程一切险的承保标的大致有3种类型：

1）新建工厂、矿山或某一车间生产线安装的成套设备；

2）单独的大型机械装置，如发电机组、锅炉、巨型吊车、传送装置的组装工程；

3）各种钢结构建筑物，如储油罐、桥梁、电视发射塔之类的安装和管道、电缆敷设等。

安装工程项目的保险金额视承包方式而定：

1）采用总承包方式，保险金额为该项目的合同价；

2）由业主引进设备，承包人负责安装并培训，保险金额为CIF价加国内运费和保险费及关税、安装费、可能的专利、人员培训及备品、备件等费用的总和。

（6）安装工程一切险的保险费率

安装工程一切险的保险费率参考建筑工程一切险的保险费率。

9.5.4 工程担保

1. 概述

担保是为了保证债务的旅行、确保债权的实现，在人的信用或特定的财产之上设定的特殊的民事法律关系。合同的担保是指合同当事人一方为了确保合同的履行，经双方协商一致而采取的一种保证措施。在担保关系中，被担保合同通常是主合同，担保合同是从合同。担保合同必须是由合同当事人双方协商一致自愿订立。如果由第三方承担担保，必须由第三

310

方，即保证人亲自订立。担保合同是主合同的从合同，主合同无效，担保合同无效。担保合同另有约定的，按照约定。

现代社会常用的担保方式为保证、抵押、质押、留置和定金。

保证是保证人和债权人约定，当债务人不履行债务时，保证人按照约定履行债务或者承担责任的行为。具有代为清偿债务能力的法人、其他组织或者公民，可以作保证人。但是，国家机关，学校、幼儿园、医院等以公益为目的的事业单位、社会团体，企业法人的分支机构、职能部门不得为保证人。

保证的方式有一般保证和连带责任保证。

2.《担保法》规定的担保方式

我国《担保法》规定的担保方式有以下五种：

（1）保证

保证，是指保证人和债权人约定，当债务人不履行债务时，保证人按照约定履行债务或承担责任的行为。

对于保证人的主体资格，《担保法》作出了限制，禁止：

1）国家机关（但经国务院批准为使用外国政府或国际经济组织贷款而进行的转贷除外）；

2）以公益为目的的事业单位、社会团体（如学校、幼儿园、医院等）；

3）未经授权的企业法人分支机构、企业法人的职能部门（但有书面授权的，可在授权范围内提供担保）三类主体为担保人。

保证人与债权人应当以书面形式订立保证合同。保证合同应包括以下主要内容：

1）被保证的主债权种类、数量；

2）债务人履行债务的期限；

3）保证的方式；

4）保证担保的范围；

5）保证的期间；

6）双方认为需要约定的其他事项。

保证的方式为一般保证和连带责任保证两种。保证方式没有约定或约定不明确的，按连带责任保证承担保证责任。一般保证是指当事人在保证合同中约定，当债务人不履行债务时，由保证人承担保证责任的保证方式。一般保证的保证人在主合同纠纷未经审判或仲裁，并就债务人财产依法强制执行仍不能履行债务时，对债务人可以拒绝承担保证责任。连带责任保证是指当事人在保证合同中约定保证人与债务人对债务承担连带责任的保证方式。连带责任保证的债务人在主合同规定的债务履行期届满没有履行债务的，债权人可以要求债务人履行债务，也可以要求保证人在其保证范围内承担保证责任。

（2）抵押

抵押是指债务人或第三人不转移对抵押财产的占有，将该财产作为债权的保证。当债务人不履行债务时，债权人有权依法以该财产折价或以拍卖、变卖该财产的价款优先受偿。抵押该财产的债务人或者第三人为抵押人，获得该担保的债权人为抵押权人，提供担保的财产为抵押物。

根据《担保法》第34条规定，可以抵押的财产包括：

1）抵押人所有的房屋和其他地上定着物；

2）抵押人所有的机器、交通运输工具和其他财产；

3）抵押人依法有权处分的国有土地使用权、房屋和其他地上定着物；

4）抵押人依法有权处分的机器、交通运输工具和其他财产；

5）抵押人依法承包并经发包方同意抵押的荒山、荒沟、荒丘、荒滩等荒地土地使用权；

6）依法可以抵押的其他财产，抵押人所担保的债权不得超出其抵押物的价值。财产抵押后，该财产的价值大于所担保债权的余额部分，可以再次抵押，但不得超出其余额部分。

《担保法》同时还规定：

1）以依法取得的国有土地上的房屋抵押的，该房屋占有范围内的国有土地使用权同时抵押；

2）以出让方式取得的国有土地使用权抵押的，应当将该国有土地上的房屋同时抵押；

3）乡（镇）、村企业的土地使用权不得单独抵押；

4）以乡（镇）、村企业的厂房等建筑物抵押的，其占用范围内的土地使用权同时抵押。由此可见，在我国，土地使用权和其上的房屋不能分别抵押。

抵押合同的主要内容包括：

1）被担保的主债权种类；

2）债务人履行债务的期限；

3）抵押物的名称、数量、质量、状况、所在地、所有权权属或者使用权权属；

4）抵押担保的范围；

5）当事人认为需要约定的其他事项。

（3）质押

质押是指债务人或第三人将其动产或权利移交债权人占有，用于担保债务的履行，当债务人不履行债务时，债权人依法有权就该动产或权利优先得到清偿的担保。

质押合同的主要内容包括：①被担保的主债权种类；②债务人履行债务的期限；③质物的名称、数量、质量、状况；④质物移交的时间；⑤当事人认为需要约定的其他事项。质押合同自质物移交给质权人占有时生效。

（4）留置

留置是指因保管、运输、加工承揽合同，债务人不按约定的期限履行债务的，债权人有权留置该财产，以其折价、拍卖或变卖的价款优先受偿。《担保法》第五章对留置作了规定。

（5）定金

《担保法》第六章规定了金钱给付的定金担保方式。当事人可以约定一方向对方给付定金作为债权的担保。债务人履行债务后，定金应当抵作价款或者收回。给付定金的一方不履行约定的债务的，无权要求返还定金；收受定金的一方不履行约定的债务的，应当双倍返还定金。定金的数额由当事人约定，但不得超过主合同标的额的20%。

3. 工程担保的主要种类

在建筑市场上，交易的一方为避免因对方违约而遭受损失，要求对方提供可靠的担保。担保的形式很多，常见的有以下几种。

（1）投标保证担保

投标保证担保，或投标保证金，属于投标文件的重要组成部分。所谓投标保证金，是指投标人向招标人出具的，以一定金额表示的投标责任担保。也就是说，投标人保证其投标被接受后对其投标书中规定的责任不得撤销或者反悔。否则，招标人将对投标保证金予以没收。

投标保证金的形式有多种，常见的有以下几种：

1）交付现金。

2）支票。这是由银行签章保证付款的支票。其过程为：投标人开出支票，向付款银行申请保证付款，由银行在票面盖"保付"字样后，将支付票面所载金额（保付金额）从出票人（即投标人）的存款账上划出，另行立专户存储，以备随时支付。经银行保付的支票可以保证持票人一定能够收到款项。

3）银行汇票。银行汇票是一种汇款凭证，由银行开出，交汇款人寄给异地收款人，异地收款人再凭银行汇票在当地银行兑汇款。

4）不可撤销信用证。不可撤销信用证是付款人申请由银行出具的保证付款的凭证。由付款人银行向收款人银行发出函件，在符合规定的条件下，把一定款项付给函中指定的人。需要说明的是，该信用证开出后，在有效期限内不得随意撤销。

5）银行保函。银行保函是由投标人申请，银行开立的保函，保证投标人在中标之前不撤销投标，中标后应当履行招标文件和中标人的投标文件规定的义务。如果投标人违反规定，开立保证函银行将担保赔偿招标人的损失。

6）由保险公司或者担保公司出具投标保证书。投标保证书是由投标人单独签署或者由投标人和担保人共同签署的承担支付一定金额的书面保证。

在这6种形式的投标保证金中，银行保函和投标保证书是最常用的。

（2）履约担保

所谓履约担保，是指招标人在招标文件中规定的要求中标人提交的保证履行合同义务的担保。

履约担保一般有三种形式：银行保函、履约保证书和保留金。

①银行保函。银行保函是由商业银行开具的担保证明，通常为合同金额的10%左右。银行保函分为有条件的银行保函和无条件的银行保函。

有条件的银行保函是指下述情形：在承包人没有实施合同或者履行合同义务时，由业主或工程师出具证明说明情况，并由担保人对已执行合同部分和未执行部分加以鉴定，确认后才能收兑银行保函，由业主得到保函中的款项。建筑行业通常偏向于这种形式的保函。

无条件保函是指下述情形：业主不需要出具任何证明和理由，只要看到承包人违约，就可以对银行保函进行收兑。

②履约保证书。履约保证书的担保方式是：当中标人在履行合同中违约时，开出担保书的担保公司或者保险公司用该项担保金去完成施工任务或者向发包人支付该项保证金。工程采购项目以履约保证书形式担保的，其保证金金额一般为合同价的30%～50%。

承包商违约时，由工程担保人代为完成工程建设的担保方式，有利于工程建设的顺利进行，因此是我国工程担保制度探索和实践的重点内容。

③保留金。保留金是指业主（工程师）根据合同的约定，在每次支付工程进度款时扣

除一定数目的款项，作为承包商完成其修补缺陷义务的保证。保留金一般为每次工程进度款的10%，但总额一般应限制在合同总价款的5%。一般在工程移交时，业主（工程师）将保留金的一半支付给承包商。质量保修期（或"缺陷责任期满"）时，将剩下的部分支付给承包商。

履约保证金金额的大小取决于招标项目的类型与规模，但必须保证承包商违约时，发包人不受损失。在投标须知中，招标人要规定采用哪一种形式的履约担保。中标人应当按照招标文件中的规定提交履约担保。

（3）预付款担保

建设工程合同签订以后，业主给承包人一定比例的预付款，一般为合同金额的10%，但需由承包商的开户银行向业主出具预付款担保。其目的在于保证承包商能够按合同规定进行施工，偿还业主已支付的全部预付款。如承包商中途毁约，中止工程，使业主不能在规定期限内从应付工程款中扣除全部预付款，则业主作为保函的受益人有权凭预付款担保向银行索赔该保函的担保金作为补偿。

预付款担保的金额通常与业主的预付款是等值的。预付款一般逐月从工程进度款中扣除，预付款担保的担保金额也相应逐月减少。承包商在施工期间，应当定期从业主处取得同意此保函减值的文件，并送交银行确认。承包商还清全部预付款后，业主应退还预付款担保，承包商将其退回银行注销，解除担保责任。除银行保函以外，预付款担保也可以采用其他形式，但银行保函是最常见的形式。

4. 业主和承包商相互要求提供的工程担保方式

1）业主要求承包商提供的有：

①第三者的保证书。

②银行保证书。

③保险公司的担保书。

④不可撤销的银行备用信用证。

⑤财产时物权担保。

2）承包商要求业主提供的有：

①支付保证书。

②置留权转让。

5. 银行保证书的功用和有效性

保证书或担保书的使用范围和担保责任不同。建筑市场常见的由承包商提供的银行保证书及其功用如下：

1）投标保证书或担保书。投标保证书或担保书主要用于保证投标人在决标签约之前不撤销其投标书。

2）履约保证书或担保书。履约保证书或担保书主要用于保证承包商正常履行合同。履约保证书或担保书的有效期不能短于合同工期。

3）预付款保证书。预付款保证书主要用于担保承包商应按合同规定偿还业主预付金额。

4）缺陷责任保证书或担保书。

5）临时进口物资税收保证书或担保书。

6）免税工程的进口物资税收保证书或担保书。

314

复习思考题

1. 什么是建筑工程项目风险？它有哪些特征？
2. 什么是项目风险管理？它有哪些特点？
3. 工程项目风险是如何进行分类的？
4. 按项目系统要素进行分析，最常见的风险因素有哪些？
5. 由项目的行为主体产生的风险包括哪些？
6. 按风险对目标的影响分析，风险因素有哪些？
7. 简述风险管理目标。
8. 对每个风险的评价内容包括哪些？
9. 工程项目风险分析方法有哪些？
10. 什么是工程项目风险的分配？其分配原则有哪些？
11. 工程项目风险对策有哪些？
12. 风险控制主要体现在哪些方面？

10　建筑工程项目信息管理

信息是各项管理工作的基础和依据，没有及时、准确和满足需要的信息，管理工作就不能有效地起到计划、组织、控制和协调的作用。随着社会经济的发展和人民生活水平的提高，建设项目本身的功能越来越复杂，专业分工越来越细，项目的参与人员构成也变得非常复杂。在一些大型项目上，业主方、设计人员、承包商、供应商等甚至来自全球不同的国家和地区。所有这些，都对工程项目的组织和管理提出了越来越高的要求，也就是说工程项目管理的任务日益繁重，工程项目管理工作日益复杂化。这不仅对信息的及时性和准确性提出了更高的要求，而且对信息的需求量也大大增加。工程项目信息管理正变得越来越重要，任务也越来越繁重。

工程项目信息管理是现代工程项目管理中不可缺少的内容，而电子计算机则是现代工程项目管理中不可缺少的现代化工具。在工程项目管理中必须把信息管理和计算机的应用有机地结合起来，充分发挥计算机在信息管理中的优势，为项目的成本管理、进度管理、质量和安全管理、合同管理等各项管理工作服务，最终达到优质、低价、快速地完成工程项目的目标。

10.1　概　　述

10.1.1　项目中的信息流

项目实施过程中的几种主要流动过程。

1. 工作流

由项目的结构分解得到项目的所有工作，任务书（委托书或合同）则确定了这些工作的实施者，再通过项目计划具体安排它们的实施方法、实施顺序、实施时间以及实施过程中的协调。这些工作在一定时间和空间上实施，便形成项目的工作流。工作流即构成项目的实施过程和管理过程，主体是劳动力和管理者。

2. 物流

工作的实施需要各种材料、设备、能源，它们由外界输入，经过处理转换成工程实体，最终得到项目产品，则由工作流引起物流，表现出项目的物资生产过程。

3. 资金流

资金流是工程过程中价值的运动。例如从资金变为库存的材料和设备，支付工资和工程款，再转变为已完工程，投入运营后作为固定资产，通过项目的运营取得收益。

4. 信息流

工程建设项目的实施过程需要同时又不断产生大量信息。这些信息伴随着上述几种流动过程按一定的规律产生、转换、变化和被使用，并被传送到相关部门（单位），形成项目实

316

施过程中的信息流。项目管理者设置目标、作决策、作各种计划、组织资源供应、领导、指导、激励、协调各项目参加者的工作，控制项目的实施过程都靠信息来实施的；他靠信息了解项目实施情况，发布各种指令，计划并协调各方面的工作。

这四种流动过程之间相互联系，相互依赖又相互影响，共同构成了项目实施和管理的总过程。在这四种流动过程中，信息流对项目管理的有特别重要的意义。信息流将项目的工作流、物流、资金流，将各个管理职能、项目组织，将项目与环境结合在一起。它不仅反映而且控制、指挥着工作流、物流和资金流。例如，在项目实施过程中，各种工程文件、报告、报表反映了工程建设项目的实施情况，反映了工程实物进度、费用、工期状况、各种指令、计划、协调方案又控制和指挥着项目的实施。所以它是项目的神经系统。只有信息流通畅，有效率，才会有顺利的，有效率的项目实施过程。

10.1.2 信息的交换

1. 项目与外界的信息交换

项目作为一个开放系统，它与外界有大量的信息交换。这里包括：

1）由外界输入的信息。例如环境信息、物价变动的信息，市场状况信息，以及外部系统（如企业、政府机关）给项目的指令、对项目的干预等。

2）项目向外界输出的信息，如项目状况的报告、请示、要求等。

2. 项目内部的信息交换

项目内部的信息交换即项目实施过程中项目组织者因进行沟通而产生的大量的信息。项目内部的信息交换主要包括：

1）正式的信息渠道。信息通常在组织机构内按组织程序流通，它属于正式的沟通。一般有三种信息流：

①自上而下的信息流。通常决策、指令、通知、计划是由上向下传递，但这个传递过程并不是一般的翻印，而是进行逐渐细化，具体化，一直细化到基层成为可执行的操作指令。

②由下而上的信息流。通常各种实际工程的情况信息，由下逐渐向上传递，这个传递不是一般的叠合（装订）而是经过逐渐归纳整理形成的逐渐浓缩的报告。而项目管理者就是做这个浓缩工作，以保证信息浓缩而不失真。通常信息太详细会造成处理量大、没有重点，且容易遗漏重要说明；而太浓缩又会存在对信息的曲解，或解释出错的问题。在实际工程建设项目中常有这种情况，上级管理人员如业主、项目经理，一方面哀叹信息太多，桌子上一大堆报告没有时间看，另一方面他又不了解情况，决策时又缺乏应有的可用的信息。这就是信息浓缩存在的问题。

③横向或网络状信息流。按照项目管理工作流程设计的各职能部门之间存在的大量的信息交换，例如技术人员与成本员，成本员与计划师，财务部门与计划部门，与合同部门等之间存在的信息流。在矩阵式组织中以及在现代高科技状态下，人们已越来越多地通过横向和网络状的沟通渠道获得信息。

2）非正式的信息渠道。如闲谈、小道消息、非组织渠道地了解情况等，属于非正式的沟通。

10.1.3 项目中的信息

1. 信息的种类

项目中的信息很多，一个稍大的项目结束后，作为信息载体的资料就汗牛充栋，许多项目管理人员整天就是与纸张，与电子文件打交道。项目中的信息大致有如下几种：

1）项目基本状况的信息。它主要在项目的目标设计文件、项目手册、各种合同、设计文件、计划文件中。

2）现场实际工程信息，如实际工期、成本、质量信息等，它主要在各种报告，如日报、月报、重大事件报告、设备、劳动力、材料使用报告及质量报告中。这里还包括问题的分析，计划和实际对比以及趋势预测的信息。

3）各种指令、决策方面的信息。

4）其他信息。外部进入项目的环境信息，如市场情况、气候、外汇波动、政治动态等。

2. 信息的基本要求

信息必须符合管理的需要，要有助于项目系统和管理系统的运行，不能造成信息泛滥和污染。一般它必须符合如下基本要求：

1）专业对口。不同的项目管理职能人员、不同专业的项目参加者，在不同的时间，对不同的事件，就有不同的信息要求。故信息首先要专业对口，按专业的需要提供和流动。

2）反映实际情况。信息必须符合实际应用的需要，符合目标，而且简单有效。这是正确的有效的管理的前提，否则会产生一个无用的废纸堆。这里有两个方面的含义：

各种工程文件、报表、报告要实事求是，反映客观；

各种计划、指令、决策要以实际情况为基础。

不反映实际情况的信息容易造成决策、计划、控制的失误，进而损害项目成果。

3）及时提供。只有及时提供信息，才能有及时的反馈，管理者才能及时地控制项目的实施过程。信息一经过时，会使决策失去时机，造成不应有的损失。

4）简单，便于理解。信息要让使用者不费气力地了解情况，分析问题。所以信息的表达形式应符合人们日常接收信息的习惯，而且对于不同人，应有不同的表达形式。例如，对于不懂专业，不懂项目管理的业主，则要采用更直观明了的表达形式，如模型、表格、图形、文字描述等。

3. 信息的基本特征

（1）信息载体

1）纸张，如各种图纸、各种说明书、合同、信件、表格等；

2）磁盘、磁带，以及其他电子文件；

3）照片，微型胶片，X光片；

4）其他，如录相带、电视唱片、光盘等。

（2）选用信息载体，受如下几方面因素的影响：

1）科学技术的发展，不断提供新的信息载体，不同的载体有不同的介质技术和信息存取技术要求。

2）项目信息系统运行成本的限制。不同的信息载体需要不同的投资，有不同的运行成本。在符合管理要求的前提下，尽可能降低信息系统运行成本，是信息系统设计的目标之一。

3）信息系统运行速度要求。例如，气象、地震预防、国防、宇航之类的工程建设项目要求信息系统运行速度快，则必须采取相应的信息载体和处理、传输手段。

4）特殊要求。例如，合同、备忘录、工程建设项目变更指令、会谈纪要等必须以书面形式，由双方或一方签署才有法律证明效力。

5）信息处理和传递技术和费用的限制。

（3）信息的使用说明

1）有效期：暂时有效，整个项目期有效，无效信息。

2）使用的目的：决策：各种计划、批准文件、修改指令，运行执行指令等；证明：表示质量、工期、成本实际情况的各种信息。

3）信息的权限：对不同的项目参加者和项目管理职能人员规定不同的信息使用和修改权限，混淆这种权限容易造成混乱。通常须具体规定，有某一方面（专业）的信息权限和综合（全部）信息权限，以及查询权、使用权、修改权等。

（4）信息的存档方式

1）文档组织形式。包括集中管理和分散管理。

2）监督要求。包括封闭监督和公开监督。

3）保存期。包括长期保存和非长期保存。

10.1.4　信息管理的任务

项目管理者承担着项目信息管理的任务，他是整个项目的信息中心，负责收集各种信息，作各种信息处理，并向上级、向外界提供各种信息。他的信息管理的任务主要包括：

1）组织项目基本情况的信息，并系统化，编制项目手册。项目管理的任务之一是，按照项目的任务、项目的实施要求设计项目实施和项目管理中的信息和信息流，确定它们的基本要求和特征，并保证在实施过程中信息流通畅。

2）项目报告及各种资料的规定，例如资料的格式、内容、数据结构要求。

3）按照项目实施、项目组织、项目管理工作过程建立项目管理信息系统流程，在实际工作中保证这个系统正常运行，并控制信息流。

4）文档管理工作。

10.1.5　现代信息科学的发展对项目管理的促进

1. 现代信息技术的发展引起的新问题

现代信息技术正突飞猛进地发展，给项目管理带来许多新的问题，特别是计算机联网、电子信箱、Internet 网的使用，造成了信息高度网络化的流通。一个网状的决策与交流中心。这不仅表现在项目内部，而且还表现在项目和企业及企业各职能部门之间。例如：

企业财务部门直接可以通过计算机查阅项目的成本和支出，查阅项目采购订货单；

子项目负责人可直接查阅库存材料状况；

子项目或工作包负责人也许还可以查阅业主已经作出的但尚未推行（详细安排）的信息，则形成了如图 10-1 所示的信息流通。

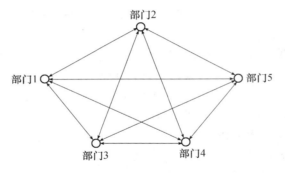

图 10-1　信息流通示意图

2. 现代信息技术对现代项目管理的促进

现代信息技术对现代项目管理有很大的促进作用，同时又应看到它又会带来很大的冲击。对它的影响人们必须作全面的研究，特别对它可能产生的负面影响。以使人们的管理理念，管理方法，管理手段更适应现代工程的特殊性。

1）信息技术加快了项目管理系统中的信息反馈速度和系统的反应速度，人们能够及时查询工程的进展情况的信息，进而能及时地发现问题，及时作出决策。

2）信息的可靠性、项目的透明度增加，人们能够了解企业和项目的全貌。

3）总目标容易贯彻，项目经理和上层领导容易发现问题。下层管理人员和执行人员也更快、更容易了解和领会上层的意图，使得各方面协调更为容易。

4）信息的可靠性增加。人们可以直接查询和使用其他部门的信息，这样不仅可以减少信息的加工和处理工作，而且在传输过程中信息不失真。

5）比较传统的信息处理和传输方法，现代信息技术有更大的信息容量。人们使用信息的宽度和广度大大增加。例如项目管理职能人员可以从互联网上直接查询最新的工程招标信息原材料市场行情。而过去是不可能的。

6）使项目风险管理的能力和水平大为提高。由于现代市场经济的特点，工程建设项目的风险越来越大。现代信息技术使人们能够对风险进行有效的迅速的预测，分析，防范和控制。因为风险管理需要大量的信息，而且要迅速获得这些信息，需要十分复杂的信息处理过程。现代信息给风险管理提供了很好的方法，手段和工具。

7）现代信息技术使人们更科学，更方便地进行如下类型的项目的管理：

①大型的，特大型的，特别复杂的项目；

②多项目的管理，即一个企业同时管理许多项目；

③远程项目，如国际投资项目，国际工程等。这些好处显示出现代信息技术的生命力。它推动了整个项目管理的发展，提高了项目管理的效率，降低了项目管理成本。

8）现代信息技术在项目管理中应用带来的问题。现代信息技术虽然加快了工程建设项目中信息的传输速度，但并未能解决心理和行为问题，甚至有时还可能引起反作用：

①按照传统的组织原则，许多网络状的信息流通（例如对其他部门信息的查询）不能算作为正式的沟通，只能算非正式的沟通。而这种沟通对项目管理有着非常大的影响，会削弱正式信息沟通方式的效用。

②在一些特殊情况下，这种信息沟通容易造成各个部门各行其事，造成总体协调的困难和行为的离散。

③容易造成信息污染。

④容易造成信息在传递过程中的失真、变形。

10.2　工程项目报告系统和项目管理信息系统

10.2.1　工程项目报告系统

1. 报告的种类

1）按照时间：日报、周报、月报、年报；

2）对项目结构：工作包、单位工程、单项工程、整个项目报告；

3）专门内容的报告：质量报告、成本报告、工期报告；

4）特殊情况的报告：风险分析报告、总结报告、特别事件报告等；

5）状态报告；

6）比较报告等。

2. 报告的作用

1）作为决策的依据。通过报告可以使人们对项目计划和实施状况，目标完成程度十分清楚，这样可以预见未来，使决策简单化而且准确。报告首先是为决策服务的，特别是上层的决策。但报告的内容仅反映过去的情况，滞后很多。

2）用来评价项目，评价过去的工作以及阶段成果。

3）总结经验，分析项目中的问题，特别在每个项目结束时都应有一个内容详细的分析报告。

4）通过报告去激励各参加者，让大家了解项目成就。

5）提出问题，解决问题，安排后期的计划。

6）预测将来情况，提供预警信息。

7）作为证据和工程资料。报告便于保存，因而能提供工程的永久记录。

不同的参加者需要不同的信息内容、频率、描述、浓缩程度。必须确定报告的形式、结构、内容、采撷处理，为项目的后期工作服务。

3. 报告的要求

1）与目标一致。报告的内容和描述必须与项目目标一致，主要说明目标的完成程度和围绕目标存在的问题。

2）符合特定的要求。这里包括各个层次的管理人员对项目信息需要了解的程度，以及各职能人员对专业技术工作和管理工作的需要。

3）规范化、系统化。即在管理信息系统中应完整地定义报告系统结构和内容，对报告的格式、数据结构进行标准化。在项目中要求各参加者采用统一形式的报告。

4）处理简单化，内容清楚，各种人都能理解，避免造成理解和传输过程中的错误。

5）报告的侧重点要求。报告通常包括概况说明和重大的差异说明，主要的活动和事件的说明，而不是面面俱到。它的内容较多地是考虑到实际效用，方便理解，而较少地考虑到信息的完整性。

4. 项目报告系统

在项目初期，在建立项目管理系统中必须包括项目的报告系统。这要解决两个问题：

1）罗列项目过程中应有的各种报告，并系统化；

2）确定各种报告的形式、结构、内容、数据、采撷和处理方式，并标准化。

报告的设计事先应给各层次的人们列表提问：需要什么信息？应从何处来？怎样传递？怎样标识它的内容？

在编制工程计划时，就应当考虑需要的各种报告及其性质、范围和频次，可以在合同或项目手册中确定。

原始资料应一次性收集，以保证相同的信息，相同的来源。资料在纳入报告前应进行可信度检查，并将计划值引入以便对比。

原则上，报告从最低层开始，它的资料最基础的来源是工程活动，包括工程活动的完成程度、工期、质量、人力、材料消耗、费用等情况的记录，以及试验验收检查记录。上层的报告应由上述职能总结归纳，按照项目结构和组织结构层层归纳、浓缩，作出分析和比较，形成金字塔形的报告系统如图 10-2 所示。

图 10-2　金字塔形的报告系统图

5. 项目报告的内容

项目月报是最重要的项目总体情况报告，它的形式可以按要求设计，但内容比较固定，如图 10-3 所示。

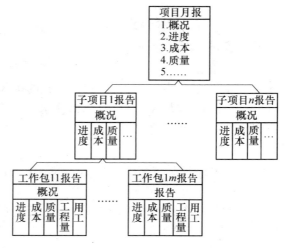

图 10-3　项目报告的内容示意

（1）概况

1）简要说明在本报告期中项目及主要活动的状况，例如：设计工作，批准过程，招标，施工，验收状况。

322

2）计划和实际总工期的对比，一般可以用不同颜色和图例对比，或采用前锋线方法。

3）总的趋向分析。

4）成本状况和成本曲线，包括如下层次：

①整个项目总结报告；

②各专业范围或各合同；

③各主要部门。

④分别说明：原预算成本；工程量调整的结算成本；预计最终总成本；偏差原因及责任；工程量完成状况；支出。可以采用如下形式描述：对比分析表；柱形图；直方图；累计曲线。

5）项目形象进度。用图描述建筑和安装的进度。

6）对质量问题工程量偏差、成本偏差、工期偏差的主要原因作说明。

7）说明下一报告期的关键活动。

8）下一报告期必须完成的工作包。

9）工程状况照片。

（2）项目进度详细说明

1）按分部工程列出成本状况和进度曲线实际和计划的对比。同样采用上述第④点所采用的表达形式。

2）按每个单项工程列出：

①控制性工期实际和计划对比（最近一次修改以来的），形式：横道图；

②其中关键性活动的实际和计划工期对比（最近一次修改以来的）；

③实际和计划成本状况对比。同样采取上述第④点所表示的范围及表达方式；

④工程状态；

⑤各种界面的状态；

⑥目前关键问题及解决的建议；

⑦特别事件说明；

⑧其他。

（3）预计工期计划

1）下阶段控制性工期计划；

2）下阶段关键活动范围内详细的工期计划；

3）以后几个月内关键工程活动表。

（4）按部分工程罗列出各个负责的施工单位

按部分工程罗列出每项任务未完工的原因或现存的问题，如缺少图纸、缺少材料等。标注上具体负责的施工单位，反映在表格上就是"工程未完工清单"。

（5）项目组织状况说明

首先要阐明施工组织机构的组成，尤其是项目经理的选择。对组织机构的运行状况要进行必要说明，论证能否有效地完成施工项目管理目标，有效地应付各种环境的变化，形成组织力，使组织系统正常运转，产生集体思想和集体意识，完成项目部管理任务。如有问题，针对具体情况提出改进意见。

10.2.2 项目管理信息系统

1. 项目管理信息系统的概念

在项目管理中，信息、信息流通和信息处理各方面的总和称为项目管理信息系统。管理信息系统是将各种管理职能和管理组织沟通起来并协调一致的神经系统。建立管理信息系统，并使它顺利地运行，是项目管理者的责任，也是他完成项目管理任务的前提。项目管理者作为一个信息中心，他不仅与每个参加者有信息交流，而且他自己也有复杂的信息处理过程。

项目管理信息系统有一般信息系统所具有的特性。它的总体模式如图 10-4 所示。项目管理信息系统必须经过专门的策划和设计，在项目实施中控制它的运行。

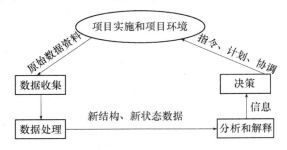

图 10-4 项目管理信息系统总体模式

2. 项目管理信息系统的建立过程

信息系统是在项目组织模式，项目管理流程和项目实施流程基础上建立的。它们之间互相联系又互相影响。项目管理信息系统的建立要确定如下几个基本问题。

（1）信息的需要

项目管理者为了决策、计划和控制需要哪些信息？以什么形式？何时？以什么渠道供应？上层系统和周边组织在项目过程中需要什么信息？这是调查确定信息系统的输出。不同层次的管理者对信息的内容、精度、综合性有不同的要求。上述报告系统主要解决这个问题。

管理者的信息需求是按照他在组织系统中的职责、权力、任务、目标设计的，即他要完成他的工作行使他的权力应需要哪些信息，当然他的职责还包括他对其他方面提供信息。

（2）信息的收集和加工

1）信息的收集。在项目实施过程中，每天都要产生大量的数据，如记工单、领料单、任务单、图纸、报告、指令、信件等，必须确定，由谁负责这些原始数据的收集？这些资料、数据的内容、结构、准确程度怎样？由什么渠道（从谁处）获得这些原始数据、资料？并具体落实到责任人。由责任人进行原始资料的收集、整理，并对它们的正确性和及时性负责。通常由专业班级的班组长、记工员、核算员、材料管理员、分包商、秘书等承担这个任务。

2）信息的加工。这些原始资料面广、量大，形式丰富多彩，必须经过信息加工才能得到符合管理需要的信息，才能符合不同层次项目管理的不同要求。信息加工的概念很广，包括：

①一般的信息处理方法，如排序、分类、合并、插入、删除等。

②数学处理方法，如数学计算、数值分析、数理统计等。

324

③逻辑判断方法，包括评价原始资料的置信度、来源的可靠性、数值的准确性，进行项目诊断和风险分析等。

3）编制索引和存贮。为了查询、调用的方便，建立项目文档系统，将所有信息分解、编目。许多信息作为工程建设项目的历史资料和实施情况的证明，它们必须被妥善保存。一般的工程资料要保存到项目结束，而有些则要作长期保存。按不同的使用和储存要求，数据和资料储存于一定的信息载体上。这要做到既安全可靠，又使用方便。

4）信息的使用和传递渠道。信息的传递（流通）是信息系统的最主要特征之一，即指信息流通到需要的地方，或由使用者享用的过程。信息传递的特点是仅传输信息的内容，而保持信息结构不变。在项目管理中，要设计好信息的传递路径，按不同的要求选择快速的、误差小的、成本低的传输方式。

（3）项目管理信息系统总体描述

项目管理信息系统是在项目管理组织、项目工作流程和项目管理工作流程基础上设计、并全面反映在它们之中的信息流。所以对项目管理组织、项目工作流程和项目管理流程的研究是建立管理信息系统的基础，而信息标准化、工作程序化、规范化是它的前提。项目管理信息系统可以从如下几个角度进行总体描述：

1）项目参加者之间的信息流通。项目的信息流就是信息在项目参加者之间的流通。它通常与项目的组织模式相似。在信息系统中，每个参加者为信息系统网络上的一个节点。他们都负责具体信息的收集（输入），传递（输出）和信息处理工作。项目管理者要具体设计这些信息的内容、结构、传递时间、精确程序和其他要求。

例如，在项目实施过程中：

A. 业主需要如下信息：

a. 项目实施情况月报，包括工程质量、成本、进度总报告；

b. 项目成本和支出报表，一般按分部工程和承包商作成本和支出报表；

c. 供审批用的各种设计方案、计划、施工方案、施工图纸、建筑模型等；

d. 决策前所需要的专门信息、建议等；

e. 各种法律、规定、规范，以及其他与项目实施有关的资料等。

B. 业主作出：

a. 各种指令，如变更工程、修改设计、变更施工顺序、选择分包商等；

b. 审批各种计划、设计方案、施工方案等；

c. 向董事会提交工程建设项目实施情况报告。

C. 项目经理通常需要：

a. 各项目管理职能人员的工作情况报表、汇报、报告、工程问题请示；

b. 业主的各种口头和书面的指令，各种批准文件；

c. 项目环境的各种信息；

d. 工程各承包商，监理人员的各种工程情况报告、汇报、工程问题的请示。

D. 项目经理通常作出：

a. 向业主提交各种工程报表、报告；

b. 向业主提出决策用的信息和建议；

c. 向社会其他方面提交工程文件，这些通常是按法律必须提供的，或为审批用的；

d. 向项目管理职能人员和专业承包商下达各种指令，答复各种请示，落实项目计划，协调各方面工作等。

2）项目管理职能之间的信息流通。项目管理系统是一个非常复杂的系统。它由许多子系统构成，可以建立各个项目管理信息子系统。例如成本管理信息系统、合同管理信息系统、质量管理信息系统、材料管理信息系统等。它们是为专门的职能工作服务的，用来解决专门信息的流通问题。它们共同构成项目管理系统。例如成本计划图（图10-5）和合同分析的信息流程图（图10-6），这里对各种信息的结构、内容、负责人、载体，完成时间等要作专门的设计和规定。

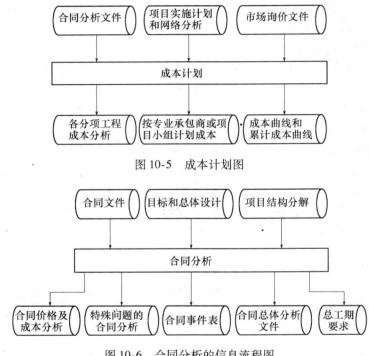

图10-5　成本计划图

图10-6　合同分析的信息流程图

3）项目实施过程的信息流通。项目过程中的工作程序既可表示项目的工作流，又可以从一个侧面表示项目的信息流。则可以设计在各工作阶段的信息输入、输出和处理过程及信息的内容、结构、要求、负责人等。按照过程，项目可以划分为可行性研究子系统，计划管理信息子系统，控制管理信息子系统。

10.3　工程项目文档管理

10.3.1　工程项目文档管理的任务和基本要求

1. 文档管理的任务

在实际工程中，许多信息由文档系统给出。文档管理指的是对作为信息载体的资料进行有序地收集、加工、分解、编目、存档，并为项目各参加者提供专用的和常用的信息的过程。文档系统是管理信息系统的基础，是管理信息系统有效率运行的前提条件。

许多项目经理经常哀叹在项目中资料太多、太复杂。办公室到处都是文件，太零乱，没有秩序，要找到一份自己想要的文件却要花很多时间，不知道从哪里找起。这就是项目管理中缺乏有效的文档系统的表现。实质上，一个项目的文件再多，也没有图书馆的资料多，但为什么人们到图书馆却可以在几分钟内找到自己要找的一本书呢？这就是由于图书馆有一个功能很强的文档系统。所以在项目中也要建立像图书馆一样的文档系统。

2. 文档系统的要求

1）系统性，即包括项目相关的，应进入信息系统运行的所有资料并限制它们的范围。事先要罗列各种资料并进行系统化。

2）各个文档要有单一标志，能够互相区别，这通常通过编码区别。

3）文档管理责任的落实，即有专门人员或部门负责资料工作。对具体的项目资料（图10-7）要确定。要弄清楚，谁负责资料工作？是什么资料？针对什么问题？什么内容和要求？何时收集、处理？向谁提供？通常文件和资料是集中处理、保存和提供的。在项目过程中文档可能有3种形式：

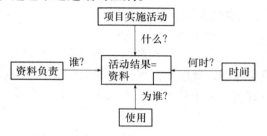

图 10-7　项目资料示例

①企业保存的关于项目的资料，这是在企业文档系统中，例如项目经理提交给企业的各种报告、报表，这是上层系统需要的信息。

②项目集中的文档，是关于全项目的相关文件。必须有专门的地方并由专门人员负责。

③各部门专用的文档，它仅保存本部门专门的资料。

当然这些文档在内容上可能有重复。例如一份重要的合同文件可能复制3份，部门保存1份、项目文档1份，企业1份。

4）内容正确、实用，在文档处理过程中不失真。

10.3.2　项目文件资料的特点

资料是数据或信息的载体。在项目实施过程中资料上的数据有两种（见图10-8）。

1. 内容性数据

内容性数据为资料的实质性内容，如施工图纸上的图、信件的正文等。它的内容丰富，形式多样，通常有一定的专业意义，其内容在项目过程中可能有变更。

2. 说明性数据

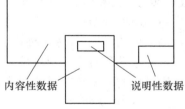

图 10-8　项目文件资料数据分类

为了方便资料的编目、分解、存档、查询，对各种资料必须作出说明和解释，用一些特征以互相区别。它的内容一般在项目管理中不改变，由文档管理者设计。例如图标，各种文件说明、文件的索引目录等。通常，文档按内容性数据的性质分类；而具体的文档管理，如生成、编目、分解、存档等以说明性数据为基础。在项目实施过程中，文档资料面广量大，形式丰富多彩。为了便于进行文档管理，首先得将它们分类。通常的分类方法有：

1）重要性：必须建立文档；值得建立文档；不必存档。

2）资料的提供者：外部；内部。

3）登记责任：必须登记、存档；不必登记。

4）特征：书信；报告；图纸等。

5）产生方式：原件；拷贝。

内容范围：单项资料；资料包（综合性资料），例如综合索赔报告，招标文件等。

10.3.3 文档系统的建立

资料通常按它的内容性数据的性质进行划分。工程建设项目中常常要建立一些重要的资料的文档，如合同文本及其附件，合同分析资料，信件，会谈纪要，各种原始工程文件（如工程日记，备忘录），记工单、用料单，各种工程报表（如月报，成本报表，进度报告），索赔文件，工程的检查验收、技术鉴定报告等。

1. 资料特征标识（编码）

有效的文档管理是以与用户友好和较强表达能力的资料特征（编码）为前提的。在项目实施前，就应专门研究，建立该项目的文档编码体系。最简单的编码形式是用序数，但它没有较强的表达能力，不能表示资料的特征。

（1）一般项目编码体系要求

1）统一的、对所有资料适用的编码系统；

2）能区分资料的种类和特征；

3）能"随便扩展"；

4）对人工处理和计算机处理有同样效果。

（2）项目管理中的资料编码部分

1）有效范围：说明资料的有效/使用范围，如属某子项目，功能或要素。

2）资料种类：外部形态不同的资料，如图纸、书信、备忘录等；资料的特点不同的，如技术的、商务的、行政的等。

3）内容和对象：资料的内容和对象是编码的着重点。对一般项目，可用项目结构分解的结果作为资料的内容和对象。但有时它并不适用，因为项目结构分解是按功能、要素和活动进行的，与资料说明的对象常常不一致。在这时就要专门设计文档结构。

4）日期/序号：相同有效范围、相同种类、相同对象的资料可通过日期或序号来表达，如对书信可用日期/序号来标识。

这几个部分对于不同规模的工程要求不一样。如对一个小工程，仅一个单位工程的则有效范围可以省略。这里必须对每部分的编码进行设计和定义。例如某工程用 11 个数码作资料代码如图 10-9 所示。

图 10-9　资料代码示例

2. 索引系统

为了资料使用的方便，必须建立资料的索引系统，它类似于图书馆的书刊索引。

项目相关资料的索引一般可采用表格形式。在项目实施前，它就应被专门设计。表中的栏目应能反映资料的各种特征信息。不同类别的资料可以采用不同的索引表，如果需要查询或调用某种资料，即可按图索引。

例如信件索引可以包括如下栏目：信件编码，来（回）信人，来（回）信日期，主要内容，文档号，备注等。这里要考虑到来信和回信之间的对应关系，收到来信或回信后即可在索引表上登记，并将信件存入对应的文档中。索引和文档的对应关系，如图 10-10 所示。

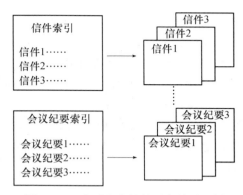

图 10-10　索引和文档的对应关系示例

10.4　项目管理中的软信息

10.4.1　项目管理中的软信息的概念

前面所述的在项目系统中运行的一般都为可定量化的，可量度的信息，如工期、成本、质量、人员投入、材料消耗、工程完成程度等，它们可以用数据表示，可以写入报告中，通过报告和数据人们即可获得信息，了解情况。但另有许多信息是很难用上述信息形式表达和通过正规的信息渠道沟通的。这主要是反映项目参加者的心理行为，项目组织状况的信息。例如：

参加者的心理动机、期望和管理者的工作作风、爱好、习惯、对项目工作的兴趣、责任心；

各工作人员的积极性，特别是项目组织成员之间的冷漠甚至分裂状态；

项目的软环境状况；

项目的组织程度及组织效率；

项目组织与环境，项目小组与其他参加者，项目小组内部的关系融洽程度：友好或紧张、软抵抗；

项目领导的有效性；

业主或上层领导对项目的态度、信心和重视程度；

项目小组精神，如敬业、互相信任；组织约束程度（项目文化通常比较难建立，但应有一种工作精神）；

项目实施的秩序程度等。

这些情况无法或很难定量化，甚至很难用具体的语言表达。但它同样作为信息反映着项目的情况。许多项目经理对软信息不重视，认为不能定量化，不精确。1989 年在国际项目管理学术会议上，曾对 653 位国际项目管理专家调查，94% 的专家认为在项目管理中很需要那些不能在信息系统中储存和处理的软信息。

10.4.2　软信息的作用

软信息在管理决策和控制中起着很大的作用，这是管理系统的特点。它能更快、更直接地反映深层次的，带根本性的问题。它也有表达能力，主要是对项目组织、项目参加者行为状况的反映，能够预见项目的危机，可以说它对项目未来的影响比硬信息更大。

如果工程建设项目实施中出现问题，例如工程质量不好、工期延长、工作效率低下等，则软信息对于分析现存的问题是很有帮助的。它能够直接揭示问题的实质，根本原因。而通常的硬信息只能说明现象。

在项目管理的决策支持系统和专家系统中，必须考虑软信息的作用和影响，通过项目的整体信息体系来研究、评价项目问题，作出决策，否则这些系统是不科学的，也是不适用的。

软信息还可以更好地帮助项目管理者研究和把握项目组织，造成对项目组织的激励。在趋向分析中应考虑硬信息和软信息，描述必须与目标系统一致，符合特定的要求。

10.4.3 软信息的特点

1）软信息尚不能在报告中反映或完全正确的反映（尽管现在人们强调在报告中应包括软信息），缺少表达方式和正常的沟通渠道。所以只有管理人员亲临现场，参与实际操作和小组会议时才能发现并收集到。

2）由于它无法准确地描述和传递，所以它的状况只能由各自领会，仁者见仁，智者见智，不确定性很大，这便会导致决策的不确定性。

3）由于很难表达，不能传递，很难进入信息系统沟通，则软信息的使用是局部的。真正有决策权的上层管理者（如业主、投资者）由于不具备条件（不参与实际操作），所以无法获得和使用软信息，因而容易造成决策失误。

4）软信息目前主要通过非正式沟通来影响人们的行为。例如人们对项目经理的专制作风的意见和不满，互相诉说，以软抵抗对待项目经理的指令、安排。

5）软信息必须通过人们的模糊判断，通过人们的思考来作信息处理，常规的信息处理方式是不适用的。

10.4.4 软信息的获取

1. 软信息的获取方式

目前由于在正规的报告中比较少地涉及软信息，它又不能通过正常的信息流通过程取得，而且即使获得也很难说是准确和全面的。它的获取方式通常有：

1）观察。通过观察现场以及人们的举止、行为、态度，分析他们的动机，分析组织状况；

2）正规的询问，征求意见；

3）闲谈、非正式沟通；

4）要求下层提交的报告中必须包括软信息内容并定义说明范围。这样上层管理者能获得软信息，同时让各级管理人员有软信息的概念并重视它。

2. 目前软信息研究尚存的问题

项目管理中的软信息对决策有很大的影响。但目前人们对它的研究尚远远不够，有许多问题尚未解决。例如：

1）项目管理中，软信息的范围和结构，即有哪些软信息因素，它们之间有什么联系，进一步可以将它们结构化，建立项目软信息系统结构。

2）软信息如何表达、评价和沟通。

3）软信息的影响和作用机理。

如何使用软信息，特别在决策支持系统和专家系统中软信息的处理方法和规则，以及如何对软信息量化，如何将软信息由非正式沟通转变为正式沟通等。

10.5 计算机在工程项目信息管理中的应用

10.5.1 计算机在工程项目信息管理中的应用概述

随着工程规模越来越大，功能越来越复杂，专业分工越来越细，参与的单位和人员构成越来越庞杂，工程项目管理中的信息量亦相应大量增加，完全依靠传统的人工处理方法或机械处理方式，势将越来越不适应现代工程项目管理工作的要求。为了提高工程项目信息管理的现代化水平，必须依靠电子计算机这一现代化工具，同时还需具备相应的管理结构、工作程序和信息管理方面的计算机软件。

1. 工程项目信息管理中应用计算机的必要性

在建筑工程项目实施过程中，随时随地发生大量的信息，如进度信息、质量信息、成本信息等，处理如此大量的信息不仅繁琐、费时、易错，而且由于不能对工程中所发生的变化迅速作出反应，因此也就很难对工程项目进行有效的跟踪管理。而使用计算机进行项目的信息管理，利用计算机信息量大和信息处理速度快的特点，一方面可以将工程中发生的信息随时输入到计算机中；另一方面借助于一些工程项目管理类软件，系统可以对这些信息进行处理，并反馈给使用者，供用户决策时参考。由此可见，通过使用计算机上的管理类软件及其他辅助工具，一方面将管理人员从繁琐的手工抄写中解放出来，把更多的时间和精力放到决策上去；另一方面，由于计算机能够综合考虑大量的数据和信息，又使得管理人员的决策趋于科学化。

2. 工程项目信息管理中应用计算机的可行性

目前，在工程项目信息管理中应用计算机的条件已经非常成熟，主要表现在以下几个方面：

1）微型计算机性能越来越高，价格越来越低；

2）计算机软件技术不断发展成熟；

3）网络通讯手段更加先进。

3. 工程项目信息管理中应用计算机的优越性

1）提高了效率，将管理人员从繁琐的手工抄写中解放出来；

2）为管理人员的决策提供了决策支持，使决策更为科学化；

3）信息传递渠道的通畅和信息的查找方便等有利于信息的应用和增值；

4）降低了项目成本，提高了质量和安全水平等。

10.5.2 计算机在施工组织设计编制中的应用

当代建筑工程，特别是近年来随着高层建筑和大型工程的增多以及工业化体系的发展，日益成为一项十分复杂的生产活动。工程项目实施的过程中，要处理的矛盾不断增多，如时间与空间、人力与物力、工艺与设备、技术与经济、专业分工与协作、供应与消耗、生产与储存等。对此，必须事先作出周密详细的规划和充分准备，尽可能采用最优化的施工方案和最有效的组织措施，避免在施工中产生盲目性和混乱现象，保证工程项目取得预期成果和经济效益，而这些正是施工组织设计工作的基本任务和目标。

施工组织设计是指导施工准备和施工组织的全面性技术经济文件，在施工阶段，它又成为指导施工的法则。多年来，我国在建筑工程施工中始终坚持编制施工组织设计，取得了显著成绩和巨大的实际效益，并已形成了一套完整的、符合我国具体情况的施工组织设计内容和方法。经验证明，施工组织设计是规划、组织和控制施工活动的有效手段，是加强施工管理的重要环节，是高质量、高速度、高效益地完成工程项目的基本保证。如今，随着现代化建筑的发展，工程规模日趋庞大，建筑布置和结构类型更为多样，新材料、新设备、新工艺不断出现，施工技术也更加先进和复杂，这些都要求有更新的施工管理内容和先进的施工管理手段与之相配套，计算机应用是施工组织设计现代化的重要内容。建筑企业对施工组织设计的计算机化也提出了迫切要求。

常规的施工组织设计主要包括以下几项内容：工程概况、施工部署和施工准备、施工方案的拟定、施工预算、施工进度计划的安排、施工平面图、材料及设备等供应计划、各项技术措施、技术经济指标的分析。

以上各项内容有些具备基本固定的内容和格式，文字叙述较多，对于同类工程项目而言有较多相似之处。在使用计算机的情况下，可分类建立施工组织设计素材库，这样在使用时就可以按工程具体情况从素材库中提取所需的素材组成施工组织设计的有关内容。对于施工方案的制定，有时还需要借助于施工技术方面的有关计算机软件；进度计划的制定，则可以使用通用的项目管理软件来完成（具体可参见后面项目管理软件部分的有关内容）。

1. 施工平面图设计与绘制软件

施工平面图是工程项目施工组织设计的重要组成部分之一。实践证明，合理的施工平面布置设计，对于合理使用场地、组织文明施工、提高施工生产效率、加快工程进度、降低工程成本、保证工程质量和施工安全等起着十分关键的作用，其必要性、重要性早已为施工设计和管理人员所认识。

进行施工平面图设计时，应根据已确定的施工方案、施工进度计划、各项资源需用量计划等内容，通过必要的计算分析，按照一定的布置原则，考虑技术上的可行性和经济上的合理性，对各种机械设备的位置，临时生产、生活设施，施工现场的道路交通，临时水、电管线等作出合理的规划布置，从而正确处理全工地施工期间所需各项设施和永久建筑、拟建工程之间的空间关系。

施工平面图的设施规划要求密切结合施工现场状况，统筹安排各项施工设施，同时要对仓库占地、道路、用水和用电等结合有关参考资料进行一些计算，使其布局合理且使用方便。

对于工程比较复杂、施工场地狭小、或工期较长的施工项目，施工平面图往往随工程进度（基础、主体结构、装饰装修等）分阶段有所调整，以适应各不同施工期的需要。

近年来，施工平面图的设计和布置也在向计算机化方向发展。应用计算机辅助施工平面图设计，能够提供强有力的计算、绘图、存储等功能支持，大大减轻了设计者的工作强度，使施工平面设计、布置的效率和合理性都得以大大提高。

目前，施工平面图设计与绘制软件一般具有以下主要功能：

1）具有临时办公、生活、仓储、加工场地面积以及临时用水、用电计算功能。

2）依据上述计算结果，提供灵活、方便的建筑物和临时设施的布置方式。可完成建筑物、道路、围墙、起重机、加工厂、作业棚、仓库、临时房屋及常用设备的布置。

3）提供绘制施工平面图所需的各种图形，图形库可自定义扩充。

4）提供图元（点、线、圆弧、多边形等）绘制、编辑、尺寸标注、文字、图块、图案填充等功能，便于绘制复杂的施工平面图。

5）支持 OLE 功能，可嵌入画笔、Word 文档、Excel 表格、CAD 图形等对象。

6）图形可以无级缩放，实现"所见即所得"，符合用户操作方式和习惯。

图 10-11 是用某施工平面图绘制软件绘制的施工平面布置图，供参考。

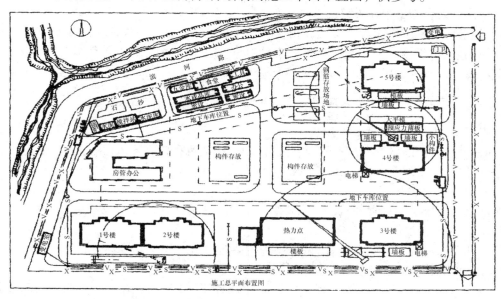

图 10-11　用某施工平面图绘制软件绘制的施工平面布置图

2. 进度计划编制软件

在建筑施工管理中，网络计划技术主要用于施工进度的控制。网络进度计划管理方法可使施工过程中的各有关工作组成一个有机的整体，全面而明确地反映出各项工作之间相互依赖、相互制约的关系。通过时间参数的计算，可以反映出工程全貌，指出对全局有影响的关键工作，避免盲目施工。使用网络技术控制进度，可以显示机动时间并进行资源调整及工期优化。

网络计划最突出的优点是可以利用计算机进行绘图、计算、调整和优化，只有计算机的速度才能适应施工现场多变的情况。

目前，国内外的项目管理软件一般都包括网络处理模块，它们可以应用网络计划技术进行进度计划编制，生成必要的网络图。关于项目管理软件的具体功能及应用，可参见10.5.3 "项目管理软件及其应用"中的有关内容。

3. 施工组织设计文本编撰软件

目前，国内有不少施工组织设计文本编撰软件，它们能帮助用户快速完成施工组织设计中的文本编写工作，提高施工组织设计的编写效率和准确性。通常，用户只需根据工程具体情况在软件中选择适当的素材库、设置生成目录项的相应信息，计算机就可以将所选择的素材文件的文本内容拼接，生成施工组织设计初稿，然后用户就可进入 Microsoft Word 软件中进行下一步更具体的文书编辑。

一般来说，施工组织设计文本编撰软件具有如下功能特点：

1）提供丰富的素材库（包括施工组织设计范本，各种施工工艺和施工方法，相关的施工工艺流程及技术措施等），用户可以从素材库中提取所需的素材组成的新的施工组织设计文本，便于编辑施工组织设计；

2）素材库采用开放式设计，用户可以将企业以往积累的各种施工组织资料分类整理追加到素材库中，以便将来编制施工组织设计时使用；

3）用户从素材库中提取相应的素材，构建相关的施工组织设计目录结构，系统就可据此自由编排、组合施工组织设计的章节；

4）能够生成施工组织设计文档，相应的各种素材组织也可生成存档以备使用；

5）对施工组织设计中涉及的大量工程计算（如工地用水、用电计算等），可自动生成计算文本模块，省去了用户录入文档的工作量。

10.5.3 项目管理软件及其应用

1. 项目管理软件的功能分析

目前，项目管理软件种类较多，功能及使用方法上也存在差异，但通常都包括四个主要模块或子系统（见图10-12），下面分别予以介绍。

（1）网络处理模块

网络处理模块是项目管理软件的主要组成部分，它应用网络计划技术这个基本的项目管理工具，提供下述功能：

1）计算项目的总工期，标示出关键线路和关键工作；

2）表达出各工作之间的逻辑关系；

3）进行各工作的时间参数计算，如最早开始时间（ES）、最早完成时间（EF）、最迟开始时间（LS）、最迟完成时间（LF）、总时差（TF）、自由时差（FF）等；

4）进度跟踪，更新网络。所提供的"前锋线"功能，可让项目管理人员一目了然地看出工作进展的落后或超前（图10-13中工作 A 落后，工作 B 超前，工作 C 按期完成）；通过"拉直前锋线"，则可以看出工作的超前/落后对后续工作和项目总工期的影响（图10-13中工作 B 的进度超前将会使得其后续工作 D 提前开始）；

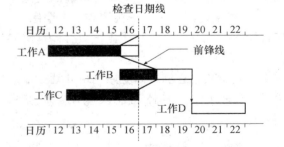

图 10-12　项目管理软件的主要模块图

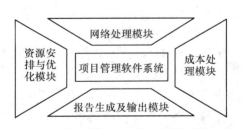

图 10-13　项目管理软件中的"前锋线"功能

5）国内所编制的项目管理软件一般可同时处理单代号网络图（包括搭接网络图）和双代号网络图，有的还提供自动生成"流水网络"的功能。国外的项目管理软件一般不能处理双代号网络图，但这并不影响使用它们进行辅助施工项目管理的工作。

大多数比较好的项目管理软件还具有以下功能：

1）可处理用不同时间单位（如天、周、月）表示的工作持续时间并能够进行自动转换；

2）利用概要工作的概念，使网络计划中的工作组织进一步条理化；

3）具有子网络的功能，可形成不同详细程度的分级网络；

4）可对每个工作添加辅助性说明和其他相关信息（如前提、限制等）；

5）能够输入并处理 WBS（31 作分解结构）编码；

6）具有辅助功能，可帮助那些对计划工作并非内行的项目管理人员方便地创建初始网络计划；

7）能够进一步细分有关工作，使之可间断进行（即任务可以被中断）等。

（2）资源安排与优化模块

资源安排与优化模块不仅可以分析进行各项工作所需要的资源及资源的利用率，也可以安排资源进行工作的时间和强度，从而使得资源的使用更加合理。这些资源可以是劳动力和机械设备，也可以是材料和资金。

一般资源安排与优化模块具有以下功能：

1）每项工作可以分配多种资源，每种资源进行工作的时间可以相互独立，并且资源的投入可以随时间而发生变化；

2）允许资源进行加班工作；

3）允许指定工作的优先级，这样当资源的使用发生冲突时（即对资源的需求超出了资源的供给），项目管理软件可根据各工作的优先次序对资源的使用进行优化安排。

资源的合理安排对工作的完成和项目目标的实现具有至关重要的意义。当资源在使用上发生冲突时，要么增加资源的供给（让资源加班也是一种方式），要么调整资源在有关工作上的投入，调整的原则是"向关键工作要时间，向非关键工作要资源"。具体来说，就是通过调整非关键工作上的资源投入，来确保关键工作上的资源需要，以保证关键工作的按期或提前完成，从而使得整个项目也能够做到按期或提前完成。

在资源的使用没有出现冲突的情况下，通过适当的资源优化（即在满足一定目标的前提下适当调整资源在有关工作上的投入），可以使资源的供应更加均衡，从而在一定程度上降低资源的使用成本。

（3）成本处理模块

成本的处理必须与进度同步进行，理由是在成本管理中，单单对实际支出和计划支出进行比较不能确定成本的超支或节余，因为进度的超前或落后也会造成实际支出的增加或减少。

在项目管理软件中，为实现成本的处理与进度同步，成本的划分不同于大家所熟悉的预算中的成本划分。在预算中，成本分为直接成本和间接成本两大部分，而直接成本通常包括人工费、材料费、机械设备费、分包费等，间接成本包括日常开支、管理费、不可预见费等。而在项目管理软件中，工作上的成本则依据是否与资源使用有关划分为工作固定成本和资源成本，资源成本又可细分为资源固定成本和变动成本（见图 10-14）。可见，同预算中成本的划分不同的是，项目管理软件把工作上与资源使用无关的那部分成本独立出来作为工作固定成本，而将与时间有关的人工费和机械设备费合并为变动成本，这样将便于进行成本和进度的同步控制。

成本 $\begin{cases} \text{工作固定成本 —— 指与资源使用无关的那部分费用,如分包费、管理费摊销等} \\ \text{资源成本} \begin{cases} \text{资源固定成本 —— 与资源的使用时间无关的那部分资源成本,如机械的进出场费等} \\ \text{变动成本 —— 资源用量(人工工日或设备台班数)×资源费率(人工工日单价或台班费)} \end{cases} \end{cases}$

图 10-14　项目管理软件中工作上的成本划分

一般成本处理模块应具有以下主要功能：

1）能够进行成本和进度的同步计算和控制；

2）成本不仅可以与工作相关，也可以与里程碑（如项目实施中的重大事件）、概要工作（例如几项工作共同的管理费）关联；

3）可以处理与时间相关而与资源使用无关的成本（是指那些无论工作开展与否都要承担的费用），例如项目上的管理费；

4）与时间相关的成本可以根据需要表示为与时间成非线性关系；

5）可以根据计划进度或实际进度绘制出各种成本曲线和全部或分期的现金流量图；

6）可以记录实际成本支出和实际收入；

7）可分析各种成本偏差，如计划成本支出与当前进度预算成本的偏差，当前进度预算成本与当前实际成本支出的偏差等；

8）可以方便地进行有关成本信息的分类、汇总和查询；

9）能够处理多种货币单位，并能根据实际需要进行换算等。

（4）报告生成及输出模块

该模块能够根据管理层次的不同，通过筛选、分类、汇总等手段生成内容不同、详略有别的报告，如指导班组施工用的作业横道计划图，供项目经理参考的进度和成本支出状况报告等，并能够通过打印出来的书面形式或者电子邮件、Web 网页等电子文档形式下发到有关的管理人员手中，使得各个层次的管理人员都能够取得各自所需的有关信息，从而便于采取一致行动，使利用项目管理软件进行计算机辅助工程项目管理落到实处。

一般说来，报告生成及输出模块具有以下功能：

1）能够根据需要输出全部或局部的网络图（包括时标网络图），并能生成指导班组施工的横道图；

2）能够输出各种资源报告和资源投入曲线；

3）能够输出各种成本报告和成本曲线；

4）允许用户自定义待输出报告的内容和格式，以满足工程项目管理中的特定需求；

5）提供支持"所见及所得（WYSIWYG）"的预览功能，在正式报告/图形输出之前允许用户进行修改标题、图签、输出比例，添加有关文字说明等工作。

2. 应用项目管理软件的准备工作

要发挥项目管理软件在工程项目管理中的作用，必须在应用前做好必要的准备工作。一般来说，需做的准备工作包括以下几个部分的内容：

（1）确定计划目标

可能的目标一般有：时间目标（工期目标），时间—资源目标，时间—成本目标等几种，具体选择哪一种目标，应视具体情况根据需要确定。

（2）进行调查研究

进行调查研究主要是为了了解实际情况和收集有关资料，并进行综合分析，从而使得在此基础上制订出来的计划更加贴近实际情况。

（3）准备网络计划的基本参数

1）进行工作的划分工作的划分应遵循自上而下、逐步细化的过程。例如，对一个住宅工程项目，施工工作可按图10-15所示进行划分。

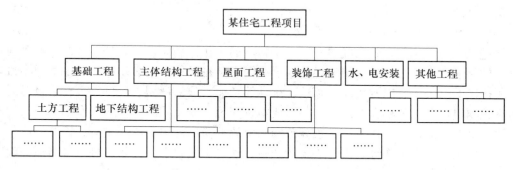

图10-15　工作规划示意图

2）确定工作之间的逻辑关系。

所谓逻辑关系是指各工作之间相互依赖的先后顺序关系。在编制网络计划时，工作之间逻辑关系的确定最为复杂和重要，稍有不慎就会产生逻辑错误，严重时甚至会使网络计划失去指导意义，必须予以足够的重视。

3）计算各工作的工作量。

4）确定资源使用情况和持续时间。

5）确定工作固定成本、资源固定成本、可变成本。

如果打算利用项目管理软件进行项目成本的控制，那么就需要确定工作上的有关成本信息。工作固定成本通常与工作的工程量有关，资源固定成本、可变成本则与资源的使用有关。从目前国内的实际情况来看，要真正用好项目管理软件的成本控制功能，必须对现有的项目成本核算的有关制度进行改革，以适应项目管理软件的要求。

3. 应用项目管理软件的基本步骤

项目管理软件种类较多，功能和操作上也存在着差异，但使用它们的基本步骤却是一致的。下面分别予以阐述。

（1）输入项目的基本信息

通常包括输入项目的名称、项目的开始日期（有时需输入项目的必须完成日期）、排定计划的时间单位（小时、天、周、月）、项目采用的工作日历等内容。

（2）输入工作的基本信息和工作之间逻辑关系

工作的基本信息包括工作名称、工作代码（有时可以省略）、工作的持续时间（即完成工作的工期）、工作上的时间限制（指对工作开工时间或完工时间的限制）、工作的特性（如工作执行过程中是否允许中断等）等。

工作之间的逻辑关系既可以通过数据表进行输入，也可以在图（横道图、网络图）上

337

借助于鼠标的拖放来指定，图上输入直观、方便且不易出错，应作为逻辑关系的主要输入方式。

如果要利用项目管理软件对资源（劳动力、机械设备等）进行管理，那么还需要建立资源库（包括资源名称、资源最大限量、资源的工作时间等内容），并输入完成工作所需的资源信息。

如果还要利用项目管理软件进行成本控制，那么就需要在资源库中输入资源费率（人工工日单价或台班费等）、资源的每次使用成本（如大型机械的进出场费等），并在工作上输入确定好的工作固定成本。

（3）计划的调整与保存

通过上一步的工作，就已经建立了一个初步的工作计划。该计划是否可行？能否满足项目管理的要求？能否进行进一步的优化？这些问题项目计划人员必须解决好。利用项目管理软件所提供的有关图表以及排序、筛选、统计等功能，项目计划人员可以查看到自己需要了解的有关项目信息，如项目的总工期、总成本、资源的使用状况等，如果发现与自己的期望不一致，例如工期过长、成本超出预算范围、资源的使用超出资源的供应、资源的使用不均衡等，就可以对初步工作计划进行必要的调整，使之满足要求。例如，可通过缩短关键路径来使工期符合要求等等。

计划调整完成后，就形成了一个可以付诸实施的计划，应当保存为比较基准计划，以便在计划执行过程中同实际发生的情况进行对比。

（4）公布并实施项目计划

可以通过打印出来报告、图表等书面形式，也可以利用电子邮件、Web 网页等电子形式将制订好的计划予以公布并执行，应确保所有的项目参加人员都能及时获得所需要的信息。

（5）管理和跟踪项目

计划实施后，应当定期（如每周、每旬、每月等）对计划的执行情况进行检查，收集实际的进度/成本数据，并输入到项目管理软件中。需要输入的数据通常包括：检查日期、工作的实际开始/完成日期、工作实际完成的工程量、工作已进行的天数、正在进行的工作的完成率、工作上实际支出的费用等。

在将实际发生的进度/成本信息输入到计算机中后，就可以利用项目管理软件对计划进行更新。更新后应检查项目的进度能否满足工期要求，预期成本是否在预算范围之内，是否出现因部分工作的推迟或提前开始（或完成）而导致的资源过度分配（指资源的使用超出资源的供应）。这样，可以发现存在的潜在问题，及时调整项目计划来保证项目预期目标的实现，如通过压缩关键路径来满足工期要求等。

项目计划调整后，应及时通过书面形式或电子形式通知有关人员，使调整后的计划能够得到贯彻和落实，起到指导施工的作用。

需要强调的是，项目计划的跟踪、更新、调整和实施这个过程需要不断地反复进行，直至项目的结束。

4. 工程项目管理系统 PKPT

工程项目管理系统 PKPT 是由中国建筑科学研究院自主研制开发的一体化施工项目管理软件。它以工程数据库为核心，以施工管理为目的，针对建筑施工企业的特点开发。该软件在 Windows 95/98/NT 环境下运行，界面友好，操作简单，它具有如下的功能和特点：

1）包含了项目管理的主要内容，可实现四控制（进度、质量、安全、成本）、三管理（合同、现场、信息）和一提供（为组织协调提供数据依据）。

2）自动化程度高，实现了设计、概预算与施工管理各系统之间的数据共享。

3）提供了多种自动生成施 K212 序的方法，可由施 21232 艺模板库中的工艺过程生成，也可由工程概预算数据自动生成带有工程量和资源分配的施工工序。

4）可根据工程量、工作面和资源计划安排及实施情况自动计算各工序的工期、资源消耗和成本状况，并自动进行日历时间的换算，自动计算各工序的时间参数，找出关键路径。

5）可同时生成横道图、单代号网络图、双代号时标网络图。

6）具有多级子网功能，可处理各种复杂工程，有利于工程项目的微观和宏观控制。

7）可自动布图，能处理各种搭接网络关系、中断和强制时限。

8）能自动生成各类资源需求曲线等有关图表，具有"所见即所得"的打印输出功能。

9）提供多种优化方法和流水作业方案，便于进行进度控制：

①资源有限工期最短优化；

②工期优化及工期成本优化；

③工期固定资源均衡优化；

④常规分层、分段流水作业（等节奏、异节奏、无节奏）方案；

⑤充分利用技术、组织、施工层间歇连续施工的流水方案；

⑥增加工作班制，缩短工期的优化流水方案。

10）提供里程碑功能和前锋线功能，可对进度进行动态跟踪与调整，以便及时发现偏差并采取纠偏措施。

11）采用国际上通行的"赢得值"（Earned Value）原理进行成本的跟踪与动态调整。

12）对于大型、复杂的工程项目，可采用国际上流行的"32 作包"管理控制模式。

13）可对任意复杂工程项目进行结构分解，并对工程项目的责任、成本、计划、质量目标等进行细化分解，形成结构树，使得管理控制清晰、责任目标明确。

14）可利用质量、安全知识库辅助质量管理和安全管理，并具有现场管理和合同管理功能。

10.5.4 计算机在资料管理中的应用

1. 工程档案及竣工资料管理系统

文档资料的整理与档案管理是企业管理的一项重要工作，在工程建设过程中，组织规范的工程资料对于工程本身的建设及后期运行维护都具有重大的意义。利用计算机辅助资料管理，可有效地解决施工过程中资料管理混乱的问题，做到竣工资料与工程进展同步，并为资料的日后利用提供了便利条件。

Power Document 是上海普华应用软件有限公司推出的工程档案及竣工资料管理系统，它可以将任何资料以电子文档的形式保存在数据库中，可以从不同管理角度来调阅、查询及组织档案案卷，并且记载文件形成过程、版本信息等，提高了文件资料的使用价值。

1）系统主要特点有：

①提供完善的文件分类体系；

②新型立体分类资料管理模式；

③对文件信息实现综合查询和动态分组；

④按文件分类体系对文件进行权限加密管理；

⑤便捷的文件组卷和案卷管理；

⑥数据批量导出，方便资料移交；

⑦丰富的视图与友好的图形界面；

⑧完善的权限控制体系。

2）系统主要功能有：

①多角度的文件分类管理。可按自定义的文件分类体系、项目工作分解结构 WBS、国家标准档案分类码以及各种文件分类码等，对工程资料进行组织。

②文件形成过程管理。提供文件审批流程管理，并为用户精心设计了相关事项的警示与提醒功能。

③标准的档案管理功能。通过文件分类体系与国家标准档案分类码的结合，利用辅助立卷向导、拆卷向导及合并案卷向导快速实现档案组卷功能。

④提供标准的案卷目录与卷内目录报表。利用案卷目录整理功能可自动计算卷内文件编号及起始页码，卷内目录可导出到 Excel 文件。

⑤竣工移交资料管理，支持电子移交。支持三种方式批量导出文件，形成竣工资料光盘。利用临时案卷可实现施工监检资料的电子化管理。

2. 工程资料管理配套软件

（1）概述

工程资料是工程建设全过程中形成并收集汇编的文件或资料的统称，它是工程质量的重要组成部分。工程资料应随工程进展及时收集和整理，它的验收必须与工程竣工验收同步进行，工程资料不符合要求，不能进行工程竣工验收。由此可见，工程资料管理是工程项目管理中的一项极其重要的内容。由于工程资料涉及范围广，种类多（包括大量的表格资料），并有很强的时间要求，因此，资料管理工作十分繁重，应尽可能考虑利用计算机进行辅助管理，采用资料数据打印输出加。手写签名和全部数据计算机管理并行的方式；对须向城建档案馆移交的工程档案，应逐步过渡到光盘载体的电子工程档案。在有关的资料管理标准（如北京市《建筑安装工程资料管理规程》DBJ01—51—2003）中明确提出，重点工程、大型工程项目必须采用缩微品或光盘载体，建议工程资料采用多媒体资料，工程的实体部分均要求资料附带音像资料并采用数据库进行管理。可见，利用计算机辅助资料管理已是大势所趋。

（2）资料管理配套软件的功能特点

目前，国内已开发了不少资料管理方面的计算机软件，它们的主要功能特点有：

1）软件中表格种类齐全，能提供所需的各种表格（图8-93、图8-94）。同时内置所有表格的填表说明，使用起来简单、方便和快捷。

2）具有方便的自动填表功能，可有效地简化用户的操作。

3）提供所有现行的施工验收规范及施工工艺做法库（如建筑分项工程施工工艺标准、建筑设备安装分项工程施工工艺标准等），便于用户参考使用。

4）具有完善的施工技术资料数据库的管理功能，可方便的进行查询、修改、统计汇总和打印。

5）从原始数据的录入到信息检索、汇总、维护，后期模板添加、修改、删除等实现一体化管理。

6）所有表格都可以导出为 Excel 或网页文件。

7）软件操作界面友好，使用简单方便，并可以提供所见即所得的打印输出。

3. 资料文档制作管理系统

（1）概述

资料文档制作管理软件为用户提供了各种不同资料的存储、查询、打印和管理功能，其由不亚于 Excel 的电子表格构成，可制作出千变万化的各种满足需要的表格文档，并能实现由用户定义公式的自动计算。

（2）软件特色

1）表格快速填写功能。可以将日期、预先定义好的文字（如工程名称、人员名称、符号等）快速地填入到表格中，节约了表格填写时间。

2）方便的打印选择。在一个表格文档中用户可以定义哪些格子、哪些图形需要打印，其余的不打印。此项功能极大程度地满足了现有印刷表格中填写数据的打印。

3）实现所有文档资料的全文检索。可以直接定位检索字符所在文档的该单元格，极大地方便用户查找。

4）由树形结构来管理各级资料文档。类似于 Windows 的资源管理器，清晰表明各资料文档的隶属关系及分支结构。

4. 技术交底软件

技术交底是施工现场技术管理中的一项重要工作，需要经常进行。技术交底的内涵就是技术人员将工程的特点、业主的意图、设计方案、技术要求、施工工艺和应注意的问题下达给施工班组，以达到保证质量和工期的目的。

目前，在许多施工现场仍采用手工方式编写技术交底书，不仅费时费力，而且不能有效地利用以往积累的资料，造成管理人员的大量时间和精力都花在了编制、抄写技术交底所需要的材料上，严重地影响了现场管理工作。而利用计算机辅助技术交底，则可以从技术交底软件内置的施工工艺做法库（包括建筑分项工程施工工艺标准、建筑设备安装分项工程施工工艺标准、装饰工程施工工艺标准等）中选择所需的文字图片资料，快速完成建筑、装饰、安装等各类工程技术交底材料的编制。企业也可利用技术交底软件生成"施工企业工艺标准化库"，然后分发到下属各个项目部使用。施工项目部可用总公司的"施工工艺标准"或其他工艺标准、其他技术资料库，以编辑具体施工方案或技术交底，用以指导工程施工。

相信随着技术交底软件功能的日益完善、操作的更加方便，必然会有越来越多的施工现场采用计算机来编制和管理技术交底材料，使管理人员从繁重的手工抄写工作中解放出来，把精力更多地用在管理决策分析上，从而使施工管理水平迈上一个新的台阶。

5. 施工日记管理软件概述

在工程施工中，施工日记可以发挥记录工作、总结工作、分析工作效果的作用，同时它还是施工过程的真实记录、技术资料档案的主要组成部分。

施工日记的内容包括任务安排、组织落实、工程进度、人力调动、材料及构配件供应、技术与质量情况、安全消防情况、文明施工情况、发生的经济增减以及事务性工作记录。记录中要有成功的经验、失败的教训，便于及时总结，提高认识，逐步提高管理水平。

施工日记管理软件为施工企业项目部各级管理人员提供了统一的每日施工情况记录和管理追踪服务功能，同时包括查询、增加、打印等功能。

施工日记管理软件设计成多用户管理模式，即可以为多人提供服务，每人分配唯一的账号（用户名）和密码。

复习思考题

1. 分析利用计算机进行项目管理的必要性。
2. 项目管理软件的主要特点有哪些？
3. 项目管理软件按应用领域如何分类？
4. 项目管理软件按系统如何进行分类？
5. 以网络计划为核心的项目管理软件包的主要功能有哪些？
6. 特殊功能软件的主要功能有哪些？

参 考 文 献

［1］原建设部．建设工程项目管理规范（GB/T 50326—2006）［S］．北京：中国建筑工业出版社，2006．

［2］《建设工程项目管理规范》编写委员会编写．建设工程项目管理规范实施手册［M］．北京：中国建筑工业出版社，2006．

［3］丛培经．实用工程项目管理手册（第二版）［M］．北京：中国建筑工业出版社，2005．

［4］成虎．建筑工程合同管理与索赔［M］．南京：东南大学出版社，2000．

［5］张智钧．工程项目管理［M］．北京：机械工业出版社，2004．

［6］刘小平．建筑工程项目管理［M］．北京：高等教育出版社，2002．

［7］丛培经．工程项目管理［M］．北京：中国建筑工业出版社，2006．

［8］路惠民等．工程项目管理［M］．南京：东南大学出版社，2002．

［9］周小桥．突出重围：项目管理实战［M］．北京：清华大学出版社，2003．

［10］原建设部．工程网络计划技术规程（JGJ/T 121—99）［S］．北京：中国建筑工业出版社，1999．

［11］黄景瑷．土木工程施工招标投标与合同管理［M］．北京：中国水利水电出版社，2002．

［12］全国一级建造师执业资格考试用书编写委员会编写．建设工程项目管理［M］．北京：中国建筑工业出版社，2004．

［13］全国一级建造师执业资格考试用书编写委员会编写．房屋建筑工程管理与实务［M］．北京：中国建筑工业出版社，2004．

［14］建筑施工手册编写组．建筑施工手册（第四版）［M］．北京：中国建筑工业出版社，2005．

［15］〔美〕托姆塞特．极限项目管理［M］．北京：电子工业出版社，2003．

［16］张海贵．现代建筑施工项目管理［M］．北京：金盾出版社，2001．

［17］注册咨询工程师（投资）考试教材编写委员会编写．工程项目组织与管理［M］．北京：中国计划出版社，2003．

［18］中国建筑业协会等合编．工程项目管理与总承包［M］．北京：中国建筑工业出版社，2005．